脱硫运行技术问答1100题

朱国宇　编

中国电力出版社
CHINA ELECTRIC POWER PRESS

内 容 提 要

本书以问答的形式，以石灰石－石膏湿法脱硫内容为主，重点介绍燃煤烟气湿法脱硫系统工艺基本原理、特点，影响脱硫性能的因素，主要设备的作用及工作原理，环保法规、标准对火力发电厂烟气排放的要求，控制连锁条件，启动调试及验收，系统设备运行及维护，性能测试及化学监督，系统运行安全，对脱硫运行中遇到的异常及事故的处理，以及脱硫运行和检修管理等知识与难点进行解答。编写内容紧密结合现场实际，知识点全面，突出理论重点，注重实践技能，实用性和技术性强。

本书可供从事燃煤火力发电厂脱硫运行人员、设备维护人员学习使用，也可作为脱硫技术管理人员和高等院校相关专业师生参考用书。

图书在版编目（CIP）数据

脱硫运行技术问答1100题/朱国宇编．—北京：中国电力出版社，2015.3（2022.4重印）

ISBN 978－7－5123－6996－2

Ⅰ.①脱…　Ⅱ.①朱…　Ⅲ.①火电厂－烟气脱硫－问题解答　Ⅳ.①X773.013－44

中国版本图书馆CIP数据核字（2014）第309272号

中国电力出版社出版、发行
（北京市东城区北京站西街19号　100005　http：//www.cepp.sgcc.com.cn）
三河市航远印刷有限公司印刷
各地新华书店经售
*
2015年3月第一版　2022年4月北京第五次印刷
850毫米×1168毫米　32开本　17.25印张　437千字
印数5001—5800册　定价 **50.00** 元

前　言

湿法烟气脱硫技术是目前火力发电厂燃煤锅炉采用最多的、最为成熟的烟气脱硫技术，该脱硫技术能够满足各种燃煤或燃油锅炉烟气脱硫的要求，在世界各主要工业国家得到大力发展和推广应用。我国自20世纪90年代开始引进烟气脱硫技术以来，通过新建或改建方式几乎所有的火力发电机组均安装了烟气脱硫装置，其中绝大部分采用了湿式石灰石－石膏法烟气脱硫装置，按照环境保护政策和法律法规要求不设计或取消脱硫旁路烟道。这些脱硫装置建成并投运后，对降低我国燃煤锅炉 SO_2 污染物排放起到了关键作用。

随着国民经济的高速发展及公民环境保护意识的不断提高，对烟气脱硫装置运行维护提出了更高的要求，发电企业把脱硫装置作为主设备对待，脱硫系统随机组投入和退出，投运率几乎达到100%，SO_2 不达标排放不仅面临环保巨额罚款，而且面临被通报的严重局面。提高脱硫系统运行管理人员的技术水平、主人翁意识和责任感，是目前面临的主要问题。

国内大批从事烟气脱硫系统设计、安装、调试、运行、检修人员，以及对烟气脱硫技术有兴趣的大中专院校师生，迫切需要一本系统解答烟气脱硫技术原理、运行维护和现场经验的技术问答专业参考书，系统全面地学习掌握烟气脱硫技术知识。

作者长期从事烟气脱硫装置生产技术工作，不但富有实践经验，还查阅了大量与脱硫有关的各学科参考书加以提炼、归纳和总结，可使读者花较少的时间较快地掌握与烟气脱硫运行维护密切相关的各种专业知识，这也是作者编写此书的目的。

本书以问答的形式，以湿式石灰石－石膏法烟气脱硫工艺为主，同时涵盖其他脱硫工艺技术，重点介绍燃煤烟气湿法脱硫系统工艺基本原理、特点，影响脱硫性能的因素，主要设备的作用及其工作原理，环保法规、标准对火力发电厂锅炉烟气污染物排放的要求，控制系统连锁条件，设备启动调试及验收，系统设备运行及维护，脱硫装置性能测试及化学监督，系统运行安全，对脱硫运行中遇到的异常及事故的处理，脱硫运行和检修管理等知识与难点进行系统全面的解答。编写内容理论结合实际，知识点全面，突出重点，注重实践技能，实用性和技术性强。

在本书编写过程中，得到了中国电力国际发展有限公司和平顶山姚孟第二发电有限公司的大力支持，在此表示感谢。

由于编者水平所限，加之烟气脱硫技术的快速发展，书中难免存在不妥之处，恳请读者批评指正。

编　者

2014 年 11 月 22 日

目　录

第三章　影响脱硫性能的主要因素

第四章　KKS 编码在燃煤烟气湿法脱硫工艺中的应用

第五章　燃煤烟气湿法脱硫系统

第六章　燃煤烟气湿法脱硫系统控制连锁条件

第七章　烟气湿法脱硫系统防腐材料

第八章　烟气湿法脱硫设备及系统调试与验收

第九章 烟气湿法脱硫装置的运行及维护

第十章　烟气湿法脱硫装置常见故障分析与处理

第十一章　烟气湿法脱硫设备性能测试

第十二章　烟气湿法脱硫装置化学监督

第十三章　烟气湿法脱硫系统运行安全

第十四章　烟气湿法脱硫装置运行管理

第十五章　烟气湿法脱硫装置检修管理

第一章

火力发电厂 SO_2 的排放与控制

1. 什么是环境保护？

答： 环境保护是指人类为解决现实的或潜在的环境问题，协调人类与环境的关系，保障经济社会的持续发展而采取的各种行动的总称。其方法和手段有工程技术的、行政管理的，也有法律的、经济的、宣传教育的等。

环境保护方式包括采取行政、法律、经济、科学技术、民间自发环保组织等方式，合理地利用自然资源，防止环境的污染和破坏，以求自然环境同人文环境、经济环境共同平衡可持续发展，扩大有用资源的再生产，保证社会的发展。环境保护涉及的范围广、综合性强，包括自然科学和社会科学的许多领域，具有独特的研究对象。

2. 世界环境日为每年的哪一天？2014年世界环境日主题是什么？

答： 2014年世界环境日的主题是："提高你的呼声，而不是海平面"，旨在呼吁国际社会采取紧急行动，帮助小岛屿发展中国家应对不断增长的风险，尤其是气候变化。

2014年"6·5"世界环境日中国主题："向污染宣战"，旨在体现党和国家对治理污染紧迫性和艰巨性的清醒认识，彰显以人为本、执政为民的宗旨情怀和强烈的责任担当精神，倡导全社会共同行动，打一场治理污染的攻坚战，努力改善环境质量，保卫我们赖以生存的共同家园。

3. 环境保护法颁布实施的意义是什么？

答： 环境保护法是为保护和改善环境，防治污染和其他公害，保障公众健康，推进生态文明建设，促进经济社会可持续发展制定的国家法律。由1989年12月26日第七届全国人民代表大会常务委员会第十一次会议通过，2014年4月24日第十二届全国人民代表大会常务委员会第八次会议修订通过，自2015年1月1日起施行。

环境保护法适用于中华人民共和国领域和中华人民共和国管辖的其他海域。保护环境是国家的基本国策，坚持保护优先、预防为主、综合治理、公众参与、损害担责的原则。

环境保护法所称环境，是指影响人类生存和发展的各种天然的和经过人工改造的自然因素的总体，包括大气、水、海洋、土地、矿藏、森林、草原、湿地、野生生物、自然遗迹、人文遗迹、自然保护区、风景名胜区、城市和乡村等。

4. 什么是环境污染？

答：环境污染是指自然原因与人类活动引起的有害物质或因子进入环境，并在环境中迁移、转化，从而使环境的结构和功能发生变化，导致环境质量下降，有害于人类及其他生物生存和正常生活的现象，简称为污染。

5. 什么是大气污染？

答：大气污染是指人类活动所产生的污染物超过自然界动态平衡恢复能力时，所出现的破坏生态平衡所导致的公害。

6. 什么是气态污染物？

答：气态污染物是指以气体状态分散在烟气中的各种污染物。

7. 火力发电厂的定义是什么？

答：火力发电厂是指燃烧固体、液体、气体燃料的发电厂。

8. 燃煤电厂常见生产工艺流程是什么？

答：燃煤电厂常见生产工艺流程为：原煤运至电厂后碾磨成粉，经气力输送方式以一定风煤比和温度将煤送进锅炉炉膛，经化学处理后的水在锅炉内被加热成高湿高压蒸汽推动汽轮机高速运转，汽轮机带动发电机旋转发电。燃煤电站锅炉主要有煤粉炉和循环流化床锅炉两种。

9. 火力发电厂是通过什么设备、怎样进行能量转换的?

答: 火力发电厂的能量转换过程是：燃料的化学能→（锅炉）→蒸汽的热能→（汽轮机）→机械能→（发电机）→电能。

火力发电厂是由锅炉、汽轮机和发电机三大主机及其辅助系统组成的。

10. 火力发电厂一般有哪几种形式?

答: 根据汽轮机的形式，火力发电厂有凝汽式和供热式两种。

（1）单纯发电的电厂称为凝汽式电厂。既发电又供热的电厂叫做供热式电厂，简称热电厂。

（2）热电厂可以将在汽轮机做功后的蒸汽部分或全部提供给热用户，可以大大减少甚至避免汽轮机的冷凝损失，提高热量的有效利用率。

11. 燃煤电厂大气污染物排放主要来源及主要污染物是什么?

答: 燃煤电厂大气污染物排放主要来源于锅炉，从烟囱高空排放，主要污染物包括烟尘、硫氧化物、氮氧化物；此外，还有重金属、未燃烧尽的碳氢化合物、挥发性有机化合物等物质。

烟尘排放与锅炉炉型、燃煤灰分及烟尘控制技术有关。煤粉炉烟尘排放的初始浓度大多为 $10\sim30g/m^3$，循环流化床锅炉烟尘排放的初始浓度大多为 $15\sim50g/m^3$。另外，在煤炭、脱硫剂和灰渣等易产生扬尘物料的运输、装卸和储存过程中会产生扬尘。

硫氧化物排放主要由于煤中硫的存在而产生。燃烧过程中绝大多数硫氧化物以二氧化硫（SO_2）的形式产生并排放。此外，还有极少部分被氧化为三氧化硫（SO_3）吸附到颗粒物上或以气态排放。

煤炭燃烧过程中排放的氮氧化物（NO_x）是一氧化氮（NO）、二氧化氮（NO_2）及氧化亚氮（N_2O）等总称，其中以一氧化氮为主，约占95%。电厂燃用煤炭收到基含氮量多在2%以下。

重金属排放来源于煤炭中含有的重金属成分，大部分重金属

（砷、镉、铬、铜、汞、镍、铅、硒、锌、钒）以化合物形式（如氧化物）和气溶胶形式排放。煤中的重金属含量比燃料油和天然气高几个数量级。

12. 火力发电厂对环境造成的污染主要有哪几个方面?

答：火力发电厂对环境造成的污染主要有以下几个方面：

（1）排放粉尘造成污染；

（2）排放硫氧化物、氮氧化物造成污染；

（3）排放固体废弃物（粉煤灰、渣）而造成污染；

（4）排放污水造成污染；

（5）生产过程中产生的噪声污染；

（6）火电厂车间、场所的电磁辐射污染；

（7）排放热水造成的热污染。

13. 什么是“三同时”制度？为什么要实行环境保护“三同时”制度?

答：“三同时”制度是指新建、改建、扩建地点基本建设项目、技术改造项目、区域或自然资源开发项目，其防治环境污染和生态破坏的设施，必须与主体过程同时设计、同时施工、同时投产使用的制度，简称“三同时”制度。

“三同时”制度是防止产生新的环境污染和生态破坏的重要制度。凡是通过环境影响评价确认可以开发建设的项目，建设时必须按照“三同时”规定，把环境保护措施落到实处，防止建设项目建成投产使用后产生的环境问题，在项目建设过程中也要防止环境污染和生态破坏。建设项目的设计、施工、竣工验收等主要环节落实环境保护措施，关键是保证环境保护的投资、设备、材料等与主体工程同时安排，使环境保护要求在基本建设程序的各个阶段得到落实。“三同时”制度分别明确了建设单位、主管部门和环境保护部门的职责，有利于具体管理和监督执法。

14. 什么是酸雨?

答: 所谓酸雨，就是当大气中的二氧化硫（SO_2）［还有氮氧化合物（NO_x）］转换为酸性降水，其pH值在5.6以下。酸雨主要有硫酸型、硝酸型，其他类型居次。

15. 酸雨对环境有哪些危害?

答: 酸雨对环境和人类的影响是多方面的。酸雨对水生生态系统的危害表现在酸化的水体导致鱼类减少和灭绝；另外，土壤酸化后，有毒的重金属离子从土壤和地质中溶出，造成鱼类中毒死亡；酸雨对陆生生态系统的危害表现在使土壤酸化，危害农作物和森林生态系统；酸雨渗入地下水和进入江河湖泊中，会引起水质污染。此外，酸雨还会腐蚀建筑材料，使其风化过程加速；受酸雨污染的地下水、酸化土壤上生长的农作物还会对人体健康构成潜在的威胁。

16. 我国控制酸雨和 SO_2 污染所采取的政策和措施是什么?

答: 我国控制酸雨和 SO_2 污染所采取的政策和措施是:

（1）把酸雨和 SO_2 污染综合防治工作纳入国民经济和社会发展计划;

（2）根据煤炭中硫的生命周期进行全过程控制;

（3）调整能源结构，优化能源质量，提高能源利用率;

（4）重点治理火力发电厂的 SO_2 污染;

（5）研究开发 SO_2 治理技术和设备;

（6）实施排污许可证制度，进行排污交易试点。

17. 锅炉排烟中有哪些有害物质?

答: 燃料在炉膛内燃烧过程中放出大量热量的同时，还会产生大量烟气。烟气是由气态物质和固态物质组成的混合物。

烟气中的气态物质有氮气（N_2）、二氧化碳（CO_2）、氧气（O_2）、二氧化硫（SO_2）、一氧化碳（CO）、碳氢化合物和氮氧化合物。烟气中的二氧化硫、一氧化碳、碳氢化合物和氮氧化合物是有害气体。其中，二氧化硫在日光照射并经某些金属尘粒（如燃煤烟尘中铁的氧化物和燃油烟尘中钒的氧化物）的催化作用，部分被氧化成三氧化硫（SO_3）。三氧化硫的吸湿性很强，吸收空气中的水蒸气后形成硫酸烟雾。硫酸烟雾不但对眼结膜和呼吸系统黏膜有强烈的刺激作用和损伤，而且和氮氧化合物一起是形成酸雨的主要原因。

固态物质主要由烟和尘组成。“烟”主要是指黑烟，它是可燃气体由于不完全燃烧，在高温下还原成粒径小于 1μm 的微粒（炭黑）。“尘”通常是烟气中携带的飞灰和一部分未燃尽的炭粒。烟和尘均是有害物质。

18. 烟气对人体有哪些危害?

答: 由于烟气中的飞灰吸附能力很强，能够把许多有害物质吸附在颗粒表面上，带入人的呼吸系统中，会产生比各组分更强的毒性，对人体健康危害极大。此外，烟气中的 CO_2 能与血红蛋白生成稳定的络合物，降低血液的供氧能力而危害人类。CO_2 微具酸性，无毒，但浓度高时，会造成缺氧窒息；也会给环境带来危害，产生“温室效应”。

19. SO_2 对人体、生物和物品的危害是什么?

答: SO_2 对人体、生物和物品的危害是:

（1）排入大气中的 SO_2 往往和飘尘黏合在一起，被吸入人体内部，引起各种呼吸道疾病；

（2）直接伤害农作物，造成减产，甚至植株完全枯死，颗粒无收；

（3）在湿度较大的空气中，它可以由 Mn 或 Fe_2O_3 等催化而变成硫酸烟雾，随雨降到地面，导致土壤酸化。

20. 简述大气中SO_2的来源、转化和归宿。

答：大气中的SO_2既来自人为污染又来自天然释放。天然源的SO_2主要来自陆地和海洋生物残体的腐解和火山喷发等；人为源的SO_2主要来自化石燃料的燃烧。

主要有两种途径：催化氧化和光化学氧化。SO_2在大气中发生一系列的氧化反应，形成三氧化硫（SO_3），进一步形成硫酸、硫酸盐和有机硫化合物，然后以湿沉降的方式降落到地表。SO_2是形成酸雨的主要因素之一。

21. 大气中SO_2沉降途径及危害？

答：大气中的SO_2沉降途径有两种：干式沉降和湿式沉降。

（1）干式沉降是SO_2借助重力作用直接回到地面，对人类的健康、动植物生长及工农业生产造成很大危害。

（2）湿式沉降就是通常说的酸雨，它对生态系统、建筑物和人类的健康有很大的危害。

22. 简述SO_2的物理及化学性质。

答：SO_2又名亚硫酐，为无色有强烈辛辣刺激味的不燃性气体；分子量为64.07，密度为2.3g/L，溶点为－72.7℃，沸点为－10℃；溶于水、甲醇、乙醇、硫酸、醋酸、氯仿和乙醚；易与水混合，生成亚硫酸（H_2SO_3），随后转化为硫酸（H_2SO_4）。在室温及392.266～490.3325kPa（4～5kgf/cm^2）压强下为无色流动液体。

23. SO_3生成量受哪些因素的影响？

答：SO_3生成量受以下三个因素的影响：

（1）燃烧物中含硫量越多，SO_2和SO_3生成量越多。

（2）过量空气系数越大，SO_3生成量越多。

（3）火焰中心温度越高，烟气中高温区范围越大，SO_3生成量越多。

24. SO_2 转化为 SO_3 有哪两个途径？

答： SO_2 转化为 SO_3 的两个途径如下：

（1）高温火焰中氧原子分离形成活性很强的氧原子，氧原子再与 SO_2 反应生成 SO_3；

（2）受热面表面氧化膜的催化作用所致。

25. 我国采取减少 SO_2 排放量的措施有哪些？

答： 我国采取减少 SO_2 排放量的措施有：

（1）回收利用余热和可燃气体，发展集中供热和城市天然气，逐步取代分散供热的锅炉和居民直接燃煤的炉灶。

（2）合理使用煤炭，大力推广型煤。

（3）改造窑炉，改进燃烧方式。

（4）对火力发电厂的排烟应进行脱硫和脱硝。

26. 硫氧化物的控制方法是什么？

答： 硫氧化物的控制方法有：

（1）改用含硫低的燃料；

（2）可燃低硫煤或不烧煤而改用其他能源；

（3）加高烟囱，加强空气的稀释扩散作用；

（4）通过提高燃料效率，减少燃料的耗用量；

（5）从烟气中脱硫；

（6）从燃料中预先脱硫。

27. 高烟囱排放的好处是什么？

答： 利用具有一定高度的烟囱，可以将有害烟气排放到远离地面的大气层中，利用自然条件使污染物在大气中弥散、稀释，使污染物浓度大大降低，达到改善污染源附近地区大气环境的目的。

28. 何为两控区？

答： 酸雨控制区和二氧化硫污染控制区，简称“两控区”。

29. 大气污染物防治的重点地区有哪些？

答：大气污染物防治的重点地区指根据环境保护工作的要求，国土开发密度较高，环境承载能力开始减弱，或大气环境容量较小，生态环境脆弱，容易发生严重大气环境污染问题而需要严格控制大气污染物排放的地区。京津冀鲁、长三角、珠三角等属于大气污染物防治的重点地区。

30. 国家环境保护“十二五”规划中对二氧化硫的主要减排目标是什么？

答：国家环境保护“十二五”规划中对二氧化硫的主要减排目标是到2015年，全国二氧化硫排放总量控制在2086.4万t，比2010年的2267.8万t下降8%，新增削减能力654万t。

31. 什么是气体的标准状态？

答：气体的标准状态是指烟气在温度为273K，压力为101325Pa时的状态，简称“标态”。

32. 什么是标准状态下的干烟气？

答：标准状态下的干烟气是指在温度为273K，压力为101325Pa条件下不含水汽的烟气。

33. 什么是湿烟气？

答：湿烟气是指烟气温度等于或低于烟气中水露点温度的烟气。

34. 什么是干烟气？

答：干烟气是指不含水分的烟气。

35. 干烟气量与湿烟气量的换算公式是什么？

答：干烟气量=湿烟气量×［1－烟气含水量（%）］

36. 烟气量（6%O_2）与实际态烟气量的换算公式是什么？

答：$$烟气量（6\%O_2）=实际态烟气量\times\frac{21-6}{21-烟气实际态含氧量}$$

37. SO_2 浓度（6%O_2）与实际态 SO_2 浓度的换算公式是什么？

答：$$SO_2浓度（6\%O_2）=实际态SO_2浓度\times\frac{21-6}{21-烟气实际态含氧量}$$

38. 在标准状态下，SO_2 浓度（mg/m^3）与 SO_2 浓度（ppm）的换算公式是什么？

答：SO_2 浓度（mg/m^3）$=SO_2$ 浓度（ppm）$\times 2.857$

39.《火电厂大气污染物排放标准》（GB 13223—2011）颁布的意义是什么？

答：火电厂大气污染物排放标准（GB 13223—2011）于 2011 年 7 月 29 日发布、2012 年 1 月 1 日实施。

目的在于贯彻《中华人民共和国环境保护法》《中华人民共和国大气污染防治法》《国务院关于落实科学发展观加强环境保护的决定》等法律、法规，保护环境，改善环境质量，防治火电厂大气污染物排放造成的污染，促进火力发电行业的技术进步和可持续发展。

40.《火电厂大气污染物排放标准》（GB 13223—2011）中是如何划分现有火力发电锅炉及燃气轮机组和新建火力发电锅炉及燃气轮机组的？

答：《火电厂大气污染物排放标准》（GB 13223—2011）中现有火力发电锅炉及燃气轮机组是指 2012 年 1 月 1 日前，建成投产或环境影响评价文件已通过审批的火力发电锅炉及燃气轮机组。新建火力发电锅炉及燃气轮机组是指 2012 年 1 月 1 日起，环境影响评价文件通过审批的新建、扩建和改建的火力发电锅炉及燃气轮机组。

41.《火电厂大气污染物排放标准》（GB 13223—2011）中大气污染物特别排放限值的定义是什么？

答：指为防治区域性大气污染、改善环境质量、进一步降低大气污染源的排放强度、更加严格地控制排污行为而制定并实施的大气污染物排放限值，该限值的排放控制水平达到国际先进或领先程度，适用于重点地区。

42.《火电厂大气污染物排放标准》（GB 13223—2011）中火力发电锅炉及燃气轮机组大气污染物二氧化硫（SO_2）排放浓度限值是如何规定的？

答：一般地区火力发电锅炉及燃气轮机组大气污染物二氧化硫（SO_2）排放浓度限值见表1-1。

表1-1 一般地区火力发电锅炉及燃气轮机组大气污染物二氧化硫（SO_2）排放浓度限值 mg/m^3

<table>
<tr><th>序号</th><th>燃料和热能转化设施类型</th><th>适用条件</th><th>限值</th></tr>
<tr><td rowspan="2">1</td><td rowspan="2">燃煤锅炉</td><td>新建锅炉</td><td>100
200①</td></tr>
<tr><td>现有锅炉</td><td>200
400②</td></tr>
<tr><td rowspan="2">2</td><td rowspan="2">以油为燃料的锅炉或燃气轮机组</td><td>新建锅炉及燃气轮机组</td><td>100</td></tr>
<tr><td>现有锅炉及燃气轮机组</td><td>200</td></tr>
<tr><td rowspan="2">3</td><td rowspan="2">以气体为燃料的锅炉或燃气轮机组</td><td>天然气锅炉及燃气轮机组</td><td>35</td></tr>
<tr><td>其他气体燃料—锅炉及燃气轮机组</td><td>100</td></tr>
</table>

① 位于广西壮族自治区、重庆市、四川省和贵州省的火力发电锅炉执行该限值。

② 采用W形火焰炉膛的火力发电锅炉，现有循环流化床火力发电锅炉，以及2003年12月31日前建成投产或通过建设项目环境影响报告书审批的火力发电锅炉执行该限值。

重点地区火力发电锅炉及燃气轮机组大气污染物二氧化硫（SO_2）排放浓度限值见表1-2。

表 1-2 重点地区火力发电锅炉及燃气轮机组大气污染物二氧化硫（SO_2）排放浓度限值 mg/m³

序号	燃料和热能转化设施类型	适用条件	限值
1	燃煤锅炉	全部	50
2	以油为燃料的锅炉或燃气轮机组	全部	50
3	以气体为燃料的锅炉或燃气轮机组	全部	35

43. 大气污染物基准氧含量排放浓度折算方法是什么？

答： 实测的火力发电厂烟尘、一氧化硫、氮氧化物和汞及其化合物排放浓度，必须执行 GB/T 16157 规定，按公式折算为基准氧含量排放浓度。燃煤锅炉按基准氧含量 $O_2=6\%$ 进行折算；燃油及燃气锅炉按基准氧含量 $O_2=3\%$ 进行折算；燃气轮机组按基准氧含量 $O_2=15\%$ 进行折算，即

$$c = c' \times \frac{21 - O_2}{21 - O_2'} \tag{1-1}$$

式中 c——大气污染物基准氧含量排放浓度，mg/m^3；

c'——实测的大气污染物排放浓度，mg/m^3；

O_2'——实测的氧含量，%；

O_2——基准氧含量，%。

44. 火力发电厂烟气治理设施的定义是什么？

答： 火力发电厂烟气治理设施是指治理火力发电厂排放烟气中 SO_2、NO_x、烟尘等大气污染物，提高和改善环境空气质量而建的设施，具体主要指烟气脱硝设施、烟气除尘设施和烟气脱硫设施及其配套的烟气在线检测设施。

45. 超洁净排放的定义是什么？

答： 燃煤电厂排放的烟尘、二氧化硫和氮氧化物 3 项大气污染物与《火电厂大气污染物排放标准》（GB 13223—2011）中规定的

燃机要执行“大气污染物特别排放限值”相比较，将达到或者低于燃机排放限值（即烟尘5mg/m^3、二氧化硫35mg/m^3、氮氧化物50mg/m^3）的情况称为燃煤机组的“超洁净排放”，也称为“近零排放”“趋零排放”“超低排放”“低于燃机排放标准排放”等。

46. 燃煤电厂大气污染物达到超洁净排放限值，现役脱硫装置采取的技术措施有哪些？

答：燃煤电厂大气污染物达到超洁净排放限值，脱硫装置采取的技术措施有：结合机组脱硫装置实际情况，实施脱硫装置增容改造，必要时采用单塔双循环、双塔双循环等更高效率脱硫技术。

47. 什么是W形火焰炉膛？什么是四角切圆火焰炉膛？

答：W形火焰炉膛是指燃烧器置于炉膛前后墙拱顶，燃料和空气向下喷射，燃烧产物转折180°后从前后拱中间向上排出而形成W形火焰的燃烧空间。

四角切圆火焰炉膛是指燃烧器布置于炉膛四角上，煤粉气流在射出喷口时，四股气流到达炉膛中心部位，以切圆形式汇合，形成旋转燃烧火焰的燃烧空间，同时在炉膛内形成一个自下而上的旋涡状气流。

48. 什么是火力发电厂的发电煤耗和供电煤耗？为什么说它们是衡量发电厂经济性的重要指标？

答：发电煤耗是指发电厂每发1kW·h的电能所消耗的煤量，单位是g/（kW·h）。

供电煤耗是指扣除发电厂自用电后，发电厂每供出1kW·h的电能所消耗的煤量，单位是g/（kW·h）。

由于在发电成本中，燃料成本约占总成本的70%以上，因此降低燃料消耗量可以大大提高发电厂的经济性。

49. 什么是燃煤机组脱硫标杆上网电价？

答：自2004年起，国家发展改革委对各省（区、市）电网统一调度范围的新投产燃煤机组不再单独审批电价，而是事先制定并公布统一的上网电价，称为燃煤机组标杆上网电价。其中，安装脱硫设施的燃煤机组上网电价比未安装脱硫设施的机组每千瓦时高出1.5分钱。

50. 什么是脱硫加价政策？

答：脱硫加价政策是指2004年以前投产的燃煤机组安装脱硫设施的，上网电价每千瓦时加价1.5分钱的价格政策。

51. 什么是脱硫设施投运率？

答：脱硫设施投运率是指脱硫设施年正常运行时间与燃煤发电机组年运行时间之比。

52. 在哪些情况下，燃煤机组从上网电价中扣减脱硫电价？

答：具有下列情形的燃煤机组，从上网电价中扣减脱硫电价：

（1）脱硫设施投运率在90%以上的，扣减停运时间所发电量的脱硫电价款。

（2）投运率在80%～90%的，扣减停运时间所发电量的脱硫电价款并处1倍罚款。

（3）投运率低于80%的，扣减停运时间所发电量的脱硫电价款并处5倍罚款。

53. 烟气的露点与哪些因素有关？

答：烟气中水蒸气开始凝结的温度称为露点，露点的高低与很多因素有关。烟气中的水蒸气含量多即水蒸气分压高，则露点高。但由水蒸气分压决定的热力学露点是较低的，例如，燃油锅炉在一般情况下，烟气中的水蒸气分压为0.08～0.14绝对大气压，相应的热力学露点为41～52℃。

燃料中的含硫量高，则露点也高。燃料中硫燃烧时生成二氧化硫，二氧化硫进一步氧化成三氧化硫。三氧化硫与烟气中的水蒸气生成硫酸蒸气，硫酸蒸气的存在使露点大为提高。例如，硫酸蒸气的浓度为10%时，露点高达190℃。燃料中的含硫量高，则燃烧后生成的SO_2多，过量空气系数α越大，则SO_2转化成SO_3的数量越多。不同的燃烧方式、不同的燃料，即使燃料含硫量相同，露点也不同。煤粉锅炉在正常情况下，煤中灰分的90%以飞灰的形式存在于烟气中。烟气中的飞灰具有吸附硫酸蒸气的作用，因煤粉锅炉烟气中的硫酸蒸气浓度减小，所以，烟气露点显著降低。燃油中灰分含量很少，烟气中灰分吸附硫酸蒸气的能力很弱。因此，即使含硫量相同，燃油时的烟气露点明显高于燃煤，因而燃油锅炉尾部受热面的低温腐蚀比燃煤严重得多。

54. 为什么烟气的露点越低越好?

答：为了防止锅炉尾部受热面的腐蚀和积灰，在设计锅炉时，要使空气预热器温度高于烟气露点，并留有一定的裕量。如果烟气的露点高，则锅炉的排烟温度一定要设计得高些，这样排烟损失必然增大，锅炉的热效率降低。如果烟气的露点低，则排烟温度可设计得低些，可使锅炉热效率提高。

当然设计锅炉时，排烟温度的选择除了考虑防止尾部受热面的低温腐蚀外，还要考虑燃料与钢材的价格等因素。

第二章

燃煤烟气湿法脱硫工艺原理

55. 为什么要建设烟气脱硫项目？

答：随着经济的高速发展，煤炭在我国能源结构中的比例高达76%以上，燃煤排放的SO_2也在不断增加（占总排放量的90%），导致我国酸雨污染面积迅速扩大。SO_2对我国国民经济造成的经济损失已占2% GDP，成为制约经济、社会可持续发展的重要因素，因此，对SO_2排放的控制已势在必行。

56. 煤是怎么形成的？

答：煤中硫分的形态、分布和反应性对煤的脱硫效率有很大的影响。煤是一种不均匀的有机燃料，主要是由植物的部分分解相变质形成的。煤的形成要经历一个很长的历史时期，常常是处于高压覆盖层及较高温度的条件，不同种类的植物及其不同的腐蚀程度，形成不同成分的煤。煤的成分变化很大，其典型组分为：碳65%～95%、氢2%～7%、氧25%、硫1%～10%、氮1%～2%；另外，还有2%～20%不等的水分（以上均为质量百分数）。

煤的分类方法很多，《中国煤炭分类》（GB/T 5751—2009）主要是通过煤化程度和工艺性质对煤进行分类，主要分类参数为干燥无灰基挥发分（V_{def}），主要将煤分为无烟煤、褐煤和烟煤三类。各类煤的基本性质和主要用途各不相同。

57. 什么是标准煤？有何作用？

答：发热量为29300kJ/kg的煤称为标准煤。

各发电厂锅炉所采用的燃料不同，主要分气体燃料、液体燃料和固体燃料三大类。即使是同一类燃料，也因产地不同，燃料成分不一样，发热量相差很大。为了便于比较各发电厂或不同机组的技术水平是否先进，以及相同机组的运行管理水平，将每发1kW·h电能所消耗的不同发热量的燃料都统一折算为标准煤。这样，不同类型机组的技术水平或同类机组的运行管理水平就一目了然了。所以，标准煤实际上是不存在的，只是为了便于比较和计算而假定的。

58. 说明煤中硫的性质。

答：煤中的硫由有机硫、硫化铁和硫酸盐中的硫三部分组成。前两种硫可以燃烧，构成所谓的挥发硫或可燃硫；后一种硫不能燃烧，将其并入灰分。硫是煤中的有害元素。

59. 什么是洁净煤技术？如何分类？

答：洁净煤技术是指煤炭在开发到利用全过程中，旨在减少污染物排放与提高利用效率的加工、燃烧、转化及污染物控制等高新技术的总称。它将经济效益、社会效益和环保效益结合在一起，成为能源工业中国际高新技术竞争的一个主要领域。

洁净煤技术按其生产和利用的过程可分为三类：

第一类是在燃烧前的煤炭加工和转化技术。包括煤炭的洗涤和加工转化技术，如型煤、水煤浆、煤炭液化、煤炭气化等。

第二类是煤炭燃烧技术。主要是洁净煤发电技术，目前，国家确定的主要是循环流化床燃烧、增压流化床燃烧、整体煤气化联合循环、超临界机组加脱硫脱硝技术。

第三类是燃烧后的烟气脱硫技术。主要有湿式石灰石—石膏法、炉内喷钙法、电子束法、氨水洗涤法、尾部烟气、海水脱硫等多种。石灰石（石灰）—石膏湿法脱硫是目前世界上技术最为成熟、应用最多的脱硫工艺。

60. 煤中的硫对锅炉运行有何影响？

答：硫在锅炉中燃烧，产生二氧化硫和三氧化硫气体，它们和水蒸气结合生成亚硫酸或硫酸蒸汽。当烟气流经低温受热面时，若金属受热面的温度低于硫酸蒸汽开始结露时的温度，硫酸蒸汽便在其上凝结，腐蚀锅炉尾部受热面。因此，煤中挥发硫含量越高，对锅炉的危害也就越大。二氧化硫和三氧化硫排出后还会污染环境。

61. 什么是煤炭中的硫的生命周期？

答：煤炭中的硫的生命周期是指煤炭经过开采、加工、运输、转换和终端使用等环节，其中的硫也经历了相应的环节，经历了从出生到进入大气环境的整个生命过程。

62. 动力煤硫分是如何进行分级的?

答:《炭质量分级 第2部分：硫分》(GB/T 15224.2—2010)中规定动力煤硫分分级时，应按发热量进行折算，折算的基准发热量值规定为24.0MJ/kg。动力煤硫分在基准发热量时按表2-1进行分级。

表2-1 动力煤硫分在基准发热量时的分级

序号	级别名称	代号	干燥基全硫分(S_{td}折算)范围(%)
1	特低硫煤	SLS	≤0.5
2	低硫煤	LS	0.51~0.90
3	中硫煤	M5	0.91~1.50
4	中高硫煤	MHS	1.51~3.0
5	高硫煤	NS	>3.0

63. 为什么要进行燃烧前选煤？燃烧前选煤有什么重要性?

答: 燃烧前选煤是燃烧前洁净煤技术的主要方法，主要包括筛分、干法分选、湿法分选、配煤等。其目的是燃烧前降低煤中的黄铁矿硫、灰分和有害元素。尽管燃烧中和燃烧后洁净煤技术是有效的，但煤炭燃烧前洁净煤技术仍是一个不可忽视的重要部分。对排除硫、微量元素和灰分，燃烧前分选是最经济的降低SO_2、NO_x和烟尘污染的方法。如果每年分选1亿t原煤，排除大部分黄铁矿，每年将降低SO_2污染100万~150万t。用精煤代替原煤发电能使燃烧效率由28%提高到35%。而且，燃烧精煤将减少运输费用，降低发电厂的运行费用，增加利润。煤的质量随粒度有明显的变化，随粒度减小，灰分从47.52%降低到19.5%，硫分也随之降低。煤炭中存在着大量密度较大的矸石、矿物、岩石和黄铁矿杂质。这些基本解离的杂质密度高，很容易用重选方法排除。通过筛分和分选，煤炭的质量大大改善，但燃烧洁净煤不仅能改善环境，而且能给矿井和电厂带来效益。

64. SO_2 污染的控制途径是什么？

答： 控制 SO_2 的方法分为燃烧前脱硫、燃烧中脱硫和燃烧后脱硫三类。

（1）燃烧前脱硫。燃料（主要是原煤）在使用前，脱除燃料中硫分和其他杂质是实现燃料高效、洁净利用的有效途径和首选方案。燃烧前脱硫也称为燃煤脱硫或煤炭的清洁转换，主要包括煤炭的洗选、煤炭转化（煤气化、液化）及水煤浆技术。

（2）燃烧中脱硫。燃烧过程中脱硫主要是指当煤在锅炉内燃烧的同时，向锅炉内喷入脱硫剂（常用的有石灰石、白云石等），脱硫剂一般利用锅炉内较高温度进行自身煅烧，煅烧产物（主要有 CaO、MgO 等）与煤燃烧过程中产生的 SO_2、SO_3 反应，生成硫酸盐或亚硫酸盐，以灰的形式随炉渣排出锅炉外，减少 SO_2、SO_3 向大气的排放，达到脱硫的目的。

（3）燃烧后脱硫。燃烧后脱硫也称烟气脱硫（Flue Gas Desulfurization，FGD），FGD 是将烟气中的 SO_2 进行处理，达到脱硫的目的。烟气脱硫技术是当前应用最广、效率最高的脱硫技术，是控制 SO_2 排放、防止大气污染、保护环境的一个重要手段。工业发达国家从 20 世纪 70 年代起相继颁布法令，强制火力发电厂安装烟气脱硫装置，促进了烟气脱硫技术的发展和完善。

65. 什么是煤炭洗选脱硫？

答： 我国的煤炭质量不高，很大程度上是因为原煤入洗率低。煤炭洗选脱硫是指在燃烧前通过各种方法对煤进行净化，去除原煤中的部分硫分。煤炭洗选除灰脱硫是煤炭工业中的一个重要组成部分，是脱除无机硫最经济、最有效的技术手段。原煤经过洗选后，既可以脱硫又可以除灰，提高煤炭质量，减少燃煤污染，减少运输压力，提高能源利用率。煤炭中的硫分通过煤的燃烧过程，将成为烟气中含硫污染物的主要来源，因此在原煤生产为燃煤过程中，通过洗选将原煤中的硫分部分去除，可以减少后续处理的压力，降低烟气脱硫的成本。选煤技术目前主要有物理法、化学法、物理化学法和微生物法等。目前工业上应用广泛的主要是物理法。

66. 烟气脱硫在吸收塔内的物理化学反应主要有哪些？

答：采用石灰石浆液吸收烟气中的SO_2，一般认为在吸收塔内主要有以下一系列复杂的物理化学反应：SO_2的吸收、石灰石的溶解、亚硫酸氢根的氧化和石膏结晶等。

67. 什么是气体吸收？

答：气体吸收是指溶质在气相传递到液相的相际间传质过程。

68. 什么是气体吸收速率？

答：气体吸收质在单位时间内通过单位面积界面而被吸收剂吸收的量称为吸收速率。

吸收速率＝吸收推动力×吸收系数，吸收系数和吸收阻力互为倒数。

69. 什么是气体的溶解度？

答：气体的溶解度是指在每100kg水中溶解气体的千克数。它与气体和溶剂的性质有关，受温度和压力的影响。组分的溶解度与该组分在气相中的分压成正比。

70. 什么是物理吸附？

答：物理吸附是由于分子间范德华力引起的，它可以是单层吸附，也可是多层吸附。

其特征是：①吸附质与吸附剂间不发生化学反应。②吸附过程极快，参与吸附的各相间常常瞬间即达平衡。③吸附为放热反应。④吸附剂与吸附质间的吸附力不强，当气体吸附质分压降低或温度升高时，被吸附的气体很容易从固体表面逸出，而不改变气体原来性状。可利用这种可逆性进行吸附剂的再生及吸附质的回收。

71. 什么是化学吸附？其特征是什么？

答：化学吸附是由于吸附剂与被吸附物间的化学键力而引起的，是单层吸附，吸附需要一定的活化能。

主要特征是：①吸附有强的选择性；②吸附速率较慢，达到吸附平衡需相当长的时间；③升高温度可提高吸附速率。

72. 吸附过程可以分为哪几步？

答：吸附过程可以分为以下几步：

（1）外扩散。吸附质以气流主体穿过颗粒周围气膜扩散至外表面。

（2）内扩散。吸附质由外表面经微孔扩散至吸附剂微孔表面。

（3）吸附。到达吸附剂微孔表面的吸附质被吸附。

73. 什么是气体扩散？

答：气体的质量传递过程是借助于气体扩散过程来实现的。扩散过程包括分子扩散和湍流扩散两种方式。物质在静止的或垂直于浓度梯度方向做层流流动的流体中传递，是由分子运动引起的，称为分子扩散；物质在湍流流体中的传递，除了由于分子运动外，更主要的是由于流体中质点的运动而引起的，称为湍流扩散。扩散的结果，会使气体从浓度较高的区域转移到浓度较低的区域。

74. 什么是气流平衡？

答：当混合气体可吸收组分（吸收质）与液相吸收剂接触时，则部分吸收质向吸收剂进行质量传递（吸收过程），同时也发生液相中吸收质组分向气相逸出的质量传递过程（解吸过程）。在一定的温度和压力下，吸收过程的传质速率等于解吸过程的传质速率时，气液两相就达到了动态平衡，简称相平衡或平衡。平衡时气相中的组分分压称为平衡分压，溶质在液相吸收剂（溶剂）中的浓度称为平衡溶解度，简称溶解度。

75. 何谓溶液的pH值？

答：溶液中氢离子物质的量浓度的负常用对数即为该溶液的pH值，表示溶液的酸度和碱度，即

$$pH = -\lg[H^+]$$

pH值越小，说明溶液中H^+的摩尔浓度越大，酸度也越大，反之亦然。同样，溶液中氢氧离子根的摩尔数浓度用负常用对数值表示时，即为该溶液的pOH值。由于水的离子积为一常数

$$[H^+][OH^-] = 10^{-14}mol/L$$

因此$pH + pOH = 14$，也就是说，任何水溶液中的pH值与pOH值之和在常温下为14。

76. 什么是双膜理论？

答：双膜理论是：①相互接触的气液两流体之间存在着一个稳定的相界面，界面两侧各有一个很薄的有效滞流膜层，吸收质以分子扩散的方式通过此二膜层；②在相界面处，气液达于平衡；③在膜以下的中心区，由于流体充分滞流，吸收质浓度是均匀的，即两相中心区内浓度梯度皆为零，全部浓度变化集中在两个有效膜层内。

77. 选择脱硫工艺的一般原则是什么？

答：选择脱硫工艺的一般原则如下：

（1）燃用含硫量≥2%煤的机组，或大容量机组（≥200MW）的电厂锅炉建设烟气脱硫装置时，宜优先采用石灰石－石膏湿法脱硫工艺，脱硫率应保证在90%以上。

（2）燃用含硫量<2%煤的中小电厂锅炉（<200MW），或是剩余寿命低于10年的老机组建设烟气脱硫装置时，在保证达标排放，并满足SO_2排放总量控制要求，且吸收剂来源和副产物处置条

件充分落实的情况下，宜优先采用半干法、干法或其他费用较低的成熟技术，脱硫率应保证在75%以上。

（3）燃用含硫量<1%煤的海滨电厂，在海域环境影响评价取得国家有关部门审查通过，并经全面技术经济比较合理后，可以采用海水法脱硫工艺；脱硫率宜保证在90%以上。

（4）电子束法和氨水洗涤法脱硫工艺应在液氨的来源，以及副产物硫铵的销售途径充分落实的前提下，经过全面技术经济认为合理时，并经国家有关部门技术鉴定后，可以采用电子束法或氨水洗涤法脱硫工艺；脱硫率宜保证在90%以上。

（5）脱硫装置的可用率应保证在95%以上。

78. 选择烟气脱硫工艺的主要技术原则是什么？

答：（1）二氧化硫排放浓度和排放量必须满足国家和当地环境保护要求；

（2）脱硫工艺适用于已确定的煤种条件，并考虑燃煤含硫量在一定范围内变动的可能性；

（3）脱硫率高、技术成熟、运行可靠，并有较多的应用业绩；

（4）尽可能节省建设投资；

（5）布置合理，占地面积较少；

（6）吸收剂、水和能源消耗少，运行费用较低；

（7）吸收剂有可靠稳定的来源，质优价廉；

（8）脱硫副产物、脱硫废水均能得到合理的利用或处置。

79. 烟气脱硫工程的设计原则是什么？

答：烟气脱硫工程的设计原则如下：

（1）脱硫岛采用石灰石－石膏湿法烟气脱硫系统，对全部烟气进行脱硫。

（2）在锅炉燃用设计煤质BMCR工况下处理全烟气量时的脱硫效率≥95%，烟气烟囱入口烟温≥80℃。

（3）烟气脱硫系统的使用寿命不低于主体机组的寿命

（30年）。

（4）FGD装置投入商业运行烟气脱硫系统的利用率将超过锅炉电除尘器运行时间的98%，为保证电厂可靠、稳定运行，脱硫岛停运不影响电厂的正常运行。

（5）对于烟气脱硫系统中的设备、管道、烟风道、箱罐或储槽等，考虑防腐和防磨措施；烟风道设计符合《火力发电厂烟风煤粉管道设计技术规范》（DL/T 5121—2000）的规定；汽水管道符合《火力发电厂汽水管道设计技术规定及条文说明》（DL/T 5054—1996）和《火力发电厂汽水管道应力计算技术规定》（SDGJ 6—1990）中的要求。对于低温烟道的结构，采用能保证有效的防腐形式。

（6）所有在需要维护和检修的地方均设置平台和扶梯，平台扶梯的设计满足《固定式钢梯及平台安全要求　第1部分：钢直梯》（GB 4053.1—2009）、《固定式钢梯及平台安全要求　第2部分：钢斜梯》（GB 4053.2—2009）、《固定式钢梯及平台安全要求　第3部分：工业防护栏杆及钢平台》（GB 4053.3—2009）或《火力发电厂钢制平台扶梯设计技术规定》（DLGJ 158—2001）中的要求。

（7）控制烟气脱硫设备所产生的噪声小于85dB（A）（距产生噪声设备1m处测量）；烟气脱硫装置控制室内的噪声<60dB（A）。

（8）烟气脱硫系统产生的石膏中，Cl^-含量小于100μg/L，$CaCO_3$含量与$MgCO_3$含量之和小于3%，其水分≤10%（质量比）。

贯彻电力建设“安全可靠、经济实用、符合国情”的指导方针，严格执行设计合同的要求，精心设计，充分优化方案，使建造方案经济合理、可用率高，并在保证技术指标的前提下努力降低工程造价。

80. 脱硫岛的关键控制参数是什么？

答：脱硫岛的关键控制参数为：

（1）入口烟气的含尘量。烟气的含尘量过高，将导致系统操作恶化，表现为吸收效率低下（增加石灰石投入量作用不大）、皮带机脱水困难等。还需注意的是，由此造成的系统操作恶化，需较长时间纠正。

（2）吸收塔内浆液的 pH 值。必须控制在指定范围内，过低会导致浆液失去吸收能力；过高，系统则会发生结垢堵塞的严重后果。pH 值主要通过石灰石给料量进行在线动态调节，以适应锅炉操作波动和工况变化。

（3）吸收塔内浆液的密度。必须控制在指定范围内，过低会导致浆液内石膏结晶困难及皮带机脱水困难；过高，则会使系统磨损增大。

（4）吸收塔内浆液的 Cl^- 浓度，宜保持在 $2\times10^4\mu g/L$ 以下。

（5）石灰石的反应活性。一般应采用含 CaO 品位较高的矿石，且细度合格。

（6）出口烟气的温度。必须≥80℃，以保证烟气的排放。

（7）出口烟气的 SO_2 含量。必须时刻监视该参数，当出现偏差时，应综合分析锅炉负荷、入口烟气的 SO_2 含量、循环泵的工作台数、浆液的 pH 值等影响因素。

81. 脱硫前烟气中的 SO_2 含量计算公式是什么？

答： 脱硫前烟气中的 SO_2 含量根据下列公式计算

$$M_{SO_2} = 2KB_g\left(1-\frac{\eta_{SO_2}}{100}\right)\left(1-\frac{q_4}{100}\right)\frac{S_{ar}}{100} \tag{2-1}$$

式中 M_{SO_2}——脱硫前烟气中的 SO_2 含量，t/h；

K——燃煤中的含硫量燃烧后氧化成 SO_2 的份额；

B_g——锅炉 BMCR 负荷时的燃煤量，t/h；

η_{SO_2}——除尘器的脱硫效率，见表 2-2；

q_4——锅炉机械未完全燃烧的热损失，%；

S_{ar}——燃料煤的收到基硫分，%。

注：对于煤粉炉 $K=0.85\sim0.9$。K 值主要体现了在燃烧过程中 S 氧化成 SO_2 的水平，建议在脱硫装置的设计中取用上限 0.9。

表 2-2 除尘器的脱硫效率

除尘器形式	干式除尘器	洗涤式水膜除尘器	文丘里水膜除尘器
η_{SO_2}（%）	0	5	15

82. 火力发电厂烟气脱硫装置与火力发电设备相比较，其特点及运行规律特殊性是什么？

答：火力发电厂烟气脱硫装置与火力发电设备相比较，其特点及运行规律有显著不同。

（1）脱硫装置多样性。由于燃煤电厂锅炉等主机设备的运行工况、煤质和排烟条件、现场条件、环境保护要求、脱硫吸收剂的来源、脱硫副产品的性质及其利用等方面的差异，因此，尽管工艺流程基本相同，但不同制造厂家设计的装置结构和参数等均存在较大的差别，这与火力发电机组的产品单一、主机设备系列化有很大的不同。

（2）化工过程的工艺特点。火力发电设备的突出特点是存在大量耐高温的承压部件，以及防磨、防爆等，工艺过程以燃烧与传热为主要特征；而脱硫装置的设计和运行以强化传质，控制反应环境，处理大量的化学反应产物，防止设备腐蚀、结垢、冰冻与堵塞等为主要特征，更接近化工过程。

（3）运行的目标不同。脱硫装置运行的目标是控制烟气排放的 SO_2 浓度及一定时间间隔内 SO_2 的排放总量，而火力发电设备运行的目标是精确地向电网提供不能储存的电能，因而，两者的运行方式和要求的指标不同。脱硫装置的运行取决于锅炉设备的运行工况，而脱硫装置的运行工况对锅炉设备也存在不同程度的影响。

83. 烟气脱硫技术的分类有哪些？

答：烟气脱硫技术的分类有：

（1）按脱硫剂的种类可分为以 $CaCO_3$ 为基础的钙法、以 MgO 为基础的镁法、以 Na_2SO_3 为基础的钠法、以 NH_3 为基础的氨法、以有机碱为基础的有机碱法。

(2) 按吸收剂及脱硫产物在脱硫过程中的干湿状态可分为湿法、干法和半干（半湿）法。

(3) 按脱硫产物的用途可分为抛弃法和回收法。

84. 什么是干法烟气脱硫工艺？

答： 吸收剂是以干态进入吸收塔与 SO_2 反应，脱硫终产物呈"干态"的称为干法烟气脱硫工艺。

85. 什么是半干法烟气脱硫工艺？

答： 吸收剂是以增湿状态进入吸收塔与 SO_2 反应，脱硫终产物呈"干态"的称为半干法烟气脱硫工艺。

86. 什么是湿法烟气脱硫？

答： 湿法烟气脱硫就是采用液体吸收剂洗涤烟气，以吸收 SO_2，其设备小，脱硫效率高，但脱硫后烟气温度低，不利于烟气在大气中扩散，有时必须在脱硫后对烟气再加热。

87. 循环流化床燃烧的原理是什么？流化床燃烧有哪些优点？

答： 循环流化床燃烧（CFBC）技术是指小颗粒的煤与空气在炉膛内处于沸腾状态下，即高速气流与所携带的稠密悬浮煤颗粒充分接触燃烧的技术。

循环流化床锅炉脱硫是一种炉内燃烧脱硫工艺，以石灰石为脱硫吸收剂，燃煤和石灰石自锅炉燃烧室下部送入，一次风从布风板下部送入，二次风从燃烧室中部送入。石灰石受热分解为氧化钙和二氧化碳。气流使燃煤、石灰颗粒在燃烧室内强烈扰动形成流化床，燃煤烟气中的 SO_2 与氧化钙接触发生化学反应被脱除。为了提高吸收剂的利用率，将未反应的氧化钙、脱硫产物及飞灰送回燃烧室参与循环利用。钙硫比达到 2～2.5 时，脱硫率可达 90%以上。

流化床燃烧方式的特点是：①清洁燃烧，脱硫率可达 80%～

95%，NO_x 排放可减少50%；②燃料适应性强，特别适合中、低硫煤；③燃烧效率高，可达95%～99%；④负荷适应性好，负荷调节范围为30%～100%。

88. 循环流化床的脱硫反应机理是什么？

答：据研究，SO_2 的反应路径大致有：一种可能是 SO_2 分子大部分溶入喷进床内的水滴或浆滴，形成亚硫酸后与钙离子进行反应；对于未溶解的 SO_2 则直接与氧化物和氢氧化物以化学吸附的方式进行反应。从研究结果来看，对喷浆和喷水增湿法，溶解后发生的离子反应占较大的比例，化学吸附所完成的反应则占较少的比例。至于循环流化床中的脱硫机理仍需要做进一步的深入研究。

89. 循环流化床烟气脱硫技术有什么特点？

答：循环流化床烟气脱硫工艺是由德国鲁奇公司于20世纪80年代后期开发的一种新的半干法技术。这种工艺以循环流化床原理为基础，通过对吸收剂的多次再循环，延长吸收剂与烟气的接触时间，大大地提高了吸收剂的利用率和脱硫效率。

循环流化床烟气脱硫工艺与循环流化床锅炉相似，它使床内达到一种激烈的湍流状态，从而加强了吸收剂对二氧化硫的吸收。高温烟气在湍流床内与石灰浆很好地混合，二氧化硫被吸收后转变成为钙的亚硫酸盐和少量硫酸盐，反应后的固体颗粒物从床中移走。强烈的湍流状态及高的颗粒循环比提供了连续的颗粒接触，颗粒之间的碰撞使得吸收剂表面的反应产物不断地磨损剥落，从而避免了孔堵塞造成的吸收剂活性下降。新的石灰表面连续暴露在气体中，强化了床内的传质和传热。它不但具有干法脱硫工艺的许多优点，如流程简单、占地少、投资少及副产物可利用等，而且能在较低的钙硫比情况下接近或达到与湿法洗涤工艺相同的脱硫效率。

90. 简述循环流化床干法烟气脱硫的工艺。

答：烟气循环流化床脱硫工艺由吸收剂制备、吸收塔、脱硫灰再循环除尘器及控制系统等部分组成。该工艺一般采用干态的消石灰粉作为吸收剂，也可采用其他对二氧化硫有吸收反应能力的干粉或浆液作为吸收剂。

其工艺流程为：由锅炉排出的未经处理的烟气从吸收塔（即流化床）底部进入。吸收塔底部为一个文丘里装置，烟气流经文丘里管后速度加快，并在此与很细的吸收剂粉末互相混合，颗粒之间、气体与颗粒之间剧烈摩擦，形成流化床，在喷入均匀水雾降低烟气温度的条件下，吸收剂与烟气中的二氧化硫反应生成 $CaSO_3$ 和 $CaSO_4$。脱硫后携带大量固体颗粒的烟气从吸收塔顶部排出，进入再循环除尘器，被分离出来的颗粒经中间灰仓返回吸收塔循环使用，处理后的烟气经电除尘器进一步除尘后从烟囱排出。

91. 循环流化床干法烟气脱硫系统组成是什么？

答：循环流化床干法烟气脱硫系统由石灰浆制备系统、脱硫反应系统和收尘引风系统三个系统组成，包括石灰石储仓、灰槽、灰浆泵、水泵、反应器、旋风分离器、除尘器和引风机等设备。

92. 循环流化床干法烟气脱硫主要控制参数有哪些？

答：主要控制参数有床料循环倍率、流化床床料浓度、烟气在反应器及旋风分离器中驻留时间、脱硫效率、钙硫比、反应器内操作温度。

93. 什么是炉内喷入石灰石和氧化钙活化技术？

答：炉内喷入石灰石和氧化钙活化技术（LIFCA）：是将石灰石于锅炉的1150℃部位喷入，$CaCO_3$ 能迅速分解成 CaO，同时起到部分固硫作用，在尾部烟道系统的适当部位设置增湿活化器，使未反应的 CaO 水合成 $Ca(OH)_2$，起到进一步脱硫效果。

94. LIFAC 脱硫工艺是什么？

答：LIFAC（Linestone Injection into Fwnace and Activation of Calcium Ode)，是一种炉内喷钙和炉后活化增湿联合的脱硫工艺，由芬兰IVO电力公司与Tampellla公司联合开发，LIFAC工艺也简称干法烟气脱硫，脱硫效率一般在60%～85%。

95. 炉内喷钙尾部增湿活化（LIFAC）脱硫方法的工艺流程是什么？

答：炉内喷钙尾部增温活化技术（LIFAC）脱硫方法的工艺流程是：磨细到325目左右的石灰石粉（$CaCO_3$）用气力喷射到锅炉炉膛的上部，炉膛温度为900～1250℃的区域。$CaCO_3$能迅速分解成氧化钙（CaO）和二氧化碳（CO_2），锅炉烟气中的一部分SO_2和几乎全部SO_3与CaO反应生成硫酸钙，在尾部烟道系统的适当部位设置增湿活化器，使未反应的CaO水合成$Ca(OH)_2$，起到进一步脱硫效果。

96. LIFAC脱硫工艺主要包括哪三步？

答：LIFAC脱硫工艺主要包括三步：①向高温炉膛喷射石灰石粉；②炉后活化器中用水或灰浆增湿活化；③灰浆或干灰再循环。

97. 叙述LIFAC脱硫工艺基本原理。

答：喷钙脱硫成套技术主要由炉内喷钙脱硫和活化器两部分组成，石灰石粉借助气力喷入炉膛内850～1150℃烟气温度区，石灰石煅烧分解成CaO和CO_2，部分CaO与烟气中的SO_2反应生成$CaSO_4$，脱除烟气中一部分SO_2。炉内尚未反应的CaO随烟气流至尾部增湿活化器中，与喷入的水雾接触，生成$Ca(OH)_2$，并进一步与烟气中剩余的SO_2反应生成$CaSO_4$，活化器内的脱硫效率高低取决于雾化水量、液滴粒径、水雾分布和烟气流速、出口烟气温度，最主要的控制因素是脱硫剂颗粒与水滴碰撞的概率。活化器出口烟气中还有一部分可利用的钙化物，为了提高钙的利用率，将电除尘器收集下来的粉尘通过灰再循环输送机返回一部分到活化器中再利用。活化器出口烟气温度因雾化水的蒸发而降低，为避免出现烟气温度低于露点温度的情况发生，采用烟气再加热的方法，将烟气温度提高至露点以上 10～15℃。

具体化学反应为：

炉内喷钙 $CaCO_3 \longrightarrow CaO + CO_2$，$CaO + SO_2 + 1/2O_2 \longrightarrow CaSO_4$

活化器 $CaO + H_2O \longrightarrow Ca(OH)_2$，$Ca(OH)_2 + SO_2 + 1/2O_2 \longrightarrow CaSO_4 + H_2O$

整个 LIFAC 工艺系统的脱硫效率 η 为炉膛脱硫效率 η_1 和活化器脱硫效率 η_2 之和，即 $\eta = \eta_1 + (1 - \eta_1)\eta_2$，一般为 60%～85%。LIFAC 脱硫方法适用于燃用含硫量为 0.6%～2.5% 的煤种、容量为 50～300MW 的燃煤锅炉，与湿式烟气脱硫技术相比，投资少，占地面积小。

98. 简述 LIFAC 脱硫法的优缺点。

答：该工艺与其他工艺比，投资与运行费用最低，系统安装迅速，占地少，无废水排放；缺点是钙硫比较高，仅适用于低硫煤，且易在锅炉尾部积灰，引起锅炉效率降低。

99. 叙述喷钙对结渣倾向的影响。

答：灰结渣特性是通过评价水冷壁沉积物的特性、化学和热力学性能来确定的。

水冷壁沉积物的可清理性及水冷壁沉积物对传热的影响是用来评定结渣潜在可能性的主要数据。

沉积物的可清理性是根据沉积物的物理状态（熔融、烧结等）来评估，以及通过确定吹灰器除灰效益来评价。

炉膛内喷钙可导致实际灰成分发生变化，炉内灰的结渣倾向也会相应发生变化。

对于不同的煤，添加石灰石后煤灰的熔融性变化有以下几种情况：

（1）灰熔点有所降低，结渣量增加；

（2）灰熔点变化不显著，结渣量基本保持不变；

（3）灰熔点有所提高，结渣量减少。

从实际运行情况来看，根据石灰石粉量适当调整炉膛吹灰的次数，采用炉内喷钙脱硫技术不会因结渣问题影响运行。

100. 喷钙后对炉内灰分和静电除尘器的运行有何影响？

答： 喷钙脱硫造成炉内灰分增加，其主要来源是：吸着剂带入的杂质、碳酸钙分配生成的氧化钙及固硫反应后生成的硫酸钙等。影响电除尘器（ESP）的因素主要有烟气量、粉尘比电阻、粉尘粒径、气流分布均匀性和烟气含尘浓度等。喷钙脱硫后影响 ESP 除尘效率的几项因素是：

（1）烟气通过活化器反应后，烟气温度可降低约 100℃，烟气体积减小，有利于提高除尘器效率；烟气经过增湿，比电阻有所下降，有利于提高除尘器效率。

（2）喷钙后飞灰与石灰石粉混合物的中位径比飞灰略大一些，容易收集。

（3）活化器中烟气速度较低，在该流动空间中有 20% ~30% 的除尘效率，降低了 ESP 的除尘负荷。

101. 干法喷钙类脱硫技术主要特点是什么？

答： 干法喷钙类脱硫技术主要特点是：

（1）能以合理的钙硫比得到中等甚至较高的脱硫率；

（2）与其他方法相比，工艺流程简单，占地面积小，费用最低；

（3）既适用于新建大型电厂锅炉及中小型工业锅炉，又适用于现役锅炉脱硫技术改造；

（4）既适用于燃中低硫煤（油），也可用于燃高硫煤（油）烟气脱硫；

（5）吸着剂为石灰石等钙基物料，资源分布广泛，储量丰富且价格低廉，脱硫产物为中性固态渣，无二次污染；

（6）石灰石粉料的制备、输送、喷水雾化增湿等技术环节都是火力发电厂经常使用的成熟技术，易于掌握，无需增加运行人员；

（7）整个脱硫系统可单独操作，解列后不影响锅炉的正常运行。

102. 喷雾干燥烟气脱硫技术的工作原理是什么？

答：喷雾干燥法脱硫工艺以石灰为脱硫吸收剂，石灰经消化并加水制成消石灰乳，消石灰乳由泵打入位于吸收塔内的雾化装置，在吸收塔内，被雾化成细小液滴的吸收剂与烟气混合接触，与烟气中的 SO_2 发生化学反应生成 $CaSO_3$，烟气中的 SO_2 被脱除。与此同时，吸收剂带入的水分迅速被蒸发而干燥，烟气温度随之降低。脱硫反应产物及未被利用的吸收剂以干燥的颗粒物形式随烟气带出吸收塔，进入除尘器被收集下来。脱硫后的烟气经除尘器除尘后排放。为了提高脱硫吸收剂的利用率，一般将部分除尘器收集物加入制浆系统进行循环利用。

103. 喷雾干燥法脱硫的优缺点是什么？

答：主要优点：脱硫产物为干燥的固体，便于处理，工艺能耗低，无废水，无腐蚀，投资与运行费用比湿法低。

缺点：单机容量小，钙硫比较高，废渣回收困难，喷雾较易磨损，石灰系统易结垢。

104. 喷雾干燥法脱硫的工艺流程是什么？

答：喷雾干燥烟气脱硫技术的工艺流程：

（1）吸收剂制备；

（2）吸收剂浆液雾化；

（3）雾粒与烟气的接触混合；

（4）液滴蒸发与 SO_2 吸收；

（5）废渣排出。

105. 喷雾干燥法 FGD 系统主要由哪几部分组成？

答：喷雾干燥法 FGD 系统主要由四部分组成：吸收塔系统、

除尘设备、除雾器及料浆制备系统和干燥处理及输送。喷雾干燥装置由吸收塔筒体、烟气分配器和雾化器组成。

106. 影响喷雾干燥法FGD系统脱硫效率的因素有哪些?

答: 影响喷雾干燥法FGD系统脱硫效率的因素有钙硫比、吸收塔出口烟气温度、灰渣再循环。

107. 湿法脱硫工艺吸收塔有何要求?主要有哪几种塔型?

答: 吸收塔是烟气脱硫的核心装置，要求气液接触面积大，气体的吸收反应良好，压力损失小，并且适用于大容量烟气处理。

吸收塔主要有喷淋塔、填料塔、双回路塔和喷射鼓泡塔四种类型。

(1) 喷淋塔是湿法工艺的主流塔型，多采用逆流布置，烟气从喷淋区下部进入吸收塔与均匀喷入的吸收浆液逆流接触。烟气流速为3m/s。优点：塔内部件少，结垢可能性小，压力损失小。逆流运行有利于烟气与吸收浆液充分接触，且阻力损失比顺流小。喷嘴入口压力不能太高，在$0.5\times10^5\sim2\times10^5$Pa之间。

(2) 填料塔。采用塑料格栅填料，相对延长了气液两相的接触时间，从而保证较高的脱硫率。为顺流或逆流布置，顺流时空塔气流速度为4~5m/s，与逆流比结构较紧凑。

(3) 双回路塔。被一个集液斗分成两个回路：下段作为预冷却区，并进行一级脱硫；上段为吸收区，其排水经集液斗引入塔外另设的加料槽。

(4) 喷射鼓泡塔。采用喷射鼓泡反应器，烟气通过喷射分配器以一定的压力进入吸收液中，形成一定高度的喷射鼓泡层，净化后的烟气经上升管进混合室，除雾后排放。特点：系统可在低pH值下运行，一般为3.4~4.5，生成的石膏晶体颗粒大，易于脱水，脱硫率高低与系统的压力有关，可通过增大喷射管道的浸没深度来提高压降，提高脱硫率。脱硫率为95%左右，系统压降在3000Pa左右。

108. 双循环石灰石湿法 FGD 装置工艺是什么？其特点是什么？

答： 双循环石灰石湿法 FGD 装置的特点是采用单塔两段工艺，即在塔内分为吸收塔上段和吸收塔下段，并且上下两段分别配置各自独立的浆液循环泵。新鲜的石灰石浆液一般单独引入上循环，但也可以同时引入上下两个循环，烟气与不同 pH 值的吸收溶液接触，达到脱硫的目的。

从除尘器出来的烟气首先沿切向或垂直方向进入塔内吸收塔下段，与下循环浆液接触，并被冷却至饱和温度。下循环浆液一部分来自吸收塔下部反应池，一部分由上循环浆液来补充。该段循环浆液 pH 值约为 4.5，这是石灰石溶解、亚硫酸氢根氧化为硫酸根以及石膏生成的最佳 pH 值。经过吸收塔下段循环浆液冷却的烟气进入吸收塔上段的吸收区，烟气流与石灰石循环浆液逆流接触。该段循环浆液 pH 值保持在 6.0 左右。石灰石浆液喷淋层及较低的反应温度和较高的 pH 值保证了烟气中的 SO_2 被快速高效吸收，从而使脱硫效率达到 95% 以上。

双循环石灰石湿法 FGD 装置具有以下特点：

（1）在同一反应塔中将两个反应区域分开，使各个反应过程都能得到最佳的化学反应条件，并且通过控制 pH 值，避免了硫酸钙过饱和波动引起的结垢和堵塞；

（2）吸收塔下段循环浆液 pH 值保持在 4.5 左右，有利于石膏的形成结晶析出；

（3）在吸收塔下段，烟气中的 HCl 和 HF 被除去，因此，在吸收塔的上下两段可采用不同的防腐材质，从而节省投资；

（4）吸收塔中形成的亚硫酸钙是非常有效的缓冲剂，使溶液的 pH 值不随烟气中的 SO_2 浓度的波动而变化；

（5）塔内部结构复杂，同时还需要两套独立的浆液循环系统。

109. 概述脉冲悬浮搅拌式 FGD 装置脱硫技术。

答： 脉冲悬浮搅拌式 FGD 装置采用脉冲悬浮系统代替机械搅

拌，采用池分离技术为氧化和结晶提供最佳反应条件。

（1）分离型反应池。FGD装置的反应池采用池分离器将其分为独立的上、下两部分，且上、下两部分的浆液不会发生混合。上部为氧化区，在低pH值下运行，为氧化反应提供适宜的氧化条件。位于池分离器间隔中的氧化空气管为上部氧化区提供氧化空气。部分浆液从上部排出至石膏脱水系统。新鲜的石灰石浆液从下部加入，经吸收塔循环浆液泵送至喷淋吸收区的喷嘴中。该反应具有以下特点：

1）反应池上部浆液pH值较低，有利于提高氧化效率；

2）鼓入氧化空气可强制排除浆液中CO_2，底部新鲜石灰石的溶解过程得以优化；

3）石膏浆液排出处的石灰石浓度最低，而石膏浓度最高，有利于获得高纯度石膏；

4）底部通过添加新鲜的石灰石浆液保证较高的pH值，以利于SO_2的快速高效吸收。

（2）喷淋层与喷嘴。吸收塔内沿高度方向布置的几层喷淋层相互叠加，并在水平面内错开一定角度，对喷淋层喷嘴的数量进行优化，低负荷时可以停掉某个或几个喷淋层，从而锅炉负荷变动时，保证脱硫装置高效经济运行。

为达到预期的脱硫效率，该装置采用切向空心锥形喷嘴使液滴直径保持在适当的范围内。该喷嘴具有以下特点：

1）喷嘴流量较低时，仍能保持适当的液滴直径；

2）低流速下，在喷嘴最小断面上不会发生堵塞；

3）可同时向上及向下喷射浆液，喷淋浆液形成的锥体会在相对的两个喷淋层中部进行重叠，这样可以提高脱除效率；

4）喷嘴采用碳化硅制成，防腐、防磨，且不含易堵塞的内置件，提高了装置的可靠性。

（3）脉冲悬浮系统。该装置的反应池搅拌是通过脉冲悬浮方法完成的。吸收塔内采用几根带有朝向吸收塔底部的喷嘴的管子，通过脉冲循环系统将液体从吸收塔反应池上部抽出，经管路重新打回反应池内，当液体从喷嘴中喷出时产生脉冲，依靠脉冲作用可搅拌起吸收塔底部的固体物质，以防止产生沉淀。

脉冲悬浮系统的优点为：

1）吸收塔反应池内没有机械搅拌器或其他的转动部件。

2）搅拌均匀，塔底不会产生沉淀。

3）脱硫装置停运期间无需运行，节省能量。重新投运时，可通过专用管路快速悬浮。

4）提高了脱硫装置的可用率和操作安全性。可以在吸收塔正常运行期间更换或维修脉冲悬浮泵，无需中断脱硫过程或排空吸收塔。

5）加入反应池内的新鲜石灰石可以得到连续而均匀的混合，进而有利于降低吸收剂化学计量比。

（4）屋脊形除雾器。在 FGD 系统中，经过喷淋洗涤后的烟气中会有液滴，为了保证下游设备的安全运行，这些液滴必须除去。液滴分离是在一个两级除雾器中完成的。在设计中，屋脊形除雾器位于塔顶并采用了一体化设计。烟气穿过除雾器后向上进入净烟气烟道。除雾器第一级可除去较大的液滴，第二级则除去剩余的较小液滴。操作中需要定时对除雾器进行冲洗。

屋脊形除雾器的优点是：

1）每个单元除雾器之间设有走道，便于安装和维护；

2）节约冲洗水量；

3）降低气体压降，改善气流分布；

4）可节省空间体积，降低吸收塔高度。

110. 脉冲悬浮搅拌式石灰石湿法 FGD 装置具有哪些特点？

答：脉冲悬浮搅拌式石灰石湿法 FGD 装置具有以下特点：

（1）紧凑的设备设计，节约投资和空间；

（2）吸收塔的喷嘴不含内部构件，不会发生喷嘴堵塞现象；

（3）独特的反应池设计，为各个反应过程提供最佳的化学反应条件；

（4）脉冲悬浮冲洗吸收塔的池底水平，避免阻塞和石膏沉淀问题，不需要搅拌器；

（5）可采用烟塔合一的净化烟气排放方式，或者在吸收塔顶部加一个湿烟囱，而省去烟气再热器；

（6）采用橡胶垫衬、弧形结合包覆、镍合金壁纸、玻璃钢—固化材料和环氧树脂涂层等防腐。

111. 概述液柱塔FGD装置脱硫技术。

答：液柱塔FGD装置的特点在于采用了单回路、顺流、格栅填料塔，或者采用双接触、顺/逆流、组合型液柱塔式吸收塔。

（1）格栅填料塔在塔内放置格栅，循环泵将石灰石浆液打到格栅上部的喷嘴，浆液喷在格栅上。烟气进入吸收塔逆向或顺向流过格栅，通过格栅时增加气液接触面积，气液充分接触传质吸收SO_2，达到脱硫的目的。这种吸收塔对烟气洗涤效果好，脱硫效率高。但格栅容易被氧化钙堵塞、结垢，需经常进行清洗，维修工作量大，耗水量大。

（2）液柱洗涤塔是在氧化槽上部安装向上喷射的喷嘴，循环泵将石灰石浆液打到喷管，再由喷管上安装的喷嘴喷出。烟气和浆液可采用并流、对流和错流多种组合形式。液柱式吸收塔从向上的喷嘴喷射高密度浆液，高效率地进行气液接触。大量的液滴向上喷出时，液滴与烟气的接触面积很大。液柱顶端速度为零，液滴向下掉落时与向上的液滴碰撞，形成很密的更细的液滴，加大气液接触。由于液体在向上喷出时形成湍流，所以SO_2的吸收速度很快。由于喷射出的浆液及滞留在空中的浆液与烟尘产生惯性冲击，具有极高的除尘性能。液柱塔和一般喷淋塔相比，吸收塔循环浆液浓度可增加到20%～30%（质量），比喷淋塔高10%～15%（质量）；液气比可降为15～25L/m^3（标准状态下），比喷淋塔低5L/m^3（标准状态下）；循环泵出口压力为0.12～0.2MPa，喷淋塔高度为25～35m，喷嘴直径大，不会发生堵塞问题，喷嘴数目一般保持每平方米有2根喷管、4个喷嘴。

液柱塔的主要特征是结构简单，占地面积小，液柱塔阻力低，循环泵台数少，动力消耗低，气液接触面积大，脱硫效率高。特别是燃高硫煤的机组采用并、对流的液柱塔，可获得高的脱硫效率，同时有极高的除尘效果。吸收塔可呈方形，便于布置喷浆管，以及吸收塔防腐内衬的施工和维修。

112. 概述高速平流简易 FGD 装置脱硫技术。

答： 高速平流简易 FGD 装置采用卧式吸收塔，是一种以降低脱硫效率为代价，换取低投资、低成本的简易性技术。从锅炉烟道分流出的2/3 部分烟气，经脱硫风机升压后进入卧式吸收塔，以 7～12m/s 的流速水平通过喷淋段。喷淋段有多根喷雾管排成数列，每列由数根管组成，每根管上有数个水平方向的雾化喷嘴，沿顺流与逆流喷射出的雾状石灰石浆液充满整个喷雾区，烟气与石灰石浆液充分接触后，进入浆液反应池上部，由于设备界面突然扩大，烟气流速降低，被充分洗涤净化，脱除 SO_2 的烟气经吸收塔尾部的二级除雾器除去烟气中的液滴，然后与未经脱硫的 1/3 部分烟气混合，从烟囱排出。氧化风机为下部反应池提供氧化空气，并采用机械搅拌，使亚硫酸钙氧化成硫酸钙，生成石膏。该装置的特色是采用了高速水平卧式喷淋吸收塔，喷嘴沿竖直方向布置，沿顺流与逆流双向喷射。

高速水平流简易湿法 FGD 技术的简易之处主要表现在以下几个方面：

（1）液气比小，仅为 15；

（2）要求降低脱硫剂石灰石品质，包括纯度和粉粒的粒度，以扩大原料来源和降低制粉成本；

（3）提高烟气在塔内的流速，降低烟气在脱硫塔内的停留时间，缩小装置体积，降低造价；

（4）省去烟气热交换器，经脱硫后的低温烟气与未脱硫的高温烟气（最高 170℃）混合后，直接排入烟囱；

（5）采用水平卧式吸收塔，与其他湿法相比，其容积较小

（塔体一段相当于稍为放大的烟道），省去了采用竖塔时的上下连接烟道，节省占地，节约投资；

（6）该FGD造价为常规湿法FGD的50%，脱硫效率要降低10%~15%（仍可达80%）；

（7）石灰石浆液设计成水平喷入方式，雾化好。

113. 高速平流简易FGD装置脱硫技术特点是什么？

答：高速平流简易FGD装置脱硫技术特点为：

（1）适用于燃用各种含硫煤，且脱硫效率要求不高（80%）的特定燃煤电厂；

（2）简化的系统，易于运行操作；

（3）用石灰石作脱硫剂，价格低，钙利用率高；

（4）造价与运行成本均较低；

（5）氧化吸收完全，副产品石膏稳定，有益于防止二次污染；

（6）吸收塔的喷雾具有较高的除尘能力，其后部可不设除尘器；

（7）脱硫与氧化合二为一，均在吸收塔内进行，吸收塔布置在锅炉与烟囱之间的烟道上，可快速将吸收液喷成雾状，进行脱硫。

114. 日本川崎喷雾塔脱硫技术特点是什么？

答：日本川崎喷雾塔脱硫技术特点如下：

（1）吸收塔的构造为内部设隔板、排烟气顶部反转、出口内包藏型的简洁吸收塔。

（2）通过烟气流速的最适中化和布置合理的导向叶片，达到低阻力、节能的效果。

（3）吸收塔出口部具有的除水滴作用可省去内藏式除雾器。

（4）出口除雾器的布置高度低，便于运行维护、检修、保养。

（5）吸收塔内部只布置有喷嘴，构造简单且没有结垢堵塞。

（6）通过控制泵运行台数和对喷管的切换，可以针对负荷的变化达到经济运行。

日本川崎喷雾塔喷嘴为陶瓷的螺旋喷嘴，喷雾模式为三重环状液膜，其特点是：

（1）低压喷嘴需要泵的动力小，为低压节能型。

（2）所喷出的三重环状液膜气液接触效率高，能达到高吸收性能、高除尘性能。

（3）单个喷嘴的雾量大，需要布置的数量少。

（4）耐腐蚀、耐磨损，具有半永久的使用寿命（30年以上）。

（5）不会堵塞。

115. 概述美国Babcock&Wilcox公司的合金托盘技术。

答：美国Babcock&Wilcox公司为保证空塔的脱硫效果，在吸收塔上部装了托盘，在托盘上开孔，孔径为30mm，开孔率为30%～50%。吸收塔循环泵将石灰石浆液打到托盘上面的喷嘴，将浆液喷到托盘上，烟气由托盘下均匀通过托盘孔时，与石灰石浆液接触传质，吸收SO_2。美国B&W公司在做500MW机组设计中，将采用托盘和不用托盘进行了比较。其设计参数为：FGD入口SO_2浓度为$1.8\times10^{-3}\mu L/L$；脱硫率为90%，吸收剂为石灰石，比较结果见表2-3。

表2-3 采用托盘技术与不用托盘技术比较结果

项目	采用托盘	不用托盘	项目	采用托盘	不用托盘
化学计量比	1.1	1.1	泵功率（kW）	2760	3750
液气比 L/G（L/m^3）（标准状态下）	14.5	20	风机功率（kW）	6860	6580
压降（Pa）	1240	870	总功率（kW）	9620	10330

注 由于采用了托盘，使得烟气均匀分布，气液接触面积大，在保证脱硫率的情况下液气比可降低27%，总能量节约710kW。

116. 什么是氨法烟气脱硫？

答：以氨基物质作吸收剂，脱除烟气中的SO_2并回收副产物

（如硫酸铵等）的湿式烟气脱硫工艺，简称氨法。

117. 氨法烟气脱硫工艺流程是怎么分类的？

答： 氨法烟气脱硫工艺流程按主要工序工艺及设备的差异分类如下：

（1）按副产物的结晶方式分为塔内饱和结晶、塔外蒸发结晶等，其中塔外蒸发结晶又分为单效蒸发、二效蒸发等。

（2）按塔型式分为复合塔型、双塔型等。

（3）按脱硫系统的烟气动力源分为设置增压风机；不设增压风机，原引风机增容。

此外，还可按吸收剂、副产物、氧化形式等进行分类。

118. 海水特性是什么？

答： 自然界海水呈碱性，pH 值一般为 8.0～8.3，每克海水碱度为 2.2～2.7mg，一般含盐分为 3.5%，其中碳酸盐占 0.34%，硫酸盐占 10.8%，氯化物占 88.5%，其他盐分占 0.36%。海水对酸性气体（如 SO_2）具有很强的吸收和中和能力。SO_2 被海水吸收后，经曝气氧化，最终产物为可溶性硫酸盐，而硫酸盐本来就是海水的主要成分之一。

119. 简述海水脱硫的工艺原理。

答： 海水脱硫工艺是利用海水的碱度达到脱除烟气中二氧化硫的一种脱硫方法。在脱硫吸收塔内，大量海水喷淋洗涤进入吸收塔内的燃煤烟气，烟气中的二氧化硫被海水吸收而除去，净化后的烟气经除雾器除雾、经烟气换热器加热后排放。吸收二氧化硫后的海水与大量未脱硫的海水混合后，经曝气池曝气处理，使其中的 SO_3^{2-} 被氧化成为稳定的 SO_4^{2-}，并使海水的 pH 值与 COD 调整达到排放标准后排放大海。

120. 简述海水脱硫的工艺流程。

答：海水脱硫工艺装置主要由烟气系统、供排海水系统、海水恢复系统、电气、热工控制系统等组成。其中海水恢复系统的主体结构是曝气池。

海水脱硫工艺的主要流程是：锅炉排出的烟气经除尘器后，由系统增压风机送入气—气换热器的热侧降温，然后进入吸收塔，在吸收塔中被来自循环冷却系统的部分海水洗涤，烟气中的二氧化硫被吸收，干净的烟气通过烟气换热器升温后经烟囱排入大气；吸收塔排出的废水排入海水处理厂，与来自冷却系统的海水混合，用鼓风机对混合的海水进行强制氧化，除去亚硫酸根。待混合海水的 pH 值和 COD 等指标达到要求后，排入指定海域。

121. 海水脱硫工艺按是否添加其他化学物质作吸收剂可分为哪两类？

答：海水脱硫工艺按是否添加其他化学物质作吸收剂可分为以下两类：

（1）不添加任何化学物质，用纯海水作为吸收剂的工艺；

（2）在海水中添加一定量石灰以调节吸收液的碱度。

122. 海水脱硫工艺的主要特点是什么？

答：海水脱硫工艺的主要特点是：

（1）工艺简单。采用天然海水作吸收剂，既无需添加其他脱硫剂，也无废料产生，因此可节省脱硫剂制备和废渣液处理系统。

（2）系统可靠可用率高。因为海水脱硫系统中不存在堵塞、结垢等问题，根据国外经验，可用率保持在 100%。

（3）脱硫效率高，可达 90% 以上，有明显的环境效益。

（4）投资低，运行费用也低。

（5）只能用于海边电厂，且只能适用于燃煤含硫量小于 1.5% 的中低硫煤。

123. 海水脱硫装置发挥的功能是什么？

答：海水脱硫装置发挥的功能为：截断工业排放的硫回到大海之前进入大气、湖泊、河流并造成污染和破坏的渠道；同时使硫（SO_2）以硫酸盐的形式不经过大气、淡水湖、河流和土壤而直接进入大海。

124. 简述电子束法烟气脱硫的工艺。

答：电子束法烟气脱硫工艺是一种物理方法和化学方法相结合的高新技术。它是利用高能电子对烟气的照射产生的活性基因氧化去除 SO_2、NO_x 气态污染物，其过程可分为三个反应过程：

（1）游离基的生成。当用高能电子束辐射烟气时，电子束能量大部分被 N_2、O_2、H_2O 所吸收，生成活性很强的游离基 OH、O、HO_2、N。

（2）SO_2、NO_x 氧化。烟气中的 SO_2、NO_x 与产生的游离基 OH、O、HO_2 进行反应，分别氧化成硫酸 H_2SO_4 和硝酸 HNO_3。

（3）氨气反应生成硫酸铵和硝酸铵。

125. 电子束法烟气脱硫工艺流程是怎样的？

答：电子束烟气脱硫的工艺过程大致由预除尘、烟气冷却、加氨、电子束照射、副产品捕集五道工序组成。

烟气首先经锅炉静电除尘器除尘后进入冷却塔进一步除尘，降温和增湿，烟气温度从140℃左右降至60℃左右，此后将一定量的氨气、压缩空气和软水混合喷入反应器进口处，在此与烟气混合，经过高能电子束辐射后，SO_2、NO_x 在游离基作用下生成 H_2SO_4 和 HNO_3，并进一步与 NH_3 发生化学反应，生成（NH_4）$_2SO_4$ 和 NH_4NO_3 粉末，部分粉末沉降至反应器底部，通过输送机排出，大部分粉末随烟气一起进入后续的电除尘器，从而被收集下来，洁净的烟气经吸风机升压后进入烟囱排入大气。

126. 简述电子束法烟气脱硫工艺的特点。

答：电子束法烟气脱硫工艺的特点是：

（1）能同时脱除烟气中的SO_2和NO_x。

（2）运行操作简单，维护方便。

（3）是干法过程，无废水废渣。

（4）副产品是以硫酸铵为主含少量硝酸氨构成的有益农业氮肥。

（5）投资少，运行费用较低，经济性较好，适合在高硫煤地区运用。

（6）电子束运行中产生X射线在建筑物处、操作室等处辐射剂量率最大为0.3μSv/h，低于国家标准。

127. 简述电子束法烟气脱硫工艺系统的组成。

答：电子束法烟气脱硫工艺系统的组成为：①烟气系统；②氨的储存和供给系统；③压缩空气系统；④SO_2反应系统；⑤软水系统；⑥副产品处理系统。

128. 石灰石湿法烟气脱硫工艺中，石灰石浆液吸收二氧化硫是一个什么过程？该过程大致分为哪几个阶段？

答：石灰石湿法烟气脱硫工艺中，石灰石浆液吸收二氧化硫是一个气液传质过程，该过程大致分为四个阶段。

（1）气态反应物质从气相主体向气—液界面的传递。

（2）气态反应物穿过气—液界面进入液相，并发生化学反应。

（3）液相中的反应物由液相主体向相界面附近的反应区迁移。

（4）反应生成物从反应区向液相主体迁移。

因此，脱硫过程包括扩散、吸收和化学反应等过程，是一个复杂的物理化学过程。脱硫效率不仅与气液平衡有关，还与化学平衡有关。

129. 石灰石-石膏湿法烟气脱硫工艺原理是什么？

答：石灰石-石膏湿法烟气脱硫工艺原理：利用石灰石浆液洗涤脱除烟气中SO_2来达到烟气脱硫的目的。脱硫工艺包括5个部分：①吸收剂制备；②吸收剂浆液喷淋；③塔内雾滴与烟气接触混合；④循环池浆液强制氧化；⑤石膏制备。

在吸收塔内石灰石浆液喷淋洗涤，并与烟气中SO_2充分接触和混合，SO_2被石灰石浆液所吸收，反应步骤及方程式如下：

（1）SO_2被液滴吸收

$$SO_2（气）+H_2O = H_2SO_3（液）$$

（2）吸收的SO_2同溶液的吸收剂反应生成亚硫酸钙

$$CaCO_3（液）+H_2SO_3（液）= CaSO_3（液）+H_2O+1/2CO_2$$

（3）浆液中$CaSO_3$达到饱和后，即开始结晶析出

$$CaSO_3（液）= CaSO_3（固）$$

（4）在循环池中溶液中的$CaSO_3$与溶于液滴中的氧反应，氧化成硫酸钙

$$CaSO_3（液）+1/2O_2（液）= CaSO_4（液）$$

（5）$CaSO_4$（液）溶解度低，从而结晶析出

$$CaSO_4（液）+2H_2O = CaSO_4 \cdot 2H_2O（固）$$

130. 石灰石-石膏湿法烟气脱硫工艺系统组成是什么？

答：石灰石-石膏湿法烟气脱硫工艺系统组成：①由石灰石粉料仓、石灰石磨机及测量站构成的石灰石制备系统；②由洗涤循环、除雾器和氧化工序组成的吸收塔；③烟气再热系统；④脱硫增压风机；⑤由水力旋流分离器和真空皮带过滤机组成的石膏脱水装置及储存装置；⑥废水处理系统。

131. 脱硫工艺的基础理论是利用二氧化硫的什么特性？

答：脱硫工艺的基础理论是利用二氧化硫的以下特性：①二氧化硫的酸性；②与钙等碱性元素能生成难溶物质；③在水中有中等的溶解度；④还原性；⑤氧化性。

132. 石灰石湿法烟气脱硫反应速率取决于什么？

答：石灰石湿法烟气脱硫反应速率取决于四个速度控制步骤：

①CO_2、O_2 和 SO_2 的吸收；②HSO_3^- 的氧化；③石灰石的溶解；④石膏的结晶。

133. 石膏溶液过饱和度的定义是什么？

答：石膏溶液过饱和度的定义为

$$\alpha = \frac{c}{c^*} \times 100\% \tag{2-2}$$

式中　α——石膏溶液的过饱和度，%；

c——溶液中石膏的实际浓度；

c^*——工艺条件下石膏的平衡浓度。

134. 石膏溶液相对过饱和度的定义是什么？

答：石膏溶液相对过饱和度的定义为

$$\beta = \frac{c - c^*}{c^*} \times 100\% \tag{2-3}$$

式中　β——石膏溶液的相对过饱和度；

c——溶液中石膏的实际浓度；

c^*——工艺条件下石膏的平衡浓度。

135. 石灰石（石灰）-石膏湿法烟气脱硫主要特点是什么？

答：石灰石（石灰）-石膏湿法烟气脱硫主要特点是：①脱硫效率高；②技术成熟，运行可靠性高；③对煤种变化的适应性强；④占地面积大，一次性建设投资相对较大；⑤吸收剂资源丰富，价格便宜；⑥脱硫副产物便于综合利用；⑦技术进步快。

136. 石灰与石灰石脱硫工艺相比，其优缺点是什么？

答：石灰脱硫工艺的优点是：

（1）所需脱硫塔体积小，投资费用相对较低；

（2）气液比低，节省循环泵能耗；

（3）脱硫容量大；

（4）石膏白度白；

（5）适用的燃煤等级范围大。

石灰脱硫工艺的缺点是：

（1）脱硫剂费用高；

（2）石灰的制备较石灰石复杂，不易储存，易堵（石灰与水反应时生成的水蒸气易堵塞进料口），造价较高；

（3）维护费用高；

（4）在煅烧过程中，每生产1t石灰大约需要200kg的煤，产生约4kg的SO_2，反过来又造成一定的空气污染。

137. 石灰石（石灰）抛弃法烟气脱硫系统的重要特点是什么？

答：石灰石（石灰）抛弃法烟气脱硫系统的重要特点是该工艺系统中省掉了回收副产品石膏的设备及系统，反应最终的产品是未氧化的亚硫酸钙（$CaSO_3 \cdot 1/2H_2O$）与自然氧化产物石膏（$CaSO_4 \cdot 2H_2O$）的混合物。

138. 石灰石（石灰）抛弃法烟气脱硫主要工艺流程是什么？

答：以石灰石或石灰的水浆液作脱硫剂，在吸收塔内对含有二氧化硫的烟气进行喷淋洗涤，使二氧化硫与料浆中碱性物质发生反应，生成亚硫酸钙和硫酸钙，而将二氧化硫去掉。浆液中的固体物质连续从浆液中分离出来，并排到沉淀池，同时不断地向清液加入新鲜料浆循环至吸收塔。

139. 简述石灰石-石膏湿法烟气脱硫系统中采用抛弃法的利与弊。

答：我国是一个资源丰富的国家，虽然分布不太均匀，但市场价不高。其次，电厂烟气脱硫回收的石膏，由于燃煤煤质不稳定、电厂运行管理水平等，造成回收石膏质量不稳定。因此对一些地区，为减少FGD系统的投资，可以采用抛弃法。采用抛弃法就是将脱硫废渣直接排入灰场，这样会导致灰场使用寿命缩短，还有可能加速输灰管的结垢。但是使用抛弃法也有十分明显的好处：可以减少回收副产品工艺系统的投资，节省这部分系统所需的运行、检修和维护费用，降低运行成本，还可缩小整个系统的占地面积。而且由于简化了烟气脱硫工艺，提高了系统运行的安全性。

第三章

影响脱硫性能的主要因素

140. 脱硫效率是如何计算的?

答: 脱硫效率是指由脱硫装置脱除的 SO_2 量与未经脱硫前烟气中所含 SO_2 量的百分比，按公式计算

$$\eta = \frac{c_1 - c_2}{c_1} \times 100\% \tag{3-1}$$

式中 c_1——脱硫前烟气中 SO_2 的浓度（折算到标准状态、干基、6% O_2），mg/m^3；

c_2——脱硫后烟气中 SO_2 的浓度（折算到标准状态、干基、6% O_2），mg/m^3。

141. 吸收剂利用率是如何计算的?

答: 吸收剂利用率（η_{Ca}）等于单位时间内从烟气中吸收的 SO_2 摩尔数除以同时间内加入系统吸收剂中钙的总摩尔数，即

$$\eta_{Ca}(\%) = \frac{\text{已脱除 } SO_2 \text{ 摩尔数}}{\text{加入中的 Ca 摩尔数}} \times 100\% \tag{3-2}$$

142. 吸收塔技术参数有哪些?

答: 吸收塔技术参数有烟气量、浆液循环时间、液气比、钙硫比 Ca/S（mol）等。

143. 什么是液气比（*L/G*）?

答: 在石灰石湿法 FGD 工艺中，液气比（L/G，L/m^3）是指吸收塔洗涤单位体积烟气（m^3）需要含碱性吸收剂的循环浆液体积（L），即

$$L/G = \frac{\text{再循环吸收浆液或溶液的流量(L/min)}}{\text{吸收塔入口烟气流量}(m^3/min)} L/m^3 \tag{3-3}$$

液气比决定吸收酸性气体所需的吸收表面。在其他参数一定的情况下，提高液气比相当于增大了吸收塔内的喷淋密度，吸收过程的推动力大，有利于 SO_2 的溶解和吸收，脱硫效率高。但液气比超过一定程度，吸收率将不会有显著提高，而吸收剂及吸收浆液循环

泵的功耗急剧增大，运行费用高，同时导致烟气温度下降太大。因此，石灰石洗涤吸收塔的液气比一般控制在 15L/m^3 的范围较合适。

144. 液气比的作用和影响是什么？

答：液气比是湿法 FGD 系统设计和运行的重要参数之一，液气比的大小反映了吸收过程推动力和吸收速率的大小，对 FGD 系统的技术性能和经济性具有重要的影响。液气比直接决定了循环泵的数量和容量，也决定了氧化槽的尺寸，对脱硫效果、系统阻力、设备一次投资和运行能耗等影响很大。其作用如下：

（1）增大吸收表面积。在大多数吸收塔设计中，循环浆液量决定了吸收 SO_2 可利用表面积的大小，喷淋塔和喷淋/托盘塔尤其如此。逆流喷淋塔喷出液滴的总表面积基本上与喷淋浆液流量成正比，当烟气流量一定时，则与液气比成正比。在其他条件不变的情况下，增加吸收塔循环浆流量即增大液气比，脱硫效率则随之提高。

（2）降低 SO_2 洗涤负荷，利于其被吸收。液气比提高，降低了单位浆液洗涤 SO_2 的量，不仅增大了传质表面积，而且中和已吸收 SO_2 的可利用的总碱量也增加了，因此提高了总体传质系数。

（3）控制浆液的过饱和度，防止结垢。当浆液中 $CaSO_4 \cdot 2H_2O$ 的过饱和度高于 1.3 时，将产生石膏硬垢。在循环浆液固体物浓度相同时，单位体积循环浆液吸收的 SO_2 量越低，石膏的过饱和度就越低。提高液气比将有利于防止结垢。

另外，吸收塔吸收区中的 SO_3^{2-} 和 HSO_3^{2-} 的自然氧化率与浆液中溶解氧量密切相关，高液气比将有利于循环浆液吸收烟气中的氧气。再者，来自反应罐的循环浆液本身也含有一定的溶解氧，循环浆液流量大，含氧量也就多。因此，提高液气比将有助于提高吸收区的自然氧化率，减少强制氧化负荷。

145. 什么是钙硫比（Ca/S）？

答：钙硫比又称吸收剂耗量比或称化学计量比。定义为脱硫塔内烟气提供的脱硫剂所含钙的摩尔数（mol/h）与烟气中所含SO_2的摩尔数（mol/h）的比例（Ca/S），钙硫比相当于洗涤1molSO_2需加入$CaCO_3$的摩尔数

$$Ca/S=\frac{\text{加入}CaCO_3\text{的摩尔数}}{\text{吸收塔进口烟气中的}SO_2\text{摩尔数}} \tag{3-4}$$

Ca/S反映单位时间内吸收剂原料的供给量，通常以浆液中吸收剂浓度作为衡量度量。在保持浆液L/G不变的情况下，Ca/S增大，注入吸收塔内吸收剂的量相应增大，引起浆液pH值上升，可增大中和反应的速率，增加反应的表面积，使SO_2吸收量增加，提高脱硫效率。但钙硫比过大，会引起吸收剂过饱和凝聚，最终使反应的表面减少，钙的利用率下降，不仅浪费了吸收剂，而且影响脱硫效率。因此，石灰石湿法烟气脱硫工艺的Ca/S一般控制在1.02~1.05范围内。

146. 影响湿法烟气脱硫性能的主要因素有哪些？

答：影响湿法烟气脱硫性能的主要因素有吸收剂品质、入口烟气参数、吸收浆液pH值、液气比、钙硫比等。

147. 吸收塔内烟气流速是如何计算的？

答：吸收塔内烟气流速是指吸收塔内饱和烟气的表观平均速度，在标准状态下，它等于饱和烟气的体积流量G（m^3）除以垂直于烟气流向的吸收塔断面面积（$\pi D^2/4$），即

$$\omega_y=\frac{4G}{3600\times\pi D^2}\text{m/s} \tag{3-5}$$

在其他参数不变的情况下，提高吸收塔内烟气流速，一方面可以提高液气两相的流动，降低烟气与液滴间的膜厚度，提高传质系数；另一方面，喷淋液滴的下降速度将相对降低，使单位体积内持液量增大，增大了传质面积，提高脱硫效率。但是，烟气流速增

大，则烟气在吸收塔内的停留时间减少，脱硫效率下降。因此，从脱硫效率的角度来讲，吸收塔内烟气流速有一最佳值，高于或低于此烟速，脱硫效率都会降低。

在实际工程中，烟气流速的增加无疑将减小吸收塔的塔径，减小吸收塔的体积，对降低造价有益。然而，烟气流速的增加将对吸收塔内除雾器的性能提出更高要求，同时还会使吸收塔内的压力损失增大，能耗增加。目前，将吸收塔内烟气流速控制在 3.5 ~ 4.5m/s 较合理。

148. 烟道漏风对 FGD 有何影响？

答：烟道漏风使脱硫系统所处理的烟气量增加，不但会使脱硫效率降低，而且会增加系统电耗，降低脱硫系统运行的经济性。

149. 烟气流速对除雾器的运行有哪些影响？

答：通过除雾器断面的烟气流速过高或过低都不利于除雾器的正常运行。烟气流速过高易造成烟气二次带水，从而降低除雾效率，同时流速高，系统阻力大，能耗高。通过除雾器断面的流速过低，不利于气液分离，同样不利于提高除雾效率。此外，设计的流速低，吸收塔断面尺寸就会加大，投资也随之增加。设计烟气流速应接近于临界流速。

150. 论述提高烟气流速对石灰石－石膏法的 FGD 系统有哪些影响？

答：在石灰石-石膏法的 FGD 系统中，如果保持其他参数不变，提高吸收塔内烟气流速：

（1）可以提高气液两相流的湍动，降低烟气与液滴间的膜厚度，提高传质效果，从而提高脱硫效率。

（2）由于烟气流速提高，喷淋液滴的下降速度将相对降低，使单位体积内持液量增大，增大了传质面积，增加了脱硫效率。

（3）烟气流速提高，可以设计塔径较小的吸收塔，这样就减少了吸收塔的体积，从而降低了吸收塔造价。

（4）烟气速度增加，又会使气液接触时间缩短，脱硫效率可能下降。试验表明，烟气流速在2.44～3.66m/s之间逐渐增大时，随着烟气流速的增大，脱硫效率下降；但当烟气流速在3.66～24.57m/s之间逐渐增大时，脱硫效率几乎与烟气流速的变化无关。

（5）烟气速度增加，使吸收塔内的压力损失增大，能耗增加。

（6）烟气速度的增加，会使烟气携带液滴的能力增加，使烟气带水现象加重。

151. 试述运行因素对湿法烟气脱硫性能的影响。

答：运行因素对湿法烟气脱硫性能的影响主要体现为浆液的pH值、钙硫比、液气比、液滴直径、循环浆液固体物浓度及固体物停留时间、系统传质性能和Cl^-含量。

（1）浆液的pH值高，总传质系数随之提高，有利于SO_2的吸收。但高的pH值对副产品亚硫酸钙的氧化和石灰石的溶解起到抑制作用，并且使系统易发生结垢、堵塞现象；降低pH值有利于亚硫酸钙的氧化。通常，吸收塔浆液的pH值控制在5.0～5.8之间。

（2）钙硫比（Ca/S）。在保持浆液量不变的情况下，增加Ca/S，引起浆液pH值上升，脱硫效率上升。通常，Ca/S为1.03～1.1。

（3）液气比（L/G）。在其他条件不变的情况下，增加吸收塔循环浆液量（增加L/G），增加了气液接触的几率，脱硫效率随之升高。

（4）液滴直径。减小液滴直径可以增大气液传质面积，延长液滴在塔内的停留时间，相应的提高脱硫效率；但减小液滴直径必须要求提高喷嘴压力，从而增加电耗。

（5）循环浆液固体物浓度及固体物停留时间。维持较高的浆液浓度有利于提高脱硫效率和石膏纯度，但过高的含固量对浆液泵、搅拌器、管道等产生较大的磨损。适当的停留时间有利于提高吸收剂的利用率和石膏的纯度，有利于石膏结晶的长大和石膏脱水。

（6）系统传质性能。系统传质性能越好，系统的脱硫效率越高。

（7）Cl^-含量。在脱硫系统中Cl^-是引起金属腐蚀和应力腐蚀的重要原因；Cl^-还能抑制吸收塔的化学反应，影响石膏品质；Cl^-含量增加会引起石膏脱水困难。

152. 试述吸收剂品质对湿法烟气脱硫性能的影响。

答：在石灰石-石膏湿法烟气脱硫工艺中，吸收剂的品质影响脱硫效率、吸收剂的消耗量、石膏的质量及设备的磨损。主要影响因素有石灰石纯度及杂质、石灰石的粒径、硬度和反应活性。

（1）石灰石的纯度及杂质。石灰石的纯度越高，系统脱硫率越高，而且产生的石膏品质也越高。石灰石的纯度越低时，不溶性物质含量越高。杂质的大量存在会增加球磨机、浆液泵、喷嘴和管道等的磨损及设备电耗；不溶性物质的存在影响石膏的纯度，而且降低了石灰石的反应活性。通常，石灰石的纯度应大于90%，至少不低于85%。

（2）石灰石的粒径。石灰石的颗粒越细，参与反应的表面积越大，在维持吸收塔相同pH值和相同脱硫效率的情况下，石灰石的利用率越高。典型的石灰石的细度要求是石灰石颗粒中90%～95%通过325目的金属筛网，筛孔净宽约为44μm。

（3）石灰石的硬度。石灰石的可磨性指数是石灰石硬度的一个指标，可磨性指数越小，越难磨制，石灰石制备系统电耗越大。

（4）石灰石的反应活性。反应活性取决于石灰石所含杂质及其晶体的大小，杂质含量越高，晶体越大，反应速度越小。

153. 石灰石中SiO_2对脱硫系统的影响是什么？

答：石灰石中的杂质SiO_2含量高会导致研磨系统设备功耗增加，系统磨损严重，运行成本增加。

154. 石灰石中MgO对脱硫系统的影响是什么？

答：石灰石中MgO在进入脱硫吸收塔参与反应后生成可溶于

水的镁盐，因此随着Mg^{2+}浓度的增加，吸收塔浆液密度与石膏含固量的对应关系将打破。在正常情况下，吸收塔浆液浓度为1140kg/m³时对应的石膏含固量为20%。也就是说，在脱硫系统运行中，吸收塔浆液浓度达到1140kg/m³时，其对应的含固量未达到20%。如果按照常规运行控制方式，当吸收塔浆液浓度达到1140kg/m³时，启动脱硫系统进行石膏浆液脱水干燥，此时脱水石膏附着水超标，严重时会出现真空皮带脱水机无法脱水现象。为了保证脱水石膏工作正常，势必提高吸收塔浆液密度运行，此时带来的后果是，浆液循环泵及与浆液接触的运行设备工作电耗增加，浆液循环泵由于管线压损增大，将影响到喷淋层的喷淋量和效果，使脱硫效率降低。

155. 石灰石中有机物对脱硫系统的影响是什么？

答：石灰石中有机物矿物成分进入吸收塔在塔内富集，当吸收塔浆液中有机物达到一定浓度时，破坏了吸收塔浆液的表面张力，从而产生泡沫，出现虚假液位，吸收塔出现溢流现象。

石灰石中有机物的含量可通过化验石灰石的烧失量定性反映出有机物的情况。

156. 石灰石中$CaCO_3$纯度对脱硫系统的影响是什么？

答：石灰石中$CaCO_3$纯度越高，其消溶性越好，浆液吸收SO_2等相关反应速度越快，有利于提高系统脱硫效率，有利于提高石灰石的利用率，降低运营成本。反之，石灰石中$CaCO_3$纯度越低，其杂质含量越高，阻碍了石灰石颗粒的消溶性，抑制了脱硫效率，降低石灰石的利用率，因而增加了运营成本。

石灰石中$CaCO_3$纯度低于设计值要求时，则势必增加吸收塔石灰石的供浆量，造成物料不平衡，即两个负面影响：要求参与反应的石灰石供浆量大于最大供浆量，由于设备限制，则必须牺牲脱硫效率来维持脱硫系统的运行；供浆量增加必然带来供水量的增加，因此破坏脱硫系统的水平衡，导致脱硫系统不能正常运行。

157. 什么是石灰石的抑制和闭塞?

答: 石灰石必须在吸收塔内溶解以提供反应碱度，一定的溶解化学物质附着（或包裹）于石灰石浆液颗粒表面会大大减缓或阻止石灰石的溶解。当溶解变慢时称为抑制，当溶解明显很慢甚至停止称为闭塞。

158. 试述入口烟气参数对湿法烟气脱硫性能的影响。

答: 入口烟气参数对湿法烟气脱硫性能的影响主要有烟气流量、烟气 SO_2 浓度、烟气温度和烟气含尘浓度。

（1）烟气流量。在其他条件不变的情况下，增加进入吸收塔的烟气流量，SO_2 脱除率下降；相反，随着烟气流量的降低，SO_2 脱除率提高。烟气流量影响脱硫效率的主要原因是影响液滴与烟气的接触时间。

（2）烟气 SO_2 浓度。当燃料含硫量增加时，排烟中 SO_2 浓度随之上升，在其他条件不变的情况下，脱硫效率下降。这是因为较高的入口 SO_2 浓度更快地消耗液相中可利用的碱量，造成液膜吸收阻力增大。

（3）烟气温度。低的烟气温度使 SO_2 的平衡分压降低，有利于 SO_2 向液体中溶解，提高气液传质；同时，低的吸收温度使 H_2SO_3 和 $CaCO_3$ 的反应速率减小。烟气温度的增加，脱硫效率随之下降。但过低的烟气温度不利于烟气抬升，并且易产生结露现象，对后续设施生产腐蚀。

（4）烟气含尘浓度。烟尘在一定程度上阻碍 SO_2 与吸收剂的接触，降低了石灰石的溶解速度；烟尘中重金属离子溶于浆液中抑制 Ca^{2+} 与 HSO_3^- 的反应；烟尘中的 Al^{3+} 与液相中的 F^- 反应生成氟化铝络合物，对石灰石的颗粒有包裹作用，影响石灰石的溶解，使脱硫效率下降。烟尘含量高还会影响石膏晶粒的结晶及长大，影响石膏脱水性能；增压风机叶片磨损、烟道积灰结垢，堵塞除雾器、GGH 及下游设备。

159. 试述浆液 pH 值是怎样影响浆液对 SO_2 的吸收的。

答： 浆液池的 pH 值是石灰石-石膏法脱硫的一个重要运行参数。一方面，pH 值影响 SO_2 的吸收过程。pH 值越高，传质系数增加，吸收速度就快，但不利于石灰石的溶解，且系统设备结垢严重。pH 值降低，虽利于石灰石的溶解，但是 SO_2 吸收速度又会下降，当 pH 值下降到 4 时，几乎不能吸收 SO_2 了。另一方面，pH 值还影响石灰石、$CaSO_4 \cdot 2H_2O$ 和 $CaCO_3 \cdot 1/2H_2O$ 的溶解度。随着 pH 值的升高，$CaCO_3$ 的溶解度明显下降，$CaSO_4$ 的溶解度则变化不大。因此，随着 SO_2 的吸收，溶液 pH 值降低，溶液中 $CaCO_3$ 的量增加，并在石灰石颗粒表面形成一层液膜，而液膜内部 $CaCO_3$ 的溶解又使 pH 值上升，溶解度的变化使液膜中的 $CaCO_3$ 析出，并沉积在石灰石颗粒表面，形成一层外壳，使颗粒表面钝化。钝化的外壳阻碍了 $CaCO_3$ 的继续溶解，抑制了吸收反应的进行。因此，选择合适的 pH 值是保证系统良好运行的关键因素之一。

160. 简述吸收塔内 pH 值高低对 SO_2 吸收的影响，一般 pH 值控制范围是多少？如何控制 pH 值？

答： pH 值高有利于 SO_2 的吸收，但不利于石灰石的溶解；反之，pH 值低有利于石灰石的溶解，但不利于 SO_2 的吸收。一般将 pH 值控制在 5～5.8 范围内。通过调节加入吸收塔的新鲜石灰石浆液流量来控制 pH 值。

161. 烟气含尘浓度高对脱硫系统有什么影响？

答： 烟气经过吸收塔洗涤后，其中大部分飞灰留在了浆液中。浆液中的飞灰在一定程度上阻碍了石灰石的消溶，降低了石灰石的消溶速率，导致浆液 pH 值降低，脱硫效率下降。同时飞灰中的一些重金属离子会抑制 Ca^{2+} 与 HSO_3^- 的反应，进而影响脱硫效果。此外，飞灰还会降低石膏的白度和纯度，增加脱水系统管路堵塞、结垢的可能性。

第四章

KKS 编码在燃煤烟气湿法脱硫工艺中的应用

162. 什么是KKS编码？

答：KKS是德文词“Kraftwerk - Kennzeichensystem”的缩写，英文为Identification System For Power Plants，意思是“电厂标识系统”。KKS用来标识电厂的部件及其辅助系统。它是由德国电厂操作人员和建造人员开发的，适用于所有类型的电厂。

KKS编码是根据标识对象的功能、工艺和安装位置等特征，来明确标识电厂中的系统和设备及其组件的一种代码。KKS编码用字母和数字，按照一定的规则，通过科学合理的排列、组合，来描述（标识）电厂各系统、设备、元件、建（构）筑物的特征，从而构成了描述电厂状况的基础数据集，以便于对电厂进行管理（如分类、检索、查询、统计）。

KKS标识系统是根据任务、类型和位置来标识任何类型电厂中的各个装置，装置的各个部分及各个设备；具有四个分解层次和固定字母数字字符的分层结构格式，各层次都是以工艺相关代码为依据。它采用下列三种类型标识的统一代码格式，按工程规范的专门规则分别进行标识：工艺（过程）相关标识（PROCESS - RELATED CODE）、安装地点标识（POINT OFINSTALLATION CODE）、位置标识（LOCATION CODE）。

163. KKS编码系统功能是什么？

答：KKS编码系统功能是：

（1）各种类型的电厂及相关工艺的标识统一。避免采用不一致的命名系统导致电厂间及上层管理投资机构之间的沟通问题。

（2）有足够的容量和细节来标识所有系统、设备和建筑物。运行和检修等人员能更加准确地辨认设备装置，从设备标识牌上马上可以辨识出设备功能和所处位置。

（3）有足够的扩充容量以适应新技术的发展，有一个连贯的统一的标识系统。

（4）规划、施工、运行、维护和其他管理的标识始终一致，保证电厂所有历史数据的延续性。

（5）标识的规则在机械（汽轮机、锅炉、化学）、土建（建筑物）、电气和仪表热控各专业之间得到严格的统一和很好的适用，并兼备根据工艺过程、安装地点和位置进行识别的能力。

（6）KKS 编码是强规则的编码规则，它的每一位编码的含义和取值，都有严格的规定，是作为编码标准的优良品种。

（7）符合国家和国际的有关标准。

（8）易于实现人才流动。由于相同的编码系统，在各专业中（甚至不同电厂）人员流动比较容易。也正是因为是非基于语言的编码系统，还将有利于和国外厂商进行交流。

（9）设备由不同制造商和供应商制造或供应，因此形成不统一的设备代码系统。统一到一个标准的 KKS 标识系统下（因为它可以给任何设备对象编码），可以形成统一的设备标识体系，方便管理。

（10）使用先进的、统一的编码系统，这是对电厂所包容的所有对象进行数字化的过程，这是实现计算机管理的基础，为信息系统提供最科学的信息。

164. KKS 编码系统特点是什么？

答：KKS 编码系统特点是：

（1）设备由不同制造商和供应商制造或供应，因此形成不统一的设备代码系统。统一到一个标准的 KKS 标识系统下（因为它可以给任何设备对象编码），可以形成统一的设备标识体系，方便管理。

（2）使用先进的、统一的编码系统，这是对电厂所包容的所有对象进行数字化的过程，这是实现计算机管理的基础，为信息系统提供最科学的信息。

（3）KKS 编码可广泛用于任何 CSMS 软件，可简化 CSMS 软件的准备过程，加快了系统建设的进度。

（4）利用计算机，重新绘制所有系统图纸。由于重新绘制时均经过现场核对，其准确性大大提高，如果提供彩色输出将会更加清晰，同时可大大提高可读性，便于查阅。

(5) 利用计算机绘图，对于将来发生的设备变更、异动和技术改造，需要修改系统图纸时可以轻易实现。

(6) 易于实现人才流动。由于相同的编码系统，在各专业中（甚至不同电厂）人员流动比较容易。

(7) 如果能更换现场设备标识牌，那么运行和检修等人员能更加准确地辨认设备装置，从设备标识牌上马上可以辨识出设备功能和所处位置。

165. KKS编码层次结构是什么？

答： KKS编码包括对设备功能位置、安装位置和地理位置的描述。

KKS是根据被标识对象的功能、安装位置和地点场所等特征，按一套严格的规则，用字母和数字组合，清楚并唯一地在全厂范围内标识机组及其系统、设备和部件的一种编码。KKS编码的逻辑结构和组成体系层次分明，代码简单明了，不依赖于计算机程序语言而独立存在；它拥有足够的容量进行扩充，能标识各种不同类型的电厂（包括变电站等）所有设备和部件；KKS编码具有唯一性，每个代码无其他意思。KKS为国内和国际交流提供了一个统一的平台，是一种最先进合理、科学实用的编码技术。

KKS编码的标识分为三类，即工艺标识、安装地点标识和位置标识。从逻辑上讲，这三类标识的方法很容易理解：工艺标识顾名思义即标识各工艺系统的设备，为了标识某一设备，通常先作系统的划分，再在各个系统中作具体的细化表示。安装地点标识采用坐标的方式标识设备或部件。位置标识则是采用顺序编号或坐标方式对各个建筑物中的各个房间进行标识。

根据KKS编码规则，可以细化到对设备上的零部件进行编码，包括设备上的一颗螺丝钉（如需要）。通过KKS编码，可以规范全厂的生产设备，完成设备的统一管理。同时，通过设备编码，可以把该设备所有的相关资料都显示出来，如检修履历、铭牌参数设置、文档资料等。

每台生产设备从设计开始，将得到一个唯一且专用的KKS编码，在设备管理过程中，从采购、监造、库存、安装、调试、检修直到退役，将一直采用这个KKS编码。KKS编码还表示出了安装位置，安装在不同的位置将有不同的KKS编码。

166. KKS编码脱硫工艺分类是什么?

答：KKS编码脱硫工艺分类是：

（1）HTA：烟气输送系统。

（2）HTC：烟气增压风机系统。

（3）HTD：吸收塔本体系统。

（4）HTF：浆液循环系统。

（5）HTG：氧化风机系统。

（6）HTH：检修起吊设施。

（7）HTJ：吸收剂储存系统。

（8）HTK：吸收剂制备及系统。

（9）HTL：石膏排出及滤液水系统。

（10）HTM：石膏浆液一级脱水系统。

（11）HTN：石膏浆液二级脱水系统。

（12）HTP：固体石膏储运系统。

（13）HTQ：工艺水系统/除雾器冲洗水供浆系统。

（14）HTR：冷却水系统。

（15）HTS：废水处理系统。

（16）HTT：排放系统。

（17）HTU：蒸汽吹扫系统。

（18）HTW：密封空气系统。

（19）HTX：仪用压缩空气系统。

（20）HTY：检修用压缩空气系统。

（21）HTZ：洗眼器系统。

第五章

燃煤烟气湿法脱硫系统

第一节 烟 气 系 统

167. 脱硫岛的概念是什么?

答: 脱硫岛是指燃煤烟气湿法脱硫设备所处的区域。

168. 系统与子系统的定义是什么?

答: 系统是两个或更多的设备组的组合，用来完成对电厂运行和安全比较重要的功能。系统可包括土木工程、构筑物或建筑物、机械、流体设备、电气控制等。系统应具有唯一性，且不应是其他系统的子系统。子系统是系统的一部分，包括两个或更多组合的设备，不能完成系统的特定功能，仅仅是在设计、测试或维修时用以隔离之用。

169. 设备与部件的定义是什么?

答: 设备是部件的组合，作为一个整体实现所设计的功能。部件是设备的组成元素。

170. 燃煤烟气湿法脱硫设备的概念是什么?

答: 燃煤烟气湿法脱硫设备是用于从燃煤烟气中除去二氧化硫（SO_2）所需要的装置、组件、系统集成、解决方案和相关服务。

171. 燃煤湿法烟气脱硫系统一般包括哪些主要子系统?

答: 燃煤湿法烟气脱硫系统一般包括吸收剂制备系统、烟气系统、吸收及氧化系统、副产物脱水系统、脱硫废水处理系统、压缩空气系统、电气系统、仪控系统、土建及钢结构系统等主要子系统。

172. 烟气系统一般包括哪些设备和系统?

答: 烟气系统一般包括烟道系统、原烟气挡板、净烟气挡板、旁路烟气挡板、挡板门密封风系统、增压风机及其辅助系统、烟气换热器（GGH）及其辅助系统等。

173. FGD 系统中，表示烟气特性的参数有哪些？

答：FGD 系统中，表示烟气特性的参数有：

（1）烟气体积流量。

（2）FGD 出、入口烟气温度。

（3）FGD 出、入口烟气 SO_2 浓度。

（4）FGD 出、入口烟气含尘量。

（5）FGD 出、入口烟气含 O_2 量。

（6）FGD 出口 NO_x 浓度。

174. 什么是脱硫原烟气？

答：脱硫原烟气是指进入脱硫装置前未经处理的烟气。

175. 什么是脱硫净烟气？

答：脱硫净烟气是指经脱硫装置处理后的烟气。

176. 为什么要对原烟气进行预冷却？

答：含硫烟气的温度为 120～160℃或更高，吸收反应则要求在较低的温度下（60℃左右）进行。因为低温有利于吸收，而高温有利于解析。另外，高温烟气会损坏吸收塔防腐层或其他设备。因此，必须对烟气进行预冷却。

177. 常用的烟气冷却方法有哪几种？

答：常用的烟气冷却方法有三种：

（1）应用烟气换热器进行间接冷却；

（2）应用喷淋水直接冷却；

（3）用预洗涤塔除尘、增湿、降温。

178. 概述烟气系统工艺流程。

答：锅炉原烟气从引风机后主烟道上引出，经过增压风机升压、通过烟气换热器（GGH）降温至约85℃后进入吸收塔内脱硫净化，出塔烟气温度约为50℃，通过GGH升温至约80℃后进入主体烟道，经烟囱排放。在脱硫系统启动、入口烟气温度超过设计值、发生故障或检修时，烟气可通过旁路烟道进入烟囱排放。

179. 烟气系统的主要功能及作用是什么？

答：烟气系统的主要功能及作用是为进行FGD的投入与退出，为FGD的运行提供烟气通道。烟气系统将未脱硫的烟气引入脱硫系统，进入脱硫系统的烟气通过FGD入口的增压风机实现流量控制，通过GGH降低烟气温度。吸收塔出来的洁净烟气通过GGH进行升温，送入烟囱排放。烟气系统的压降通过增压风机克服。

在脱硫系统引入和引出烟道上设有原烟气挡板门和净烟气挡板门，旁路烟道上设有旁路烟道挡板门。当脱硫系统投运时，FGD原烟气挡板门和净烟气挡板门打开，烟气通过脱硫系统。在脱硫系统启动、入口烟气温度超过设计值、发生故障或检修时，FGD原烟气挡板门和净烟气挡板门关闭，旁路烟气挡板打开，烟气可通过旁路烟道进入烟囱，从而不影响锅炉和发电机组的安全运行。

180. 什么是烟气旁路通道？

答：烟气旁路通道是指烟气不通过脱硫装置，直接通往烟囱向大气排放的通道，其作用是脱硫设施发生故障时可以不影响发电主机正常运行。

181. 增压风机设置旁路的目的是什么？

答：按锅炉50% BMCR工况下的烟气参数设置增压风机旁路，

使在机组启动、锅炉在50%以下负荷运行或者增压风机故障时，停增压风机，开启增压风机旁路，利用引风机的剩余压头来克服FGD的阻力，降低运行费用。

182. 设置FGD旁路烟道的原因主要有哪几个方面？

答：目前国内已建或在建的电厂石灰石/石膏湿法FGD系统中，绝大部分都设置了烟气旁路。设置旁路的原因主要有以下几方面：

（1）湿法FGD虽然技术成熟，但毕竟在我国应用时间不长，大量地应用也就是最近这几年，大多数建设单位都没有太多的经验，担心如果不设烟气旁路，在脱硫系统故障或临时检修时会影响机组发电，因小失大。因此，为了保证FGD装置在任何情况下都不影响发电机组的安全运行，设置了100%的烟气旁路。

（2）许多FGD系统属于老厂改造工程，原有烟道加一块旁路挡板就成了100%烟气旁路，方便且安全，也不影响主机发电。

（3）新建电厂与FGD装置的建设不能同步完成，为了不影响主机发电，设置旁路系统。

（4）FGD系统设计时就不是100%脱硫，而是用部分高温原烟气与净烟气混合来加热。

（5）当锅炉侧烟气参数如粉尘、入口SO_2浓度、烟气温度等超出FGD系统的处理能力时打开旁路可确保FGD系统的安全运行。

（6）设置一个带密封风的旁路挡板，以防止FGD系统运行时原烟气泄漏到净烟气中，降低系统脱硫率。

183. 旁路挡板门的控制应该满足什么要求？

答：旁路挡板门必须有快速开启的功能，全关到全开的开启时间应≤10s，旁路挡板门一般采用气动驱动装置，也可采用电动驱动装置。在FGD保护动作、失电或失气情况下，旁路挡板门必须自动打开，使烟气走旁路，保证锅炉风烟系统的正常运行。

每个挡板的操作应灵活和可靠。驱动挡板的气动或电动执行机构应能就地控制箱操作和 FGD - DCS 远方操作，挡板开度位置和开、关状态反馈信号进入 FGD - DCS 系统。所有挡板全开、全关位置应配有指示全开或全关的限位开关，触点容量至少为 220V AC、3A。挡板门打开/关闭位置的信号将用于增压风机和锅炉的连锁保护。电动执行器要配备两端位置限位开关、两个方向的转动开关、事故手轮和维修用的机械连锁。执行器的速度应满足炉膛负压和 FGD 增压风机的运行要求，能通过手轮对执行机构进行就地手动操作。在执行机构上安装就地位置指示仪，站在地面上可清楚地观察到。

184. 气动旁路挡板门的控制原理是什么？

答：气动旁路挡板门控制系统由仪用气源、控制电磁阀、气动切换阀、定位器、位返器、位置开关及气缸等组成。

在 FGD 启动时，投入旁路挡板门，根据炉膛负压及增压风机入口烟气压力调节情况使之缓慢关闭。控制电磁阀带电，气动切换阀气源接通，切换至 I/P 控制模式，旁路挡板门处于任意开度的模拟量调节状态。

在 FGD 故障及紧急情况时，快速打开旁路挡板门。此时控制电磁阀失电。气动切换阀气源断开，开切换阀将仪用气源接通至气缸的开侧，关切换阀，将气缸的关侧接通至大气，旁路挡板门迅速打开。

185. FGD 系统开启旁路挡板门运行存在的问题是什么？

答：FGD 系统开启旁路挡板门运行虽然减少了对锅炉的影响，但存在两大问题：

（1）旁路挡板门开启（全开或部分开），造成一部分未脱硫的原烟气从旁路烟道直接排入烟囱，降低了整个系统的脱硫率。对不设增压风机的 FGD 系统，即使旁路挡板门开启少许，漏原烟气也相当严重。这样，FGD 系统的环保功能就大打折扣。

(2) 脱硫后净烟气回流问题。在烟气旁路挡板门全关的状态下，原烟气基本全部通过吸收塔，脱硫后净烟气一般也不会有回流。而在同样的动叶开度下，若烟气旁路挡板门全开运行，则会出现脱硫后净烟气回流的现象，一个明显的变化就是FGD系统入口原烟气温度下降。回流净烟气和高温的原烟气混合后再次进入脱硫系统，干湿烟气在原烟道内混合，水分增多，温度下降出现冷凝，造成烟道腐蚀和风机动叶腐蚀积灰等，对FGD系统的安全性带来影响。

186. FGD关闭旁路挡板门运行的两个关键是什么?

答: 在关闭FGD烟气旁路挡板门下保证了机组的安全运行，有两个关键点：①增压风机导叶的自动调节品质要优良；②旁路烟气挡板门动作要可靠。

187. FGD旁路挡板门开启的条件是什么?

答: 旁路烟气挡板的快开条件要考虑周全，要充分考虑运行中可能发生的各种故障，包括机组侧及FGD系统本身的故障，下面的快开条件是必不可少的：

(1) 锅炉MFT（信号由锅炉送来）；

(2) 机组RB（信号由机组送来）；

(3) 增压风机跳闸或不在启动位；

(4) GGH故障；

(5) 无循环泵运行；

(6) 原烟气压力高高或低低（如大于1kPa或小于-1kPa），或旁路挡板门两侧的压差超过设定值；

(7) FGD入口温度高高（如大于180℃）；

(8) 原烟气入口挡板或净烟气出口挡板故障；

(9) 旁路挡板门开关信号故障；

(10) 旁路挡板门（挡板电磁阀）失电；

(11) 脱硫控制室操作桌上按手动“快开”按钮。

188. 在烟气旁路挡板门全关情况下运行FGD系统时，应注意的事项是什么？

答：在烟气旁路挡板门全关情况下运行FGD系统时，应注意的事项是：

（1）定期活动烟气旁路挡板防止卡涩，并定期仔细检查定位器、电磁阀、仪用压缩空气管路等，确保FGD旁路挡板门气源、电源、连锁开关动作正确无误。这是最关键之处。FGD系统和锅炉停运时，要检查旁路挡板门并清理积灰。

（2）定期维护增压风机导叶执行机构及各热工保护信号等，使风机导叶能调节自如，不卡涩、不松脱。

（3）加强对增压风机各运行参数和油箱油位、油温的监控，一旦发生异常应及时调控，对涉及增压风机跳闸的设备如循环泵、GGH等运行参数也应密切监视。

（4）保持GGH的干净。在FGD系统运行中，GGH干、湿的换热工况很容易使烟气中的飞灰、石膏等沉积而引起GGH换热元件堵塞，造成GGH阻力增大，严重时会引起增压风机喘振，对锅炉的运行也造成不利影响。因此要加强GGH吹灰管理，以确保GGH的净烟侧、原烟侧压差在正常范围内，同时加强粉尘进入FGD系统的控制，这对系统的安全运行非常重要。

（5）为减少旁路挡板门和原烟气挡板的泄漏，可调整引风机和增压风机的运行。在旁路关闭时，调节增压风机使FGD入口烟道压力最好与出口烟道（入烟囱）压力相当。当烟气走旁路时，通过调节引风机使FGD入口烟气压力保持微负压，以减少原烟气漏入FGD系统中，这可能会与未装FGD系统前运行方式不一样，需机组运行人员密切配合。

（6）机组运行而FGD系统检修时，旁路挡板门全开位要锁死。FGD系统检修后必须对各烟气挡板进行连锁试验，动作应正确无误。

（7）关闭旁路挡板门前，应制定详细的运行操作卡，内容至少包括关旁路的条件，如主机负荷稳定短时间内无升降负荷的操作、主机集控和 FGD 运行人员的操作步骤、人员安排、事故预想等。

(8) 旁路挡板门送电后，热工人员要检查旁路挡板门状态是否正常，包括开度反馈信号，全开、全关反馈信号，远方、就地信号等。确认没有发旁路挡板门关指令且状态反馈都正常后，将旁路切至远方。

调整机组增压风机导叶开度，使 PV 值（实际值）与机组负荷相对应。保持增压风机入口压力稳定，检查烟气系统无异常后再缓慢地开始关旁路挡板门，期间应派专人在旁路挡板门就地进行现场跟踪，保持通信联系，以便紧急情况下进行手动操作，同时加强与主机值班员的联系。旁路挡板门完全关闭后应投入增压风机自动控制。

(9) 当机组负荷变动大、异常或其他影响脱硫运行的操作时，主机集控应及时通知 FGD 运行人员。在旁路挡板门关闭情况下，无论发生何种紧急情况，都禁止运行人员采用快速方式调整动叶。

(10) 在出现旁路挡板门快开条件之外的一些异常情况下，应果断地人工手动开启旁路挡板门。这些情况包括增压风机导叶调节机构故障使导叶无法调节或波动大，增压风机自动调节失灵，增压风机失速，FGD 入口粉尘太大或锅炉长时间烧油，炉膛负压退出自动等。当运行工况满足旁路挡板门快开条件而挡板未连锁动作时，立即按操作台的紧急按钮。旁路挡板门连锁动作后，应立即汇报部门领导、值长，查明动作原因，原因查明并处理完成后，才允许再次关闭旁路挡板门。

(11) 加强 FGD 系统运行操作人员的专业培训，提高运行管理水平。

(12) 及时总结交流，制定出切实可行的 FGD 系统安全运行操作制度，并严格执行。

189. FGD 系统取消或不设旁路烟道的优点是什么？

答：FGD 系统取消或不设旁路烟道，有如下优点：

（1）可确保SO_2的脱除。对新机组真正地实现“三同时”。取消旁路后，从电厂锅炉引风机尾部出来的烟气，全部进入吸收塔，脱硫后的烟气从烟囱排入大气，这样就不存在原烟气走旁路的可能，真正地实现100%原烟气的脱硫。FGD系统取消旁路烟道，最大的好处是杜绝了偷排现象的发生，真正达到了环境保护目的。

（2）可简化工艺系统、优化布置、节省场地。在600MW以下机组或1000MW不同时脱硝机组，并不设GGH时，可由电厂引风机克服整个FGD烟气系统的阻力，FGD系统可以不设置独立的增压风机。由于取消设置旁路烟道和增压风机，大大减少了FGD系统的占地面积，使得循环泵房、脱水及制浆车间和所有箱罐等设施都可以布置在烟囱和引风机之间的空地上，使整个系统的布置更为流畅、紧凑及合理，既节省了占地面积，同时也便于日后脱硫设备的安装和检修。

（3）可优化建设模式。取消旁路且增压风机和引风机合并设置时，吸收塔布置在烟囱前，FGD烟气系统不再是一个独立的系统，完全可以纳入主体工程的设计当中，可和主机一样实施E+PC建设模式，利于FGD系统的建设质量。

190. 脱硫系统旁路挡板门实行铅封后，脱硫运行值班员将怎样在确保主机系统安全运行的前提下保证脱硫系统稳定运行？

答：脱硫系统旁路挡板门实行铅封后，脱硫运行值班员在确保主机系统安全运行的前提下保证脱硫系统稳定运行的方法和措施为：

（1）加强对脱硫系统重要设备检查和监视，特别将脱硫烟气设备如脱硫增压风机和附属油站、脱硫烟气换热器及原、净烟气挡板等设备作为检查重点。

（2）熟悉各设备的测点定值、设备报警和跳闸值，各设备的连锁保护。

（3）认真学习和执行相关紧急预案和风险预控措施，出现异常情况能沉着冷静地进行处理。

（4）定期举行事故演习，提高人员事故处理能力。

（5）加强与主机值长的联系沟通，在机组升降负荷或出现其他异常的情况下能及时告知脱硫运行值班员，加强对进口压力监视。

（6）加强设备缺陷管理，特别针对重要设备缺陷要及时处理，保证设备安全稳定运行。

（7）认真做好设备的定期切换和试验，保证备用设备能正常备用。

（8）总结运行经验为铅封以后设备的稳定运行提出自己的建议，优化系统保护和连锁。

（9）加强对脱硫系统进口各测点的监视，特别是进口压力、进口烟气温度、进口二氧化硫浓度、进口烟气流量等，出现异常时及时分析和处理。

（10）出现异常可能危及脱硫系统运行时，应第一时间汇报值长、专工并联系检修人员紧急处理。

191. 脱硫增压风机的布置方式有哪几种？我国脱硫工程在选择布置脱硫增压风机的方案中宜选择哪种方案？

答：在FGD系统中，烟气的输送依靠脱硫风机来克服烟道、烟气挡板、GGH、吸收塔、烟囱和其他设备的阻力。增压风机布置位置有四种方案：

方案1，脱硫增压风机布置在换热器和脱硫塔之前，脱硫增压风机工作在热烟气中，其沾污和腐蚀的倾向最小。但由于此时的有效体积流量最大，风机的功耗也最大。使用回转式GGH时，原烟气会向净烟气侧泄漏，由于目前脱硫系统中的回转式换热器密封风机对其进行空气密封，烟气的泄漏量可以控制在1%以内。

方案2，脱硫增压风机布置在换热器之后、吸收塔之前，其沾污和腐蚀的倾向较小，功耗较低。但由于其压缩功的存在造成吸收塔入口烟气温度升高，会降低脱硫效率。

方案3，脱硫增压风机布置在吸收塔后，风机工作在水蒸气饱和的烟气中，此时的脱硫增压风机被称为湿风机。湿风机综合了最大的优点，但也有显著缺点。湿风机的烟气量约低10%，其压缩热可将烟气再次加热，在使用GGH时由净烟气向原烟气泄漏。但是，湿风机要求使用耐腐蚀材料，沾污危险较大，有结垢时会影响出力。当吸收塔内处于负压时，在一定条件下存在衬胶脱落的危险，影响风机的安全运行。

方案4，脱硫增压风机布置在换热器后，风机工作在含有少量水蒸气的较为干燥的烟气中。此种风机功耗适中，同样可以利用压缩功，其沾污倾向较湿风机小；缺点是要求使用耐腐蚀材料，费用较贵，吸收塔处于负压运行状态。使用回转式换热器时，原烟气会向净烟气侧泄漏；采用良好的空气密封，可以减少对脱硫效率的影响。

综合各方面因素可以得出结论：虽然湿风机综合了最大的优点，但考虑电厂的安全运行，降低脱硫系统的整体造价、运行成本及提高投运率，我国脱硫工程在选择布置脱硫增压风机的方案中宜选择的是方案1。

192. 挡板门密封风机的作用是什么？

答：挡板门密封风机的主要作用是向挡板门提供密封风，并维持密封风风压。

193. 挡板门密封风机的作用是什么？

答：挡板门密封风机的主要作用是在烟气挡板门关闭时对挡板门进行密封隔离，防止烟气从挡板门的一侧向另一侧泄漏。

194. 挡板门密封风加热器的作用是什么？

答：挡板门密封风加热器的作用是用来对密封风进行加热，使密封风的温度保持在烟气露点温度之上（通常在80℃以上），以避免烟气在挡板门处出现冷凝而对挡板造成腐蚀。

195. 什么是脱硫设备压力降？

答：脱硫设备进口和出口烟气平均全压之差，单位为帕（斯卡）（Pa）。

196. 增压风机停运后 GGH 电动机必须等待轴承温度降至 30℃以下停运的目的是什么？

答：增压风机停运后烟道内会存留高温烟气而无发散去，GGH 驱动轴承有部分在外部，过早停运将会使换热片上温度传导至内部轴承中，而外部轴承与内部轴承存在温差易造成轴承、换热片、固定框架变形，严重的将无法启动。

197. 哪些设备设有密封风机？各起什么作用？

答：（1）在烟气系统各双挡板，设有净烟气密封和空气密封，其中在 FGD 运行时，同烟道上的旁路挡板采用净烟气密封在 FGD 检修时，入口双挡板与净烟气出口挡板采用空气密封以防止烟气进入 FGD。

（2）在 GGH 原净烟气采用净烟气密封，在 GGH 四周采用空气密封以防止烟气漏入大气。

（3）在增压风机轴与箱体采用空气密封以减少烟气对轴和箱体的腐蚀。

198. 烟道中膨胀节的作用是什么？

答：烟道中膨胀节是为了吸收固定设备（如脱硫塔、换热器外壳）和运行设备（如风机及其烟道）之间的相对振动，补偿烟道热膨胀引起的位移。

199. 烟道膨胀节分为哪几种，分别用于哪种环境？

答：烟道膨胀节可分为金属膨胀节和非金属膨胀节。金属膨胀节用于原烟气高温烟道，非金属膨胀节用于净烟气烟道和低温原烟气烟道。非金属烟道膨胀节一般由纤维、钢丝或纤维和钢丝联合增强的氟橡胶制成。金属膨胀节抗腐蚀和抗扭性能差，目前，几乎所有的膨胀节均采用增强的氟橡胶制成，其厚度一般为5mm左右。

200. 对金属膨胀节有什么技术要求？

答：金属波纹管膨胀节按波纹管的位移形式可分为轴向型、横向型、角向型及压力平衡型波纹管式。

膨胀节由多层材料组成，净烟道处的膨胀节要考虑防腐要求，波纹节应全部是合金材料，至少是耐酸耐热镍基合金钢，烟道膨胀节必须保温。原烟道膨胀节的波纹节可采用316L金属型，以降低造价。保护板是防止灰尘沉积在膨胀节波节处。膨胀节能承受系统最大设计正压/负压再加上10mbar（1mbar = 10^2Pa）余量的压力。接触湿烟气并位于水平烟道段的膨胀节应通过膨胀节框架排水，排水孔最小为DN150，并且位于水平烟道段的中心线上。排水配件应能满足运行环境要求，由FRP、合金材料制作（至少是镍合金钢），排水应返回到FGD区域的排水坑。

烟道上的膨胀节采用焊接或螺栓法兰连接，布置应能确保膨胀节可以更换。法兰连接膨胀节框架应有同样的螺孔间距，间距不超过100mm。膨胀节框架将以相同半径波节连续布置，不允许使用铸模波节膨胀节。框架深度最小是200mm，而且最小要留80mm的余地以便于拆换膨胀节。膨胀节及与烟道的密封应有100%气密性。膨胀节的外法兰应密封焊在烟道上，要注意不锈钢与普通钢的焊接，以便将腐蚀减至最小。

201. 对非金属膨胀节有什么技术要求？

答：非金属膨胀节是用非金属高强密封复合材料、高温隔热材料等经特殊工艺制作而成。目前，脱硫净、原烟道膨胀节主要采用非金属膨胀节，由于对防腐要求不同，其结构及波纹节材料也不同。

（1）原烟道非金属膨胀节。原烟气温度在露点之上，不会结露，所以不需考虑Cl^-腐蚀问题，对材质耐腐蚀性能要求低。作为吸收膨胀量的蒙皮一般由氟橡胶布、聚四氟乙烯、玻璃纤维布、玻璃纤维包布制作而成。沿气流方向有导流板，导流板与蒙皮之间填充保温材料。框架与烟道连接一般采用焊接。该形式的膨胀节具有100%的气密性。

（2）净烟道非金属膨胀节。脱硫净烟气中带有一定的水分，含有 Cl^- 等极具腐蚀性的离子，所以对接触烟气的部分必须考虑耐腐蚀问题。蒙皮除考虑吸收膨胀量外，还必须考虑耐腐蚀问题，一般由氟橡胶布、聚四氟乙烯、玻璃纤维布、耐腐蚀复合材料制作而成，耐腐蚀复合材料直接接触烟气，为防腐特殊材料。净烟道非金属膨胀节一般采用直接法兰连接，用螺栓、螺母和垫圈把蒙皮紧固在烟道框架上，不允许使用双头螺栓。中间不设隔热层。为防止下部缝隙漏水，除设置合理的连接螺栓孔距外，必须用金属压板压紧缝隙。

202. 脱硫系统 GGH 运行信号参与增压风机跳闸保护的意义是什么？

答：如果 GGH 停止运行，增压风机不连锁跳闸，长时间将对脱硫设备产生严重危害。

（1）导致 GGH 换热片因受热不均产生变形。

（2）GGH 将被烟尘严重堵塞。

（3）原烟气温度上涨将对吸收塔内衬胶和除雾器有损伤，还将影响吸收塔内水平衡。

（4）净烟气温度下降将对烟道和设备严重腐蚀。

203. 什么是烟气脱硫增压风机？

答：烟气脱硫增压风机设置于引风机下游，用以克服脱硫装置产生的烟气阻力新增加的风机。

204. 脱硫增压风机的作用是什么？

答：脱硫系统采用带旁路的烟气脱硫设计方案。当烟气不通过旁路烟道时，就会加大阻力损失，这些阻力损失包括烟道压损、换热器压损和吸收塔压损，这些阻力损失对于机组引风机的功率调整上是不能承担和满足的。增压风机是在引风机后部安装以便增加烟气压强抵消压损，使经过脱硫的烟气达到排放高度。

205. 增压风机液压油泵和润滑油泵的作用是什么?

答: 液压油泵是为增压风机动叶的调节、保持推杆提供液压力。润滑油泵是为增压风机风机轴承、电动机轴承提供润滑、冷却。

206. 系统中设置的两台润滑油泵停运后增压风机连锁停运的目的是什么?

答: 增压风机在高速运转中需要润滑油对其进行冷却和密封，润滑油泵停运后需要连锁备用润滑油泵，防止增压风机轴承受自身高速转动产生的热量和烟气温度的传导易使内外部轴承因温差发生变形轴承窜动、摆动，情况恶劣时将造成叶片损坏短期内无法修复。

207. 增压风机油系统油箱内配电加热器的目的是什么?

答: 油系统油箱内配电加热器的目的是使润滑油在风机启动前达到运行油温，但同时又要保证不产生局部过热而引起油质劣化。

208. 通风机是如何分类的?

答: 通风机按照提高流体压力的工作原理主要分为容积式流体机械和透平式流体机械。

（1）容积式流体机械。利用活塞、柱塞或各种形式的转子等元件在流体机械内部空腔内对流体进行挤压，使流体压力提高并排除的机械，其中根据挤压元件的运行方式可分为往复式机械和回转式机械。往复式机械有往复压缩机和膜式压缩机，回转式机械有螺杆式压缩机和罗茨风机。

（2）透平式流体机械。依靠高速旋转叶轮的动力学作用使流经叶轮通道的流体增加速度和压力，并在以后的流道中部分速度能又转化为压力能的流体机械，也称为动力式或速度式流体机械。按照流体在机械内的流动方向又可分为离心式通风机、轴流式通风机和混流式通风机。

209. 脱硫增压风机有几种形式？

答：脱硫增压风机有动叶可调轴流风机、静叶可调轴流风机及离心风机 3 种形式。

210. 离心风机的特点是什么？

答：离心风机的特点为：

（1）在设计工况下，风机效率最高；

（2）叶片形式多样，抗磨性能好；

（3）叶片直径较大，占地面积大；

（4）负荷调节性能差；

（5）运行值偏离设计点时效率下降快；

（6）检修不方便。

211. 动叶可调轴流风机的特点是什么？

答：动叶可调轴流风机运行中，依靠液压调节叶片角度，改变风机的风压、风量；特点是：

（1）调节性能好，适应变负荷工况运行；

（2）低负荷时的效率比离心和静叶可调轴流风机高，是其最突出的优点；

（3）转动部件多，结构比较复杂；

（4）耐磨性差；

（5）液压调节系统复杂，结构精密，维护难度大，费用高。

212. 静叶可调轴流风机的特点是什么？

答：静叶可调轴流风机属于高效混流式通风机，由进气箱、进口调节阀门、导叶环机壳、扩压器和转子组成。风机运行中，依靠执行器调节进口导叶，达到调节风压、风量的目的，最高效率为87%左右；特点是：

（1）负荷调节性能比离心风机好，比动叶可调轴流风机差，介于两者之间；

（2）调节系统采用电动或气动执行机构，可靠性高，系统简单，维护方便；

（3）效率相对较低。

213. 静、动叶可调轴流风机优缺点是什么？

答：我国湿式FGD系统的脱硫风机基本上采用轴流风机，至于选择动叶可调轴流风机还是静叶可调轴流风机，与锅炉引风机的选择趋势相同。

对动叶可调和静叶可调两种轴流风机进行比较：

（1）可靠性。动、静叶可调轴流风机可靠性指标均为99%，但由于动、静叶可调轴流风机各自的结构、性能特点，在高温含尘烟气的工作条件下，动叶可调轴流风机叶片磨损的潜在风险比静叶可调轴流风机高。

（2）投资。静叶可调轴流风机比较便宜，大约是动叶可调轴流风机价格的70%～80%，由于其转速低，基础施工费略低。

（3）维护费。风机的维护费用主要考虑叶片的更换。动叶可调轴流风机的叶片是靠堆焊和喷涂耐磨材料来提高磨损寿命的，其寿命比静叶可调轴流风机短，且叶片更换费用高。另外，液压系统易出现漏油、卡涩，现场维修量大。

（4）运行费。主要指风机的功耗，由于动叶可调轴流风机调节特性好，在30%～100% MBR工况下，保持较高的效率，所以其运行费用比静叶可调轴流风机低10%左右。

214. 轴流风机主要由哪些部件组成？

答：轴流风机主要由进气箱、大小集流器、进口导叶、机壳装配（叶轮外壳和后导叶组成）、转动组（传扭中间轴、联轴器、叶轮、主轴承装配）、扩压器、冷却风管和润滑管路等组成。

215. 轴流风机工作原理是什么？

答：风机工作时，气流由风道进入风机进气箱，经过收敛和预旋后，叶轮对气流做功，后导叶又将气流的旋转运动转化为轴向运动，并在扩压器内将气体的大部分动能转化成系统所需要的静压能，从而完成风机的工作过程。

216. 静叶可调轴流风机工作原理是什么？

答：静叶可调轴流风机是根据脉动原理进行工作的。叶轮上游和下游的静压力几乎相等。当流体通过叶轮时，传递给流体的能量主要是指在叶轮下游的以动能形式出现的有用能量。流体从叶轮流出是涡流，可由安装在叶轮下游的后导叶直接流入相连接的扩压器，使绝大部分动能转化为所需要的静压能。

217. 动叶可调轴流风机调节机构工作原理是什么？

答：动叶可调轴流风机改变动叶角度是通过动叶调节机构来执行的，它包括液压调节装置和传动机构。液压缸内的活塞是由轴套及活塞轴的凸肩被轴向定位的，液压缸可以在活塞上左右移动，但活塞不能产生轴向移动。为了防止液压缸在左右移动时通过活塞与液压缸间隙的泄漏，活塞上还装设两列带槽密封圈。当叶轮旋转时，液压缸与叶轮同步旋转，而活塞由于护罩与活塞轴的旋转也做旋转运动。因此，风机稳定在某工况下工作时，活塞与液压缸无相对运行。

活塞轴的另一端装有控制轴，叶轮旋转时控制轴静止不动，但当液压缸左右移动时会带动控制轴一起运动。控制头等零件是静止的并不做旋转运行。

叶片装在叶柄的外端，每个叶片用6个螺栓固定在叶柄上，叶柄由叶柄轴承支撑，平衡重与叶片成一规定的角度装设，两者位移量不同，平衡重用于平衡离心力，使叶片在运转中可调。

动叶调节机构被叶轮及护罩所包围，这样工作安全，可避免脏物落入调节机构，使之动作灵活或不卡涩。

218. 何谓喘振？

答：喘振是指风机在不稳定区域工作时所产生的压力和流量的脉动现象。

219. 风机喘振有什么危害？

答：当风机发生喘振时，风机的流量和压力周期性地反复变化，有时变化很大，出现零值甚至负值。风机的流量和压力的正负剧烈波动，会造成气流猛烈撞击，使风机本身产生剧烈振动，同时风机工作的噪声加大。对于大容量、高压头风机，若发生喘振，则可能导致设备和轴承损坏，造成事故，直接影响脱硫系统的安全运行。

220. 如何防止风机喘振？

答：防止风机喘振的措施如下：

（1）保持风机在稳定区域工作。

（2）采用再循环，使一部分排出的气体再引回到风机入口，不使风机流量过小而进入不稳定区域工作。

（3）加装放气阀。当输送流量小于或接近喘振流量时，开启放气阀，放掉一部分气体，降低管道压力，避免喘振出现。

（4）采用适当的调节方法，改变风机本身的流量。如采用改变转速、叶片安装角等办法，避免风机的工作点落入喘振区。

221. 风机喘振的现象、原因及处理方法是什么？

答：喘振是指风机出现周期性的出风与倒流，相对来讲，轴流风机更容易发生喘振，严重的喘振会导致风机叶片疲劳损坏。风机出现喘振的现象：

（1）风机声音异常，噪声大、振动大、机壳温度升高，引、送风机喘振使炉膛负压波动燃烧不稳。

（2）电流减小且频繁摆动、出口风压下降摆动。

常见的原因：

（1）两风机并列运行时导叶开度偏差过大使开度小的风机落入喘振区运行。

（2）烟风道积灰堵塞或烟风道挡板开度不足引起系统阻力过大。

（3）风机长期在低负荷运转。

处理原则：一般是调整负荷、并列运行风机负荷应相近，再根据上面所说的可能原因进行查找，再做相应处理。

222. AN系列轴流风机维护过程中轴承润滑油加油周期是如何规定的?

答：AN系列轴流风机所配滚动轴承，AN35e6以下型号风机每台每月前轴承加注油脂约为100g，中、后轴承加注油脂约为120g；AN35e6以上型号风机每台每月前轴承加注油脂约为130g，中、后轴承加注油脂约为160g。

当轴承温度超过70℃时，每升温15℃时其加油期限降低一半。每次维修时应将润滑管路清理干净，并处以新鲜油脂。

（1）导叶轴承润滑。备有油槽的滚珠轴承必须清理干净，每运行4000h（至少一年一次）添加一次7017高低温润滑脂。为此，凡在导叶与外端轴承之间的轴，在清理后均必须涂满油脂。

（2）驱动连杆与铰接组件的润滑。驱动连杆与铰接组件各相应点均必须用7017高低温润滑脂重新润滑。

（3）液压油和润滑油的使用寿命。在运行温度最大80℃时的最小使用寿命为80000h。一般每6个月进行一次油分析。如果油的酸值TAN（总酸编号）增加到1.5mgKOH/g，油就必须更换。正常的新油含量是0.4～0.5mgKOH/g，酸值表示的是油中的氧化情况。油中的含水量不能超过0.05%（根据质量计算的百分比），如果超过0.1%，就必须更换油，油中的水会导致轴承和液压元件的腐蚀和磨损。如果不进行油样分析，那么每运行8000h就必须进行换油处理。过滤器一般每运行4000h就应更换一次油。

223. 简述轴流风机导叶的结构及作用。

答：导叶是静止的叶片，装在动叶片的后面。从动叶中流出的气流是沿轴向运动的旋转气流，旋转气流的圆周分速度必然会引起能量损失。为了提高风机效率，在动叶后面装置了扭曲形的导叶。导叶的进口角正对准气流从叶片中流出的方向，导叶的出口角与轴向一致，所以气体从导叶中流出后又变为轴向的。

224. 轴流风机进气室的作用是什么？

答：轴流风机进气室的作用主要是保证气流在损失最小的情况下，能平顺地充满整个流道并进入叶轮。

225. 轴流风机扩压器的作用是什么？

答：经导叶流出的气体具有一定的压力及较大的动能，为了使动能部分地转变为压力能，以提高流动效率及适应锅炉工作需要，在导叶后设有渐扩形的风道，称为扩压器。在扩压器中，气流速度逐渐下降，压力逐渐上升，即达到了动能部分转变成压力能的目的。但扩压器的扩散角度不能太大，否则局部损失太大，噪声也大。扩散角一般以5°~6°为宜。

226. 轴流风机负荷调节有哪几种方式？

答：轴流式风机常采用改变动叶片角度、改变导流器叶片角度和改变电动机转速的方法进行负荷调节。

227. 何谓风机的出力？

答：风机的出力是指烟气或空气在单位时间内通过风机的

流量。

228. 何谓风机的轴功率？

答： 风机的轴功率是指电动机通过联轴器传至风机轴上的功率。

229. 风机风量调节方法有哪几种？

答： 风机风量调节的基本方法有三种，即节流调节、变速调节和轴向导流器调节。

230. 风量的节流调节是如何实现的？

答： 在通风管路上装设节流挡板或转动挡板，风量的减小是靠关小节流挡板的开度以增加管道阻力来实现的。节流挡板装在风机入口处。

231. 何谓风量的变速调节？

答： 用改变风机转速的方法来调节风量就叫变速调节。

232. 何谓风量的导流器调节？

答： 在风机入口装有轴向导流器，用改变导流器叶片的角度来调节风量，故此称为导流器调节。

233. 何谓风机的全风压？

答： 风机的全风压是指风机的动压和静压之和。

234. 轴承按转动方式可分为几类？各有何特点？

答： 轴承按转动方式一般可分为滚动轴承和滑动轴承两类。滚动轴承采用铬轴承钢制成，耐磨又耐温，轴承的滚动部分与接触面的摩擦阻力小，但一般不能承受冲击负荷。

滑动轴承主要部位为轴瓦。发电厂大型转动设备使用的滑动轴承，一般轴瓦采用巴氏合金制成，其软化点、熔化点都较低，与轴的接触面积大，可承重载荷、减振性好、能承受冲击负荷。若润滑油储在其下部时需有油环带动，以保证瓦面油膜的形成。一般规定滚动轴承温度不超过80℃，滑动轴承则不应超过70℃，对于球磨机大瓦的温度限制应根据制造厂家的要求，一般不超过50℃。

235. 什么是径向轴承？什么是推力轴承？

答：承受转子重量，保持转子与定子同心的轴承称为径向轴承。除有径向轴承功能外，还承受转子产生的轴向力，保持转子和定子之间的轴向间隙，防止动静部分轴向摩擦碰撞的轴承称为推力轴承，又叫止推轴承。

236. 为什么滑动摩擦比滚动摩擦大得多，而滑动轴承的性能很好？

答：滑动摩擦力比滚动摩擦力大得多，例如，直接在地上推动物体很费力，如果在物体的下面放上几根钢管，再推就省力得多。这是因为前者要克服物体与地面之间的滑动摩擦，而后者要克服的是物体与地面之间的滚动摩擦。

尽管滑动摩擦比滚动摩擦大得多，但是在转动机械上却广泛采用滑动轴承。这是因为滑动轴承在工作时，利用轴颈与轴瓦之间的两侧间隙形成的油楔可在轴颈与轴瓦之间产生一层油膜，即滑动轴承在工作时，不是轴颈与轴瓦之间的干摩擦，而是油膜内的液体摩擦。轴颈与轴瓦根本不接触，所以摩擦系数很小。轴颈与轴瓦之间的油膜，可将轴承上的负荷均匀地分布在轴瓦上，具有减振作用。滑动轴承工作平稳，噪声小，能承受较大的负荷，特别适宜重载高速和重载低速的汽轮发电机组和大型机泵采用。

237. 为什么转速越高，选用的润滑油的黏度越低？

答：转速高的轴承，即使黏度较低的润滑油也能很好地形成油膜。润滑油黏度越高，摩擦力越大，轴承转动时产生的热量越多，轴承温度越高。所以，高转速的轴承选用黏度较低的润滑油，既能保证良好的润滑，又不使轴承温度过高。

转速低的轴承，黏度低的润滑油不易形成油膜，而且转速低时，润滑油摩擦产生的热量较少。所以为了保证良好的润滑，低转速的轴承宜采用黏度较大的润滑油。转速高于1500r/min的离心泵，用20号机油，转速低于1500r/min的离心泵用30号机油，球磨机的减速机用40号机油。

238. 润滑油与润滑脂各有何优缺点？

答：滑动轴承和滚动轴承是使用润滑油（稀油）还是使用润滑脂（干油）并无严格的规定，有时两种油都可以用。

一般来说，润滑油的流动性好，摩擦阻力小，冷却及冲洗作用均比润滑脂好，而且可在运行中更换润滑油。所以，对于高转速、轻负荷的轴承，因为易于形成油膜，为了减小摩擦、降低轴承温度，采用稀油润滑较好。润滑脂的油性好，黏度高，在相同条件下比润滑油更容易形成油膜。润滑脂的密封、保护及减振作用都比润滑油好，所以对于低转速重负荷、振动较严重、密封条件较差的场合，采用润滑脂润滑较好。

239. 辅机轴承箱的合理油位是怎样确定的？

答：（1）确定合理油位的根据。

1）轴承的类型。带油环的乌金瓦轴承，是利用油环对油的吸附作用把油带到轴和瓦之间的间隙而起润滑作用。润滑的好坏取决于油环浸入油中的面积，对于同一油位，油环浸入油中的面积会随油环直径的增大而增加。因此油位的高低与油环的直径要成一定比例。对于滚珠轴承是直接浸入油中，润滑的好坏是由弹子带油情况而定，因为弹子可以滚动着轮换进入油中，所以油位的高低是以最下部的弹子能浸入油中为标准。

2）油位过高，会使油环运动阻力增加而打滑或打脱，油分子的相互摩擦会使轴承温度升高。还会增大间隙处的漏油量和油的摩擦功率损失。

3）油位过低，会使轴承的弹子或油环带不起油来，造成轴承得不到润滑而使温度升高，把轴承烧坏。

（2）确定油位的方法。

1）带油环的乌金瓦应根据油环的直径而定，油环直径为内径（D）25～40mm的，油位为$D/4$；40～60mm的为$D/5$；65～300mm的为$D/6$；轴的最低点，离油面为5～15mm。

2）滚动轴承要根据转速而定。1500r/min以下，油位保持在最低一个弹子的中心线处。1500r/min以上的，油位以最低弹子能带起油为宜（但不得低于最低弹子的1/3处）。

240. 如何识别真假油位？如何处理？

答：（1）对于油中带水的假油位，由于油比水轻，浮于水的上面，可以从油位计或油面镜上见到油水分层现象，如果油已乳化，则油位变高，油色变黄。

（2）对于无负压管的油位计，如它的上部堵塞形成真空产生假油位时，只要拧开油位计上部的螺母或拨通空气孔，油位就会下降，下降后的油位是真实数。

（3）对于油位计下部孔道堵塞产生的假油位，可以进行如下鉴别及处理：

1）如有负压管，可以拉脱油位计上部的负压管（如是钢管可拧松连接螺母），或用手卡住负压管，这时如油位下降，在下降以前的油位是真实数。

2）如无负压管或负压管已堵，可以拧开油位计上部的螺栓或拉开负压管向油位计中吹一口气，油位下降后又复原，复原后的油位是真实数。

3）对油位计上部与轴承端盖间有连通管而无负压管的油位计，如将连通管卡住或拔掉，油位上升，上升以前的油位是真实数。

4）对于带油环的电动机滑动轴承，可先拧开小油位计螺母，然后打开加油盖，油位上升，则上升以前的油位是真实的。

（4）因油面镜或油位计表面模糊，有结垢痕迹而不能正确判断油位时，首先可以采用加油、放油的方法，看油位有无变化及油质的优劣。若油位无变化，再把油面镜拆开清洗，疏通上下油孔。

241. 增压风机日常运行过程中常见故障原因和处理方法是什么？

答： 增压风机日常运行过程中常见故障原因和处理方法见表5-1。

表5-1 增压风机日常运行过程中常见故障原因和处理方法

序号	故障现象	原因分析	处理方法
1	运行时声音过大	轴承间隙太大	检查轴承，必要时更换轴承（如果必要，还应检查电动机轴承），可用实心棒测听声音
2	两台风机并联运行时所消耗的功率大小不同	进口导叶的调节不同步	重新调整进口导叶，检查执行器的组装，拧紧固定螺栓
3	风机的消耗功率不起变化	伺服电动机出现故障，杠杆与轴的外端夹头已松动	更换伺服电动机加紧杠杆，调整进口导叶，检查执行器驱动，拧紧固定螺栓
4	运行时声音大，不平稳，引起异常振动	转子上的沉积物引起的不平衡，由于叶片一侧磨损引起的不平衡，轴承磨损增加，基础变形或校正不准确	除去沉积物，更换叶片，检查轴承，必要时装上备用轴承，检查对中，重新找正

242. 增压风机日常运行过程中的温度及振动监视标准是什么？

答： 增压风机日常运行过程中的温度及振动监视标准见表5-2。

表 5-2　　增压风机日常运行过程中的温度及振动监视标准

序号	项目	报警	跳闸值	备注
1	轴承温度	85～90℃	100℃	
2	机壳振动	4.6mm/s 或 0.16mm	7.1mm/s 或 0.19mm	转速为 749r/min 及以下
		4.6mm/s 或 0.12mm	7.1mm/s 或 0.16mm	转速为 980r/min
		4.6mm/s 或 0.08mm	7.1mm/s 或 0.12mm	转速为 1480r/min

243. 离心风机主要由哪些部件组成?

答：离心风机主要由集流器、叶轮、机壳、传动部件等组成。

244. 离心风机工作原理是什么?

答：离心风机与离心泵的工作原理类似，叶轮高速旋转，通过叶片推动空气，使空气获得一定能量而由叶轮中心四周流动。当气体路经蜗壳时，由于体积逐渐增大，使部分动能转化为压力能，而后从排风口进入管道。当叶轮旋转时，叶轮中心形成一定的真空度，此时吸气口处的空气在大气压力下被压入风机。这样，随着叶轮的连续旋转，空气即不断地被吸入和排出，完成送风任务。

245. 火力发电厂湿法烟气脱硫后是否需要烟气升温的指导意见是什么?

答：火力发电厂湿法烟气脱硫后是否需要烟气升温的指导意见是：

（1）电厂湿法烟气脱硫后的烟气升温主要是在一定条件和程度上提高湿烟气温度，进而在一定程度上改善烟气扩散条件，而对污染物的排放浓度和排放量没有影响。

（2）对燃煤电厂较为密集的地区和对环境质量有特殊要求的地区（京津地区、城区及近郊、风景名胜区或有特殊景观要求的区域），以及位于城市的现有电厂改造等，在景观要求和环境质量等要求下，火力发电厂均应采取加装 GGH 等设备和工艺，进一步改善烟气扩散条件。

（3）在有环境容量的地区，如农村地区、部分海边地区的火力发电厂，在满足达标排放、总量控制和环境功能的条件下，可暂不采取烟气升温措施。

（4）新建、扩建、改造火力发电厂，其烟气排放是否需要升温，应通过项目的环境影响评价确定。

246. 什么是烟气换热器（GGH）？

答：烟气换热器是为调节脱硫前后的烟气温度设置的换热装置（GGH）。

利用 FGD 上游温度高（120～130℃）的原烟气，加热经过吸收塔喷淋洗涤后低温（45～50℃）湿饱和净烟气，使出口净烟气温度高于 80℃以上排放，从而实现烟气热交换的目的。

247. GGH 的适用条件是什么？

答：GGH 的适用条件是：

（1）由于不设置 GGH，湿法脱硫工艺的水耗将增加 30%～40%，因此，对于严重缺水的地区，从节约水资源的角度出发，应设置 GGH。

（2）由于湿法脱硫工艺不设置 GGH 后，会出现较严重的白烟现象，因此，如电厂周围 50km 以内有任何一种正常投用的机场，均应设置 GGH。

（3）对于燃煤电厂密集的地区和对环境质量有特殊要求的地区（京津地区、城市及近郊、风景名胜区或有特殊景观要求的区域），以及位于城市的现有电厂改造等，在景观要求和环境质量等要求下，应设置 GGH。

（4）对于新建、扩建、改造的火力发电厂，是否设置 GGH 应根据区域环境质量指标的要求，通过项目的环境影响评价确定。

（5）在有环境容量的地区，如农村地区、部分海边地区的火力发电厂，在满足达标排放、总量控制和环境要求的条件下，可不设置GGH。

248. 脱硫系统设置GGH的主要作用是什么？

答：烟气换热器从热的未处理原烟气中吸收热量，用于再热来自脱硫塔的净烟气。原烟气经过烟气换热器后温度降低，一方面是防止高温烟气进入吸收塔，对设备及防腐层造成破坏；另一方面可使吸收塔内烟气达到利于吸收SO_2的温度。湿饱和净烟气通过烟气换热器后温度升高。

设置GGH主要有四个方面的作用：①提高烟气排烟温度和抬升高度，降低污染物落地浓度；②降低工艺水消耗，无GGH要比有GGH的湿法脱硫系统工艺水耗多40%左右；③减轻湿法脱硫后烟囱冒白烟的问题；④避免吸收塔下游设备的腐蚀。

249. 湿法脱硫系统安装烟气换热装置理由是什么？

答：湿法脱硫系统安装烟气换热装置有以下4条理由：

（1）提高污染物的扩散程度；

（2）降低烟羽的可见度；

（3）避免烟囱降落液滴；

（4）避免对下游侧设备造成腐蚀。

250. 湿法烟气脱硫装置装设GGH的优缺点是什么？

答：（1）安装GGH的优点。

1）提高排烟温度和抬升高度。湿法烟气脱硫中，烟气换热器可以将吸收塔出口排烟温度从50℃升高到80℃以上，从而提高烟气从烟囱排放时的抬升高度。

2）降低污染物落地浓度。安装GGH可以增大污染物的最大落地点到烟囱的距离。由于SO_2和粉尘的源强度在除尘和脱硫之后大大降低，因此无论是否安装GGH，它们的影响只占环境允许值很小一部分。由于湿法烟气脱硫FGD不能有效脱除NO_x，NO_x的源强度并没有降低，因此是否安装 GGH 对于 NO_x 没有较大的影响。实际上，通过扩散来降低 NO_x 落地浓度，只能减轻局部环境污染，不能减轻总体环境污染。

3）减轻湿法脱硫后烟囱冒白烟问题。由于安装了FGD系统之后从烟囱排出的烟气处于饱和状态，在环境温度较低时，凝结水汽会形成白色的烟羽。在我国南方城市，这种烟羽一般只会在冬天出现；在北方环境温度较低的地区，出现的几率则较大。一般而言，安装 FGD 之后出现白烟问题是很难彻底解决的。如果要完全消除白烟，必须将烟气加热到 100℃以上。安装 GGH 后排烟温度在 80℃左右，因此只能使得烟囱出口附近的烟气不产生凝结，而无法避免白烟在较远的地方形成。

（2）安装 GGH 带来的缺点。

1）投资和运行费用增加。安装 GGH 而增加的间接设备费用及相应的建筑安装费用等，其总和约占 FGD 总投资的 15%。此外，GGH 本体对烟气的压降约为 1kPa，为了克服这些阻力，必须增加增压风机的压头，这会使 FGD 系统的运行费用大大增加。

2）脱硫系统运行故障增加。原烟气温度在 GGH 中会由约 120℃降低到酸露点以下的 80℃，因此，在 GGH 的热侧会产生大量黏稠的浓酸液。这些酸液不仅对 GGH 的换热元件和壳体有很强的腐蚀作用，而且会黏附大量烟气中的飞灰。另外，穿过除雾器的微小液滴滴在换热元件的表面上蒸发后，也会形成固体结垢物。这些固体物会堵塞换热元件的通道，进一步增加 GGH 的压降。GGH 堵灰严重的情况，需要停机进行换热元件拆卸酸洗，对电厂整体的经济性有严重的影响。

3）对系统性能要求提高。由于燃用劣质煤种（包括燃油）、燃煤含硫量波动、原烟气入口温度升高、系统增加 SCR 装置引起 SO_3 增高、GGH 在系统中的布置方式、除雾器的设计等众多因素都会影响 GGH 运行中的堵塞问题，所以加装 GGH 的系统比不加装 GGH 系统的要求明显提高。

4）增加相应的水耗、能耗。GGH 在运行中和停机后需用压缩空气、蒸汽和高压水进行冲洗，以去除换热元件上的积灰和酸沉积物，因此增加了相应的能耗和水耗。

5）不能避免尾部烟道和烟囱被腐蚀。烟气经过GGH加热后，烟气温度仍低于其酸露点，仍然会在尾部烟道和烟囱中产生新的酸凝结。而且无论是否安装GGH，湿法烟气脱硫工艺的烟囱都必须采取防腐措施，并按湿烟囱进行设计。

251. 不设置GGH对环境质量的影响是什么？解决办法是什么？

答：湿法烟气脱硫工艺中，烟气经过吸收塔的洗涤，温度通常降到45~55℃，这样的低温湿烟气如果直接送到烟囱排放，会引起如下3种环境问题：

（1）烟气的排放温度较低，因此，其抬升高度较小，会引起下风向地面烟气浓度增大，这相当于降低了脱硫效率，可能造成污染问题。

（2）饱和湿烟气在传输过程中会发生水汽凝结，凝结水会在下风向形成降雨，在寒冷冬季的北方，还可能形成降雪和地面出现结冰。

（3）水汽凝结会造成烟囱冒白烟。

为了不带来上述环境问题，通常的做法是将烟气通过再加热器将其加热到80℃左右后排放。

252. 不设置GGH对FGD原烟气烟道的腐蚀影响是什么？

答：在不设GGH的系统中，由于原烟气没有降温，吸收塔进口段前原烟气烟道（包括FGD进口挡板门）在保温良好的情况下不会出现硫酸腐蚀。

在有GGH的系统中，GGH一般布置在增压风机和吸收塔之间，原烟气经GGH降温后，温度下降至100℃以下，低于烟气的酸露点温度。因此，GGH本身及GGH至吸收塔进口段之间的原烟道会出现酸冷凝和腐蚀。

253. 不设置 GGH 对 FGD 吸收塔进口段的腐蚀影响是什么？

答：吸收塔进口段由于是烟气的冷/热、干/湿交界面，其腐蚀情况十分严重。刚进入吸收塔进口段的原烟气的温度较高，经过喷淋液的喷淋冷却后很快降温，前后温差大，喷淋浆液经过反复干燥浓缩，在该表面上可能产生严重的点腐蚀，因此吸收塔进口段的防腐既要考虑热应力的影响，又要考虑酸腐蚀和氯离子腐蚀。

254. 不设置 GGH 对 FGD 吸收塔出口净烟气烟道的腐蚀影响是什么？

答：不设置 GGH 时，吸收塔出口至 FGD 出口挡板门的整个净烟气烟道内通过的烟气为饱和湿烟气，具有很强的腐蚀性。由于烟气处于饱和状态，对防腐材料的耐酸性、耐湿性和黏结性都将有更高的要求。另一方面，由于烟气没有再热过程，因此，减少了酸性冷凝液因蒸发而浓缩的可能，严重点腐蚀的情况也将相应减少。

255. 不设置 GGH 对 FGD 旁路烟道的腐蚀影响是什么？

答：旁路挡板门至烟囱之间的烟道为旁路烟道。当 FGD 系统正常运行时，旁路烟道内为饱和的净烟气，此时的腐蚀主要是由酸性冷凝液产生的；在 FGD 系统停用时，原烟气要通过旁路烟道排入烟囱，由于原烟气的温度较高，故要同时考虑旁路烟道防腐材料的耐温和抗热应力性能。

256. 不设置 GGH 对烟囱的腐蚀影响是什么？

答：在不设 GGH 时，排入烟囱的烟气为吸收塔出口的饱和净烟气。虽然 SO_2 浓度不高，但吸收塔对 SO_3 的脱除效率大约仅为50%，此时，烟囱内烟气的温度仍处在酸露点以下，会对烟囱内壁产生腐蚀作用，并且腐蚀速率随硫酸浓度和烟囱壁温的变化而变化。

（1）当烟囱壁温达到酸露点时，硫酸开始在烟囱内壁凝结，产生腐蚀，但此时凝结酸量尚少，浓度也高，故腐蚀速度较低。

（2）烟囱壁温继续降低，凝结酸液量进一步增多，浓度却降低，进入稀硫酸的强腐蚀区，腐蚀速率达到最大。

（3）烟囱壁温进一步降低，凝结水量增加，硫酸浓度降到弱腐蚀区，同时，腐蚀速度随壁温降低而减小。

（4）烟囱壁温达到水露点时，壁温凝结膜与烟气中 SO_2 结合成 H_2SO_4 溶液，烟气中残存的 HCl/HF 溶于水膜中，对金属和非金属均也会产生强烈腐蚀，故随着壁温的降低腐蚀重新加剧。

257. 不设置GGH后的技术措施是什么？

答：不设置GGH后的技术措施是：

（1）为有效减轻因不设置GGH对大气环境质量的影响，应进一步提高脱硫装置的脱硫效率，如由95%提高到97%，至于提高多少，应根据环境质量指标和环境条件，因地制宜，通过项目的环境影响评价来确定。

（2）不设置GGH并不意味着不可以采用其他对脱硫烟气加热的方式，如在线加热、热空气间接加热、直接燃烧加热等。这些加热方式虽然需要利用额外的资源，但它可根据大气环境条件来决定是否需要加热，什么时候加热，加热到多少度，从而在成本最小化的条件下，实现大气环境质量的要求。

（3）提高下游烟道、设备和烟囱的防腐材料等级来解决腐蚀问题。

258. 烟气换热器（GGH）与锅炉空气预热器的主要区别是什么？

答：烟气换热器（GGH）与锅炉空气预热器的工作原理相同，主要区别是GGH中的烟气温度一般运行在烟气的露点之下（80℃左右），而空气预热器运行在烟气露点之上（200℃左右），GGH设备需要做防腐处理。

259. 烟气再热系统有哪两种形式？

答：烟气再热系统有蓄热式和非蓄热式两种形式。

（1）蓄热式工艺利用未脱硫的烟气加热冷空气，统称 GGH，分回转式烟气换热器、介质循环换热器和管式换热器，均通过载热体或载热介质将热量传递给冷空气。

（2）非蓄热式换热器通过蒸汽、天然气等将冷空气重新加热，又分为直接加热和间接加热。直接加热是燃烧加热部分冷空气，然后冷热烟气混合达到所需温度。间接加热是用低压蒸汽（$\geqslant 2\times 10^5 Pa$）通过热交换器加热冷烟气。

260. 回转式烟气换热器按照驱动方式可以分为哪两种？

答：回转式烟气换热器按照驱动方式可以分为中心驱动和围带驱动两种。中心驱动的厂家主要有豪顿华、巴克杜尔、哈尔滨锅炉厂等；围带驱动厂家主要有阿尔斯通、上海锅炉厂、江苏金羊等。

261. 回转式烟气换热器工作原理是什么？

答：回转式烟气换热器属于再生式换热器，与厂用回转式空气预热器的工作原理相同，是通过平滑的或带波纹的金属薄片或载热体将烟气的热量传递给净化后冷烟气。工作时，转子缓慢旋转，传热元件轮流通过热的未脱硫原烟气和温度较低的脱硫后净烟气。当原烟气通过传热元件时，原烟气中部分热量传递给传热元件；当传热元件转到脱硫后的净烟气侧时，它所携带的热量又传递给了脱硫后的净烟气，将其温度提高，而传热元件本身则被冷却。

262. 回转式 GGH 主要组成有什么？

答：回转式 GGH 主要由驱动装置、密封系统及设备、吹灰系统和转子及换热元件五部分组成。

263. GGH 低泄漏风机的作用是什么？

答：GGH 低泄漏风机的作用是采用烟气换热器出口处净烟气作为介质在原烟气和净烟气之间制造高气压区，从而减少原烟气向净烟气的直接泄漏。

264. GGH密封风机的作用是什么?

答: GGH密封风机的作用是采用空气作为介质，加压后通往烟气换热器各部位，减少烟气向转子、外壳等部件泄漏。

265. GGH风帘系统的作用是什么?

答: GGH风帘系统的作用是采用烟气换热器出口处净烟气作为介质，在转子由原烟气侧转入净烟气侧前将转子中夹带的原烟气置换掉，从而减少间接泄漏。

266. GGH扇形板驱动装置的作用是什么?

答: GGH扇形板驱动装置的作用是烟气换热器转子在运行过程中，会产生蘑菇状热变形，装在热端扇形板上的电动执行机构根据烟气温度和锅炉载荷自动调节热端扇形板的角度和位置，使泄漏间隙面积降至最小。

267. GGH的防腐主要采取哪些措施?

答: GGH的防腐主要有以下措施:

(1) 对接触烟气的静态部件采取玻璃鳞片树脂涂层保护，保护寿命约为一个大修周期;

(2) 对转子格仓、箱条等回转部件采用厚板考登钢厚度为20mm，寿命为30年;

(3) 热端密封片采用316L，冷端密封片采用特氟龙板;

(4) 换热元件采用镀搪瓷的低碳钢片，寿命约为两个大修周期。

268. 何谓搪瓷技术? GGH换热元件进行搪瓷处理的作用是什么?

答: 搪瓷技术是将各种天然原材料利用各种方法镀在金属基体上。瓷釉在大约830℃下在基体上熔化，形成一层机械性和化学性均为惰性的玻璃状镀层，黏附在基体上。GGH换热元件进行镀搪瓷处理可使传热元件的耐腐蚀性和可清洗性得以改善，主要用于低温等环境条件较为恶劣的情况。

269. 概述回转式换热器的漏风控制系统。

答： 换热器的超低漏风控制系统由“隔离风”或“清扫风”组成，对漏风率的要求更高时，可将两者一起使用。在设备中，气体压力最大的位置位于热烟气侧，安装一个特殊的漏风量最小化装置，消除直接泄漏。回转式 GGH 的低泄漏装置包括一个小型风机，为转子和径向密封板之间的间隙吹进处理过的清洁气体。这部分气体可以防止热烟气穿过气体压力大的一侧。同时将转子和径向密封板之间的热烟气清除出转子，进入到未处理的热烟气管道中。

低泄漏风机向 GGH 的净烟气出口侧抽气，通过管道后由设置在上部扇形板的喷嘴喷出，形成“隔离风”，并通过设在上部扇形板未脱硫烟气侧的槽孔喷出，形成“清扫风”。

“隔离风”的工作原理是通过在沿转子径向隔板上形成脱硫后的烟气气流，并依靠这股脱硫后烟气气流的压力，降低未脱硫烟气向脱硫后烟气的泄漏，以形成压力堡垒。

“清扫风”的工作原理是用净烟气气流冲洗转子，消除转子径向隔板之间和传热元件盒内所携带的原烟气，使转子所携带的气体是净烟气，消除携带漏风。

270. GGH 泄漏危害是什么？一般要求 GGH 泄漏率小于多少？

答： GGH 泄漏率是考核 GGH 性能的重要指标之一，由于原烟气向净烟气泄漏导致净烟气中硫化物含量的提高，增加硫化物的排放量，降低整个 FGD 系统的脱硫效果；为保证硫化物达标排放，势必会增加石灰石消耗。

一般要求 GGH 的泄漏率小于 1%。

271. GGH 泄漏率的计算方法是什么？

答： GGH 泄漏率的计算方法为

$$L = (E_2 - E_1)/E_1 \times 100\%$$

式中 L——泄漏率，%；

E_1——GGH净烟气入口烟气量，kg/h；

E_2——GGH净烟气出口烟气量，kg/h。

272. GGH的泄漏可以分为哪两部分？

答：GGH的泄漏可以分为携带泄漏和直接泄漏两部分。

（1）携带泄漏。为了实现GGH的换热，其载有传热元件的转子交替性地转过原烟气和净烟气侧。转子的连续旋转将其仓格内的烟气从一侧携带到另一侧，而原烟气被携带至净烟气中去，产生携带泄漏。携带泄漏量为

$$L \approx K_1 VR$$

式中 K_1——系数；

V——转子容积，m^3；

R——转子转速，r/m。

（2）直接泄漏。当原烟气侧的压力高于净烟气侧时，由于GGH的径向和轴向密封存在着动静部分间隙，造成原烟气向净烟气泄漏，则直接泄漏量为

$$L_d = 0.5K_2A(\Delta p/N)$$

式中 K_2——系数；

A——密封间隙总面积，m^2；

Δp——原烟气与净烟气的压差，Pa；

N——密封片道数。

273. 为了减少原烟气向净烟气泄漏，GGH采取的措施是什么？

答：为了减少直接泄漏，GGH采取的措施是：设置低泄漏风机，从净烟气抽气，然后鼓入中心格仓内防止原烟气向净烟气泄漏。另外，通过不同部位设置密封片，减少原烟气泄漏。密封片包括径向密封片、轴向密封片及旁路密封片，通过调整密封间隙来达

到密封效果。

274. 日常运行过程中减少 GGH 泄漏的对策是什么?

答: 日常运行过程中减少 GGH 泄漏的对策是:

(1) 保证 GGH 低泄漏风机正常投入,定期检查 GGH 低泄漏风机电流及出口导叶,同时检查各分风门,保证密封风机正常投入。

(2) 定期对 GGH 进行巡检,注意倾听 GGH 旋转过程中是否有异声,是否有摩擦声。一旦有异声或摩擦声,应及时停运检查,防止密封片磨损,造成事故扩大。

(3) 定期进行 GGH 泄漏率的测试,建议每半年进行一次。运行中,通过对 GGH 出入口烟气量的网格法测量,检查 GGH 泄漏量,从而为检修维护提供指导。

275. 在运行过程中,为保证 GGH 辅机的安全运行应做到哪几个方面?

答: 在运行过程中,为保证 GGH 辅机的安全运行应做到以下两个方面:

(1) 运行过程中应加强对辅机的运行监控。按照厂家要求,定期对辅机进行加油、换油工作。运行中应保证低泄漏风机正常投入,将风机电流调整到规定要求。低泄漏风机对烟气泄漏有很大影响。正常运行过程中,必须保证压力和风量。

(2) 检修时应加强对 GGH 吹灰器的检查,特别是 GGH 吹灰器的支架是否牢固,吹灰器是否能够完全覆盖换热面,吹灰器的喷头是否堵塞,确保吹灰系统投入正常,防止运行中出现吹灰系统故障。

276. GGH 结垢堵塞的机理是什么?

答: 回转式 GGH 的换热片通常为镀搪瓷的低碳钢波纹板,换热片厚度为 1.0mm,然后里面镀上 0.15mm 厚的搪瓷。换热片之间的间隙非常小。

运行过程中，GGH一侧与原烟气直接接触，烟气中含有的粉尘会黏附在换热片表面，并逐步积累；另一侧与除雾器出来的湿饱和烟气直接接触，由于湿饱和烟气中含有石膏混合物，必然会在换热片表面黏附，随着运行时间加长，造成换热片表面结垢堵塞。特别是，除雾器出来的湿饱和烟气进入GGH后，与干燥的换热片接触，形成一个“干—湿界面”，更容易形成结垢。

277. GGH结垢堵塞造成的影响有哪些？

答：GGH结垢堵塞造成的影响有：

（1）结垢造成净烟气不能达到设计要求的排放温度，并对下游设施造成腐蚀。表面结垢使GGH换热效率降低。GGH换热面结垢后，污垢的热导率比换热元件表面的防腐镀层小，热阻增大。随着结垢厚度的增加，传热热阻增大，在原烟气侧高温原烟气热量不能被GGH换热元件有效吸收，换热元件蓄存热量达不到设计值。换热元件回转到净烟气侧，GGH换热元件本身没有储存到充足热量，由于结垢不能释放出来被净烟气吸收，因此净烟气的温升达不到设计要求。结垢越严重换热效率就越差，净烟气的温升就越小，净烟气对外排放温度就越低。

（2）结垢会造成吸收塔耗水量增加。由于结垢GGH换热元件与高温原烟气不能有效进行热交换，经过GGH的原烟气未得到有效降温，进入吸收塔的烟气温度超过设计值。进入吸收塔的烟气温度越高，从吸收塔蒸发而带走的水量就越多。对于600MW机组，进入吸收塔的烟气温度每升高10℃，大约水耗量增加10t/h。

（3）结垢会引起增压风机（如果脱硫增压风机与锅炉引风机合并，则为引风机）能耗增加，如果结垢严重可能造成风机喘振。GGH结垢后，烟气通流面积减小，阻力增大。换热面结垢后表面粗糙度增大，也使阻力增大。GGH正常阻力约为1000Pa，结垢后阻力增大。对于600MW机组，GGH阻力每增加100Pa，电耗大约增加100kW·h。如果结垢特别严重，烟气通流面积减小使烟气通流量减小，风机出口压力升高。当GGH烟气通流量与风机出口压力处于风机失速区，风机处在小流量高压头工况下运行，易造成风机喘振。

278. GGH堵塞对系统安全性的影响是什么？

答：为保证系统正常运行，必须将GGH压差控制在合理范围内。一旦GGH发生堵塞并且现有的吹灰、冲洗手段不能使蓄热元件上的污垢得到有效清理，必然导致烟气系统阻力增加，风机电流增大。堵塞严重时会造成烟气系统阻力超过风机的最大出力，引起增压风机发生喘振或振动超标，甚至威胁到锅炉的安全运行，对设备稳定运行造成危害，最终导致脱硫系统被迫长期开启脱硫旁路运行。

279. GGH堵塞对系统经济性的影响是什么？

答：由于风机静压升是根据正常工作状态对应自各项阻力值确定的，并且其工作点一般处于风机的高效区。GGH结垢后系统阻力增加，运行工况点偏移，运行电耗增加。为降低由于结垢引起的GGH压差上升，需要加大在线和人工高压水冲洗的频率，提高了冲洗成本。GGH结垢严重冲洗时需停运脱硫系统，降低了脱硫装置的投用率。

280. GGH堵塞对环境保护方面的影响是什么？

答：GGH严重堵塞后，为保证系统安全运行，旁路烟气挡板门长期处于开启状态，只有部分烟气脱硫，使排放浓度偏高，总排放量也很难控制，必然引起环保罚款。尤其目前伴随着国家环境保护政策的日益严格，开启旁路运行方式很可能不被接受，因此主机运行会受到影响。

281. GGH为什么要配置吹灰装置？

答：GGH随着系统长期运行，烟气中的粉尘会在换热片上积累，包括净烟气携带的石膏，也会黏附在换热片上，从而造成换热片换热性能下降和烟气阻力增高。为此，需要在GGH上配置专用吹灰装置，包括在线吹扫及离线吹扫系统，以对换热片进行清洁。

282. GGH吹灰器的作用是什么？

答：GGH吹灰器的作用是采用压缩空气或者过热蒸汽作为介质，定期在线吹扫换热元件表面，保持换热面清洁。

283. GGH吹灰装置配置原则是什么？

答：回转式GGH换热元件的设计总厚度为400～600mm，并配置相应的吹灰装置和高压冲洗装置。GGH换热元件厚度以450mm为界限，当小于450mm时一般配置一套吹灰装置，安装在原烟气流出位置；当大于450mm时，必须上下各配置一套吹灰装置，交替进行吹灰，防止堵塞。

284. 什么是GGH在线吹扫系统？

答：GGH在线吹扫系统一般采用蒸汽或压缩空气，通过步进式吹灰器缓慢推进过程中对GGH换热片表面进行吹扫，从而清除换热片表面的污垢。

285. GGH高压冲洗系统按要求何时投入？

答：当GGH压差升高到原设计值的50%时，应投入高压冲洗系统，利用10MPa高压水在线进行清洗。

286. 低压水冲洗的工作条件是什么？

答：由于低压水冲洗用水量比较大，通常为40～80m³/h，所以只有在系统解列设备停运时才能进行低压水冲洗。冲洗时打开水封放水门，以防冲洗水损坏设备。

287. 什么是 GGH 离线吹扫系统?

答: GGH 离线吹扫系统主要是在脱硫系统停运期间使用，采用大流量、低压水对换热片进行长时间浸泡式冲洗，从而冲走换热片上的污垢。

288. 为防止堵灰，GGH 清洗装置有哪三种方式?

答: 为防止堵灰，GGH 清洗装置设置了全伸缩式吹灰枪，有空气或蒸汽吹灰、低压水冲洗和高压水冲洗三种方式。空气或蒸汽吹灰是在转子正常运行时进行的，低压水冲洗最好在 GGH 停运时用低转速进行，高压水冲洗通常是在 GGH 正常运行时进行的。吹灰介质通常参数：蒸汽压力为 1.0MPa；压缩空气压力为 0.5MPa；高压水压力为 8.0~12.0MPa。

289. GGH 在线高压水冲洗程序中允许单独一支吹枪进行吹扫，但是实际运行中都用双枪进行冲洗，其目的和作用是什么?

答: (1) 单枪吹扫导致高压冲洗水泵出口压力过高造成设备损坏。

(2) 双枪同时吹扫能更好地对 GGH 换热片进行全面清洗。

290. 运行过程中对于 GGH 结垢堵塞的对策是什么?

答: 运行过程中对于 GGH 堵塞的对策是:

(1) 严格控制吸收塔浆液浓度和 pH 值，保持吸收塔浆液浓度小于 25%，防止石膏过饱和；吸收塔浆液 pH 值控制在设计范围内 (5.4~5.6)，不可长期高 pH 值运行，避免吸收塔浆液中残余过多石灰石，进入 GGH 发生二次反应。

(2) 定期对除雾器进行冲洗，确保除雾器不堵塞，保证除雾器效果。

(3) 密切监视 GGH 压差，安装要求定期投入吹灰装置，同时确保吹灰器的吹扫压力（压缩空气要求为仪用，且压力不低于 0.8MPa；蒸汽要求压力高于 1.0MPa)。当有初步结垢迹象时，应连续进行反复吹扫，尽可能吹扫干净，必要时及时投入高压水冲洗进行在线冲洗，否则停留时间太长等结成硬垢后更难清理，并且会越来越严重。

（4）应确保电除尘器正常投入，烟尘含量小于100mg/m^3，并对烟尘进行定期化验，如果发现其中CaO含量过高（高于15%），应加强吹扫频率，必要时投入高压水进行冲洗。

（5）密切监视入口含硫量，若长期超出设计值，会导致吸收塔内氧化不足，浆液中的亚硫酸钙含量增加，黏性的亚硫酸钙更易在换热片上结垢。

291. 在GGH正常运行过程中防止堵塞采取的措施是什么？

答：在GGH正常运行过程中防止堵塞采取的措施是：

（1）加强正常吹灰。用压缩空气或蒸汽至少每班吹扫一次，也可增加频率。常用蒸汽/压缩空气吹扫换热元件，不必到积重难返时，再伤害性地用高压水冲洗。若吹灰后压差未降到设定值，可再走一程控继续吹灰。某FGD系统长久运行能基本保持GGH干净，主要原因是连续不断地用足量的压缩空气对GGH进行吹扫，这样虽然耗气量很大，但能防患于未然。

（2）在线高压水冲洗。当GGH的压差高达正常值1.5倍时，用10~15MPa的高压冲洗水在线冲洗，这是一般GGH厂家的要求。但到1.5倍时再冲洗已迟了些，应定期进行检查，发现有结垢的预兆就应进行处理，即要摸索出合理的高压水冲洗投入时机。结垢后吹扫时一定要吹扫干净，不要留余垢，否则以后很难清理。采用高压冲洗水在线冲洗时，一定要彻底冲洗干净，否则停留时间太长结成硬垢后，更难清理，并且会越来越严重。应保持喷嘴的通畅，不应被管道中的杂质或铁锈堵塞，管道不应有泄漏。但是，并不建议常用在线的高压水冲洗，更不建议频繁用移动式更高压力的水枪冲洗，这样易损坏换热元件上的搪瓷镀层。

（3）离线人工高压水冲洗。若在线高压水冲洗效果不明显，只能停运FGD系统，用40.0MPa或更高压力的移动式高压水泵及枪离线人工冲洗，这样才能彻底冲干净。但经常用高压水冲洗换热元件的寿命必有影响，且耗时耗力耗财，实为无奈之举。

（4）化学清洗。离线人工高压水冲洗并不能可靠清洗换热元件，因此一些电厂开始尝试使用化学清洗的方法。经过各种试验，化学清洗的工艺为：水冲洗→碱洗（NaOH 溶液）→水冲洗→酸洗（HCl 溶液）→水冲洗→（碱洗→水冲洗→酸洗）机械辅助清理→水冲洗。

（5）加强 FGD 系统运行监控，善于总结。吸收塔浆液密度计不准将直接导致液位不准，应经常校正密度计、液位计，避免浆液溢流，甚至反流到 GGH。运行过程中应注意监测吸塔液位，记录、分析运行数据，总结吸收塔真实液位以上虚假液位的规律。运行过程中应严格将浆液浓度、pH 值控制在设计范围内。记录、分析 GGH 运行数据，掌握 GGH 结垢规律，确定经济合理的吹扫周期和吹扫时间，把握高压冲洗水投运的时机和持续时间。

（6）做好锅炉的燃烧调整，提高电除尘器效率。当锅炉电除尘器故障、原烟气含尘量达到高报警或 FGD 保护连锁停的条件时（一般为 $250\sim300mg/m^3$），应暂时停运 FGD 系统，让烟气走旁路；入口未设置烟尘仪的，建议加装一个，这对整个 FGD 系统的安全运行是十分有利的。

292. 在 FGD 系统中烟气挡板门的作用是什么？主要由哪几部分组成？

答：烟气挡板门是指装设在烟道上具有关断、开启、分流及调节功能的设备。

在 FGD 系统中烟气挡板门有三个作用：隔离设备、控制烟气量和排空烟气；主要由外壳、叶片、挡板密封件、轴、轴承、气封箱和执行器组成。

293. 烟气挡板门密封风系统的作用是什么？对密封风系统的要求是什么？

答：烟气挡板门密封风系统主要是用来防止烟气通过关闭的挡

板门叶片漏入隔离的设备中。对密封风系统要求是：密封风系统应能维持密封室压力高于挡板门烟气侧压力500~700Pa。密封空气流量取决于挡板门叶片的总泄漏量，应通过叶片密封条使这一泄漏量尽可能的小，密封空气量还取决于保持的压差和密封条的腐蚀磨损和损坏等引起的泄漏，密封风机的容量应为计算流量的2倍以上。

294. 原烟气挡板门定义是什么？

答：布置在脱硫系统进口的烟气挡板门，当脱硫系统具备投运条件时将该挡板门打开，允许未经脱硫的原烟气进入脱硫系统。

295. 净烟气挡板门定义是什么？

答：布置在脱硫系统出口的烟气挡板门，当脱硫系统运行时将该挡板门打开，脱硫后的净烟气通过该挡板门及相应的净烟道排出脱硫系统。

296. 旁路挡板门定义是什么？

答：布置在脱硫系统旁路烟道上的烟气挡板门，当脱硫系统故障或停运时，打开该挡板门，原烟气直接经旁路烟道进入烟囱排放。

297. 什么是挡板门的动作时间？

答：隔离挡板从全开到全关，或者从全关到全开所需要的时间叫做动作时间。通常，用作旁路烟道的百叶窗挡板要求快开时间不超过25s，对快速动作的要求主要是保证当FGD故障紧急停运时，能快速开启旁路挡板门，以确保烟气经旁路烟道直接进入烟囱，百叶窗旁路挡板门关闭时的开度应具有分级可调性，以减少旁路挡板门关闭时对锅炉炉膛负压的影响。FGD系统的其他百叶窗挡板门的动作时间一般为40s左右。

298. 什么是旁路挡板门快开？

答：烟气挡板门开启方式有两种，即正常开启和快速开启。当脱硫系统在运行过程中出现故障时，为不影响锅炉系统运行，旁路挡板门开启时间必须快于正常开启速度，称为旁路挡板门快开，一般开启时间≤25s。

299. 挡板门分类是什么？

答：挡板门通常采用百叶窗式挡板门。挡板门按照其叶片形式可以分为单轴单挡板、单轴双挡板、双轴单挡板、双轴双挡板。单轴单挡板只有单层叶片，用于密封要求不太高的场合，单轴双挡板有两层叶片平行工作，两层叶片间接入干燥、干净热空气以阻断烟气通过挡板门。考虑现场布置条件、经济性、密封要求等情况，也可选用包括闸板、圆形挡板等其他形式的挡板门。

300. 烟道挡板门常见故障是什么？主要原因是什么？有何危害？有何防范措施？

答：烟道挡板门常见故障是挡板门关闭不严造成烟气倒灌。

主要原因是挡板门的制作、安装、调试不规范，关闭零位定位不准确；烟道积灰结垢造成挡板本体的定位发生变化，叶片间隙增大，密封压力丧失所致。

造成的危害是热烟气凝结后形成大量酸液汇集在烟道及设备低洼处，造成设备的腐蚀损坏。尤其对增压风机腐蚀极为严重，增压风机接触烟气的部件均发生严重的腐蚀情况，现场存在大量的腐蚀硫化铁物质及含硫分的黄色结晶物。

防范措施是：①挡板的安装与调整需要保证每扇挡板均能紧密接合；②定期检查挡板门密封片的密封情况，更换或调整校正已变形的挡板门合金密封片；③清理挡板门前后烟道积灰积垢，确保挡板门开启、关闭机械位置到位；④按照挡板门密封风试验要求测试密封风风压是否满足：挡板门密封风风压与烟气压差大于500Pa。

301. 在出现哪些情况下可开启旁路挡板？

答：（1）旁路挡板开关试验；

（2）FGD 跳闸保护动作时；

（3）FGD 入口压力小于 -700Pa；

（4）FGD 入口压力大于 500Pa。

第二节　吸收及氧化系统

302. 二氧化硫吸收系统主要作用是什么？

答：二氧化硫吸收系统主要用于脱除烟气中 SO_2，同时也会脱除烟气中的 SO_3、HCl、HF 等污染物及烟气中的飞灰等物质。

303. 二氧化硫吸收系统包括哪些子系统及设备？

答：二氧化硫吸收系统包括三个子系统：吸收塔系统、浆液循环系统、氧化空气系统。设备主要包括吸收塔（含除雾器、多个喷淋层及喷嘴、托盘或其他内件、氧化空气分布管等）、数台侧进式搅拌器和与喷淋层个数相对应的浆液循环泵、氧化风机及其相应的管道阀门等。

304. 概述吸收塔系统典型工艺流程。

答：原烟气通过吸收塔入口从浆液池上方进入吸收区。在吸收塔内，原烟气通过托盘均布，与自上而下的浆液（多层喷淋层）接触发生化学吸收反应，并被冷却。该浆液由各喷淋层的多个喷嘴喷出。烟气中硫的氧化物（SO_x）及其他酸性物质被循环喷淋的含吸收剂的浆液吸收而得以除去。

浆液与烟气接触反应后落入吸收塔下部浆液池中，即氧化结晶区。在液相中，硫的氧化物与碳酸钙反应，生成亚硫酸钙。在吸收塔下部浆液池中，亚硫酸钙由布置在浆液池中的氧化空气分布系统强制氧化成硫酸钙，硫酸钙在浆液池中结晶生成石膏晶体。

从吸收区出来的净烟气依次流经除雾器，除去所含浆液雾滴。经洗涤和净化的烟气通过出口锥筒流出吸收塔，经过烟气换热器或直接排入净烟道和烟囱。

305. 脱硫塔应满足哪些基本条件？

答：脱硫塔应满足以下基本条件：

（1）气液间有较大的接触面积和一定的接触时间；

（2）气液间扰动强烈，吸收阻力小，对 SO_2 的吸收效率高；

（3）操作稳定，要有合适的操作弹性；

（4）气流通过时压降要小；

（5）结构简单，制造及维修方便，造价低廉，使用寿命长；

（6）不结垢，不堵塞，耐磨损，耐腐蚀；

（7）能耗低，占地少；

（8）自动化控制水平高。

306. 什么是 FGD 的核心装置？它主要由哪些设备组成？

答：吸收塔是 FGD 的核心装置，它主要由浆液循环泵、喷淋层、石膏排出泵、氧化风机、搅拌器、除雾器等组成。

307. 脱硫吸收塔定义是什么？

答：指脱硫工艺中脱除 SO_2 等有害物质的反应装置。

308. 脱硫吸收塔的作用是什么？

答：脱硫吸收塔的作用主要是通过循环泵和喷淋层管组将混有石灰石和石膏的浆液进行循环喷淋，吸收进入吸收塔烟气中的二氧化硫。被浆液吸收的二氧化硫与石灰石和鼓入吸收塔中的氧气发生反应生成二水硫酸钙（石膏），然后通过石膏排出泵将生成的石膏排到石膏脱水系统进行脱水。

309. 吸收塔自上而下可以分为几个功能区？

答：吸收塔自上而下可以分为氧化结晶区、吸收区和除雾区三个功能区。

（1）氧化结晶区。该区即为吸收塔浆液池区，主要功能是用于石灰石的溶解和亚硫酸钙的氧化。

（2）吸收区。该区包括吸收塔入口、托盘及若干喷淋层，每层喷淋装置上布置有许多空心锥喷嘴；吸收塔的主要功能是用于吸收烟气中的酸性污染物及飞灰等物质。

（3）除雾区。该区位于喷淋层以上，包括两级除雾器，主要功能是分离烟气中携带的雾滴，降低对下游设备的影响，减少吸收剂的损耗。

310. 对吸收塔有何要求，在塔内完成哪些主要工艺步骤？

答： 吸收塔是烟气脱硫系统的核心装置，要求气液接触面积大，气体的吸收反应良好，压力损失小，并且适用于大容量烟气处理。

在这一装置中完成以下主要工艺步骤：

（1）在洗涤浆液中对有害气体的吸收；

（2）烟气与洗涤浆液分离；

（3）灰浆的中和；

（4）将中间中和产物氧化成石膏；

（5）石膏结晶析出。

311. 填料塔的缺点及主要特征是什么？

答： 填料塔是早期的石灰石-石膏湿法中较为典型的一种塔型。它是在吸收塔内设置一般为格栅形的填料，脱硫剂通过分配管分配到头部朝上的各个管口，从管口流出的脱硫剂落到塔内填料上形成液膜。绝大部分的传质过程是通过烟气与湿液膜接触在液膜上形成的。通常塔内设置2～3层填料，每层高度一般为2～4m。

填料塔的缺点是：如果运行参数控制不当、pH值波动较大或氧化不充分，容易结垢，处理起来比较困难，而且运行维护的工作量和费用也大。

填料塔的主要特征是结构简单，气液接触面积大，循环泵台数少，脱硫效率高。特别是燃高硫煤的机组采用并、对流的液柱塔可获得较高的脱硫效率，同时有极高的除尘效果。吸收塔可呈方形，便于布置喷浆管及吸收塔防腐内衬的施工和维修。

312. 什么是强制氧化工艺和自然氧化工艺？哪种工艺较好？

答： 在湿法石灰石-石膏脱硫工艺中有强制氧化和自然氧化之分。被浆液吸收的二氧化硫有少部分在吸收区内被烟气中的氧气氧化，这种氧化称为自然氧化。

强制氧化是向吸收塔的氧化区内喷入空气，促使可溶性亚硫酸盐氧化成硫酸盐。强制氧化工艺无论是在脱硫效率还是在系统运行可靠性等方面均比自然氧化工艺更优越。

313. 强制氧化和自然氧化有何异同点？

答： 在石灰石-石膏湿法烟气脱硫工艺中有强制氧化和自然氧化之分，其区别在于脱硫塔底部的持液槽中是否充入强制氧化空气。

在强制氧化工艺中，吸收浆液中的 HSO_3^- 几乎全部被持液槽底部充入的空气强制氧化成 SO_4^{2-}，脱硫产物主要为石膏。

对于自然氧化工艺，吸收浆液中的 HSO_3^- 在吸收塔中被烟气中剩余的氧气部分氧化成 SO_4^{2-}，脱硫产物主要是亚硫酸钙和亚硫酸氢钙。

314. 吸收塔浆液强制氧化的目的是什么？

答： 将亚硫酸钙强制氧化为硫酸钙，一方面可以保证吸收 SO_2 过程的持续进行，提高脱硫效率，同时也可以提高脱硫副产品石膏的品质；另一方面可以防止亚硫酸钙在吸收塔和石膏浆液管中结垢。

315. 浆液循环系统由哪些设备组成？

答： 浆液循环系统由浆液循环泵、喷淋层、喷嘴及其相应管道、阀门组成。

316. 氧化空气系统由哪些设备组成？

答： 氧化空气系统由氧化风机、氧化空气分布管及相应的管道、阀门组成。

317. 氧化空气系统的作用是什么？

答：烟气中本身含氧量不足以将亚硫酸钙氧化反应生成硫酸钙，需要为吸收塔浆液提供强制氧化空气，把脱硫反应中生成的半水亚硫酸钙（$CaSO_3 \cdot 1/2H_2O$）氧化为二水硫酸钙（$CaSO_4 \cdot 2H_2O$），即石膏。

318. 为什么要给氧化空气增湿？

答：主要目的是防止氧化空气管结垢。当压缩的热氧化空气从喷嘴喷入浆液时，溅出的浆液黏附在喷嘴嘴沿内表面上。由于喷出的是未饱和的热空气，黏附浆液的水分很快蒸发而形成固体沉积物，不断积累的固体最后可能堵塞喷嘴。为了减缓这种固体沉积物的形成，通常向氧化空气中喷入工艺水，增加热空气湿度，湿润的管内壁也使浆液不易黏附。

319. 氧化分布装置有哪两种布置方式？

答：氧化分布装置有矛式喷枪和管网式分布管两种布置方式。

矛式喷枪通过喷枪将氧化空气喷入吸收塔底部反应浆液池中，有相对应的吸收塔搅拌器破碎，使之均布于浆液中，将亚硫酸钙氧化为硫酸钙。

管网式分布管通过在塔内浆液池中的空气分布管，将氧化空气均布到浆液池中。

矛式喷枪结构简单，便于检修和清洗，在中低硫煤烟气脱硫中得到广泛应用。但对高硫煤，喷枪的数量设置受限，多采用管网式分布管。

320. 为什么吸收塔的氧化空气矛式喷射管接近搅拌器？

答：氧化空气通过矛式喷射管送入浆池的下部，每根矛状管的出口都非常靠近搅拌器，这样，空气被送至高度湍流的浆液区，搅拌器产生的高剪切力使空气分裂成细小的气泡并均匀地分散在浆液中，从而使得空气和浆液得以充分混合，增大了气液接触面积，进而实现了高的氧化率。

321. 事故储罐系统的作用是什么？

答： 事故储罐系统用来临时储存脱硫塔因大修或故障原因必须排空的浆液。脱硫塔内浆液通过脱硫塔石膏浆液排出泵送至事故储罐，脱硫塔底部浆液通过排空阀排至脱硫塔区地坑，然后由地坑泵送到事故储罐内。与此相同，清洗脱硫塔底部所需的冲洗水也通过地坑最后送至事故储罐。

再次向排空后的脱硫塔添加石膏浆液是通过事故储罐输送泵来实现的，在事故储罐输送泵保护关后，事故储罐中剩余的石膏浆液可排至脱硫塔地坑中。

322. 脱硫塔区地坑系统的作用是什么？

答： 脱硫塔区地坑系统的作用是用于收集、输送或储存脱硫塔区域设备运行、运行故障、检验、取样、冲洗、清洗过程或渗漏而产生的液体，通过脱硫塔地坑泵输送至脱硫塔或事故储罐中，脱硫塔区地坑中装有搅拌器，防止固体物在坑底沉积。

323. 吸收塔入口安装合金雨棚的目的是什么？

答： 吸收塔入口安装合金雨棚的目的是为了防止喷淋系统的浆液直接飞溅到吸收塔入口段的烟道上，减少入口段板结石膏的堆积。

324. 为什么要在吸收塔顶部设对空排气门？

答： 主要作用有两个方面：①在调试及FGD系统检修时打开，可排除漏进的烟气，有通气、通风、透光的作用，方便工作人员。②在FGD系统停运时，消除吸收塔与大气的压差，也可避免烟气在系统内冷凝，腐蚀系统。因此，当FGD系统运行时，排气门关闭，当FGD系统停运时，排气门开启。

325. 氧化槽的功能是什么?

答：氧化槽的功能是接受和储存脱硫剂，溶解石灰石，鼓风氧化$CaSO_3$，结晶生成石膏。

326. 为什么要在吸收塔内装设除雾器?

答：湿法吸收塔在运行过程中，易产生粒径为10~60μm的“雾”。“雾”不仅含有水分，它还溶有硫酸、硫酸盐、SO_2等，如不妥善解决，任何进入烟囱的“雾”，实际上就是把SO_2排放到大气中，同时也会引起引风机和出口烟道的严重腐蚀，因此，在工艺上对吸收设备提出了除雾的要求。

327. 除雾器定义是什么?

答：除雾器是应用撞击式原理，采用各种形式薄板片组成的用于分离烟气中液态雾滴的装置。

328. 除雾器叶片定义是什么?

答：除雾器叶片是组成除雾器的薄板片，是组成除雾器模块的最基本单位。

329. 除雾器除雾效率定义是什么?

答：除雾器除雾效率是指除雾器在单位时间内捕集到的液态雾滴质量与进入除雾器液态雾滴质量的百分比值。

330. 除雾器的基本工作原理是什么?

答：除雾器的基本工作原理是当带有液滴的烟气进入除雾器烟道时，由于流线的偏折，在惯性力的作用下实现气液分离，部分液滴撞击在除雾器叶片上被捕集下来。

331. 对除雾器的技术要求是什么？

答： 除雾器的技术要求有：高去除效率（尤其对细小液滴）、液滴颗粒尺寸限制小、低压力降、低沾污性能、低硬结垢性能、高化学防腐性能、易清洗等。

332. 除雾器的主要性能、设计参数是什么？

答：（1）除雾效率。指除雾器在单位时间内捕集到的液滴质量与进入除雾器液滴质量的比值。除雾效率是考核除雾器性能的关键指标。影响除雾效率的因素很多，主要包括烟气流速、通过除雾器断面气流分布的均匀性、叶片结构、叶片之间的距离及除雾器布置形式等。

（2）系统压力降。指烟气通过除雾器通道时所产生的压力损失，系统压力降越大，能耗就越高。除雾系统压降的大小主要与烟气流速、叶片结构、叶片间距及烟气带水负荷等因素有关。当除雾器叶片上结垢严重时系统压力降会明显提高，所以通过监测压力降的变化有助于把握系统的状行状态，及时发现问题并进行处理。

（3）烟气流速。通过除雾器断面的烟气流速过高或过低都不利于除雾器的正常运行，烟气流速过高易造成烟气二次带水，从而降低除雾效率，同时流速高系统阻力大，能耗高。通过除雾器断面的流速过低，不利于气液分离，同样不利于提高除雾效率。此外，设计的流速低，吸收塔断面尺寸就会加大，投资也随之增加。设计烟气流速应接近于临界流速。根据不同除雾器叶片结构及布置形式，塔内设计流速一般不超过4m/s。

（4）除雾器叶片间距。除雾器叶片间距的选取对保证除雾效率，维持除雾系统稳定运行至关重要。叶片间距大，除雾效率低，烟气带水严重，易造成风机故障，导致整个系统非正常停运。叶片间距选取过小，除加大能耗外，冲洗的效果也有所下降，叶片上易结垢、堵塞，最终也会造成系统停运。叶片间距根据系统烟气特征（流速、SO_2 含量、带水负荷、粉尘浓度等）、吸收剂利用率、叶片结构等综合因素进行选取。

（5）除雾器冲洗水压。除雾器水压一般根据冲洗喷嘴的特征及喷嘴与除雾器之间的距离等因素确定（喷嘴与除雾器之间距离一般小于或等于1m），冲洗水压低时，冲洗效果差。冲洗水压过高则易增加烟气带水，同时降低叶片使用寿命。

（6）除雾器冲洗水量。选择除雾器冲洗水量除了需满足除雾器自身的要求外，还需考虑系统水平衡的要求，有些条件下需采用大水量短时间冲洗，有时则采用小水量长时间冲洗，具体冲洗水量需由工况条件确定。

（7）冲洗覆盖率。冲洗覆盖率是指冲洗水对除雾器断面的覆盖程度。根据不同工况条件，冲洗覆盖率一般可以选在100%～300%。

（8）除雾器冲洗周期。冲洗周期是指除雾器每次冲洗的时间间隔。由于除雾器冲洗期间会导致烟气带水量加大（一般为不冲洗时的3～5倍）。所以冲洗不宜过于频繁，但也不能间隔太长，否则易产生结垢现象，除雾器的冲洗周期主要根据烟气特征及吸收剂确定。

333. 简述除雾器的组成，各部分的作用是什么？

答：除雾器通常由两部分组成，即除雾器本体及冲洗系统。

除雾器本体由除雾器叶片、卡具、夹具、支架等按一定的结构形式组装而成，其作用是捕集烟气中的液滴及少量的粉尘，减少烟气带水，防止风机振动。

除雾器冲洗水系统主要由冲洗喷嘴、冲洗泵、管道、阀门、压力仪表及电气控制部分组成。其作用是定期冲洗由除雾器板片捕集小液滴、固体沉积物，保持板片表面清洁、湿润，防止板片结垢和堵塞流道。另外，除雾器冲洗水还是吸收塔的主要补加水，可以起到保持吸收塔液位、调节系统水平衡的作用。

334. 对吸收塔除雾器进行冲洗的目的是什么？

答：对吸收塔除雾器进行冲洗的目的有两个：一个是防止除雾器的堵塞；另一个是保持吸收塔内的水位。

335. 除雾器的冲洗时间是如何确定的?

答: 除雾器的冲洗时间主要依据两个原则来确定。一个是除雾器两侧的压差，或者说除雾器板片的清洁程度；另一个是吸收塔水位，或者说系统水平衡。如果吸收塔为高水位，则冲洗频率就按较长时间间隔进行。如果吸收塔水位低于所需水位，则冲洗频率按较短时间间隔进行。最短的间隔时间取决于吸收塔的水位，最长的间隔时间取决于除雾器两侧的压差，但不大于8h。

336. 除雾器冲洗覆盖率定义是什么?

答: 除雾器冲洗覆盖率是指冲洗水对除雾器断面的覆盖程度，用百分比表示，即

$$\beta = n\pi h^2 \tan^2(a/2) A \times 100\%$$

式中　β——冲洗覆盖率；

n——喷嘴数量；

h——冲洗喷嘴距除雾器表面的垂直距离，m；

α——射流扩散角，(°)；

A——除雾器有效通流面积，m^2。

337. 脱硫除雾器是如何进行分类的?

答: 脱硫除雾器可根据结构形式分为平板式、屋脊式两类。

(1) 平板式除雾器。除雾器模块采用水平结构形式的除雾器装置。平板式除雾器可安装于吸收塔内，烟气为垂直流向，称为水平式板式除雾器或简称平板式除雾器；平板式除雾器也可垂直安装于吸收塔出口水平烟道上，称为垂直式板式除雾器或烟道式除雾器。

(2) 屋脊式除雾器。除雾器模块采用屋脊结构形式的除雾器装置，按外形分有人字形、菱形和圆形。

338. 除雾器结垢机理是什么?

答: 除雾器结垢机理是：经过脱硫后的净烟气中含有大量的固

体物质，在经过除雾器时多数以浆液的形式被捕捉下来，黏结在除雾器表面上，如果得不到及时的冲洗，会迅速沉积下来，逐渐失去水分而成为石膏垢。由于除雾器材料多数为有机材料如聚丙烯等，强度一般较小，在黏结的石膏垢达到其承受极限时，就会造成除雾器坍塌事故。沉积在除雾器表面的浆液中所含的物质是引起结垢的原因。结垢主要分为两种类型：

（1）湿—干垢。多数除雾器结垢都是这种类型。因烟气携带浆液的雾滴被除雾器折板捕捉后，在环境温度、黏性力和重力的作用下，固体物质与水分逐渐分离，堆积形成结垢。这类垢较为松软，通过简单的机械清理及水冲洗方式即可得到清除。

（2）结晶垢。少数情况下，由于雾滴中含有少量亚硫酸钙和未反应完全的石灰石，会继续进行与塔内类似的各种化学反应，反应物也会黏结在除雾器表面而造成结垢，这些垢较为坚硬，形成后不易冲洗。

339. 防止除雾器堵塞结垢的措施是什么？

答：由于除雾器的功能就是捕捉烟气携带的雾滴，因此形成湿－干类型的垢属于正常现象，脱硫系统都设计有冲洗装置将沉积的石膏垢定期及时冲洗掉，防止其堆积。正常运行期间，按照设备厂家要求的冲洗水量和冲洗频率进行冲洗，即可防止结垢物堆积，防止发生堵塞和坍塌事故。

（1）密切注意除雾器的压差。除雾器堵塞严重结垢从压降升高得到明显反映。

（2）严格按照运行规程来进行与除雾器相关的操作，如系统启动前，如果循环浆液泵未启动，禁止向吸收塔引入热烟气等。

（3）严格控制烟气中飞灰的含量，以克服灰尘造成的高温和堵塞。

（4）严格除雾器清洗操作，避免除雾器清洗不充分引起结垢。

（5）控制吸收塔浆液密度在15%～25%含固量。吸收塔浆液浓度过高造成烟气携带浆液量剧增，从而引起除雾器结垢。

（6）脱硫的控制逻辑设计中充分考虑除雾器的安全。吸收塔循环泵全停、原烟气超温时应连锁停止增压风机、关闭进出口烟气挡板门，防止高温烟气损坏除雾器。

（7）当除雾器前烟气温度超过80℃时，一方面停运烟气系统；另一方面连锁或手动启动除雾器冲洗水泵进行喷淋事故降温。

340. 叙述罗茨鼓风机工作原理。

答：罗茨鼓风机为容积式风机，输送的风量与转数成正比。三叶形转子每转动一次由2个转子进行3次吸、排气。

一对形状相同的三叶形转子，设在2根相平行的轴上，叶片与椭圆形机壳内表面及各叶片三者之间始终保持微小的间隙。借助于同步齿轮，这对转子各叶片相互啮合又保持一定的间隙，并做方向相反的等速旋转。

转子转动时，把由叶片与机壳内壁所围成的空间里的气体，无内压缩地从进气口排送到排气口，被排气侧的高压气体压缩而升压，而罗茨鼓风机本身并不对所传输的气体加以内压缩，因此罗茨鼓风机的排气压力取决于排气侧的背压力。

转子转动时，叶片始终由同步齿轮保持正确的相位，不会出现相互碰触现象。

由于转子与机壳内壁所围成的空间的体积是一个定值，因此转子每转一转总是从进气口把确定容积（气缸工作容量）的气体送到排气侧。显然，这个“确定容积”取决于风机的几何尺寸，而与排气侧的压力大小无关。

341. 在FGD系统中，氧化风机的作用是什么？

答：在FGD系统中，氧化风机的作用是为吸收塔的浆液提供足够的氧化空气，通过矛状空气喷枪或氧化空气管网进入吸收塔浆液池，通过吸收塔搅拌器搅拌均匀，使吸收塔内的亚硫酸盐和亚硫酸氢盐几乎全部氧化为硫酸盐，最终以石膏的形式结晶析出。

342. 喷淋层由哪几部分组成？其作用是什么？

答：喷淋层是吸收塔浆液循环系统的一部分，包括管道系统、喷淋组件及喷嘴。其作用是用于湿法脱硫吸收塔内将循环喷淋浆液均匀分配到各个喷嘴的设备，将吸收塔浆液提升并雾化后与原烟气进行充分的接触和反应。

343. 常用脱硫塔内的浆液管道主要有几种？

答：常用脱硫塔内的浆液管道主要有碳钢内外衬胶、玻璃钢管道、改性聚丙烯（PpH）浆液管道。

（1）碳钢内外衬胶。橡胶衬里管和配件的安装应使用螺栓法兰连接，与管道连接的垫片是齐平密封，防止固体物在垫圈缝内积累。橡胶衬里管和配件的内衬应能防止流体接触金属表面，橡胶衬里伸出管道端部至法兰面的外径。边缘、拐角等需衬里的表面加工成弧形，至少有6mm的半径。橡胶衬里的厚度至少是4mm。

内径不大于40mm输送浆液和含氯液体的管道不得采用衬胶钢管，须用玻璃钢管或不锈钢管，即衬橡胶管的内径须大于40mm。

衬胶弯管和直管的设计寿命分别为3年和5年。从实际运行情况来看，一般都能达到。磨损部位主要发生在管道法兰连接处和多通道管件、装有节流孔板的出口侧管道，特别是当节流孔磨损后。衬胶管道对长度有一定限制。

（2）玻璃钢管道。玻璃钢（纤维缠绕增强热固性树脂，FRP）管道是一种新型化纤复合材料产品，由合成树脂和玻璃纤维采用缠绕工艺制造而成。FRP管具有优良的物理力学性能，密度为1.8～2.1g/cm^3，抗拉强度为160～320MPa，轴向弯曲强度为140MPa，层间剪切强度为50MPa，抗拉模量为25GPa，剪切模量为7GPa，弯曲模量为9.3GPa，巴氏硬度为40，泊松系数为0.3，断裂延伸率为0.8%～1.2%，膨胀系数约为11.2×10^{-6}/℃，内表面粗糙度为0.0084。

吸收塔内部喷浆系统的FRP管道和配件的内外表面至少有2.5mm厚的耐磨衬垫。标准玻璃管道采用富含树脂内衬时，可承受固体粒径在150μm以下、流速低于2m/s的浆液的磨损。FRP的耐磨性能可通过添加耐磨填料（如SiO_2、SiC、陶瓷粉末）来提高。FRP的拐弯半径至少应大于3倍直径或内表面至少应有25mm的弯曲半径。

由于石灰石浆液和石膏浆液均具有比较强的腐蚀性和磨损性，因此要求玻璃钢管必须具备耐腐蚀和耐磨的能力。玻璃钢管的弯头部位是最容易被磨损的，因此弯头处的厚度应额外加强。

（3）改性聚丙烯PpH浆液管道。PpH管道表面非常光滑，其表面粗糙度小于0.4μm，具有很高的抗腐蚀性，在100℃下保持良好的机械稳定性、很好的抗研磨能力及相对低的流动阻力。

344. 何谓泵？其作用是什么？

答：泵是用以输送流体（液体和气体）的机械设备。泵的作用是把原动机的机械能或其他能源传递给流体，以实现流体的输送。

345. 泵可分为哪几类？

答：根据工作原理及结构形式，通常泵可分为叶片式（又称叶轮式或透平式）、容积式（又称定排量式）及其他类型三大类，进一步的分类如下：

（1）叶片式泵。通过叶轮旋转将能量传递给流体，包括离心泵、混流泵、轴流泵和旋流泵。

（2）容积式泵。通过工作室容积的周期变化，将能量传给流体。包括：

1）往复式泵。包括活塞式泵、柱塞式泵和隔膜式泵；

2）回转式泵。包括齿轮泵、螺杆泵和滑片泵。

（3）其他类型泵。包括真空泵、射流泵和水击泵。

346. 水泵的性能参数主要有哪些？

答：水泵的性能参数主要有流量、扬程、转速、功率、效率、比转速及汽蚀余量等。

347. 何谓水泵的流量?

答:单位时间内水泵所输送出的液体数量称为水泵的流量。其数量以体积表示的,称为体积流量,用 Q_V 表示,单位为 m^3/s;其数量以质量表示的,称为质量流量,用 Q_m 表示,单位为 kg/s。

348. 水泵的体积流量与质量流量的关系是什么?

答:水泵的体积流量 Q_V 与质量流量 Q_m 的关系为

$$Q_m = \rho Q_V$$

式中 ρ——液体的密度,kg/m^3。

349. 何谓水泵的扬程?

答:单位质量的液体通过水泵所获得的能量称为水泵的扬程,用 H 表示,单位为 Pa,习惯上也常用液柱高度(mH_2O)表示。

350. 何谓水泵的转速?

答:泵轴每分钟旋转的圈数称为转速,用 n 表示,单位为 r/min。转速越高,泵输送的流量与扬程就越大。增高转速可以减少叶轮级数,缩小叶轮的直径。

351. 何谓水泵的功率?

答:水泵的功率通常指输入功率,即由原动机传给水泵泵轴上的功率,一般称为轴功率,用 P 表示,单位为 kW。其中,被有效利用的功率称为有效功率(即泵的输出功率),它表示单位时间内通过水泵的液体所获得的有效能量。

352. 何谓泵的损失功率?

答:轴功率与有效功率之差即为泵的损失功率。

353. 何谓水泵的效率？

答：有效功率 P_c 与轴功率 P 之比称为水泵的效率，用 η 表示，即

$$\eta = \frac{P_c}{P} \times 100\%$$

354. 浆液循环泵的作用是什么？

答：浆液循环泵的作用是把吸收塔反应罐内浆液连续地升压向塔内喷淋层提供喷淋浆液，提供喷嘴雾化能效，使浆液喷淋区内形成较强的雾滴环境，液滴与逆流而上升的烟气充分接触吸收 SO_2 气体，从而保证适当的液气比（L/G），以可靠地脱除烟气中的 SO_2。

355. 浆液循环泵前置滤网主要作用是什么？

答：浆液循环泵前置滤网主要作用是防止塔内沉淀物质吸入泵体造成泵的堵塞或损坏，以及防止吸收塔喷嘴的堵塞和损坏。

356. 石膏浆液排出泵的作用是什么？

答：石膏浆液排出泵的作用是将吸收塔内生产的石膏浆液排出吸收塔，并送入石膏脱水系统进行脱水处理。

357. 简述浆液循环泵的工作原理。

答：浆液循环泵的工作原理是通过叶轮高速旋转时产生的离心力使流体获得能量，即流体通过叶轮后，压能和动能都能得到提高，从而能够被输送到高处或远处。同时在泵的入口形成负压，使流体能够被不断吸入。

358. 简述浆液循环泵的基本结构。

答：浆液循环泵通常由三大部分组成，即电动机、减速箱（或联轴器）及泵本体，细分可包括泵壳、叶轮、轴、导轴承、出口弯头、底板、进口、密封盒、轴封、基础框架、地脚螺栓、机械

密封和所有的管道、阀门、就地仪表及电动机。

359. 浆液循环泵的特点有哪些?

答:浆液循环泵的特点有:

(1) 泵头防腐耐磨。由于泵送的浆体含有10%~20%的石灰石、石膏和灰粒,pH值为4~6的腐蚀性介质,因此对泵的要求非常苛刻,选用的材料要求耐磨耐腐蚀,并且至少适应高达20000ppm(1ppm=1μg/g,下同)的Cl^-浓度。理论上,氯化物的含量可能达到80000ppm,在某些情况下会更高些。如此高含量的氯化物在pH值较低的介质环境中会导致金属合金的严重腐蚀和点蚀,当要求取消或极少量引入填料水时,这种情况会进一步恶化。当要求减少或取消填料水时,必须采用可靠的机械密封,这又要求泵厂家必须为这种密封提供相应的安装使用条件,如稳定的压力、流动条件、最小的轴偏差和振动。

(2) 低压头、大流量。目前制造能力下,循环浆泵的流量已达到$10000m^3/h$,扬程为16~30m,还要适应停机及非高峰供电情况下的非正常运行的要求。泵的水特性能必须充分有效,其"流量—扬程特性"必须适应并联运行。尽管泵的进口压力较高,通常为10~$15mH_2O$($1mH_2O$=9806.65Pa,下同),可以充分地满足泵必需汽蚀余量的要求。但是,为保证石灰石浆液完全被氧化成硫酸盐,还必须考虑部分空气或氧气可能引入到循环泵内,当夹杂在浆体中的空气超过3%(体积百分比)时,就会降低泵的流量—扬程性能。在室温下饱含空气的水,其有效汽化压力高于正常水的汽化压力,所以会影响泵的汽蚀余量。

有时,从吸收塔壁面上结垢落下来的石膏碎片,会严重地损坏泵的衬里或者堵塞泵的吸入管路,干扰泵内浆体的流动,并降低装置汽蚀余量。

(3) 性能可靠、连续运行。泵必须经久耐用,能在规定的工况条件下每天24h连续运转,并能至少连续无故障运行24000h。轴和轴承组件的尺寸必须足够大,以适应工况变化的要求,并能有效防护、防止浆体或其他杂质侵入。因为在目前采用的泵送系统中很少有备用泵，所以在循环泵选型时，可靠性是关键因素。另外，如果泵需要维修，泵的结构设计必须保证易于拆卸和重新装配。

360. 何谓汽蚀余量？

答： 泵进口处液体所具有的能量与液体发生汽蚀时具有的能量的差值，称为汽蚀余量。汽蚀余量大，则泵运行时抗汽蚀性能就好。

361. 泵的汽蚀余量可分为哪两种？

答： 泵的汽蚀余量分为有效汽蚀余量和必需汽蚀余量。

有效汽蚀余量也称装置汽蚀余量。它表示液体由吸入液面流至泵入口处，单位质量液体所具有的超过饱和蒸汽压力的富余能量，用 Δh_s 或 $NPSN_s$ 表示。

单位质量液体从泵吸入口流至叶轮叶片进口压力最低处的压力降称为必需汽蚀余用 Δh_c 或 $NPSH_z$ 表示。必需汽蚀余量越大，则压力降越大，泵的抗汽蚀能力越差。

362. 有效汽蚀余量的大小与哪些因素有关？

答： 影响有效汽蚀余量的因素有吸入液面的表面压力、被吸液体的密度、泵的几何安装高度及吸入管道的阻力损失等。泵的有效汽蚀余量越大，泵出现汽蚀的可能性就越小。

363. 必需汽蚀余量的大小与哪些因素有关？

答： 必需汽蚀余量的大小与吸入管路装置系统无关，而与泵吸入室的结构、液体在叶轮进口处的流速等因素有关。

364. 水泵的汽蚀现象及汽蚀的危害性是什么？

答： 汽蚀又称空化，是液体的特殊物理现象。水泵在运行过程中，由于某些原因使泵内局部位置的压力降到水在相应温度下的饱和蒸汽压力（汽化压力）时，水就开始汽化生成大量的气泡，气泡随水流向前运动，运动到压力较高部位时，迅速凝结、溃灭。泵内水流中气泡的生成、溃灭过程涉及物理、化学现象，并产生噪声、振动和对过流部件的侵蚀，这种现象称为水泵的汽蚀现象。

水泵在产生汽蚀的过程中，由于水流中含有气泡破坏了水流的正常流动规律，改变了流道内过流面积和流动方向，因而叶轮与水流之间能量交换的稳定性遭到破坏，能量损失增加，从而引起离心泵的流量、扬程和效率的迅速下降，甚至达到断流状态。这种工作性能的变换，对于不同比转数的水泵是不同的。低比转数的离心泵叶槽狭长，宽度较小，很容易被气泡阻塞，在出现汽蚀后，$Q-H$、$Q-\eta$ 曲线迅速降落。对中、高比转速的离心泵和混流泵，由于叶轮槽道较宽，不易被气泡阻塞，因此 $Q-H$、$Q-\eta$ 曲线先是逐渐下降，汽蚀严重时才开始锐降。对高比转数的轴流泵，由于叶片之间流道相当宽阔，故汽蚀区不易扩展到整个叶槽，因此 $Q-H$、$Q-\eta$ 曲线下降缓慢。

气泡溃灭时，水流因惯性高速冲向气泡中心，产生强烈的水锤，其压强可达33～5700MPa，冲击的频率达2万～3万次/s，这样大的压强频率作用于过流部件上，引起金属表面局部塑性变形与硬化变脆，产生疲劳现象，金属表面开始呈蜂窝状，随之应力更加集中，叶片出现裂缝和剥落。这就是汽蚀的机械剥蚀作用。

在低压区生成气泡的过程中，溶解于水中的气体也从水中析出，所以气泡实际是水汽和空气的混合体。活泼气体（如氧气）借助气泡凝结时所产生的高温，对金属表面产生化学腐蚀作用。

在高温高压下，水流会产生带电现象。过流部件的不同部位，因汽蚀产生温度差异，形成温差热电偶，导致金属表面受到电解作用（即电化学腐蚀）。

另外，当水中泥沙含量较高时，由于泥沙的磨蚀，破坏了离心水泵过流部件的表层，发生汽蚀时，加快了过流部件的蚀坏程度。

在气泡凝结溃灭时，产生压力瞬时升高和水流质点间的撞击及对过流部件的打击，使水泵产生噪声和振动现象。

365. 简述浆液循环泵叶轮汽蚀的危害。

答：浆液循环泵叶轮汽蚀的危害为：浆液循环泵叶轮汽蚀会改变泵内水流状态，造成流动阻力增加，导致泵的流量、扬程和效率降低，同时造成泵的流道材料发生侵蚀而破坏，并使泵产生噪声和振动，危及泵的正常运行。

366. 为什么泵的入口管径大于出口管径？

答：为了避免泵产生汽蚀并防止泵抽空，应该尽量减少泵入口管道的阻力损失。管道的阻力损失与流速的平方成正比，而流速与管径的平方成反比，也就是说管道阻力损失与管径的四次方成反比，增大管径可以有效地降低管道阻力损失。泵入口的压力很低，因此可采用管壁较薄的管子，而且泵入口管道大都较短，采用较大直径的管子，所需费用增加不多。

泵出口压力很高，需要采用管壁较厚的管子，如果用管径较大的管子，钢材消耗太多，相应的阀门、法兰也要加大，投资增加。采用较小的管径，虽然管道的阻力损失增加，但泵出口压力有较大的富余量，故允许管道有较大的阻力损失。

367. 离心水泵工作过程中有哪几种损失？

答：离心水泵与其他机械一样，在工作过程中会形成各种损失。离心水泵工作时有以下三种损失：

（1）机械损失。轴在轴承上旋转时会产生摩擦阻力损失；轴与密封填料间存在摩擦阻力损失；叶轮两侧的盖板与水之间形成摩擦阻力损失，最后一项损失是三项损失中最大的一项。

（2）容积损失。旋转部件与固定部件存在间隙及间隙两侧的压差是引起泄漏造成容积损失的主要原因之一；压力较高一侧的水经平衡孔或平衡盘漏向压力较低一侧是造成容积损失的另一个主要原因。由于泄漏的水流在泵内循环，虽消耗了能量却没有向外输出，因此形成了容积损失。

（3）水力损失。因为水流经水泵的吸入室、叶轮叶道、导流器和蜗壳时，由于流向和截面的变化不但有摩擦阻力损失还有局部阻力损失；水流在进入叶轮时形成的撞击角造成了撞击损失。

以上各项损失虽然所有的离心水泵均存在，但是由于各种离心泵的扬程、流量、转速、级数不同，制造精度存在差别，因此，离心水泵的效率差别很大，效率低的仅约为55%，效率高的可达约90%。

368. 为什么离心泵启动时要求出口阀关闭？

答：由于驱动离心泵常用的感应式电动机启动电流很大，而启动转矩不大。为了保障电动机的安全，一般都要求在无负荷或低负荷下启动。离心泵在出口阀关闭状态下启动，就是不带负荷启动，减小电动机启动电流、缩短启动时间，从而延长电动机的寿命。所以离心泵一般都要求在出口阀关闭状态下启动。

369. 什么是泵的流量—扬程特性曲线？什么是泵的管道阻力特性曲线？什么是泵的工作点？

答：泵在不同的流量下，泵的出口具有不同的扬程，将泵在不同流量时对应扬程的各点连接起来，就成为泵的流量—扬程特性曲线。

泵的流量—扬程特性曲线在转速一定时，只与泵的叶轮特性有关，而与管道阻力无关。泵由调速电动机、液力耦合器或变频电动机拖动，当泵的转速变化时，泵的特性曲线也发生变化。通常制造厂给出的是额定转速下泵的流量—扬程特性曲线，见图5-1。

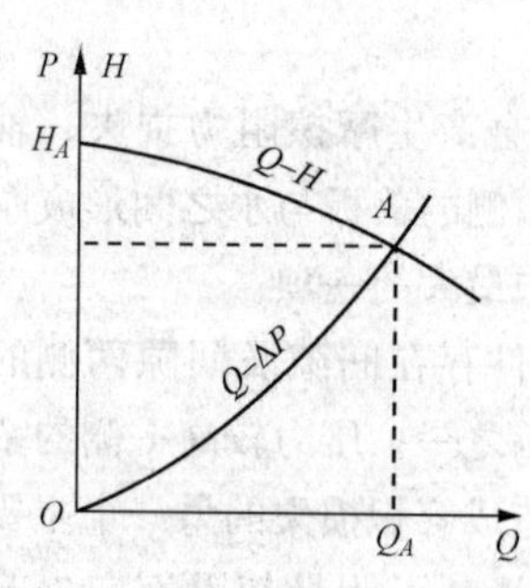

图5-1 泵的流量—扬程特性和管道阻力特性曲线

泵在不同流量下，泵的管道具有不同的阻力，将泵在不同流量时管道对应阻力的各点连接起来，就成为泵的管道阻力特性曲线。

泵的流量—扬程特性曲线与泵的管道阻力特性曲线的交点 A，就是泵的工作点。与泵的工作点相对应的流量和扬程，就是泵的流量和扬程，见图 5-1。

为了防止泵抽空或产生汽蚀，通常泵入口不设阀门，或虽有阀门，但运行时是全开的，而在泵的出口设有阀门或调节阀。通过改变泵出口阀门或调节阀的开度，可以改变泵的管道阻力系数，从而改变泵的管道阻力特性曲线与泵的流量—扬程特性曲线的交点，以达到改变泵流量和扬程的目的。

由于通过改变泵出门阀门或调节阀的开度来调节泵的流量会产生节流损失，因此，泵的耗电量增加。目前逐渐被采用的变频器，通过改变输入交流电动机的交流电频率，改变泵的转速。在管道阻力特性曲线不变的情况下，与转速变化后的流量扬程特性曲线相交成为泵新的工作点。由于采用变频调节时，泵出口阀门或调节阀全开，不会产生节流损失，因此，泵的耗电量明显下降。

370. 变频调节的原理和优点是什么?

答：锅炉的引、送风机和脱硫增压风机是耗电很大的辅机，大多由感应电动机拖动，感应电动机几乎是不能调速的，其转速由式（5-1）计算

$$n = \frac{60f}{p} \tag{5-1}$$

式中 n——电动机转速，r/min；

f——交流电频率，Hz；

p——电动机的极对数。

对于某台极对数已定的电动机来说，其转速取决于交流电的频率。由于电网的频率波动很小，因此，感应电动机的转速几乎是不变的。

变频器输入的是频率固定的交流电，变频器输出的交流电频率是可以根据需要而任意调节的。如果在电动机供电回路内设置了变频器，则可以很方便地通过改变变频器输出的交流电的频率来调节

感应电动机的转速。

与电厂常用的液力耦合器调速方式相比，变频器除具有液力耦合器调速的优点外，还具有无转动部件，工作可靠，维修工作量少，系统简单，占地少，安装方便等优点，原有的电动机、泵和风机位置不要改动，能量转换过程中损失小，电动机和风机或泵的对中容易等一系列优点。

由于采用变频器调速具有很多优点，因此，逐渐得到了广泛应用。但由于变频器是高科技产品，技术含量高，价格较贵，使其推广应用受到一定限制。随着变频器的大量生产和价格的降低，变频调节将会得到更广泛的应用。

371. 怎样计算离心泵所需的功率？

答：离心泵所需的功率 P（kW）为

$$P=\frac{QH\rho}{3600\times 102\eta}$$

式中 Q——流量，m^3/h；

H——扬程，m；

ρ——密度，kg/m^3；

η——离心泵效率，%；

102——换算系数。

372. 简述机械密封的工作原理。

答：机械密封是靠一对或数对垂直于轴做相对滑动的端面，在流体压力和补偿机构的弹力（或磁力）作用下保持贴合并配以辅助密封而达到阻漏的轴封装置。

373. 机械密封与软填料密封比较优缺点是什么？

答：机械密封与软填料密封比较，有如下优点：

（1）密封可靠。在长周期的运行中，密封状态很稳定，泄漏量很小，按粗略统计，其泄漏量一般仅为软填料密封的1/100。

（2）使用寿命长。在油、水类介质中一般可达1～2年或更长时间，在化学介质中通常也能达半年以上。

（3）摩擦功率消耗小。机械密封的摩擦功率仅为软填料密封的10%～50%。

（4）轴或轴套基本上不受磨损。

（5）维修周期长。端面磨损后可自动补偿，一般情况下，无须经常性地维修。

（6）抗振性好，对旋转轴的振动、偏摆，以及轴对密封腔的偏斜不敏感。

（7）适用范围广。机械密封能用于低温、高温、真空、高压、不同转速，以及各种腐蚀性介质和含磨粒介质等密封。

但其缺点有：

（1）结构较复杂，对制造加工要求高。

（2）安装与更换比较麻烦，并要求工人有一定的安装技术水平。

（3）发生偶然性事故时，处理较困难。

（4）一次性投资高。

374. 简述浆液循环泵两大技术方案和四种结构的比较。

答：浆液循环泵两大技术方案和四种结构的比较见表5-3。

表5-3　浆液循环泵两大技术方案和四种结构的比较

序号	技术方案	结构形式	优缺点	代表厂家
1	全金属泵	轴承悬架结构，可以轴向调节	优点：使用寿命长，效率高。 缺点：价格昂贵	KSB、FLOWSERVE、五二五泵业、石家庄泵业集团
		轴承托架结构，可以轴向调节	优点：泵的抗振动性能好。 缺点：主支撑在托架上，拆卸维护不方便，需要动管道	石家庄泵业集团、WARMAN

续表

序号	技术方案	结构形式	优缺点	代表厂家
2	胶泵体+金属叶轮泵	轴承悬架结构，可以轴向调节	优点：价格便宜。 缺点：经过石膏浆液磨损后，胶体脱落，会导致吸收塔喷淋层的喷嘴堵塞，胶体使用寿命短，是金属的2/3，衬胶制造设备要求专用，大型泵制造难度大	WARMAN
		轴承托架结构，可以轴向调节	优点：主支撑在泵体上，拆卸维护方便，不用动管道，悬架只是辅助支撑。 缺点：泵的抗振动性能不如托架	石家庄泵业集团、WARMAN

375. 浆液循环泵连接方式的优缺点是什么？

答：浆液循环泵连接方式的优缺点是：

（1）直连驱动的特点。直连驱动无减速机，无须配置减速机冷却用的进出口管道，整装后的长度和宽度较小，需使用10、12、14、16极电动机，通常价格非常昂贵。另外，要求三种不同的叶轮直径，会延长制造周期，切削叶轮会使泵效率下降，$NPSH_r$ 增加，叶轮直径减小，磨损寿命减小，直连驱动针对不同的扬程叶轮是一样的，不具备互换性。

（2）减速机驱动的特点。泵的转速不同，效率也不同，使用减速机方案效率高一些，能将工作点调整到泵的高效区，效率提高，但初投资增加一个齿轮箱。减少叶轮的备用，增加耐磨损的寿命，仅需选用4极电动机，其交货周期短。运行费用较高，因为减速机的用油要求严格。不同的扬程泵叶轮完全一样，具有互换性。

376. 离心泵常见故障类型有哪些？处理方法是什么？

答：离心泵常见故障类型有轴承发热、泵输不出液体、流量和扬程不足、密封泄漏严重、泵发生振动及出现异声、电动机过载等现象。

发生故障现象的原因及处理故障的方法见表5-4。

表5-4 离心泵常见故障类型及处理方法

序号	故障现象	原因	处理方法
1	轴承发热	（1）润滑油脂过多； （2）润滑油脂过少； （3）润滑油脂变质； （4）联轴器不同心； （5）振动	（1）减少润滑油脂； （2）添加润滑油脂； （3）排去并清洗轴承箱再添加新润滑油脂； （4）检查并调整泵和电动机的对中； （5）检查转子的平衡度或在较小流量处运转
2	泵输不出液体	（1）吸入管路或泵内留有空气； （2）进口或出口侧管道阀门关闭； （3）使用扬程高于泵的最大扬程； （4）泵吸入管漏气； （5）错误的叶轮旋转方向； （6）吸入高度太高； （7）吸入管路过小或有杂物堵塞； （8）转速不符	（1）注满液体，排除空气； （2）开启阀门； （3）更换扬程高的泵； （4）杜绝进口侧的泄漏； （5）纠正电动机旋向； （6）降低泵的安装高度，增加进口处压力； （7）加大吸入管径，消除堵塞物； （8）使电动机转速符合要求
3	流量和扬程不足	（1）叶轮损坏； （2）密封环磨损过多； （3）转速不足； （4）进口阀或出口阀未充分打开； （5）在吸入管路中漏入空气； （6）管道中有堵塞； （7）介质密度与泵要求不符； （8）装置扬程与泵扬程不符	（1）更换新叶轮； （2）更换密封件； （3）按要求增加转速； （4）充分开启； （5）把泄漏处封死； （6）清除堵物； （7）重新核算或更换合适功率的电动机； （8）设法降低泵的安装高度

续表

序号	故障现象	原因	处理方法
4	密封泄漏严重	(1)密封元件材料选择不当; (2)摩擦副严重磨损; (3)动静环吻合不均; (4)摩擦副过大,静环碎裂; (5)O形圈损坏	(1)向供货单位说明介质情况,配以适当的密封件; (2)更换磨损部件,并调整弹簧压力; (3)重新调整密封组合件; (4)整泵拆卸换静环,使之与轴垂直度误差小于0.01,按要求装密封组合件; (5)更换O形圈
5	泵发生振动及出现异声	(1)泵轴和电动机轴的中心线不对中; (2)轴弯曲; (3)轴承磨损; (4)泵产生汽蚀; (5)转动部分与固定部分有磨损; (6)转动部分失去平衡; (7)管路和泵内有杂物堵塞; (8)进口阀门关小了	(1)校正对中; (2)更换新轴; (3)更换轴承; (4)向厂家咨询; (5)检修泵或改善使用情况; (6)检查原因,设法消除; (7)检查排污; (8)打开进口阀,调节出口阀
6	电动机过载	(1)泵和原动机不对中; (2)介质相对密度变大; (3)转动部分发生摩擦; (4)装置阻力变低,使运行点偏向大流量处	(1)调整泵和原动机的对中性; (2)改变操作工艺; (3)修复摩擦部位; (4)检查吸入和排出管路压力与原来的变化情况,并予以调整

377. 脱硫喷嘴定义是什么?

答:脱硫喷嘴是将浆液以压力雾化方法雾化成一定粒径分布的

细小雾滴的设备。

378. 喷嘴的主要性能参数包括哪些?

答: 在石灰石-石膏湿法 FGD 系统中，喷嘴是关键设备，喷嘴性能和喷嘴布置设计直接影响到湿法 FGD 系统性能参数和运行可靠性。喷嘴的主要性能参数包括:

(1) 喷雾角。指浆液从喷嘴旋转喷出后，形成的液膜空心锥的锥角。影响喷雾角的因素主要是喷嘴的各种结构参数，如喷嘴孔半径、旋转室半径和浆液入口半径等。

(2) 喷嘴压力降。指浆液通过喷嘴通道时所产生的压力损失。喷嘴压力降越大，能耗就越大。喷嘴压力降的大小主要与喷嘴结构参数和浆液黏度等因素有关，浆液黏度越大，喷嘴压力降越大。

(3) 喷嘴流量。指单位时间内通过喷嘴的体积流量。喷嘴流量与喷嘴压力降、喷嘴结构参数等因素有关。在相同喷嘴压力降条件下，喷嘴孔半径越大，喷嘴流量越大。

(4) 喷嘴雾化液滴平均直径。雾化液滴平均直径通常采用体积面积平均直径来表示。影响液滴直径的因素很多，如喷嘴孔径、进口压力、浆液黏度、表面张力和浆液流量等。

379. 喷淋覆盖率计算公式是什么?

答: 喷淋覆盖率是指在离喷嘴出口 1m 处的喷淋层覆盖率。其计算公式为

$$\text{喷淋覆盖率} = \frac{N_{noz}A_{noz}}{A_{abs}} \times 100\% \tag{5-2}$$

式中　N_{noz}——每个喷淋层喷嘴的数量;

A_{noz}——距喷嘴出口 1m 处测得的每个喷嘴的覆盖面积，m^2;

A_{abs}——距喷嘴出口 1m 处吸收塔横截面积，m^2。

380. 湿法烟气脱硫系统需要设置喷嘴的位置有哪些?

答: 湿法烟气脱硫系统需要设置喷嘴的位置有吸收塔浆液喷淋

喷嘴、吸收塔入口烟气冲洗喷嘴、除雾器冲洗喷嘴、石膏冲洗（真空皮带机）喷嘴和烟气事故冷却喷嘴。

381. 湿法脱硫系统喷嘴的作用是什么？

答：吸收塔喷淋喷嘴将循环浆液雾化成细小的液滴，提高气液之间的传质面积；吸收塔入口烟道干湿界面通常装有冲洗喷嘴，用来清除该处出现的沉积物；除雾器冲洗喷嘴用来冲洗除雾器板片上黏附的固体物；石膏冲洗喷嘴用来冲洗石膏滤饼中可溶性物质（主要是氯化物）；有时也在吸收塔入口烟道安装喷嘴用来冷却进入吸收塔的烟气。

382. 雾化喷嘴的功能是什么？

答：雾化喷嘴的功能是将大量的石灰石浆液转化为能提供足够接触面积的雾化小液滴，有效脱除烟气的SO_2。

383. 脱硫系统中常用的喷嘴主要有哪几种类型？

答：脱硫系统常用的喷嘴主要有三种类型，即切向喷嘴、轴向喷嘴和螺旋喷嘴。

切向喷嘴又称空心锥切线型喷嘴，又可分为空心锥切线型脱硫喷嘴、双空心锥切线型脱硫喷嘴和实心锥切线型脱硫喷嘴。

空心锥切线型脱硫喷嘴是指浆液从切线方向进入喷嘴涡旋腔内，产生旋转运动，获得离心力后，从与入口成直角的喷口喷出，形成无数雾滴组成的空心锥的脱硫喷嘴。

双空心锥切线型脱硫喷嘴是指浆液从切线方向进入喷嘴涡旋腔内，产生旋转运动，获得离心力后，从与入口成直角的上、下两个喷口同时喷出，形成无数雾滴组成的空心锥的脱硫喷嘴。在吸收塔中，一个喷口向下喷，另一个喷口向上喷。

实心锥切线型脱硫喷嘴是指浆液从切线方向进入喷嘴涡旋腔内，产生旋转运动，获得离心力后，从与入口成直角的喷口喷出，形成无数雾滴组成的实心锥的脱硫喷嘴。与空心锥切线型脱硫喷嘴不同的是在涡流腔封闭端的顶部使部分液体转向喷入喷雾区域的中央。

轴向喷嘴又称实心锥喷嘴，雾化流线为实心锥流型，这种喷嘴通过内部的叶片使浆液形成螺旋，然后沿喷嘴的轴线从喷嘴喷出。

螺旋喷嘴是指随着连续变小的螺旋线体，浆液不断经螺旋线相切后改变方向或成片状喷射成同心轴状锥体的脱硫喷嘴。

384. 搅拌设备定义是什么？

答：搅拌设备是指通过使搅拌介质获得适宜的流程而向其输入机械能量的装置。

385. 搅拌器分类及组成是什么？

答：搅拌器是用来搅拌浆液、防止浆液沉淀的搅拌设备。吸收塔浆池搅拌器除了搅拌悬浮浆液中的固体颗粒外，还有以下作用：

（1）使新加入的吸收塔浆液尽快分布均匀（如果吸收剂浆液直接加入罐体中），加速石灰石的溶解；

（2）避免局部脱硫反应产物的浓度过高，防止石膏垢的形成；

（3）提高氧化效果和促使更多的石膏结晶的形成。

脱硫搅拌器根据安装位置不同可分为侧进式搅拌器、顶进式搅拌器。两种搅拌器都是由轴、叶片、机械密封、变速箱、电动机等组成。

顶进式搅拌器采用浆罐、地坑顶部安装方式，脱硫系统中多数罐池（如石灰石浆罐、过滤水地坑等）采用顶进式搅拌器。吸收塔浆池中的搅拌器可以采用顶进式或者侧进式，其主要取决于吸收塔和吸收塔浆池的结构。

侧进式搅拌器采用罐体外壁安装方式。

386. 搅拌设备的结构主要由哪几部分组成？各部分的作用是什么？

答：搅拌设备的结构主要由搅拌装置、搅拌罐与轴三大部分组成。

搅拌设备结构的组成如下：

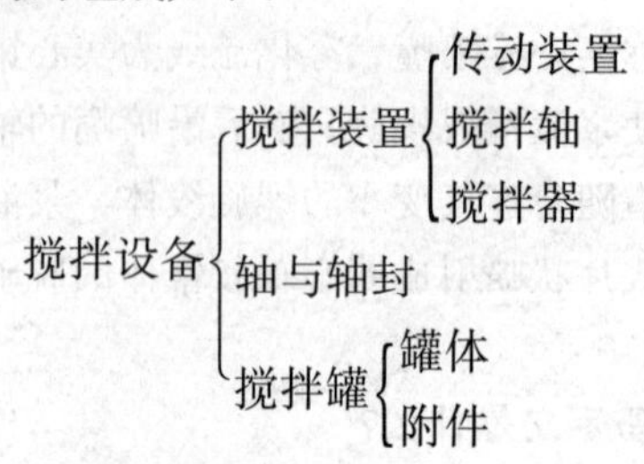

（1）搅拌器（或称搅拌桨）与搅拌轴。它们的作用是通过自身运动使搅拌容器中的物料按某种特定的方式运行，从而达到某种工艺要求。这种特定方式的流动（流型）是衡量搅拌装置性能最直观的重要指标。

（2）搅拌容器（或称搅拌罐或搅拌槽）。它的作用是容纳搅拌器与物料在其内进行操作。对于浆液搅拌容器，除保证具体的工艺条件外，还要满足无污染、易清洗等专业技术要求。

（3）传动装置。它是赋予搅拌装置及其他附件运动的传动件组合体。在满足机器所必需的运行功率及几何参数的前提下，要求传动链短、传动件少、电动机功率小，以降低成本。

（4）轴封。它是搅拌轴和搅拌容器转轴处的密封装置。为避免浆液污染，轴封的选择必须给予重视。

387. 侧进式搅拌器定义是什么？

答：侧进式搅拌器是安装在吸收塔容器侧壁上的推进式搅拌器。

388. 搅拌器的作用是什么？

答：搅拌器的作用主要是防止固体颗粒在箱罐或地坑中沉淀，确保浆液能够均匀地输送到下一个工艺流程。吸收塔搅拌器还有另一个作用就是加强氧化空气的扩散，促进亚硫酸钙的氧化、石膏晶体的成长和石灰石的溶解。搅拌器一般采用顶部安装和侧面安装。

第三节 吸收剂制备及供应系统

389. 何为湿法烟气脱硫吸收剂?

答: 湿法烟气脱硫吸收剂是指脱硫工艺中用于脱除二氧化硫(SO_2)等有害物质的反应剂。石灰石/石灰-石膏法脱硫工艺使用的吸收剂为石灰石($CaCO_3$)或石灰(CaO)。

390. 吸收剂按其来源可分为哪两类?

答: 吸收剂按其来源大致可以分为天然产品与化学制品两类。

(1)天然产品包括石灰石、石灰、天然磷矿石、电石渣(废料)等。

(2)化学制品包括硫酸钠、碱性硫酸铝、氨水、活性炭、氧化镁、氢氧化钠、亚硫酸钠等。

391. 石灰石的成分是什么?

答: 石灰石的主要成分是碳酸钙($CaCO_3$)。纯碳酸钙是一种白色晶体或粉末,密度为2700~2950kg/m^3,分子质量为100.09,极难溶于水,可以在CO_2饱和水溶液中溶解生成碳酸氢钙[$Ca(HCO_3)_2$],溶于酸则放出CO_2;石灰石经煅烧(>825℃)后放出CO_2,生成石灰(CaO)。由石灰石矿开采出来的石灰石一般含有杂质而呈青褐色。

石灰石在大自然中储量非常丰富,无毒、无害,在处置和使用过程中十分安全。石灰石溶液能够有效地吸收烟气中的SO_2,但是不能有效地脱除烟气中的SO_3。

石灰石除主要成分碳酸钙以外,同时也含有一定量的碳酸镁($MgCO_3$)及少量的氧化铝(Al_2O_3)、氧化铁(Fe_2O_3),以及硅(Si)、锰(Mn)等杂质。此外,石灰石的成分和烟气脱硫浆液中痕量重金属离子,如镉离子(Cd^{2+})、汞离子(Hg^{2+})、铅离子(Pb^{2+})等,对石灰石湿法烟气脱硫效率有一定的影响。

392. 论述脱硫吸收剂的选择原则。

答： 脱硫吸收剂的选择原则是：

（1）吸收能力高。要求对 SO_2 具有较高的吸收能力，以提高吸收速率，减少吸收剂的用量，减少设备体积和降低能耗。

（2）选择性好。要求对 SO_2 吸收具有良好的选择性能，对其他组分不吸收或吸收能力很低，确保对 SO_2 具有较高的吸收能力。

（3）挥发性低，无毒，不易燃烧，化学稳定性好，凝固点低，不发泡，易再生，黏度小，比热容小。

（4）不腐蚀或腐蚀性小，以减少设备投资及维护费用。

（5）来源丰富，容易得到，价格便宜。

（6）便于处理及操作时不易产生二次污染。

393. 什么是石灰石的消溶特性？

答： 石灰石的消溶特性是反映石灰石活性的重要指标，石灰石的活性可以用消溶速率来表示，石灰石的消溶速率是指单位时间内被消溶的石灰石的量。石灰石的消溶率是指消溶的石灰石的量占石灰石总量的百分比。在相同的消溶时间内，石灰石消溶率大，则其消溶速率高。

394. 石灰石品种对石灰石消溶特性的影响是什么？

答： 石灰石的品种不同，其消溶特性也不同。这是由于石灰石的形成过程和晶体结构不同造成的。石灰石的消溶特性是反映石灰石活性的重要指标，石灰石的消溶特性越好，则其活性也越高，因此，选择消溶特性好的石灰石作脱硫剂对提高脱硫反应速率是有利的。图5-2是两种石灰石的消溶率。石灰石A的 $CaCO_3$ 含量为94.06%，石灰石B的 $CaCO_3$ 含量

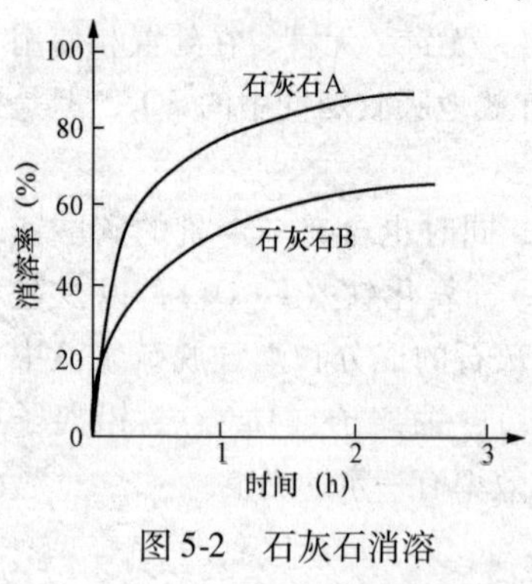

图5-2 石灰石消溶

为 83.93%。A 的消溶特性好于 B。

395. 消溶时间对石灰石消溶特性的影响是什么？

答：对于实际运行的脱硫系统，消溶时间可以用石灰石在消溶设备中的平均停留时间来表示。石灰石的消溶率随消溶时间的延长而增大。在反应初期，石灰石的消溶率随消溶时间的延长增加很快，随着反应的进行，石灰石消溶率的增加幅度减小。因此，较长的消溶时间使更多的石灰石消溶，对提高石灰石的利用率是有利的。但是，在实际的石灰石浆液制备系统中，过长的消溶时间并非有利。这是因为：一方面，过长的消溶时间并不会进一步显著提高石灰石的消溶率；另一方面，较长消溶时间必然要求相关反应设备有较大的容积，这不仅增加占地面积和投资成本，而且也将导致消溶单位质量石灰石的能耗增大，从而增加运行成本。同样，过短的消溶时间不能保证消溶反应的充分进行，将导致石灰石的利用率下降，而且由于石膏中会含有未溶解的石灰石颗粒造成石膏品质的恶化。因此，对于某一种石灰石，在一定的消溶条件下，有一个适宜的消溶时间或平均停留时间。

396. 温度对石灰石消溶特性的影响是什么？

答：温度对石灰石的消溶特性有重要影响。石灰石的消溶过程包含一系列化学反应，它们的反应速率服从阿累尼乌斯定律，也即化学反应速率随温度的升高而呈指数关系增大。因此，消溶温度可以增大石灰石的消溶速率。在相同的消溶时间下，随着温度的增加，石灰石的消溶率增大。因此，提高温度对石灰石的消溶是有利的。实际烟气脱硫系统中，石灰石的消溶主要在石灰石浆液池中进行，其温度取决于所加入水的温度。

397. pH 值对石灰石消溶特性的影响是什么？

答：在 $CaCO_3$ 的消溶过程中发生可逆反应。消溶过程中要消耗 H^+，使浆液呈碱性。因此，降低浆液的 pH 值将使反应向有利于石灰石溶解方向进行。随着 pH 值的减小，石灰石的消溶率将增大。

398. SO_2 浓度对石灰石消溶特性的影响是什么？

答：含有 SO_2 的烟气经过石灰石浆液洗涤，对石灰石的消溶特性有正面影响：一方面，SO_2 溶于水可为浆液提供 H^+，浆液 pH 值降低，有利于石灰石的消溶。另一方面，SO_2 溶于水后生成的 HSO_3^-，可进一步氧化为 SO_4^{2-}，SO_3^{2-} 和 SO_4^{2-} 与 Ca^{2+} 反应生成的 $CaSO_3$ 和 $CaSO_4$ 沉淀物从溶液中析出，消耗 Ca^{2+}，使反应向有利于石灰石消溶的方向进行，促进石灰石的消溶。因此，在其他条件一定的情况下，随着烟气中 SO_2 浓度的增大，石灰石的消溶率增大。当烟气中 SO_2 浓度升高时，石灰石的消溶率大幅度增加。

399. 氧浓度对石灰石消溶特性的影响是什么？

答：烟气中 O_2 浓度对石灰石的消溶特性有正面影响。当氧浓度较高时，随着氧浓度的增加，石灰石消溶率明显增加。这是因为增加氧浓度可以加快 HSO_3^- 向 SO_4^{2-} 的氧化进程，导致浆液中 H^+ 浓度增大，pH 值降低，石灰石消溶率增大；同时由于 $CaSO_4$ 的溶度积比 $CaSO_3$ 小得多，也即 $CaSO_4$ 有更小的溶解度。因此，SO_4^{2-} 与 Ca^{2+} 反应生成的 $CaSO_4$ 沉淀物从溶液中析出也可以消耗更多的 Ca^{2+}，使反应向有利于石灰石消溶的方向进行，促进石灰石的消溶，消溶率增加。石灰石消溶率随着氧浓度的增大而增加。

400. CO_2 浓度对石灰石消溶特性的影响是什么？

答：烟气中 CO_2 浓度对石灰石的消溶特性有正面影响，但影响很小。一方面，烟气中 CO_2 浓度较高，则气相中 CO_2 分压较大，根据亨利定律，液相中 CO_2 浓度较高，由于 H_2CO_3 是很弱的酸，在液相中电离产生 H^+ 浓度略有升高，pH 略有降低，对石灰石消溶起促进作用，但这种促进作用不大；另一方面，由于石灰石消溶过

程也产生 CO_2，烟气中 CO_2 分压较大，达到溶解平衡时液相中 CO_2 浓度较高，对石灰石消溶有抑制作用。因此，在火力发电厂锅炉排烟中 CO_2 浓度的范围内，烟气中 CO_2 浓度对石灰石的消溶率影响很小。随着 CO_2 浓度的增大，石灰石消溶率稍有增加。

401. Cl^- 浓度对石灰石消溶特性的影响是什么？

答：浆液中 Cl^- 浓度对石灰石的消溶特性有明显的抑制作用。浆液中微量的 Cl^- 不利于石灰石消溶。因为浆液中 Cl^- 与 Ca^{2+} 生成 $CaCl_2$，溶解的 $CaCl_2$ 浓度增加，同离子效应导致液相的离子强度增大，从而阻止了石灰石的消溶反应。浆液中的 Cl^- 主要来自燃煤中的氯。浆液中 Cl^- 与 Ca^{2+} 生成 $CaCl_2$，它不仅会影响石灰石的消溶率，还会降低脱硫剂的碱度，即通过影响 H^+ 的活性而产生作用。向浆液池中鼓风可减轻 $CaCl_2$ 的不利影响，通过提高液气比也弥补脱硫剂碱度的损失。

402. F^- 浓度对石灰石消溶特性的影响是什么？

答：浆液中 F^- 浓度对石灰石的消溶特性有抑制作用。随着浆液中的 F^- 的增加，石灰石消溶率略有减小。这说明 F^- 对消溶率有微弱的抑制作用。这可能是因为 F^- 形成了复杂的络合物覆盖在石灰石颗粒表面，从而阻碍消溶反应的进行。浆液中的 F^- 主要来自燃煤烟气中的氟化合物。

403. 石灰石的性能指标有哪些？

答：石灰石的性能指标主要是石灰石的成分和纯度、石灰石的活性及可磨性系数。

404. 石灰石的纯度是如何表示的？

答：在石灰石湿法脱硫工艺中，石灰石的纯度一般以 $CaCO_3$ 表示。但在石灰石的化学成分分析中，则测定 CaO 的含量，$CaCO_3$

的含量是按照式（5-3）由 CaO（假设 CaO 完全由石灰石中 $CaCO_3$ 分解所得）的含量推算得到的，即

$$CaCO_3 = CaO \times \frac{100.09}{56.08} \tag{5-3}$$

式中　CaO——由石灰石中 $CaCO_3$ 分解的氧化钙含量，%；

$CaCO_3$——石灰石中碳酸钙的含量，%；

100.09、56.08——$CaCO_3$、CaO 的分子质量。

405. 石灰石制备系统的作用是什么？对石灰石粉细度有何要求？

答：石灰石制备系统的作用是将石灰石破碎，磨制形成合格的碳酸钙吸收浆液，供吸收塔脱硫用。石灰石粉细度要求是：90% 通过 325 目筛（44μm）或 250 目筛（63μm），并且 $CaCO_3$ 含量大于 90%。石灰石浆液要求：固体质量分数为 10% ~15%。

406. 石灰石浆液制备系统通常有几种方案？

答：石灰石浆液制备系统通常有三种方案：

（1）就地制粉，运入电厂调浆使用；

（2）粗粒入厂，湿磨成浆；

（3）外购粉粒，厂内调浆。

407. 湿式制浆方案和干式制粉方案有何异同点？

答：湿式制浆方案和干式制粉方案异同点为：

（1）湿式制浆方案和干式制粉方案在石灰石块入磨之前的工序基本相同，从入磨后制成浆液，湿式所用的辅助设备要比干式少得多，因而投资较少，占地面积小，发生故障的可能性大为减少。一般干式制浆方案的投资要比湿式高 1/5 ~1/3。

（2）虽然湿式球磨机比干式球磨机的电耗大，但就整个系统而言，电耗还是低，因而运行费用低，其运行费用要低 1/8 ~1/10。

（3）湿式石灰石粉量和粒径的调节更方便。干式主要提高调整球磨机的运行参数来调节粉量和粒径，而湿式还可通过调整出口水力旋流器的性能参数来达到目的。

（4）干式制粉系统需注意扬尘造成的环境污染，而湿式需防止因渗漏外流的制浆造成厂区污染。

408. 湿式制浆方案吸收剂制备系统包括哪两个子系统？

答：湿式制浆方案吸收剂制备系统包括石灰石储运和石灰石浆液制备系统两个子系统。

409. 概述湿式制浆方案吸收剂制备石灰石储运系统。

答：自卸卡车将符合要求的外购石灰石碎石运输进厂，倒入地下卸料斗。料斗上部用钢制格栅防止大粒径的石灰石进入，下部接振打给料机，将石灰石碎石送入斗式提升机。斗式提升机把石灰石碎石提升至石灰石储仓顶部的输送机（或直接用流料槽），并由输送机把石灰石碎石送入石灰石储仓。储仓内的石灰石碎石经仓下出料口进入皮带称重给料机计量后，送入湿式球磨机磨制石灰石浆液。

410. 湿式制浆方案吸收剂制备石灰石储运系统包括哪些设备？

答：湿式制浆方案吸收剂制备石灰石储运系统包括石灰石卸料斗（含通风除尘系统）、振打给料机（带电磁除铁器）、斗式提升机、螺旋输送机或皮带输送机、石灰石碎石仓（包括除尘系统）及称重式皮带给料机等。

411. 概述湿式制浆方案吸收剂制备石灰石浆液系统。

答：石灰石从石灰石储仓经皮带称重给料机送至湿式球磨机进行研磨。FGD 补给水或滤液等回收水将按与送入石灰石成设定比例的量进入湿式球磨机的入口，最后得到不低于 90% 的颗粒细度不大于 63μm（250 目，90% 通过）、含固量约为 30% 的石灰石浆液。

石灰石在湿式球磨机中被磨成浆液并自流至浆液再循环箱，然后由球磨机浆液再循环泵抽吸至旋流分离器。旋流分离器（超过尺寸的物料）再循环至湿式球磨机入口，溢流（符合尺寸的物料）则自排入石灰石浆液箱中储存待用。

石灰石浆液箱中的石灰石浆液由石灰石浆液泵送入吸收塔。

412. 干式制浆方案吸收剂制备系统包括哪两个子系统？

答：干式制浆方案吸收剂制备系统包括干式球磨机磨制石灰石粉和石灰石粉制浆两个子系统。

413. 概述干式球磨机制备石灰石粉典型工艺流程。

答：储存于石灰石筒仓内的石灰石，经称重皮带给料机送入干式球磨机内研磨，磨制成的石灰石粉用斗式提升机送至选粉机内进行分离，符合粒度要求的石灰石粉被风携带走，由袋式除尘器收集后，通过机械输送系统送至石灰石粉仓储存。成品石灰石粉用罐车运至吸收区。干式球磨机出口成品石灰石粉的细度一般为90%的颗粒细度不大于63μm（250目，90%通过）。

414. 概述外购成品石灰石粉制浆的典型工艺流程。

答：从厂外（或干磨制粉岛）运输至岛内石灰石浆液制备系统的合格的成品石灰石粉，以气力输送方式送入石灰石粉仓，再通过电动旋转给料阀送至石灰石浆液箱，与浆液用水混合制成石灰石浆液。石灰石浆液由石灰石浆液泵送至吸收塔。

415. 布袋收尘器的工作原理是什么？

答：布袋收尘器的工作原理是：含尘气体从入口门流入，撞在挡板上，改变流动方向，结果粗颗粒粉尘直接落入灰斗，细颗粒的含尘气体通过滤布层时，粉尘被阻留，空气则通过滤布纤维间的微孔排走。在过滤过程中，由于滤布表面及内部粉尘搭拱不断堆积，形成一层由尘粒组成的粉尘料层，显著地改善了过滤作用，气体中的粉尘几乎全部被过滤下来。随着粉尘的加厚，滤布阻力逐渐增加，使处理能力降低。为保持稳定的处理能力，必须定期清除滤布上的部分粉尘层。由于滤布绒毛的支撑作用，滤布上总有一定厚度的粉尘清理不下来，从而成为滤布外的第二过滤介质。过滤后的干净气体从布袋管顶排出。

布袋收尘器主要部件包括漏斗、箱体、气囊板、滤布袋、反吹扫设备和排气装置等。

416. 称重给料机适用于哪些场合？由哪些结构组成？

答：称重给料机适用于现场环境要求较高的散状物料的连续均匀输送和计量，是脱硫用石灰石计量及化工、配料系统的理想设备。在输送过程中，对物料进行连续称重，称重仪表随时显示瞬时流量和累计流量。它能根据供料系统的要求可靠、精确地调节控制给料量，以防止溢额供应物料。

胶带称重给料机由封闭金属机壳、输送物料系统、落料清扫机、驱动装置、计量系统、自动校验装置、电气控制系统、进出物料法兰、料流调节装置、皮带清扫器、皮带张紧机构、堵料报警装置、断料报警装置、跑偏报警装置等构成。

417. 称重给料机在使用时注意事项有哪些？

答：称重给料机在使用时注意事项有：

（1）减速电动机的使用维护。减速电动机使用润滑油，可以增加润滑可靠性及延长减速电动机使用寿命。减速电动机内不允许注入含杂质和含腐蚀性物质的不清洁的润滑油。给料运行期间，应经常观察润滑油位是否正常。如果油量不足，应及时补充注入与原牌号相同的润滑油。切勿加油过量。给料机初次运行 300h 后，减速电动机必须更换新的润滑油，并清洗内部的油污。给料机若每天连续运行 10h 以上，每 3 个月换油一次；若每天运行 10h 以内，则每 6 个月换油一次。应经常观察减速电动机的运行情况，如果发现有异常噪声或过热，应及时停机检查处理。

（2）传动滚筒和改向均配置带座外球面调心轴承，具有自动调心功能，轴承具有防尘罩防尘。在运行期间检查补充润滑脂，防止轴承缺油损坏。

（3）给料机运行工作期间，要经常注意观察输料胶带运行情况，如发现有跑偏现象，应及时调整跑偏。

（4）计量系统操作维护必须有熟悉电子皮带秤使用要求的专门人员负责管理和操作，定期对称地进行精度校验。

（5）清扫机链条张紧适当，不要过分张紧，避免减少链条的使用寿命。调整胶带清扫器刮板时，应保证刮板和胶带面均匀接触，压力不得过大，以免造成胶带损伤和过多地消耗驱动功率。

418. 斗式提升机的工作原理是什么？

答：斗式提升机主要用于垂直输送粉状、颗粒状及小块状的物料，工作原理是用链条连接着一串料斗牵引构件，环绕在斗式提升机的头轮与底部尾轮之间构成闭合环链，动力从头轮一端输入。输送的物料由下部进料口喂入，被连续向上运动的料斗舀取、提升，由上部出料口卸出，从而实现垂直方向物料输送。

419. 斗式提升机适用于哪些场合？由哪些结构组成？

答：斗式提升机适用于输送块状、易碎和具磨琢性的堆积密度小于 $2t/m^3$ 的物料，物料温度不超过25℃，如块煤、碎石、矿石、卵石、焦炭等。脱硫系统中用斗式提升机将石灰石提升到石灰石粉仓内。

斗式提升机采用两根板式套筒滚子链作为牵引构件，料斗两侧边固定在板链上并连续布置，用流入式装载，低速重载卸料。斗式提升机主要由驱动装置、上部区段、中部机壳、斗链、下部区段组成。

420. 斗式提升机在使用时注意事项有哪些？

答：斗式提升机在工作过程中应有固定人员操作，操作人员必须具有使用斗式提升机的技术并熟悉机器性能。斗式提升机操作、维护注意事项如下：

（1）应严格遵守斗式提升机已规定的输送物料特性、输送量及工作条件。

（2）斗式提升机在工作时所有检视门必须关闭，并在上、下部区段及经常打开的检视门处，安设照明设备。

（3）斗式提升机在工作过程中，发生故障应立即停止运转，予以消除，绝对禁止在运转时进行维修。

（4）操作人员应经常检查斗式提升机的运行情况，包括链条是否变形和磨损，松紧程度是否适当，料斗是否歪斜、脱落，紧固件是否松动，润滑点是否有油，物料在进料口和底部是否有阻塞现象。

（5）下部区段的拉紧装置应调整适宜，以保证链条具有正常工作张紧力，但不宜过紧。

（6）如果上部卸料有反料现象，应调整卸料口的滑板，使滑板边缘和料斗边缘保持适当间隙，其间隙为10～20mm。

（7）如果底部积料阻塞，应打开下部清料门进行清扫。

（8）斗式提升机应空载启动，停车前不供料，待卸完料后停车。

（9）根据斗式提升机的使用条件，规定检修周期。

（10）斗式提升机的润滑应根据润滑规定，结合运转情况进行加注和更换润滑油。

421. 振动给料机适用于哪些场合？由哪些结构组成？

答：振动给料机是广泛应用于矿山、冶金、煤炭、火力发电等行业中，能使块状、颗粒状及粉状物料均匀或定量的给料设备。电动振动给料机利用振动电动机激振源，使物料做抛物线运行，可以瞬间改变和启闭料流，提高定量给料精度。

电动振动给料机由给料槽、传振体、振动电动机、减振装置四部分组成。

电动振动给料机的给料过程是利用特制的振动电动机驱动给料槽沿倾斜方向做周期性直线往复振动来实现的。当给料槽振动的加速度垂直分量大于重力加速度时，槽中的物料被抛起，由于振动电动机的连续运转，槽中的物料连续向前做跳跃运动，由此达到给料目的。

422. 振动给料机在使用与维修过程中应注意哪些事项？

答：振动给料机在使用与维修过程中应注意的事项是：

（1）给料机在运行过程中应经常检查振幅电流、温升及噪声的稳定情况，发现异常现象应立即停车处理。

（2）对电动机轴承一般应每两个月加注一次润滑脂，高温季节每个月加注一次润滑脂。

423. 振动给料机在运行过程中的常见故障及处理方法是什么？

答：振动给料机在运行过程中的常见故障及处理方法见表5-5。

表5-5　振动给料机在运行过程中的常见故障及处理方法

	故障现象	故障原因	排除方法
1	接通电源后给料机不启动	（1）电源线路不通； （2）电动机卡阻； （3）负荷过重； （4）与其他设备在连接处制约	（1）检查三相电源是否缺相，是否与电压、标牌相符； （2）打开电动机支架排除卡阻现象； （3）轻负荷启动； （4）排除与其他设备在连接
2	振动后振幅小且横向摆动，物料走偏	（1）两台振动电动机同步运转； （2）两台振动电动机中有一台不工作或单向运行	（1）调换一台振动电动机任意两相接线，保证两台振动电动机反向运转； （2）其中一台振动电动机损坏应迅速拆换

续表

	故障现象	故障原因	排除方法
3	振动电动机温升过高	（1）轴承发热； （2）单相运行； （3）转子扫膛	（1）调整或更换轴承； （2）处理断相； （3）拆装电动机，排除故障
4	电流增大	（1）两台振动电动机中有一台工作； （2）负荷过大； （3）轴承卡死或缺润滑脂	（1）修理电动机及线路； （2）减小料层厚度； （3）更换轴承，加注润滑脂
5	噪声大	振动电动机底座螺栓松动或断裂	紧固件螺栓予以紧固后更换

424. 皮带输送机的工作原理是什么？主要部件作用分别是什么？

答：皮带输送机的工作原理是：一条闭合的皮带绕在传动滚筒和改向滚筒上，并由固定在机架上的上托辊和下托辊支撑。驱动装置带动传动滚筒回转时，由于皮带通过拉紧装置张紧在两滚筒之间，便由传动滚筒与皮带间的摩擦力带动皮带运行。物料从漏斗加至带上，由传动滚筒处卸出。

主要部件作用如下：

（1）皮带。皮带起曳引和承载作用。目前用作皮带的有橡胶和聚乙烯塑料带两种。

（2）托辊。用于支撑皮带和皮带上物料的质量，减少皮带的下垂度，以保证稳定运行。

（3）驱动装置。作用是通过传动滚筒和皮带间的摩擦传动、将牵引力传给皮带，以牵引皮带运动。

（4）改向装置。皮带输送机在垂直平面内的改向一般采用改向滚筒。

（5）拉紧装置。作用是拉紧皮带输送机的皮带，限制皮带在各支撑托辊间的垂度和保证皮带中有必要的张力，使皮带与传动滚筒之间产生足够的摩擦引力，以保证正常工作。

（6）清理装置。为了有效地输送物料，防止物料中的黏性物质黏结在皮带上，同时保护皮带，在尾部滚筒前装有空段清扫器，用以清扫皮带非工作面上的物料，头部滚筒处装有弹簧清扫器，用以清扫卸料后仍黏附在皮带工作面上的物料。

425. 预粉碎机的工作原理是什么？主要部件包括哪些？

答：预粉碎机的工作原理是：电动机经皮带传动，带动主机的主轴旋转，从而使装于主轴上的打击锤在水平面做高速回转。当物料从进口进入做竖向的重力分流时，被高速回转的打击锤撞击而破碎，并随其自身的重力而下落从排料口及时地排出机腔。

预粉碎机主要部件包括电动机、导轨、主轴、锤头和筒体等。

426. 什么叫皮带跑偏？试述整条皮带向一侧跑偏的原因及其处理方法。

答：在皮带输送机输送过程中，有时皮带中心脱离输送机中心线而跑向一侧，这种现象称为皮带的跑偏。

整条皮带向一侧跑偏的原因及其处理方法如下：

（1）主动滚筒中心与皮带中心不垂直。处理方法：移动轴承位置，调整中心。

（2）托辊支架与皮带不垂直。处理方法：调整支架。

（3）从动滚筒中心与皮带中心不垂直。处理方法：调整中心。

（4）主动或从动滚筒及托辊表面黏有物料。处理方法：清理物料。

（5）皮带接头不正。处理方法：重新接头。

（6）物料落下位置偏离皮带中心。处理方法：改造落料管或加装挡板，使物料落到皮带中心。

（7）杂物卡死。处理方法：清除杂物。

427. 石灰石粉仓流化风机的作用是什么？

答：从大气中采集空气经过流化风机加压、加热后，对粉仓内的石灰石粉进行吹扫，保持粉的流动性和干燥性，确保不板结、变质。

428. 简述球磨机的作用。

答：脱硫系统所用的石灰石脱硫剂通常以石块的形式运送到电厂，在使用之前球磨机将石灰石进一步磨制成规定粒度的较小的颗粒，以提高其表面积和反应活性。

429. 概述石灰石干式球磨机工作原理。

答：球磨机的主体是由钢板卷制而成的回转筒体。筒体两端带有空心轴的端盖，内壁装有衬板，磨内装有不同规格的研磨体。当磨机回转时，研磨体由于离心力的作用贴附在筒体衬板表面，随筒体一起回转并被带到一定高度，由于受重力作用被抛落，冲击筒体内的石灰石块。同时，研磨体还以滑动和滚动研磨研磨体和衬板之间及相邻研磨体之间的石灰石料。

在球磨机回转过程中，由于球磨机头部不断地进行喂料，而石灰石物料随筒体一起转动，形成物料向前挤压；同时，球磨机进料端和出料端之间物体本身物料面有一定的高度差，加上磨尾不断抽风，这样即使球磨机为水平放置，磨内物料也会不断向出料端移动，直至排出球磨机。

430. 概述石灰石干式球磨机结构组成及作用。

答：球磨机基本上由进料装置、卸料装置、回转部分、支撑装置、传动装置组成。

（1）进料装置。其主要作用是使物料顺利地进入球磨机内。主要有两种进料方式：

1）溜管进料。物料经过溜管进入球磨机的锥形套筒内，沿旋转的套筒滑入球磨机内。

2）螺旋进料。物料由进料口进入装料接管，溜入套筒中由螺旋叶片推入球磨机内。

（2）卸料装置。其类型随球磨机传动形式有所不同。

1）边缘传动磨机。物料通过提升板提升，并经旋转送到卸料口，由回转控制筛溜入卸料斗中。

2）中心传动磨机。物料通过提升板提升，沿卸料锥外壁送入卸料锥套筒内进入圆筒筛，过筛物料从出料罩底部的卸料口排出。

（3）回转部分。由筒体和衬板构成。

1）筒体。回转部分筒体由钢板卷制焊接而成，为空心圆筒，两端与带空心轴的端盖连接。

2）衬板。衬板的作用是保护筒体免受研磨体和物料的直接冲击与研磨。

（4）支撑装置——主轴承。主轴承的作用是支撑磨机整个回转部分，除了承受磨机本体、研磨体和石灰石的全部质量外，还承受研磨体和石灰石抛落产生的冲击载荷。

（5）传动装置。按传动方式不同，球磨机可分为中心传动磨和边缘传动磨。中心传动磨是指以电动机通过减速机直接驱动球磨机转动，减速机输出轴和球磨机中心线为同一直线；边缘传动磨是指由小齿轮通过固定在球磨机筒体尾部的大齿轮带动球磨机转动。

431. 概述石灰石湿式球磨机工艺原理。

答：石灰石湿式球磨机是指喂料时加入适量的水，产品为石灰石料浆的球磨机。球磨机由传动装置带动筒体旋转，筒体内装有研磨体——钢球，石灰石及浆液在离心力和摩擦力的作用下，被提升到一定高度，呈抛物状落下，预磨制的石灰石和水由球磨机给料管连续喂入筒体内，被运动着的钢球粉碎和研磨，通过溢流和连续给料的力量将产品排出，并通过不锈钢圆筒筛初步筛分，进入下一工序。

432. 简述石灰石块粒径过大对球磨机的影响。

答： 进入球磨机的石灰石块粒径通常小于20mm。球磨机的入磨粒径较大，使得研磨体的冲击和研磨作用较难适应，会造成研磨体级配不合理、产量不足及功耗加大。

433. 影响湿式球磨机指标的因素有哪些?

答： 影响湿式球磨机指标的因素有：

（1）入磨物料的粒度。如果入磨物料的粒度大，喂料不均，则磨粉困难，磨机的产量、质量低，动力消耗也大。为更好地发挥磨机的最大效能，在电厂脱硫系统中，一般对石灰石物料入磨粒度控制在下列范围：入料石灰石小于20mm，其中小于或等于7～10mm的占80%。

（2）入磨物料的水分。如果入磨物料的水分过大，容易使细颗粒的物料贴附在物料输送管路上；另外，对系统的物料平衡也将产生影响，在电厂脱硫系统中，一般对石灰石物料入磨的水分控制在下列范围内：入料石灰石的含水率小于3%。

（3）出磨产品细度。出磨产品细度对于电厂脱硫系统将产生一定的影响，因此，一般出磨产品的细度小，不仅增加了物料的表面积，同时也促进其化学反应更充分，有利于提高脱硫效率。但不能只强调细度，不考虑经济效益，过细就要降低球磨机产量，增加动力消耗，提高生产成本。因此，要根据情况合理地选择出料粒度。在电厂脱硫系统中，一般对石灰石出料粒度控制在下列范围内：90%通过325目或250目（成品浆液）。

434. 湿式球磨机需要定期检查的项目有哪些?

答： 湿式球磨机需要定期检查的项目有：

（1）检查冷却空气是否可以直接吹到电动机上，并检查是否有异常的噪声。

（2）每天检查轴承的润滑系统是否工作正常，轴承盖外侧需保持润滑脂的存在。

（3）检查螺栓、螺母是否紧固。

（4）检查挡板和防磨件的磨损情况，耐磨板的厚度不应小于6mm，挡板厚度至少为12mm。一旦发生异常情况或缺陷，要及时通知当班负责人，以便采取措施，并排除故障。

（5）要定期对润滑点进行正确的润滑，才能保证设备的安全、可靠及高效的运行。在首次运行前，维护及长期停运后，要检查所有的润滑点是否按照润滑规范加注了润滑剂。在运行过程中，应检查轴承处的润滑是否顺畅，温度是否正常。必要时，添加规定的润滑脂。设备停机时，检查润滑设备的油位，必要时加油。加油时必须停机。规定的油量为平均值，检验油位通过游标尺或观察孔进行。

435. 概述脱硫系统立式磨机的工作原理。

答： 脱硫系统立式磨机是根据料床粉磨原理来粉磨物料的机械，磨内装有分级机构而构成闭路循环，由加压机构提供磨粉压力，同时借助磨粉和磨盘运动速度差异产生的剪切研磨力来粉碎磨盘上的物料，它与物料的易磨性、水分和产量等因素有关。

电动机通过减速机带动磨盘转动，物料经锁风喂料器从进料口落在磨盘中央，同时热风从进风口进入磨内。随着磨盘的转动，物料在离心力的作用下，向磨盘边缘移动，经过磨盘上的环形槽时受到磨辊的碾压而粉碎，粉碎后的物料在磨盘边缘被风环高速气流带起，大颗粒直接落到磨盘上重新粉磨，气流中的物料经过上部分离器时，在旋转转子的作用下，粗粉从锥斗落到磨盘重新粉磨，合格的细粉随气流一起出磨，通过收尘装置收集，即为产品，含有水分的物料在与热气流的接触过程中被烘干，通过调节热风温度，能满足不同湿度物料要求，达到所要求的产品水分。通过调整分离器，可达到不同产品所需的粗细度。

第四节 副产物脱水系统

436. 石膏处理系统的组成是什么?

答: 石膏处理系统分为两个子系统，即一级脱水系统和二级脱水系统。一级脱水系统为单元制操作系统，包括石膏排出泵、石膏水力旋流器；二级脱水及废水系统一般为全厂公用系统，包括真空皮带脱水机及相应的泵、箱体、管道、阀门，废水泵和废水旋流器，石膏仓等设备。

437. 典型的石膏脱水系统主要包括哪些设备?

答: 典型的石膏脱水系统主要包括脱水石膏旋流站、废水旋流站、真空皮带脱水机、真空泵、滤液泵、废水泵、滤液箱、石膏缓冲箱、废水箱等。

438. 一级脱水系统的典型工艺流程是什么?

答: 一级脱水系统的典型工艺流程为吸收塔底部的石膏浆液通过石膏浆液排出泵，泵入相应的石膏水力旋流站。石膏水力旋流器溢流依靠重力自流至废水旋流站给料箱，底流形成含固量浓度为50%的石膏浆液向下自流至二级脱水系统。

废水旋流站给料箱作为溢流浆液的中转站，大部分溢流浆液由溢流箱侧部的溢流管溢流到滤液水箱，与滤液水箱收集的其他回收水一起，由泵送回吸收塔或制浆系统；小部分由废水旋流器给料泵输送至废水旋流器进一步回收固体，废水旋流器溢流作为废水排出，底流排入滤液水箱被收集回用。

439. 二级石膏脱水系统的工艺流程是什么?

答: 二级石膏脱水系统也称真空皮带机脱水系统，其工艺流程为石膏旋流器底流浆液含固量浓缩到50%左右，依靠重力落入给料分配系统均匀分布在真空皮带脱水机上，浆液通过皮带机滤带上的横向沟槽，透过滤布流向滤带中央的排液槽孔，汇集在真空室内输送出去。真空室借助柔性真空密封软管与滤液汇流管相连接。水环式真空泵与真空室相接，并使真空室形成要求的负压。一定量的空气和滤液一起被带入真空室，并从真空室向真空泵方向流动。在滤液汇流管之后，真空泵的上游装有气液分离器，使滤液和带入的空气分离。分离出的滤液借助重力通过管道流入滤液罐或过滤水地坑，滤出的空气则通过真空泵排至大气。在真空泵内汇集的水被送至滤布冲洗水箱。滤布携带石膏通过真空室，其运行速度将随供浆量的变化来调整，使滤饼的厚度基本保持恒定值。

皮带机滤饼的卸料方法是将皮带机的滤布传送到排放转轮上，借助卸料辊使滤饼离开滤布。由于滤饼卸料辊的接触弧度很小，因而使滤饼与滤布分离，并被输送到卸料滑槽，再由滑槽送至石膏堆料间。

皮带机分别设有滤布和滤饼冲洗水系统，滤布冲洗水用于清除黏结在滤布上面的石膏。

440. 石膏脱水系统的作用是什么？

答：石膏脱水系统的作用：①将吸收塔排出的合格的石膏浆液脱去水分；②不合格的石膏浆液返回吸收塔；③分离出部分化学污水。由初级旋流器浓缩脱水和真空皮带脱水两级组成，初级旋流器浓缩脱水40%～60%，真空皮带脱水10%。

441. 一级石膏浆液脱水系统的作用是什么？

答：一级石膏浆液脱水系统的作用有：

（1）提高浆液固体物浓度，减少二级脱水设备处理浆液的体积。进入二级脱水设备的浆液含固量高，将有助于提高石膏饼的产出率。

（2）用分离出来的部分浓浆和稀浆来调整吸收塔反应罐浆液浓度，使之保持稳定。

（3）分离浆液中飞灰和未反应的细颗粒石灰石，降低底流浆液中飞灰和石灰石含量，有助于提高石灰石利用率和石膏的品位，有助于降低吸收塔循环浆液中惰性细颗粒物浓度。

（4）向系统外（经废水处理系统）排放一定量的废水，以控制吸收塔循环浆液中 Cl^- 的浓度。

（5）一级脱水后的稀浆经溢流澄清槽或二级旋液分离器获得含固量较低的回收水，用来制备石灰石浆液和返回吸收塔调节反应罐液位。

442. 二级石膏浆液脱水系统的作用是什么?

答：二级石膏浆液脱水系统的作用是降低副产物的含水量，使之可用作回填，或在生产商业等级石膏时，便于运送和石膏再利用。

443. 脱硫副产物是什么?

答：脱硫副产物是指脱硫工艺中吸收剂与烟气中 SO_2 等反应后生成的物质，燃煤烟气湿法脱硫副产物为石膏，化学名称为双水硫酸钙（$CaSO_4 \cdot 2H_2O$）。

444. 脱硫石膏产生过程是什么?

答：脱硫石膏产生过程：石灰石经破碎、制粉、配制浆液进入吸收塔，在吸收塔内烟气中的二氧化硫首先被浆液中的水吸收，再与浆液中的 $CaCO_3$ 反应生成 $CaSO_3$，$CaSO_3$ 氧化后生成石膏，经旋流分离、洗涤和真空脱水，最终生成石膏晶体 $CaSO_4 \cdot 2H_2O$。

445. 简述石膏的物理性质和化学性质。

答：石膏的矿物名称叫（$CaSO_4$）。自然界中的石膏主要分为两大类：二水石膏和无水石膏（硬石膏）。

二水石膏的分子中含有两个结晶水，化学分子式为 $CaSO_4 \cdot 2H_2O$，纤维状集合体，呈长块状、板块状，有白色、灰白色或淡黄色，有的半透明；体重质软，指甲能刻划，条痕白色；易纵向断裂，手捻能碎，纵断面具纤维状纹理，显绢线光泽，无臭，味淡。

硬石膏为天然无水硫酸钙（$CaSO_4$），属斜方晶系的硫酸盐类矿物。分子中则不含结晶水或结晶水含量极少（通常结晶水含量≤5%）。无水硫酸钙晶体无色透明，密度为2.9g/cm^3，莫氏硬度为3.0~3.5；块状矿石颜色，呈浅灰色，矿石装车松散密度约为1.849t/m^3，加工后的粉体松散密度为919kg/m^3。

硬石膏和二水石膏同属气硬性胶凝材料，粉磨加工后可用来制作粉刷材料、石膏板材和砌块等建筑材料。在水泥工业中，硬石膏和二水石膏均可用作水泥生产的调凝剂，起调节水泥凝结速度的作用。

446. 石膏和半水亚硫酸钙晶体的特点是什么？

答：纯的石膏结晶为单斜晶系，典型的晶体呈斜方形，其长度与宽度之比接近于3。但实际生产中得到的晶体，由于杂质含量不同、条件控制的差异，其形状和大小有很大差别，大的晶体，其长度可达200μm，若控制不当可小到十几微米。

在石灰石脱硫工艺中，$CaSO_3$ 以 $CaSO_3 \cdot 1/2H_2O$ 的形式沉淀，$CaSO_4$ 以 $CaSO_4 \cdot 2H_2O$ 的形式沉淀。$CaSO_3 \cdot 1/2H_2O$ 晶体呈薄片状结构，长×宽为（3~5）μm×（10~30）μm，而 $CaSO_4 \cdot 1/2H_2O$ 呈短圆柱状或粒状。延长脱硫浆液的停留时间，$CaSO_4 \cdot 1/2H_2O$ 晶体可成长为大于100μm 的粒状晶体，而 $CaSO_3 \cdot 1/2H_2O$ 易碎，难以长大。在较高的相对饱和度下，会形成玫瑰形簇状物。由于 $CaSO_3 \cdot 1/2H_2O$ 晶体呈薄片状，且尺寸也较小，不利于过滤，特别是当形成玫瑰形簇状物时，采用真空皮带过滤机过滤，其滤饼含湿量高达50%以上，而 $CaSO_4 \cdot 2H_2O$ 晶体滤饼的含湿量可控制在10%以下。

$CaSO_3 \cdot 1/2H_2O$ 含量较多（如自然氧化、抑制氧化或强制氧化中氧化过程障碍）时，过滤后的滤饼表面看上去很干燥，实际上仍含有大量的水分，经过振动或挤压，滤饼有“浆液化”的倾向。这是因为半水亚硫酸钙的晶簇呈开放多孔、海绵薄片状或针状，在压力下，晶簇破碎，释放出部分水分而呈“浆液化”。

$CaSO_3 \cdot 1/2H_2O$ 的晶格具有提供15%（摩尔分数）的 $CaSO_4 \cdot 2H_2O$ 沉积的能力，当氧化率大于15%～20%时，$CaSO_4$ 开始结晶生成石膏和 $(CaSO_3)_{1-x} \cdot (CaSO4)_x \cdot 1/2H_2O$。当亚硫酸钙的浓度低于15%时，石膏的相对饱和度也迅速下降。

447. 石膏结晶过程的影响因素有哪些?

答: 石膏结晶过程的影响因素有结晶过程差异、石灰石粒径的影响、液相停留时间的影响、杂质的影响、粉尘的影响、燃煤硫分、烟气流量、pH值、氧化风量及其利用率、液气比及浆液循环停留时间、石灰石抑制或闭塞。

448. FGD副产品石膏主要特征有哪些?

答: 通常情况下，FGD石膏的粒径为1～250μm，主要集中在30～60μm。采用石灰石/石膏法的FGD石膏的纯度一般在90%～95%，采用石灰/石膏法，石膏的纯度可达96%以上，有害杂质较少，主要成分与天然石膏一样都是二水石膏晶体（$CaSO_4 \cdot 2H_2O$）。与天然石膏相比，FGD石膏具有粒度小、成分稳定、杂质含量少，纯度高，含有 Na^+、Mg^{2+}、Cl^-、F^- 等水溶性离子成分等特点，石膏中还含有少量的碳酸钙颗粒，游离水分一般小于10%。

449. 脱硫石膏与天然石膏相比具有哪些特点?

答: 脱硫石膏的特点与天然石膏相比有以下特点:

（1）成分稳定，纯度高于天然石膏，脱硫石膏纯度一般在90%～95%之间。

（2）含水率较高，可达5%～15%。由于其含水率高、黏性强，在装载、提升、输送过程中易黏附在各种设备上，造成积料堵塞，影响生产正常进行。

（3）脱硫装置正常运行时产生的脱硫石膏近乎白色，有时随杂质含量变化呈黄白色或灰褐色。当除尘器运行不稳定，带进较多飞灰等杂质时，颜色发灰。烟气脱硫石膏品位优于多数商品天然石膏，其主要杂质为碳酸钙，有时还含有少量粉煤灰。

（4）颗粒较细，脱硫石膏颗粒直径主要集中在30~50μm之间，天然石膏粉碎后，粒度约为140μm。

（5）脱硫石膏堆积密度较大，一般为1000kg/m^3。

（6）脱硫石膏含有某些杂质，对其综合利用有不同程度的影响。

450. 评价石膏性能最主要的指标是什么？

答：评价石膏性能最主要的指标是：

（1）强度。影响强度的主要因素是结晶结构体致密程度和晶体颗粒特征。

（2）化学成分。石膏性能是指石膏颗粒形状及特征，化学成分是影响石膏性能的重要因素。

（3）石膏颜色。脱硫装置正常运行时产生的脱硫石膏近乎白色。

451. 脱硫石膏品质主要指标包括哪些？

答：脱硫石膏品质主要指标包括石膏含湿量、石膏纯度、碳酸钙含量、亚硫酸钙含量、氯离子含量。

452. FGD副产品石膏的外观通常呈什么颜色？颜色呈灰色的主要原因什么？

答：FGD副产品石膏的外观通常呈灰白色或灰黄色，呈灰色的主要原因是烟气中灰分含量较高及石灰石不纯含有铁等杂质。

453. FGD石膏品质差主要表现哪几方面？

答：FGD石膏品质差主要表现在以下几方面：

（1）石膏含水率高（大于10%）。

（2）石膏纯度即$CaSO_4 \cdot 2H_2O$含量低，也就意味着$CaCO_3$、

$CaSO_3$ 及各种杂质如灰分含量大。

（3）石膏颜色差。

（4）石膏中的 Cl^-、可溶性盐（如镁盐等）含量高等。

454. FGD 石膏在生产、加工、应用等方面优点是什么？

答：FGD 石膏在其生产、加工、应用等方面产生的对人体健康和环境有害的作用较小；用 FGD 石膏替代天然石膏生产各种石膏建材，不仅可以减少天然石膏的消耗量，减少矿山开采带来的生态环境破坏问题，而且还可以形成 FGD 石膏制品的新产业和新市场。

455. FGD 副产品石膏主要有哪三种利用类型？

答：FGD 副产品石膏主要有以下三种利用类型：

（1）二石膏仓中的粉状二水石膏，直接卖给用户，主要是建材部门，做石膏制品。

（2）将粉状二水石膏加工成半成品（如粒状），再卖给水泥厂，或二水石膏加工成半水石膏售出。

（3）电厂自己有石膏制品生产线，如石膏砌块、粉刷石膏等。

456. 石灰石/石膏旋流器定义是什么？

答：石灰石/石膏旋流器定义是利用离心力加速沉淀分离的原理将石灰石/石膏浆液浓缩的设备。

457. 旋流器的工作原理是什么？运行中主要故障有哪些？

答：旋流器是利用离心力分离和浓缩脱硫浆液的装置。带压浆液从旋流器的入口切向进入旋流腔，在旋流腔内产生高速旋转流场，受离心力的作用，质量大的颗粒还同时受沿轴向向下运动的作用，沿径向向外运动，形成主旋涡流场。这样，浓缩浆液就由底流口排除，形成底流液。质量小的颗粒还同时受沿轴线方向运动，并在轴线中心形成一向上运动的二次旋涡流场，于是稀相浆液就由溢流口排除，形成溢流液。这样就达到了两相分离的效果。

旋流器运行中主要故障有管道堵塞和内部磨损。

458. 旋流器各个部件的作用是什么?

答: 旋流器各个部件分别起不同的作用。

（1）进口起导流作用，减弱因流向改变而产生的紊流扰动。

（2）柱体部分为预分离区，在这一区域，大小颗粒受离心力不同而由外向内分散在不同的轨道，为后期的离心分离提供条件。

（3）锥体部分为主分离区，浆液受减缩的器壁影响，逐渐形成内、外旋流，大小颗粒之间发生分离。

（4）溢流口和底流口分别将溢流和底流顺利导出，并防止两者之间的掺混。

459. 在湿式石灰石浆液制备系统中，旋流器的作用是什么?

答: 在湿式石灰石浆液制备系统中，旋流器用来将颗粒较大的石灰石从浆液中分离出来，再送回球磨机继续磨细，即含有较大石灰石颗粒的旋流器底流返回球磨机的给料端，含有较细石灰石颗粒的溢流液进入石灰石浆液箱。

460. 在一级脱水系统中石膏旋流器的作用是什么?

答: 在一级脱水系统中的石膏旋流器作用是浓缩石膏浆液。旋流器入口浆液的固体颗粒物含量为15%左右，底流液固体颗粒物含量可达50%以上，固相主要是粗大的石膏结晶，而溢流液固体颗粒物含量为4%以下。底流液送至二级脱水设备做进一步脱水。大部分溢流返回吸收塔，少部分送至废水旋流器再分离出较细的颗粒，避免细小颗粒和氯化物浓集。采用旋流器进行脱水的另一个作用是，浆液中没有反应的石灰石颗粒的粒径比石膏小，它斜向进入旋流器的溢流部分再返回吸收塔，使没有反应的石灰石做进一步反应，同时细小的石膏结晶体也返回吸收塔作为浆液池中结晶长大的晶核。

461. 在一级旋流器下游安装废水旋流器的作用是什么？

答：在一级旋流器下游安装废水旋流器的作用：①从浆液中除去更细的颗粒，含有细小石灰石颗粒的底流液送回吸收塔；②能使含有很细的飞灰颗粒、惰性物质和石灰石杂质等的溢流液送往废水处理系统，起到降低废水处理的负荷，减少废水处理产生的废弃固体物含量，同时保持整个脱硫系统的氯离子浓度在规定的水平。

462. 水力旋流器日常设备运行维护检查的内容有哪些？

答：水力旋流器日常设备运行维护检查的内容有：

（1）应经常检查旋流器各部分的磨损情况，如果任何一种部件的厚度减少50%，必须将其更换。

（2）旋流器最易磨损的部位是底流口，若发现“底流夹细”则应检查底流口磨损及堵塞情况。如磨损严重，应及时予以更换。

（3）检测底流口是否磨损，并更换底流口。

（4）在使用前应检查旋流器及管路是否处于正常状态，根据来料量的多少，决定旋流器的使用台数，将使用旋流器的球阀门打开，备用旋流器的球阀门关闭。

（5）球阀门可以完全开启，或完全关闭，但决不允许处于半开半闭状态（即决不允许用阀门控制流量）。

（6）运行中要确保压力表读数不波动，如有明显波动则需检查原因。要求设备在不高于0.3MPa的压力下工作。

（7）设备在正常压力下平稳运行时，要检查连接点漏损量，必要时采取补救措施。

（8）经常检查进入旋流器的残渣引起的堵塞。旋流器进料口堵塞会使溢流和底流流量减少，旋流器底流口堵塞会使底流流量减小甚至断流，有时还会发生剧烈振动。如发生堵塞，应及时关闭旋流器给料阀门，清除堵塞物。同时在停车时应及时将进料池排空，以免再次开车时由于沉淀、浓度过高而引起堵塞事故。

（9）设备正常运行。应时常检查压力表的稳定性、溢流及底流流量大小、排料状态，并定时检测溢流、底流浓度、细度。

463. 水力旋流器每月应做哪些检查？

答：水力旋流器的零部件每月应进行一次肉眼检查，查看有没有过度磨损的部件，如有，必须更换新的部件。应检查的部件如下：

（1）目测检查旋流器部件总体磨损情况。

（2）检查溢流管。

（3）检查喉管。

（4）检查吸入管/锥管/锥体管扩展器。

（5）检查入口管。

464. 脱水机按照原理可以分为哪两类？

答：脱水机按照原理可以分为离心脱水机和真空皮带脱水机两类。离心脱水机是靠离心机高速旋转生产的离心力使石膏进行脱水的；真空皮带脱水机则是通过真空泵抽真空使滤布上面石膏浆液中的大部分水分透过滤布被吸收，实现石膏的脱水。

465. 离心脱水机的工作原理是什么？

答：离心脱水机是利用石膏颗粒和水密度的不同，在旋转过程中，利用离心力使石膏浆脱水。其设备类型主要有筒式和螺旋式脱水机两种。

466. 真空皮带脱水机的工作原理是什么？

答：真空皮带脱水机的工作原理是通过真空抽吸浆液达到脱水的目的。浆液被送入真空皮带脱水机的滤布上，滤布是通过一条重型橡胶皮带传送的，此橡胶皮带上横向开有凹槽和中间开有通孔以使液体能够进入真空箱。滤液和空气在真空箱中混合并被抽送到真空滤液收集管。真空滤液收集管中滤液进入气液分离器进行气水分离，气液分离器顶部出口与真空泵相连，气体被真空泵抽走。分离后的滤液由气液分离器底部出口进入滤液接收水箱。浆液经真空抽吸经过成形区、冲洗区和干燥区形成合格的滤饼，在卸料区送入卸料槽由转运皮带机入石膏仓库。

467. 真空皮带脱水机主要由哪几个部分组成？

答： 真空皮带脱水机主要由以下几个部分组成：结构支架、主动轮、从动轮、驱动装置、橡胶皮带、皮带支撑、真空箱、皮带浮动板、滤布、滤布的纠偏、滤布冲洗、轴承、加料器和滤饼清洗装置等。

468. 真空皮带脱水机真空箱部件的工作原理是什么？

答： 真空皮带脱水机真空箱部件的工作原理是石膏浆液在负压的作用下通过滤布实现固液分离，液体由真空室进入真空腔，再流到真空总管。真空室上部有两个凹槽用来放置摩擦带，避免皮带与真空室直接产生摩擦。摩擦带与真空室之间采用水润滑以减少磨损，同时又增强了密封性。

469. 真空皮带脱水机浮动板部件的作用是什么？

答： 真空皮带脱水机浮动板部件主要由滑板和滑板支撑组成，支撑皮带在其上面运行，滑板与皮带之间采用水润滑。

470. 真空皮带脱水机清洗部件的作用是什么？工作原理是什么？组成是什么？

答： 真空皮带脱水机清洗部件的作用：清洗皮带和滤布。

工作原理：在皮带机运行过程中，石膏粒会附着在皮带和滤布上，影响了过滤的效果。在清洗装置中，利用刮刀清除粘在滤布上的石膏，再利用喷淋水清洗皮带，使皮带在下一个循环时又处于干净状态。利用高压水管冲洗滤布，清洗粘在滤布上的石膏粒，使滤布在下一个循环时又处于干净状态。

组成：包括清洗斗、检查窗、喷淋配管、刮刀、锄、刷子、吊架等。

471. 真空皮带脱水机辊筒部件的工作原理是什么？

答：真空皮带脱水机辊筒部件的工作原理是由减速机通过联轴器带动驱动辊转动，从而带动皮带运转。通过张紧辊的调节来调整皮带的张紧程度和校正其偏移。皮带托辊托住皮带使之正常运行。滤布依靠与皮带之间的摩擦力跟随皮带运转，在皮带下方的滤布靠滤布托辊及滤布张紧装置张紧滤布调整滤布与皮带的摩擦力，纠偏装置校正滤布跑偏现象，这样的整体系统使其正常运行。

472. 真空皮带脱水机滤布张紧装置的作用是什么？

答：真空皮带脱水机滤布张紧装置的作用是滤布是利用摩擦力依附在皮带上，利用皮带的运转带动自身运转的，所以皮带与摩擦带之间的摩擦力很重要。滤布张紧装置利用自重来调节它们之间摩擦力的大小。

473. 真空皮带脱水机滤布纠偏装置的作用是什么？工作原理是什么？组成是什么？

答：真空皮带脱水机滤布纠偏装置的作用：滤布在运转过程中可能会出现跑偏的现象，利用滤布纠偏装置纠正滤布偏移方向，使滤布处于正常工作状态。

滤布纠偏装置工作原理：在正常运转中，滤布不会碰到纠偏装置的检测杆。当滤布跑偏时，滤布会碰到检测杆，检测杆偏移，自动纠偏装置中的气囊会一侧充气，一侧放气，带动纠偏辊偏移，使滤布改变偏移方向，恢复到正常运转轨迹。

滤布纠偏装置组成：自动纠偏装置、纠偏辊、检测杆、气管等。

474. 真空皮带脱水机加料器的工作原理是什么？

答：真空皮带脱水机加料器的工作原理是下料分管出口连接导

流仓，在导流仓内设置两块相对的导流板，其一侧与导流仓侧壁连接形成一定夹角，其另一侧与导流仓侧壁有一定间隙，间隙宽度为导流板宽度的1/3。在二级导流板下方设置一块与一级导流板平行的平铺板，在平铺板的尾端下方设置一块多孔板。石膏浆液经过下料分管，通过一级导流板、二级导流板、平铺板及多孔板均匀铺撒在滤布上，从而实现大颗粒优先沉降于滤布表面及均匀的滤饼厚度，取得了良好的透气性，改善了过滤性能，最终提高了真空皮带机的脱水效果。

475. 真空皮带脱水机卸料斗的作用是什么？

答： 真空皮带脱水机卸料斗的作用是已脱掉水分的石膏块或粉末通过卸料斗下落到下方的仓库或输送皮带机上。

476. 真空皮带脱水机传感器的组成及作用是什么？

答： 真空皮带脱水机传感器的组成：拉线开关、滤饼测厚仪、滤布断裂开关、皮带滤布跑偏开关等。作用如下：

（1）拉线开关：在紧急情况下切断电源，使皮带机停止运转，保护皮带机。

（2）滤饼测厚仪：测量滤饼的厚薄，通过变频器、变频电动机调节皮带机的运转速度。

（3）滤布断裂开关：在滤布断裂时，平衡块下落，触到感应器的触点，断电，使皮带机停止运转，保护皮带机。

（4）皮带滤布跑偏开关：检测皮带机滤布的跑偏情况。

477. 真空皮带脱水机滤布的作用是什么？

答： 真空皮带脱水机滤布的作用是过滤石膏浆液。

478. 真空皮带脱水机摩擦带的工作原理是什么？

答： 真空皮带脱水机摩擦带的工作原理是摩擦带安装在真空室上部带有密封水的凹槽中，随皮带一起转动，以减少皮带的磨损，并保障系统的高度真空。

479. 真空皮带脱水机气液分离器的工作原理是什么?

答: 真空皮带脱水机气液分离器的工作原理是真空泵通过气液分离器将皮带机上浆液中的水分抽出，由于大气压的作用，带有大量氯离子的浆液回到滤液池，气体通过真空泵排出。

480. 水环式真空泵的工作原理是什么?

答: 水环式真空泵属容积式泵，即利用容积大小的改变达到吸、排气的目的。

当偏心叶轮旋转时（在泵启动前，应向泵内注入少量的水），水受离心力的作用，而在泵体壁上形成一旋转水环，水环上部内表面与轮毂相切，沿箭头方向旋转，在前半转的过程中，水环内表面逐渐与轮毂脱离，因此在叶轮叶片间形成空间并逐渐扩大，这样就在吸气口吸入空气。在后半转过程中，水环的内表面渐渐与轮毂靠近，叶片间的空间容积随着缩小，叶片时的空间容积改变一次，每个叶片间的水好像活塞一样往复一次，泵就连续不断地抽吸排放气体。

481. 真空皮带脱水机安装后调试前的检查项目有哪些?

答: 对真空皮带脱水机按照以下步骤进行外观和机械检查:

（1）确认气液分离器排水管道插入滤液水箱液面以下。DCS应对滤液水箱液位设置连锁。

（2）打开真空箱密封水水阀，直到其外部有少量的密封水溢出。

（3）打开皮带润滑水水阀，压力控制在150kPa，检查皮带与滑板之间的出水是否均匀。

（4）给滤布、皮带冲洗管加水，检查其形态是否相同、是否堵塞，检查喷出的水是否遍布于滤布的整个宽度。正常运行时压力应该在300kPa以上，压力太低会降低滤布、皮带冲洗效果。

（5）确定压缩空气管道已开启。

（6）确定滤布纠偏装置运转正常，确定压力调整器的滤网未被堵塞，并把压力调整到500kPa。

（7）按制造商说明书上的规定调试真空泵。

（8）确定连锁保护都在正常工作。

（9）检查真空皮带脱水机上有无其他杂物。

（10）检查皮带上部是否清洁、是否有残留物质。

（11）检查滤布上是否有孔。

482. 真空皮带脱水机运行日常检查要求有哪些？

答：真空皮带脱水机运行日常检查要求为：

（1）检查滤布是否洁净而且空隙有无阻塞。

（2）检查各类滚轮上是否附着固体物，确保皮带下侧是干净的。

（3）检查耐磨皮带工作情况。

（4）检查空气压力是否正常。

（5）检查滤布纠偏器的运行和位置。

（6）检查喷嘴有无堵塞。

（7）检查皮带凹槽有无堵塞。

检查部位和内容见表5-6。

表5-6　　真空皮带脱水机运行日常检查和内容

序号	检查部位	检查内容	备注
1	石膏滤饼	（1）厚度是否均匀（长度方向）； （2）干湿的程度	
2	输送皮带	（1）跑偏情况（皮带的摩擦情况）； （2）有无伤痕； （3）与驱动轮是否有滑动； （4）沟部石膏堆积	

续表

序号	检查部位	检查内容	备注
3	滤布	(1) 有无伤、孔; (2) 清洗情况(孔眼堵塞); (3) 连接部的胶是否脱落	停机时要再涂
4	摩擦带	(1) 是否与输送皮带一起转; (2) 摩擦面的磨损情况; (3) 张紧情况	
5	浆液喂料器	有无石膏的堆积	
6	石膏疏松装置	(1) 石膏表面疏松情况; (2) 锄上石膏附着	
7	驱动轮皮带托辊皮带引导辊	滚(辊)表的石膏附着情况	
8	输送皮带驱动装置	(1) 是否漏油; (2) 有无异常振动; (3) 温度是否异常; (4) 驱动电动机电流是否在额定值内	
9	自动纠偏装置	(1) 气压是否正常; (2) 触头是否正常接触	1.5kg/cm^2 以上
10	配管流量计	流量是否异常	
11	滤液收集罐	真空度是否异常	真空高值: -90.7kPa 真空低值: -25.0kPa

483. 真空皮带脱水机运行每周检查要求有哪些?

答: 真空皮带脱水机运行每周检查要求为:

(1) 检查所有轴承工作情况,确保各类滚轮正常运转。

(2) 检查密封水系统,对阻塞或泄漏软管,如有必要打开控制来清洗管路中和皮带滑槽中积累的固体物。

（3）检查真空皮带脱水机轴承箱油位和出气口的清洁情况。
检查部位和内容见表5-7。

表5-7　　真空皮带机运行每周检查部位和内容

序号	检查部位	检　查　内　容
1	输送皮带	内部是否磨损
2	滤布	（1）有无磨损（特别是接合部）； （2）清洗情况（有无孔眼堵塞）
3	摩擦带	摩擦面的磨损情况
4	滤布自动纠偏装置	是否灵活
5	滤饼疏松装置	（1）锄的磨损状况； （2）冲洗喷嘴有无堵塞
6	输送皮带驱动装置	润滑油的污染情况
7	输送皮带清洗装置	喷嘴有无堵塞
8	滤布清洗装置	（1）清洗喷嘴有无堵塞； （2）刮板上有无石膏附着； （3）内部石膏堆积情况

484. 真空皮带脱水机运行每月检查要求有哪些？

答：真空皮带脱水机运行每月检查要求为：

（1）检查密封水系统，清洗密封水槽盒密封水连接。

（2）检查真空软管的损坏和冲水。

（3）检查滤布和皮带运行限位开关和连线开关是否工作正常。

（4）检查所有轴承，是否已执行润滑。

检查部位和内容见表5-8。

表5-8　　真空皮带脱水机运行每月检查部位及内容

序号	检查部位	检　查　内　容
1	浆液喂料器	分配管内是否有浆液堆积
2	真空室	（1）密封槽与摩擦带接触面有无损伤（污垢附着，表面破裂）；

续表

序号	检查部位	检查内容
2	真空室	（2）内部有无石膏堆积； （3）密封槽紧固螺栓是否松动
3	刮板	刮板磨损情况
4	真空罐	（1）过滤孔眼是否堵塞； （2）内部衬里情况

485. 真空泵运行检查及维护要点是什么？

答：真空泵运行检查及维护要点为：

（1）密封水流线在最低限以上；

（2）检查真空泵电动机及轴承良好无过热现象；

（3）检查真空泵电动机声音正常，无异声、无振动；

（4）检查气、液分离器溢流管通畅。

第五节 废水处理系统

486. 什么是脱硫废水？

答：脱硫废水是指脱硫系统在运行中排出的含有重金属、杂质和酸等物质的排放废水。

487. 为什么FGD装置要有一定量的废水外排？

答：因为浆液中含有大量的Cl^-、F^-、SO_3^{2-}、SO_4^{2-}等离子及一些固体颗粒物，同时由于脱硫系统水的循环使用，尤其是Cl^-在浆液中的逐渐富集，会造成金属的严重腐蚀和磨损，大大加快了脱硫设备的腐蚀。

488. 湿式脱硫系统排放的废水一般来自何处？

答：湿式脱硫系统排放的废水一般来自石膏脱水和清洗系统、水力旋流器的溢流水、皮带过滤机的滤液。

489. 在脱硫废水处理系统出口，应监测控制的项目有哪些？

答：在脱硫废水处理系统出口，应监测控制的项目有总汞、总铬、总锡、总铅、总镍、总锌、总砷、悬浮物、化学需氧量、氟化物、硫化物和 pH 值。

490. 脱硫废水中的杂物主要有哪些？

答：脱硫废水中的杂物主要有悬浮物、亚硫酸盐、硫酸盐及重金属。

（1）悬浮物。主要为粉尘及脱硫浆液中的硫酸钙、亚硫酸盐等。悬浮物含量很高，大部分可直接沉淀。

（2）NH_4^+。来源于 FGD 装置补给水，在烟气洗涤中浓缩，对重金属的去除率有影响，所以要除去。

（3）Ca^{2+} 和 Mg^{2+}。Ca^{2+} 和 Mg^{2+} 主要来源于脱硫剂和补充水，含量很高。

（4）Cl^-。来源于脱硫剂、煤和补充水，经过反复循环浓缩后，含量较高。氯离子浓度的增高带来几个不利影响：一方面降低了吸收液的 pH 值，从而引起脱硫率的下降和 $CaSO_4$ 结垢倾向的增大；另一方面，在生产商用石膏的回收工艺中，对副产品石膏的杂质含量有一定的要求，Cl^- 浓度过高将影响石膏的品质。故一般应控制吸收塔中 Cl^- 浓度低于 20000mg/L。另外，高氯离子含量对防腐的要求很高。

（5）SO_3^{2-} 和 $S_2O_6^{2-}$。是构成废水 COD 的主要成分，含量大小与 FGD 装置的运行有关。

（6）F^-。主要来源于煤，煤中的氟化物燃烧后生成氟化氢。但是，在 FGD 系统内被溶解钙吸收的 HF 会转化为 CaF_2 析出，所以，脱硫废水的 F^- 浓度一般只会由 CaF_2 在脱硫循环水中的溶解性来决定的。

（7）重金属离子。来源于脱硫剂和煤。电厂的电除尘器对小于 0.5μm 的细颗粒脱除率很低，而这些细颗粒富集重金属的能力远高于粗颗粒。因此，FGD 系统入口烟气中含有相当多的重金属元素，在吸收塔洗涤的过程中进入FGD浆液内富集，石灰石中也存在重金属，如Hg、Cd等。

491. 湿式脱硫废水的主要特征是什么?

答: 湿式脱硫废水的主要特征是:

（1）呈现弱酸性，pH值一般为4～6；悬浮物高，可高达15000mg/L，但颗粒细小，主要成分为粉尘和脱硫产物$CaSO_4$和$CaSO_3$。

（2）含有可溶性的氯化物和氟化物、硝酸盐等；还有Hg、Pb、Ni、As、Cd、Cr等重金属离子，且主要以溶解形式存在。

（3）废水中氯离子含量可高达20000mg/L。

492. 重金属的危害和处理方法是什么?

答: 许多重金属离子，如Cr^{6+}、Cd^{2+}、Cu^{2+}、Pb^{2+}、Zn^{2+}、Ni^{2+}、Hg^{2+}等，都有相当大的毒性，并且重金属离子在自然界没有自净与生物降解能力，排入水体后通过生物链不断富集，对动植物的生命活动造成很大危害。以汞为例，汞元素不仅毒性极大，而且是最易挥发的重金属元素，其在大气中的平均停留时间为1～2年，非常容易通过长距离的大气运输形成全球性的汞污染。因此，国内外均十分重视含有重金属的废水治理。

目前，重金属离子废水处理方法有氢氧化物沉淀法、硫化物法、氧化还原法、离子交换法等。其中，氢氧化物沉淀法具有操作简单、处理效率高等优点，被广泛应用于脱硫废水的处理。

493.《火电厂石灰石-石膏湿法脱硫废水水质控制指标》（DL/T 997—2006）是什么?

答:《火电厂石灰石-石膏湿法脱硫废水水质控制指标》（DL/T 997—2006）是:

（1）在厂区排放口增加的监测项目和污染物最高允许排放浓度值见表5-9。

表 5-9　　监测项目和最高允许排放浓度值（一）

序号	监测项目	单位	最高允许排放浓度值
1	硫酸盐	mg/L	2000

（2）在脱硫废水处理系统出口的监测项目和最高允许排放浓度值见表 5-10。

表 5-10　　监测项目和最高允许排放浓度值（二）

序号	监测项目	单位	控制值或最高允许排放浓度值
1	总汞	mg/L	0. 05
2	总锡	mg/L	0. 1
3	总铬	mg/L	1. 5
4	总砷	mg/L	0. 5
5	总铅	mg/L	1. 0
6	总镍	mg/L	1. 0
7	总锌	mg/L	2. 0
8	悬浮物	mg/L	70
9	化学需氧量	mg/L	150
10	氟化物	mg/L	30
11	硫化物	mg/L	1. 0
12	pH 值	mg/L	6 ~ 9

注　化学需氧量的数值要扣除随工艺水带入系统的部分。

494. 脱硫废水处理的方法有哪些?

答: 脱硫废水处理的方法有:

（1）灰场堆放。脱硫废水与经浓缩的副产物石膏混合后排至电厂灰场堆放，飞灰本身的 CaO 含量可作为黏合剂固化脱硫石膏。

（2）蒸发。脱硫废水在电除尘器和空气预热器之间的烟道中完全蒸发，所含固态物与飞灰一起收集处置。

（3）处理后排放。针对脱硫废水的水质特点，为满足国家规定的废水排放标准，一般采用如下工艺步骤：通过加碱中和脱硫废水，并使废水中的大部分重金属形成沉淀物；加入絮凝剂使沉淀物浓缩成为污泥，污泥脱水后被送至灰场等堆放；废水的pH值和悬浮物达标后直接外排。

495. 石灰中和法脱硫废水处理工艺流程中加入混凝剂和助凝剂的目的是什么?

答: 石灰中和法脱硫废水处理工艺流程中加入混凝剂和助凝剂的目的是消除可能生成的胶体，改善生成物的沉降性能。

496. 石灰中和法脱硫废水处理工艺流程中加入混凝剂的作用是什么?

答: 石灰中和法脱硫废水处理工艺流程中加入混凝剂的作用：①混凝剂水解产物压缩胶体颗粒的双电层，达到胶体脱稳而相互聚集；②通过混凝剂的水解和缩聚反应而形成的高聚物的吸附和架桥作用，使胶粒被吸附黏结。

497. 混凝过程包含哪两个阶段?

答: 混凝过程包含凝聚和絮凝两个阶段。凝聚阶段形成较小微粒，通过絮凝以形成较大的絮粒，絮粒可在一定条件下从水中分离并沉淀出来。

498. 常用的混凝剂有哪些?

答: 常用的混凝剂有:

(1) 水解阳离子的无机盐类或无机聚合盐类。主要是铝盐、铁盐或其聚合物，具有使胶体脱稳和沉淀物“卷扫”的作用，是普遍使用的混凝剂。

(2) 高分子絮凝剂。以吸附架桥作用为主。

(3) 有机聚合物类。在混凝过程中，既有无机盐类可使胶粒脱稳和沉淀物“卷扫”的作用，也有有机物的吸附架桥功能，以有机聚合铝为代表。

499. 影响混凝剂混凝效果的因素主要有哪些?

答: 影响混凝剂混凝效果的因素主要有混凝水的pH值、水温、混凝剂加入量等。

(1) pH值。pH值主要从混凝剂形成絮凝物的形态和对胶体表面所带电荷状况两个方面影响混凝效果。以铝盐为例，pH值<5.5，水中的三价铝离子增加；当pH值>7.5时，产生偏铝酸盐；pH值>9时，氢氧化铝胶体迅速形成铝酸盐溶液。又如，随着pH值的增加，氢氧化铝胶体带正电荷，胶体向斥力减弱，因此其凝聚速度明显加快。

(2) 水温。一般讲，随着水温的降低，混凝剂的水解速度缓慢，颗粒的“布朗运动”强度也减弱，形成凝聚物所需时间长；另外，低温下形成的絮凝物更加细而松散。

(3) 混凝剂加入量。提高混凝剂用量，如增加混凝剂在水溶液中的浓度，可以改善水的混凝效果。但当混凝剂用量超过一定数值后水中胶体则由原来带负电荷转变为带正电荷。由于混凝剂胶体“同性排斥”，会使已经“脱稳”的胶体又重新获得稳定，因而混凝效果变差。

500. 助凝剂指的是什么?

答: 助凝剂是指在混凝过程中，为了提高混凝效果，加快凝絮过程中所需添加的辅助药剂。

501. 助凝剂按照在助凝中的作用，可分为哪四类?

答: 助凝剂按照在助凝中的作用，可分为四类:

(1) pH值调整剂。主要是指一些酸、碱。每种混凝剂都有其最佳使用的pH值范围，如果原水pH值不能满足要求，可通过加入酸、碱来调整。

(2) 氧化剂。用于破坏原水中的有机物，提高混凝效果，如氯气、次氯酸钠等。

(3) 絮凝体加固剂。加固絮凝体强度，增大其密度，如水玻璃。

（4）高分子吸附剂。利用高分子聚合物的吸附、架桥作用，提高混凝效果。

502. 脱硫废水处理系统一般包括哪几个系统？

答：脱硫废水处理系统一般包括三个子系统：脱硫系统废水处理系统、化学加药系统和污泥脱水系统。

503. 典型的废水处理系统主要设备包括哪些？

答：典型的废水处理系统主要设备包括石灰加药设备、盐酸加药设备、有机硫加药设备、硫酸氯化铁加药设备、絮凝剂加药设备、三联箱、搅拌器、pH计、澄清器、压滤机等。

504. 脱硫废水处理包括哪几个步骤？

答：脱硫废水处理包括四个步骤：废水中和、重金属沉淀、凝聚和絮凝和浓缩/澄清。

（1）废水中和。其目的是控制废水中的pH值，使pH值适合沉淀大多数重金属。常用的碱性中药剂为石灰、石灰石、苛性钠、碳酸钠等，其中石灰因来源广、价格低、效果好而得到广泛应用。

（2）重金属沉淀。废水中的重金属离子（如汞、镉、铅、锌、镍、铜等），碱土金属（如钙和镁），某些非金属（如砷、氟等）均可用化学沉淀的方法去除。对危害性较大的重金属离子，此法仍是迄今为止最为有效的方法。除碱金属和部分碱土金属外，多数金属的氢氧化物和硫化物都是难溶的，因此常用氢氧化物和硫化物沉淀法去除废水中的重金属。常用的药剂分别为石灰和Na_2S。

1）对一定浓度的某种金属离子而言，溶液的pH值是沉淀金属氢氧化物的重要条件。当溶液由酸性变为弱碱性时，金属氢氧化物的溶解度下降。但许多金属离子，如Cr、Al、Zn、Pb、Fe、Ni、Cu、Cd等氢氧化物为两性化合物，随着碱度进一步提高又生成络合物，使溶解度再次上升。考虑废水排放的允许pH值，一般选用的废水处理 pH 值为 7～9。

2）并非所有的重金属元素都可以以氢氧化物的形式很好地沉淀下来，如 Cd、Hg 等金属硫化物是比氢氧化物有更小溶解度的难溶沉淀物，且随 pH 值的升高，溶解度呈下降趋势。

3）氢氧化物和硫化物沉淀法两者结合起来对重金属的去除范围广，对脱硫废水所含重金属均适用，且去除率较高。

（3）凝聚和絮凝。经前两步的化学沉淀反应，废水中还含有许多细小而分散的颗粒和胶体物质，为改善生成物的沉降性能，要加入一定比例的混凝剂，使它们凝聚成大颗粒而沉积下来。在废水反应池的出口加入助凝剂，来降低颗粒的表面张力，强化颗粒的长大过程，进一步促进氢氧化物和硫化物的沉淀，使细小的絮凝物慢慢变成更大，更易沉积的絮状物，同时脱硫废水中的悬浮物也沉降下来。常用的混凝剂有硫酸铝、聚合氯化铝、二氯化铁、硫酸亚铁等，常用的助凝剂是石灰、高分子吸附剂等。

（4）浓缩/澄清。絮凝后的废水从反应池溢流进入装有搅拌器的澄清/浓缩池中，絮凝物沉积在底部并通过重力浓缩成污泥，上部则为净水。大部分污泥经污泥泵排到污泥池再去脱水外运。小部分污泥作为接触污泥返回废水反应池，提供沉淀所需的晶核。上部净水通过澄清/浓缩池周边的溢流口自流到净水箱，净水箱设置了监测净水 pH 值和悬浮物的在线监测仪表，如果 pH 值和悬浮物达到排水设计标准则通过净水泵外排，否则将其送回废水反应池继续处理，直至合格为止。

505. 废水处理氢氧化物沉淀法的基本原理是什么？

答：氢氧化物沉淀法具有操作简单、脱除效率高等优点，被广泛应用于脱硫废水的处理。该方法是在含有重金属的废水中加入碱，提升废水的 pH 值，使其生成不溶于水的金属氢氧化物并以沉淀形式进行分离。金属氧化物在水中的溶解程度可用溶度积来进行表征。在一定温度下，难溶电解质饱和溶液中离子相对浓度的以系数为方次项的乘积，称为溶度积。其大小与溶解度有关，它反映难溶电解质的溶解能力。由于绝大多数重金属离子的氢氧化物的溶度积都很小，为采用该法处理这类废水提供了理论依据。

506. 废水处理硫化物法的基本原理是什么？

答： 并非所有的重金属元素可通过与石灰浆作用形成氢氧化物的形式很好地沉淀出来，例如，废水中的镉和汞，单纯靠石灰乳中和，很难形成相应的氢氧化物大量沉淀下来，因此，需在沉淀室中按比例加入重金属沉淀剂，常用的为硫化物，即所谓的硫化物沉淀法。

硫化物沉淀法是向废水中加入硫化氢、硫化铵或碱金属的硫化物，使欲处理物质生成难溶硫化物沉淀，以达到分离净化的目的。该方法的基本原理是：许多硫化物的溶解积相对低，因此，硫化物的沉淀通常在络合剂存在时能进行（络合剂存在时生成的络合物难以沉淀），即使在酸性条件下也能得到很好的分离。

507. 与中和沉淀法相比，硫化物沉淀法的优缺点是什么？

答： 与中和沉淀法相比，硫化物沉淀法的优点是：重金属硫化物溶解度比氢氧化物的溶解度低，而且反应的pH值在7~9之间，处理后的废水一般不用中和。

硫化物沉淀法的缺点是：硫化物沉淀物颗粒小，易形成胶体，硫化物沉淀剂本身在水中残留，遇酸生成硫化氢气体，产生二次污染。

508. 废水处理化学加药系统包括哪些子系统？

答： 废水处理化学加药系统包括石灰乳加药系统、聚铁（$FeClSO_4$）加药系统、有机硫化物加药系统、助凝剂加药系统及盐酸加药系统五个子系统。

509. 废水处理石灰乳加药系统流程是什么？

答： 石灰乳加药系统流程：石灰粉→石灰粉仓→制备箱→输送

泵→计量箱→计量泵→加药点。

石灰粉由自卸密封罐车装入石灰粉仓，在石灰粉仓下设有旋转锁气器，通过螺旋给料机输送至石灰乳制备箱制成20%的$Ca(OH)_2$浓液，再在计量箱内调制成5%的$Ca(OH)_2$溶液，经石灰乳计量泵加入中和箱。

510. 废水处理$FeClSO_4$加药系统流程是什么?

答: $FeClSO_4$加药系统流程：$FeClSO_4$→$FeClSO_4$搅拌溶液箱→$FeClSO_4$计量箱→$FeClSO_4$计量泵→加药点。

$FeClSO_4$制备箱和加药计量泵，以及管道、阀门组合在一小单元成套装置内。$FeClSO_4$在制备箱配成溶液后进入计量箱，$FeClSO_4$溶液由隔膜计量泵加入絮凝箱。

511. 废水处理助凝剂加药系统流程是什么?

答: 助凝剂加药系统流程：助凝剂→助凝剂制备箱→助凝剂计量箱→助凝剂计量泵→加药点。

助凝剂制备箱和加药计量泵，以及管道、阀门组合在一小单元成套装置内。助凝剂溶液由隔膜计量泵加入絮凝箱。

512. 废水处理有机硫化物加药系统流程是什么?

答: 有机硫化物加药系统流程：有机硫化物→有机硫制备箱→有机硫计量箱→有机硫计量泵→加药点。

有机硫制备箱和加药计量泵，以及管道、阀门组合在一小单元成套装置内。有机硫在制备箱配成溶液后进入计量箱，有机硫溶液由隔膜计量泵加入沉降箱。

513. 废水处理盐酸加药系统流程是什么?

答: 盐酸加药系统流程：盐酸计量箱→盐酸计量泵→加药点。

盐酸计量箱和加药计量泵，以及管道、阀门组合在一小单元成套装置内。盐酸溶液由隔膜计量泵加入出水箱，根据实际情况确定加药量。

514. 废水处理系统石灰乳循环泵的作用是什么?

答：石灰乳循环泵的作用有两个：①用于石灰乳制备池的石灰乳液的循环；②将石灰乳液输送至石灰乳计量箱中。

515. 废水处理污泥脱水系统流程是什么?

答：污泥处理系统流程：

浓缩污泥→污泥储池→压滤机→滤饼→堆场

↓

滤液→滤液平衡箱→中和箱。

澄清池底的浓缩污泥中的污泥一部分作为接触污泥经污泥回流泵送到中和箱参与反应，另一部分污泥由污泥输送泵送到污泥脱水装置，污泥脱水装置由板框式压滤机和滤液平衡箱组成，污泥经压滤机脱水制成泥饼外运倒入灰场，滤液收集在滤液平衡箱内，由泵送往第一沉降阶段的中和槽内。

第六节 工艺水系统

516. 脱硫系统中工艺水系统的构成及作用?

答：工艺水系统由工艺水泵、储水箱、滤水器、管路和阀门等构成，主要作用在FGD系统中，为维持整个系统内的水平衡，向下列用户供水：

（1）吸收塔烟气蒸发水。

（2）石灰石浆液制浆用水。

（3）除雾器、吸收塔入口烟道及所有浆液输送设备、输送管路、箱罐与容器及集水坑的冲洗水。

（4）设备冷却水及密封水。如提供除雾器冲洗、各系统泵、阀门冲洗，提供系统补充水、冷却水、润滑水等。

517. FGD 装置的水损耗主要存在于哪些方面？

答：FGD 装置的水损耗主要存在于饱和烟气带出水、副产品石膏带出水和排放的废水。

518. 吸收塔内水的消耗和补充途径有哪些？

答：吸收塔内水的消耗途径主要有：

（1）热的原烟气从吸收塔穿行所蒸发和带走的水分；

（2）石膏产品所含水分；

（3）吸收塔排放的废水。

因此需要不断地给吸收塔补水，补水的主要途径有：

（1）工艺水对吸收塔的补水；

（2）除雾器冲洗水；

（3）水力旋流器和石膏脱水装置所溢流出的再循环水。

519. 脱硫岛内对水质要求较高的用户主要有哪些？

答：脱硫岛内对水质要求较高的用户主要有：

（1）增压风机、氧化风机和其他设备的冷却水及密封水；

（2）真空皮带脱水机石膏冲洗水；

（3）水环式真空泵用水。

520. 脱硫岛内对水质要求一般的用户主要有哪些？

答：脱硫岛内对水质要求一般的用户主要有：

（1）石灰石浆液制备用水；

（2）烟气换热器冲洗水；

（3）吸收塔补给水；

（4）除雾器冲洗用水；

（5）所有浆液输送设备冲洗水、输送管道、储存箱的冲洗水；

（6）吸收塔干湿接合面冲洗水、氧化空气管道冲洗水。

521. 什么叫阀门的公称压力、公称直径？

答：阀门的公称压力是指在国家标准规定温度下阀门允许的最大工作压力，以便用来选用管道的标准元件（规定温度：对于铸铁和铜阀门为0～120℃；对于碳素钢阀门为0～200℃；对于钼钢和铬钼钢阀门为0～350℃），以符号PN表示。

阀门的通道直径是按管子的公称直径进行制造的，所以阀门公称直径也就是管子的公称直径。所谓公称直径是国家标准中规定的计算直径（不是管道的实际内径），用符号DN表示。

522. 安全阀的作用是什么？一般有哪些种类？

答：安全阀的作用是，当设备压力超过规定值时能自动开启，排出工质，使压力恢复正常，以确保设备承压部件工作的安全。

常用的安全阀有重锤式、弹簧式、脉冲式三种。

523. 阀门按结构特点可分为哪几种？

答：阀门按结构特点主要可分为闸阀、球阀。

（1）闸阀。闸阀的阀芯（即闸门）移动方向与介质的流动方向垂直。

（2）球阀。又称截止阀，球阀的阀芯沿阀座中心线移动。

524. 阀门按用途分类有哪几种？各自的用途如何？

答：阀门按用途可分为以下几类：

（1）关断用阀门。如截止阀（球阀）、闸阀及旋塞阀等，主要用以接通和切断管道中的介质。

（2）调节用阀门。如节流阀（球阀）、压力调整阀、水位调整器等，主要用于调节介质的流量、压力、水位等，以适应于不同工况的需要。

（3）保护用阀门。如止回阀、安全阀及快速关断阀等。其中止回阀是用来自动防止管道中介质倒向流动；安全阀是在必要时能自动开启，向外排出多余介质，以防止介质压力超过规定的数值。

525. 为什么闸阀不宜节流运行?

答: 闸阀结构简单,流动阻力小,开启、关闭灵活。因其密封面易于磨损,一般应处于全开或全闭位置。若作为调节流量或压力,被节流流体将加剧对其密封接合面的冲刷磨损,致使阀门泄漏,关闭不严。

526. 闸阀定义是什么?

答: 闸阀的闸板用合金制成,它可以剪碎阀体上的任何沉积物。当其应用于浆液管路中时,阀板的填料密封易被阀板上携带的固体颗粒所损伤,造成泄漏。为了克服这个弊端,可改用无填料闸阀,此时闸门关闭时阀板横贯整个管道截面,依靠刚性环和阀板之间的夹紧力进行密封,这种闸阀的通径一般为70~1000mm。

527. 隔膜阀定义是什么?

答: 隔膜阀依靠弹性隔膜的变形来调节流量,广泛用于各种仪器仪表前端的浆液管路中,此种阀的通径一般小于400mm。

528. 蝶阀定义是什么?

答: 蝶阀启闭迅速,阀板旋转90°即可达到启闭的目的,结构简单、轻型节材、拆装方便,容易实现远程控制,是管道中最理想的启闭件,也是当今启闭件的发展方向。蝶阀在脱硫系统中得到了广泛的应用,脱硫系统中除了其中几个流量控制阀采用球阀以外,几乎均用蝶阀,其中电动蝶阀又占了大多数。

蝶阀是依靠阀板沿轴的转动来启闭管路,运行时阀板留在管道内,因而其阻力较大且磨损很大,在浆液管路应用最广,但不得用来调节管路流量,只能全开或全关。一般应用哈氏合金制作阀板,阀体衬丁基胶。

目前,新型蝶阀大多采用三偏心斜锥面结构,第一个偏心是指阀座密封面或阀板厚度方向的等分线与阀杆中心相对偏心，第二个偏心是指阀杆中心与阀门通道的中心相对偏心，第三个偏心是指斜锥形密封面的中心线与阀门成相对偏心，为过扭矩力关阀。

529. 陶瓷球阀定义是什么？

答： 陶瓷球阀由于它的阀芯带有 V 形结构，使之与阀座之间具有剪切作用，因此特别适用于含有纤维和微小固体颗粒的悬浊液的介质中，它具有近似等百分比的调节特性。石灰石浆液的流量调节常用此型阀门。

陶瓷球阀具有极为优异的耐腐蚀、耐磨性能，可用作开/关或调节阀。陶瓷组件镶嵌在金属阀体内，金属阀体吸收由管道产生的力矩和振动，陶瓷组件不承压。

球体的几何形状的不同可以获得不同的控制特性。整个阀分体设计，连接方便，其执行机构可用电动、气动或手动。石灰石（石灰）供浆是由供浆调节阀进行控制的，调节阀一般使用球形调节阀，调节阀管路还设有旁路，以便在调节阀检修时使用。当调节阀全闭时，需冲洗调节阀下游管路。

530. 自力式调节阀定义是什么？

答： 自力式调节阀，可分为自力式温度调节阀、自力式压力调节阀、自力式流量调节阀，是一种无需外来能源，依靠被调介质、自身温度（压力或流量）变化进行自动调节温度（压力或流量）的节能产品，具有测量、执行、控制的综合功能。

531. FGD 系统管路中，使用的阀门较多的主要是哪些？

答： FGD 系统管路中使用的阀门较多，主要有闸阀、隔膜阀、蝶阀、球阀，其中蝶阀和隔膜阀应最为广泛，特别是在浆液管路中，而球阀主要用脱硫剂供浆量的调节。

532. 浆液系统阀门主要适用于哪些环境？

答：蝶阀用于循环泵入口管道及排石膏管线的启闭（全开、全关），这些管线浆液的（含固量为10%～15%）磨损性一般，但对于浓度为30%～40%的脱硫剂浆液优选闸阀，若采用蝶阀，则阀板必须采用耐磨材料。

隔膜阀适用于动作较频繁的场合，不适用于常开或常关。薄膜弹性受开关次数的影响，并且薄膜若在一种状态停留时间过长，可使其失去弹性而失效。

球阀和蝶阀适用于动作较为频繁的场合，频繁的动作有利于消除密封面沉积物的影响。但在易结垢的场合，常开或常关均可能导致冻结而无法动作。

一般流体流过阀门的速度与管道一致，在某种场合如流量调节，为获得更好的阀门调节特性，常选用更小的阀门（较高的流速）。

浆液管道上的阀门宜选用蝶阀，尽量少采用调节阀。当选用对夹式衬胶蝶阀时，如衬胶管道与蝶阀连接紧力掌握不好，会造成阀板与管道内的衬胶接触，开启阀门时将胶破坏掉，造成管道腐蚀。所以，为防止衬胶损坏，易选用法兰式衬胶蝶阀。

脱硫剂的流量控制应避免出现全开、全闭的运行方式，应在阀位的50%～70%运行，此时其调节性能最佳。

第七节　压缩空气系统

533. 脱硫系统中压缩空气系统的构成及作用是什么？

答：压缩空气系统由空气压缩机、储气罐、干燥器、管路及阀门等构成，主要作用是为系统提供仪用气源、流化风气源、系统中气动阀门气源等。

534. 压缩空气系统主要包括哪些设备？

答：压缩空气系统的主要设备有空气压缩机、再生式干燥器、空气压缩机出口储气罐、系统管路和安全装置及仪表等。

535. 脱硫系统压缩空气的用途可以分为哪两种？

答： 脱硫系统压缩空气的用途可以分为仪用压缩空气和杂用压缩空气。仪用压缩空气主要用于仪表的吹扫和气动设备用气，杂用压缩空气主要用于系统吹扫。

536. 什么叫空气压缩机？

答： 用来压缩气体从而提高气体压力的机械，叫作空气压缩机。

537. 什么是空气压缩机排气量？

答： 空气压缩机排气量是指，在所要求的排气压力下，压缩机单位时间内排出的气体容积，折算到进口状态时的容积值。

538. 什么是空气压缩机排气压力？

答： 空气压缩机排气压力是指最终排出压缩机的气体压力，在某些场合，排气压力也被称为“背压力”。压缩机铭牌上所标示的排气压力一般为允许的最大排气压力，未经许可不得超出此值。

539. 空气压缩机按工作原理可分为哪两类？

答： 按工作原理，空气压缩机可分为两类：

（1）容积式压缩机。直接对一可变容积中的气体进行压缩，使该部分气体容积缩小、压力提高。其特点是压缩机具有容积可周期变化的工作腔。

（2）动力式压缩机。它首先使气体流动速度提高及增加气体分子的动能；然后使气体流速有序降低，使动能转化为压力能，与此同时气体容积也相应减小。其特点是压缩机具有驱使气体获得流动速度的叶轮。

540. 螺杆式空气压缩机工作原理是什么？

答：双螺杆式单级空气压缩机是由一对相互平行啮合的阴阳转子（或称螺杆）在气缸内转动，使转子齿槽之间的空气不断地产生周期性的容积变化，空气则沿着转子轴线由吸入侧输送至输出侧，实现螺杆式空气压缩机的吸气、压缩和排气的全过程。空气压缩机的进气口和出气口分别位于壳体的两端，阴转子的槽与阳转子的齿被主电动机驱动而旋转。

由电动机直接驱动压缩机，使曲轴产生旋转运动，带动连杆使活塞产生往复运动，引起气缸容积变化。由于气缸内压力的变化，通过进气阀使空气经过空气滤清器（消声器）进入气缸，在压缩行程中，由于气缸容积的缩小，压缩空气经过排气阀的作用，经排气管、单向阀（止回阀）进入储气罐，当排气压力达到额定压力0.7MPa时由压力开关控制而自动停机。当储气罐压力降至0.5～0.6MPa时，压力开关自动连接启动。

541. 简述水冷双螺旋空气压缩机的润滑油流程。

答：借助于油气桶内的压力，将润滑油压入油冷却器，再经油过滤器除去杂质后分成两路。其中，一路退到机体下端喷入压缩室，冷却压缩空气；另一路通到机体两端用来润滑轴承组及传动齿轮。然后各部分润滑油再聚集于压缩室底部由排气口排出，与油混合后的压缩空气经排气止回阀重新回到油气桶进行分离。

542. 微热再生式压缩空气干燥器工作原理是什么？

答：微热再生式压缩空气干燥器工作原理是采用变温、变压吸附的原理制成的。变压吸附原理是利用吸附剂表面气体的分压力具有与该物质中周围气体的分压力取得平衡的特性，使吸附剂在压力状态下吸附，而在常压状态下脱附（再生）；随着空气的被压缩，空气中的水蒸气的分压力得到一定的提高，在与表面水蒸气压力很低的吸附剂表面接触时，压缩空气的水蒸气便向吸附剂表面转移，逐步提高吸附剂表面的水蒸气压力直至平衡，这就是吸附过程。压缩空气压力下降时，水蒸气的分压力相应地降低，在遇到水蒸气分压力较高的吸附剂表面时，水分便由吸附剂转向空气，吸附剂表面水蒸气的分压力逐步降低并趋向平衡，这就是脱附（再生）过程。变温吸附原理是利用干燥剂的吸附水量随温度升高而减少的原理使其在常温下吸附，在较高温度下解吸。因此在运行时应尽可能使吸附的压力高，温度低，解吸时压力低，温度高。

543. 空气压缩机试运前应检查的内容是什么？

答：（1）空气压缩机、相应管道、阀门、滤网安装完毕，出口止回阀方向正确；

（2）润滑油油位在中心线位置；

（3）相应阀门开关灵活，位置反馈正确；

（4）用手盘动空气压缩机，检查确无卡涩现象。

544. 空气压缩机的调试方法是什么？

答：（1）启动前检查设备及系统各部位均正常。

（2）空气压缩机启动前要把出口阀全部打开。

（3）试启动空气压缩机2～3s，确定转向正确。

（4）测量空气压缩机的转速、电流、进出口压力。

（5）定期检查轴承温度振动及密封。

（6）空气压缩机应运转平稳，无异常噪声。若发现异常情况应立即停止试运行，处理正常后方可继续调试。

第八节 电气系统

545. 脱硫系统的电气系统主要包括哪些？

答：脱硫系统的电气系统主要包括包括配电系统、电气控制与保护、照明及检修系统、防雷接地系统及安全滑线系统、通信系统、电缆和电缆构筑物、电气设备布置、火灾报警系统等。

546. 脱硫系统的电负荷主要有哪些？电源分类包括哪些？

答：脱硫系统的电负荷主要有电动机、加热器、暖通照明、检修等负荷；电源分类包括高压电源、低压电源、交流保安电源、交流不停电电源（UPS）和直流电源等。

547. 用电设备如何确定其额定电压？选择原则是什么？脱硫系统可能采用高压电压的用电设备有哪些？

答：用电设备应根据其功率大小和供电电压来确定额定电压。通常按以下原则选择：主厂房厂用电高压电压为3kV时，功率为100kW及以上的电动机采用高压电压；主厂房厂用电高压电压为6kV或10kV时，功率为200kW及以上的电动机采用高压电压。

脱硫系统可能采用高压电压的用电设备有增压风机、浆液循环泵、氧化风机、磨机、真空泵、低泄漏风机等。

548. 脱硫系统设置保安电源的目的是什么？脱硫系统中需要保安电源供电的设备有哪些？

答：脱硫系统设置保安电源的目的主要是保证事故时锅炉的安全运行、脱硫系统的安全运行、脱硫设备安全及人身安全。

脱硫系统中需要保安电源供电的设备有：烟气旁路挡板门、吸收塔搅拌器、增压风机润滑油油泵电动机、增压风机电动机润滑油油泵电动机、石灰石浆液箱搅拌器、事故浆液箱搅拌器、除雾器冲洗水泵、磨机油站油泵、DCS、热工仪表、火灾报警、电梯和事故照明系统等。

549. 脱硫系统设置交流不停电电源的目的是什么？脱硫系统中需要不停电电源负荷主要有哪些？

答：脱硫系统设置交流不停电电源的目的主要是保证脱硫系统启停和正常运行中的控制、监视装置及事故后状态参数记录装置的安全供电。不停电电源电压通常采用交流110V或220V。

脱硫系统中需要不停电电源负荷主要有脱硫分散控制系统、自动化仪表、重要执行器、电气电量变送器、火灾报警控制器等。

550. 脱硫系统直流系统电负荷主要有哪些？

答：脱硫系统直流系统电负荷主要有电气控制、信号、继电保护及6kV、380V断路器控制、事故照明电压、UPS等负荷。

551. 脱硫系统照明分为几类？

答：脱硫系统照明分类为正常照明、事故照明、安全照明和应急照明。正常照明采用交流照明系统。

第九节 仪表与控制系统

552. 简述脱硫系统中测量仪表的设置原则。

答：为保证脱硫系统中各参数的可靠测量，重要保护用的过程状态信号和自动调节的模拟量信号等采用三重或双重测量方式。例如，吸收塔液位、FGD进出口压力采用三取二测量方式，石膏浆pH值、石灰石浆液箱液位、石膏浆液箱液位、工艺水箱液位等采用双重测量方式。

553. FGD装置中主要的检测仪表有哪些？

答：FGD装置主要检测仪表有FGD出入口烟气压力、出入口烟气温度、旁路挡板压差、原烟气SO_2浓度、原烟气O_2浓度、净烟气SO_2浓度、净烟气O_2浓度、净烟气NO_x浓度、净烟气烟尘浓度、增压风机出入口压力、石灰石浆液箱液位、石灰石浆液密度、石灰石浆液流量、吸收塔液位、石膏浆液密度、石膏浆液pH值、浊度等仪表。

554. 固定污染源烟气排放连续监测系统（CEMS）的组成是什么？

答：固定污染源烟气排放连续监测系统（Continuous Emissions Monitoring Systems，CEMS），由颗粒物监测子系统、气态污染物监测子系统、烟气排放参数测量子系统、数据采集、传输与处理子系统等组成。通过采样和非采样方式，测定烟气中颗粒物浓度、气态污染物浓度，同时测量烟气温度、烟气压力、烟气流速或流量、烟气含湿量（或输入烟气含湿量）、烟气氧量（或二氧化碳含量）等参数；计算烟气中污染物浓度和排放量；显示和打印各种参数、图表并通过数据、图文传输系统传输至固定污染源。系统示意如图 5-3 所示。

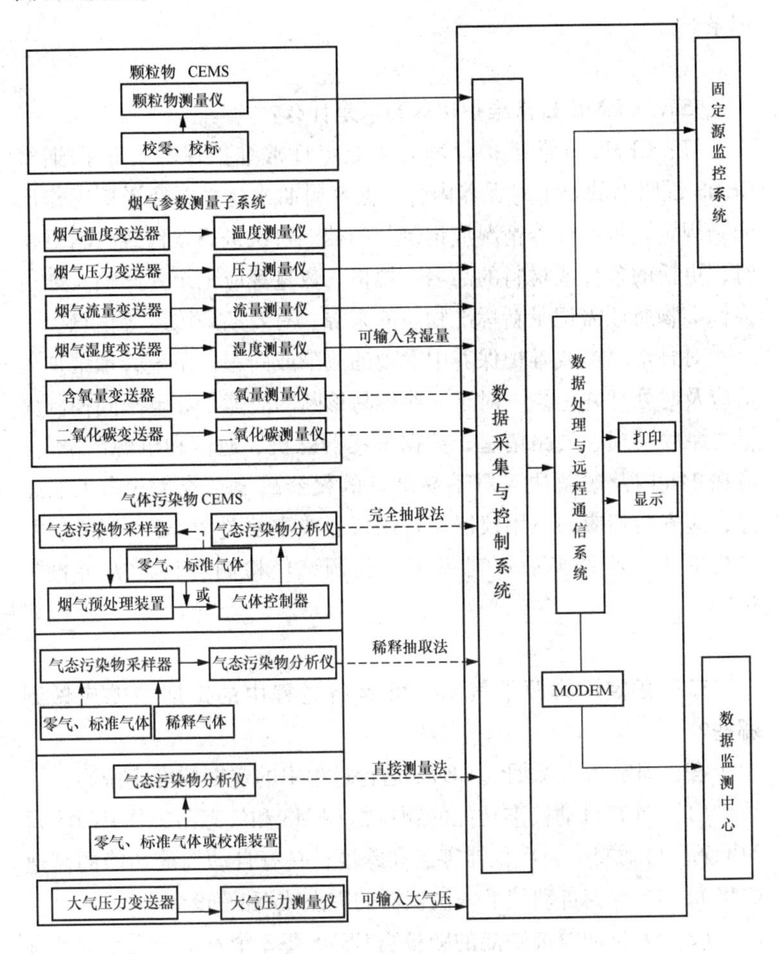

图 5-3　烟气排放连续监测系统示意图

555. CEMS日常巡检要求是什么?

答: CEMS日常巡检要求是:日常巡检间隔不超过7天,巡检记录应包括检查项目、检查日期、被检项目的运行状态等内容,每次巡检应记录并归档。日常巡检规程应包括该系统的运行状况、烟气CEMS工作状况、系统辅助设备的运行状况、系统校准工作等必检项目和记录,以及仪器使用说明书中规定的其他检查项目和记录。

556. CEMS日常维护保养要求是什么?

答: CEMS日常维护保养要求是:日常维护保养应根据烟气CEMS说明书的要求对保养内容、保养周期或耗材更换周期等作出明确规定,每次保养情况应记录并归档。每次进行备件或材料更换时,更换的备件或材料的品名、规格、数量等应记录并归档。如更换标准物质还需记录新标准物质的来源、有效期和浓度等信息。

对日常巡检或维护保养中发现的故障或问题,系统管理维护人员应及时处理并记录。对于一些容易诊断的故障,如电磁阀控制失灵、泵膜裂损、气路堵塞、数据采集器死机、通信和电源故障等,应在24h内及时解决;对不易维修的仪器故障,若72h内无法排除,应安装相应的备用仪器。备用仪器或主要关键部件(如光源、分析单元)经调换后应对系统重新调试经检测合格后方可投入运行。

557. 固定污染源烟气CEMS运行过程中的定期校准应做到哪些?

答: 固定污染源烟气CEMS运行过程中的定期校准应做到:

(1)具有自动校准功能的颗粒物CEMS和气态污染物CEMS每24h至少自动校准一次仪器零点和跨度;具有自动校准功能的流速CMS每24h至少自动校准一次仪器的零点或/和跨度。

(2)无自动校准功能的颗粒物CEMS每3个月至少用校准装置校准一次仪器的零点和跨度。

（3）直接测量法气态污染物 CEMS 每 30 天至少用校准装置通入零气和接近烟气中污染物浓度的标准气体校准一次仪器的零点和工作点。

（4）无自动校准功能的气态污染物 CEMS 每 15 天至少用零气和接近烟气中污染物浓度的标准气体或校准装置校准一次仪器零点和工作点。

（5）无自动校准功能的流速 CEMS 每 3 个月至少校准一次仪器的零点或/和跨度。

（6）抽取式气态污染物 CEMS 每 3 个月至少进行一次全系统的校准，要求零气和标准气体与样品气体通过的路径（如采样探头、过滤器、洗涤器、调节器）一致，进行零点和跨度、线性误差和响应时间的检测。对直接测量法气态污染物 CEMS 用参比方法检测准确度是否达到标准要求。

558. 固定污染源烟气 CEMS 运行过程中的定期校验应做到哪些？

答：固定污染源烟气 CEMS 投入使用后，燃料、除尘效率的变化、水分的影响、安装点的振动等都会造成光路的偏移和干扰。定期校验应做到：

（1）每 6 个月至少做一次校验；校验用参比方法和 CEMS 同时段数据进行比对。

（2）当校验结果不符合标准规定时，则应扩展为对颗粒物 CEMS 方法的相关系数的校正和评估气态污染物 CEMS 的相对准确度和流速 CMS 的速度场系数（或相关性）的校正，直到烟气 CEMS 达到标准要求，所取样品数不少于 9 对。

559. 固定污染源烟气 CEMS 运行过程中的定期维护应做到哪些？

答：固定污染源烟气 CEMS 运行过程中的定期维护是日常巡检的一项重要工作，定期维护应做到：

（1）污染源停炉到开炉前应及时到现场清洁光学镜面。

（2）每30天至少清洗一次隔离烟气与光学探头的玻璃视窗，检查一次仪器光路的准直情况；对清吹空气保护装置进行一次维护，检查空气压缩机或鼓风机、软管、过滤器等部件。

（3）每3个月至少检查一次气态污染物CEMS的过滤器、采样探头和管路的结灰及冷凝水情况、气体冷却部件、转换器、泵膜老化状态。

（4）每3个月至少检查一次流速探头的积灰和腐蚀情况、反吹泵和管路的工作状态。

560. 烟尘连续监测方法有哪些？测量原理是什么？

答：烟尘的连续监测方法主要有两种：

（1）浊度法。光通过含有烟尘的烟气时，光强因烟尘的吸收和散射作用而减弱，通过测定光束通过烟气前后的光强比值来定量烟尘浓度。测尘仪可分为单光程测尘仪和双光程测尘仪两种。单光程测尘仪的光源发射端与接收端在烟道或烟囱的两侧，光源发射的光通过烟气，由安装在对面的接收装置检测光强，并转变为电信号输出。双光程测尘仪的光源发射端与接收端在烟道或烟囱的同一侧，由发射/接收装置和反射装置两部分组成，光源发射的光通过烟气，由安装在对面的反射镜反射再经过烟气回到接收装置，检测光强并转变为电信号输出。

（2）光散射法。经过调制的激光或红外平行光束射向烟气时，烟气中的烟尘对光向所有方向散射，经烟尘散射的光强在一定范围内与烟尘浓度成比例，通过测量散射光强来定量烟尘浓度。根据接受器与光源所呈角度的大小可分为前散射法、后散射法和边散射法。前散射测尘仪接受器与光源呈±60°；后散射测尘仪接受器与光源呈±（120°~180°）；边散射测尘仪接受器与光源呈±（60°~120°）。

另外，烟尘连续监测法还有β射线（质量浓度）法和电子探针法。β射线是放射线的一种，通过物质时和物质内的电子发生散射、冲突而被吸收，当β射线的能量恒定时，这一吸收量与物质的质量成正比，与物质的组成无关。由安装在β射线辐射源对面的射线接收器检测清洁滤膜与采集烟尘样品后的滤膜对β射线的吸收差异，计算出烟尘量。电子探针法是利用烟尘在烟气流中运动摩擦产生电荷，产生电荷量的多少与烟尘浓度相关，测量电荷量的多少间接定量烟尘浓度。根据我国的实际情况，在监测技术规范中没有列入电子探针法。

561. 烟气排放气态污染物连续监测方法按采样方式可以分为哪两类？

答：烟气排放气态污染物（SO_2、NO_x）等连续监测方法按采样方式分为两大类：现场连续监测和抽取式连续监测。

现场连续监测（在线式）由直接安装在烟囱或烟道（包括旁路）上的监测系统对烟气进行实时测量（不需要抽取烟气在烟囱或烟道外进行分析）。

抽取式连续监测通过采样系统抽取部分样气并送入分析单元，对烟气进行实时测量，按采样方式不同又可分为稀释法和加热管线法（也称直接抽取法）。

562. 气态污染物监测方法优缺点是什么？

答：气态污染物监测方法优缺点见表5-11。

表5-11　　气态污染物监测方法的比较

序号	方法	特　点
1	加热管线法	抽取烟气量大，干法专用设备、准确度高，分析因管道距离有滞后、有样气处理装置，采样管及过滤器易更换。相对易堵塞、易腐蚀。标准气体用量大，需加热线
2	稀释法	抽取烟气量大，采样管不易堵塞、不易腐蚀，但需防止稀释影响小孔堵塞。分析组件采用大气环境监测设备，引入稀释误差。标准气体用量大，需加装流量控制设备，需干燥零气

续表

序号	方法	特　点
3	在线式	一般为光学法，利用红外或紫外光的吸收定量测量。非接触法，无需用标准气体校准。受烟道其他因素干扰大，维护工作量大、不方便，光学部件需要有效的保护措施

563. 气态污染物监测稀释法工作流程是什么?

答: 采集烟气并除尘，然后用洁净的零气按一定的稀释比稀释除尘后的烟气，以降低气态污染物的浓度，将稀释后的烟气引入分析单元，分析气态污染物浓度。采样流量需大于 0.5L/min，根据电厂附近环境与烟气排放实际情况，确定稀释比，稀释比一般不宜超过 1:250，如从采样至分析仪的烟气产生结露，应采用加热与稀释相结合的方式，稀释比误差不超过 ±1%，稀释器温度变化应在 ±2℃ 以内。采用临界孔稀释时，临界孔前后压差不低于 66666.7Pa。稀释探头分为内置式和外置式两种。稀释抽取法连续监侧系统的示意见图 5-4。

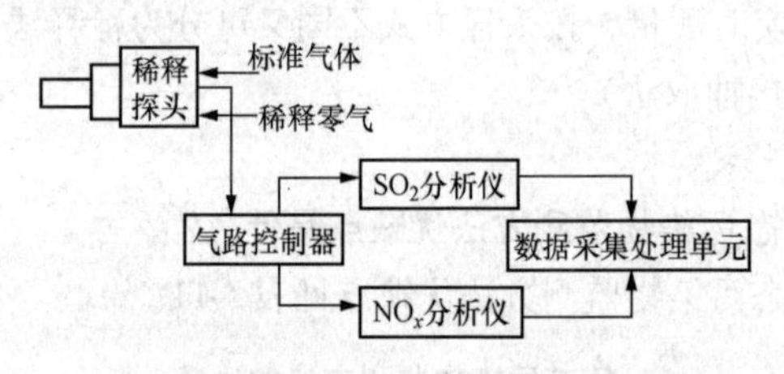

图 5-4　稀释抽取法连续监测系统示意图

564. 气态污染物监测加热管线法工作流程是什么?

答: 通过加热管对抽取的已除尘的烟气进行保温，保持烟气不结露，输至干燥装置除湿，然后送至分析单元分析气态污染物浓度。采样流量需大于 2L/min，流量误差在 ±0.1L/min 以内，热管温度为 140 ~ 160℃。加热管线法连续监测系统的示意见图 5-5。

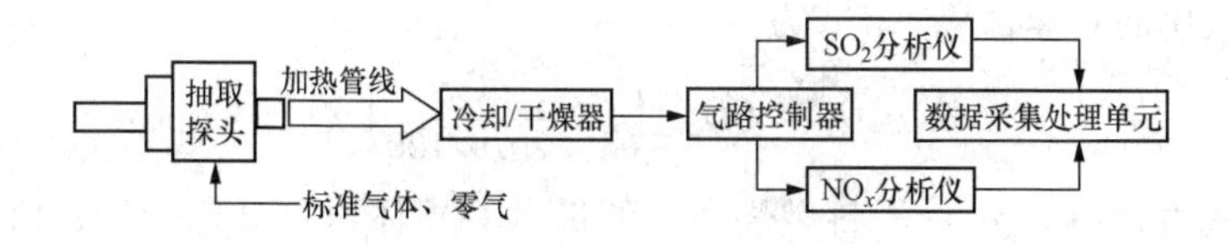

图 5-5　加热管法连续监测系统示意图

565. 我国 CEMS 规范中气态污染物采用的连续监测分析方法是什么？

答： 我国 CEMS 规范中气态污染物采用的连续监测分析方法见表 5-12。

表 5-12　CEMS 规范中气态污染物连续监测分析方法

分析项目	序号	方法	较适宜的采用方法
二氧化硫	1	紫外荧光法	稀释抽取采样法
	2	（非分散）红外吸收法（NDIR）	直接抽取采样法
氮氧化物	1	化学发光法（CLD 法）	稀释、直接抽取采样法
	2	（非分散）红外吸收法（NDIR）	直接抽取采样法

566. CEMS 是如何实现烟气中水分含量的测定和计算的？

答： CEMS 采用氧或湿度传感器连续测定方法：由 CEMS 配置的氧传感器测定烟气除湿前后氧含量计算烟气中水分含量或湿度传感器连续测定烟气中水分含量。当按烟气除湿前后氧含量计算烟气中水分含量时，烟气湿度计算式为

$$X_{sw} = 1 - \frac{X'_{O_2}}{X_{O_2}}$$

式中　X_{sw}——烟气含湿量，%；

X'_{O_2}——湿烟气中氧的体积百分数，%；

X_{O_2}——干烟气中氧的体积百分数，%。

567. CEMS 是如何实现烟气中 O_2、CO_2 含量的测定和计算的？

答： 由 CEMS 配置的氧检测仪连续测定烟气中的 O_2 含量。烟

气中的 CO_2 含量计算式为

$$CO_2 = CO_{2max}\left(1 - \frac{O_2}{20.9/100}\right)$$

式中 CO_{2max}——燃料燃烧产生的最大 CO_2 体积百分比，%，由 CO_{2max} 近似值表5-13查得。

表5-13 CO_{2max} 近似值表

燃料类型	烟煤	贫煤	无烟煤	燃料油	石油气	液化石油气	湿性天然气	干性天然气	城市煤气
CO_{2max} (%)	18.4～18.7	18.9～19.3	19.3～20.2	15.0～16.0	11.2～11.4	13.8～15.1	10.6	11.5	10.0

568. CEMS是如何实现大气压测定的？

答：（1）由CEMS配置的大气压力传感器测出。

（2）根据当地气象站给出的上月平均值或上年平均值，并根据测点与气象站的不同标高，按每增、减10m，大气压减、增110Pa进行修正后，输入CEMS中作为本月或本年的平均大气压。

569. CEMS是如何实现烟气流速和流量测定及计算的？

答：（1）测定烟气流速。由皮托管测速仪或靶式流量计测速仪连续测定烟道或管道断面某一固定点的烟气流速，或由热平衡仪连续测定断面某一固定点的烟气质量流量，或由超声波测速仪连续测定断面上烟气的线平均流速。

（2）烟气流速和流量的计算。

1）烟气流速的计算。

a. 皮托管法、热平衡法、超声波法（测速仪安装在矩形烟道或管道）、靶式流量计法烟道或管道断面平均流速计算式为

$$\overline{V_s} = K_v \times \overline{V_p} \tag{5-4}$$

式中 K_v——速度场系数；

$\overline{V_p}$——测定断面某一固定点或测定线上的湿排气平均流速，m/s；

$\overline{V_s}$——测定断面的湿排气平均流速，m/s。

b. 超声波测速法（测速仪安装在圆形烟道或管道）烟道或管道断面平均流速计算式为

$$\overline{V_s}=\frac{l}{2\cos\alpha}\left(\frac{1}{t_A}-\frac{1}{t_B}\right) \tag{5-5}$$

式中 l——安装在烟道或管道上两侧 A（接收/发射器）与 B（接受/发射器）间的距离（扣除烟道壁厚），m；

α——烟道或管道中心线与 AB 间的距离 l 的夹角；

t_A——声脉冲从 A 传到 B 的时间（顺气流方向），s；

t_B——声脉冲从 B 传到 A 的时间（逆气流方向），s。

2）烟气流量的计算。工况下的湿烟气流量 Q_s 计算式为

$$Q_s=3600\times F\times\overline{V_s} \tag{5-6}$$

式中 Q_s——工况下湿烟气流量，m^3/h；

F——测定断面的面积，m^2。

570. 标准状态下干烟气流量 Q_{sn} 计算公式是什么？

答：标准状态下干烟气流量 Q_{sn} 计算式为

$$Q_{sn}=Q_s\times\frac{273}{273+t_s}\times\frac{B_a+p_s}{101325}\times(1-x_{sw}) \tag{5-7}$$

式中 Q_{sn}——标准状态下干烟气流量，m^3/h；

B_a——大气压力，Pa；

p_s——烟气静压，Pa；

t_s——烟气温度，℃；

x_{sw}——烟气中水分含量体积百分比，%。

571. 实际状态下湿烟气的质量流量 Q_a（kg/h）计算式是什么？

答：实际状态下湿烟气的质量流量 Q_a（kg/h）计算式为

$$Q_a=Q_s\rho_s \tag{5-8}$$

$$\rho_s = \rho_n \frac{p_a + p_s}{101325} \times \frac{273}{273 + t_s} \tag{5-9}$$

$$\rho_n = \frac{M_s}{22.4} \tag{5-10}$$

$$M_s = \sum x_i M_i = [32x_{O_2} + 44x_{CO_2} + 28(x_{CO} + x_{N_2})](1 - x_{sw}) + 18x_{sw}$$

式中 ρ_s——实际状态下湿烟气的密度，kg/m^3；

ρ_n——标准状态下湿烟气的密度，kg/m^3；

M_s——实际湿烟气的摩尔质量，kg/kmol；

x_i——烟气中各成分（O_2、CO_2、CO、N_2 及水分）的体积分数；

M_i——各相应成分（O_2、CO_2、CO、N_2 及水分）的摩尔质量，kg/kmol。

这样可得到为 ρ_s

$$\rho_s = \frac{M_s}{22.4} \times \frac{p_a + p_s}{101325} \times \frac{273}{273 + t_s} = \frac{M_s(p_a + p_s)}{R(273 + t_s)} \times 10^{-3} \tag{5-11}$$

式中 R——通用气体常数，8.314kJ/（kmol·K）。

572. 气态污染物 CEMS 测定湿基值和干基值是如何换算的？

答：气态污染物 CEMS 测定湿基值和干基值的换算为：采用稀释系统测定气态污染物时，按下式换算成干烟气中污染物浓度：

稀释样气未除湿

$$C_d = C_w / (1 - x_{sw}) \tag{5-12}$$

式中 C_d——干烟气中被测污染物的浓度，mg/m^3；

C_w——CEMS 测得的湿烟气中被测污染物的浓度，mg/m^3；

x_{sw}——烟气含湿量，%。

稀释样气已除湿

$$C_d = C_{md} (1 - x_{sw}/r) / (1 - x_{sw}) \tag{5-13}$$

式中 C_{md}——CEMS 测得的干样气中被测污染物的浓度，mg/m^3；

r——稀释比。

573. CEMS数据准确性校验方法是什么？

答：在FGD系统热态调试时，根据需要随时进行调整校验，确保CEMS读数的准确性。烟气由零气和标准气体校验。

（1）零气。要求零气中含二氧化硫、氮氧化物均不超过0.1μmol/mol［SO_2、NO_x（以NO_2计）分别为0.3、0.2mg/m^3］。当测定烟气中二氧化碳时，零气中二氧化碳不超过400μmol/mol（786mg/m^3），零气中含有其他气体的浓度不得干扰仪器的读数或产生二氧化硫、氮氧化物或二氧化碳（测定烟气中二氧化碳时）的读数。

（2）标准气体。不确定度不超过±2%在有效期内的国家标准气体。低浓度标准气体：20%～30%满量程值；中浓度标准气体：50%～60%满量程值；高浓度标准气体：80%～100%满量程值。烟尘的浓度用网格质量法测，与在线监测仪进行比较校验。烟气中的其他成分根据需要随时进行校验。

574. CEMS调试/运行中常见问题及解决方法是什么？

答：CEMS调试/运行中常见问题及解决方法是：

（1）烟气流量不准。在某FGD调试中发现净烟气流量的测试数据不准，数据忽大忽小，数据变化无规律性。烟气流量是通过压力传感器、皮托管等测量计算出的。分析认为，净烟气流量测试不准与流量监测孔的安装位置有很大关系。现场净烟气流量测孔的位置位于进烟囱前的一段长度约为5m的直管道的中间部位，直管道的截面为3.2mm×6.3mm。根据《火电厂烟气排放连续监测技术规范》（HJ/T 75—2007）中对流量测量孔的规定：若烟道直管段长度大于6倍烟道当量直径，则监测孔前的直管段应不小于4倍当量直径，且监测孔后的直管段长度不小于2倍当量直径；若烟道直管段长度小于6倍烟道当量直径，则监测孔前的直管段长度必须大于监测孔后的直管段长度。可见，现场流量监测孔的安装位置不符合规范中的相关规定，从而会导致测量数据的不准确。

为了防止烟气中水分在采气管道冷凝，采样管道都用伴热带加热到150℃左右，但实际运行中，采样管道不可避免地出现水汽冷凝和冷凝水堵塞管路现象，出现CEMS分析柜内烟气流量几乎为零的情况，如在某FGD系统168h试运行期间就多次出现过。后对PLC中的程序进行了修改，将原手动吹扫样气管改为自动吹扫。吹扫频率为空气自校验三次后进行一次吹扫，调整后未出现样气管堵塞的情况。

另一FGD系统净烟气采样管堵塞，且采样管内有黑色沉积物，其原因是压缩空气不洁净，在吹扫时带入杂质。对采样管进行了水冲洗和用压缩空气吹扫的处理，除去了管中的堵塞物，并在压缩空气进入仪器前安装了过滤装置，使问题得到解决。

（2）氧量不准。在某FGD系统调试中发现原烟气的氧量测量值始终高出净烟气的氧量测量值许多，分析原因可能是原烟气管路存在泄漏。于是对柜内和柜外两部分进行管路检漏。先检查分析柜外烟道采样探头与分析柜进气口连接管路部分，不存在漏气情况。再检查分析柜内各连接管路，发现两处存在泄漏：①冷凝器排水管连接处有漏气；②吹扫/进样转化阀存在漏气。解决方法分别是拧紧冷凝器排水管；吹扫/进样转化阀经检查仍未排除漏气现象后，更换一个新的转化阀，上述问题得到解决。另外，氧量不准与其量程设定等也有关，若量程设定错误，其测量值也不准确。

（3）抽气流量小。在某CEMS分析柜上出现以下错误信息：①测量流量太低；②自动流量太低。采取以下检查措施：①先检查采样管和探头，不存在堵塞现象。②检查烟道取样探头处球阀PB1和PB2的电源和气源，发现两个球阀的电源已接好。但球阀的气源被关闭。球阀气源被关的原因是火力发电人员在压缩空气处加装过滤装置后未将压缩空气的阀门打开，导致PB1和PB2气动球阀不能按程序控制正常动作。打开压缩空气阀门，并将压力调节在0.4～0.7MPa范围内，系统恢复正常。

（4）某CEMS出现仪器在进行自动校验时气体流量接近零的现象。对各阀门和管路进行检查，发现在仪器由测试状态变为自动校验状态时，涉及一个气路切换的问题，即气路由进烟气转为进空气，气路的切换是由一个电磁阀来实现的。由于烟气中含有细小颗粒物可能导致该电磁阀动作不灵活，所以出现仪器进行自校验时气路切换下过去，流量为零的现象。对该电磁阀用高纯氮气进行吹扫几次后，上述问题得到解决。

（5）某 CEMS 分析柜内不锈钢电磁阀自动校验时发出声响。分析原因是烟气中的 SO_2 对电磁阀有腐蚀作用，于是将原烟气和净烟气分析柜内由样气进入冷凝器之前的电磁阀改换为防腐阀，此后的运行中电磁阀未发出尖鸣声的现象。

（6）分析柜的排气口和空气自校验进气口应相隔一定的距离，否则排气口的烟气影响空气自校验进气口处的空气质量，造成 CEMS 自校验不准。

（7）系统控制及数据采集处理子系统问题。在整个 CEMS 中，烟气分析、仪器校准、管路吹扫等所有功能的实现都要通过系统控制及数据采集处理子系统，该子系统程序文件编制的好坏直接关系到整个 CEMS 运行的稳定性、可靠性和准确性。在某电厂就出现过因程序文件编制不好而引起 CEMS 无法运行等情况；在某 CEMS 调试过程中发现，与净烟气分析柜连接的 DAS 计算机上实时数据库的数据自动转存为历史数据库的数据时，有时出现数据库连接不上，导致数据转存不过去，因此系统之间的接口问题也需要引起注意。

575. 通常 FGD 系统中分散控制系统（DCS）有何特点？

答：FGD 系统中分散控制系统（DCS）的主要特点有：

（1）无后备手操站，极少采用批示表、记录表、闪光报警及操作按钮；

（2）FGD 的保护由 DCS 实现；

（3）FGD 的顺序控制系统逻辑在 DCS 内实现；

（4）FGD 的模拟量控制由 DCS 完成。

576. FGD 系统中需要测量并远传的参数主要有哪些？

答：FGD 系统中需要测量的项目有工艺介质的压力、温度；

所有泵、风机出口的压力；重要的转动设备（包括增压风机、浆液循环泵、球磨机等）及驱动电动机的轴承温度和电动机定子温度；箱罐（包括吸收塔）的液位；石灰石（粉）仓料位；石灰石浆液和石膏浆液的浓度及流量；氧化空气和废水流量；烟气参数（温度、压力、流速、SO_2 含量、O_2、含尘量等）；吸收塔浆液废水 pH 值等。

577. pH 值的检测仪表工作原理是什么？

答： pH 值的检测仪表叫 pH 计，由于直接测量溶液中的 H^+ 浓度是有困难的，因此采用电极和电压表来测量。电极是一种电化学装置，与电池类似，其电压随着 pH 值（即 H^+ 浓度）的变化而变化。pH 计的电极中分为两部分，一部分是测量电极，另一部分是参比电极。参比电极的电动势是稳定且精确的，与被测介质中的 H^+ 浓度无关。因此所有传感器的变化都是测量电极的函数。参比电极中含有氯化钾（KCl）溶液，该溶液中溶解一定量的氯化银（AgCl），一个银/氯化银电极被置入该电解液中。参比电压是氯化钾和氯化银浓度的函数，例如，1mol 氯化钾电解液产生 -8mV的偏差量，或称为与理论值的电压偏差，3.3mol 氯化钾电解液则产生 -45mV 的偏差量。这个偏差量在整个量程范围内是相同的，可以通过标定或校零来进行补偿。目前，pH 计都是由测量电极和参比电极组合而成的，测量中，电极浸入待测溶液中，将溶液中的 H^+ 浓度转换成毫伏电压信号，将信号放大并经对数转换为 pH 值。

578. pH 值传感器主要有哪三种形式？

答： pH 值传感器主要有浸没式、过流式（支管）和插入式（直接）。

（1）浸没式传感器直接安装在容器里与被测液体接触，当需要维护和校准时取出来，易于维护，但容易造成泄漏。

（2）过流式传感器一般安装在工艺介质测量支管内，仪表上下游装有隔离阀，仪表下游还装有定期自动冲洗水阀，取样管容易堵塞，测量管道系统较复杂。

（3）插入式传感器与过流式传感器相似，但不需要测量支管，它直接通过密封材料和一个隔离阀门插入到流体中，要维护和清洗插入式传感器，首先要半抽出传感器，再关闭安装在测量管道上的隔离阀门，然后全部抽出传感器。

579. 三种 pH 值传感器形式的优缺点是什么？

答：三种 pH 值传感器形式的优缺点是：浸没式传感器易于维护，但当容器内为正压时容易引起泄漏。过流式传感器的取样支管容易堵塞，插入式传感器和过流式传感器均易产生磨蚀。三种传感器都易于结垢，可以采用超声波清洁装置来清除易碎的、不溶于水的污垢。间隔性地使用超声波清洁装置可以取得最佳的效果；但也有可能导致传感器损坏。

580. pH 计电极维护保养的要求是什么？

答：pH 计电极维护保养的要求是：

（1）电极短时间不用，应保持湿润；

（2）两天以上不使用时，应将其头部放在 3mol/L 的 KCl 溶液中；

（3）电极标定时，可连支架一起清洗干净后带支架一起标定，不用拆下电极。

581. pH 计是如何进行标定校验的？

答：pH 计标定工作（偏差量或缓冲溶液调整）最好在等电动势点进行（pH =7），对偏差量进行标定，使得 pH 计的读数在 pH 值为 7.0 时为 0.0mV。校准工作，或者是斜率调整，用来对电极随 pH 值的变化而产生的改变进行修正。在进行校准时，缓冲溶液的 pH 值应与被测溶液有一定差值。例如，如果估计所测的工艺介质 pH 值为 5.4，则最好使用 pH 值大约为 4 的缓冲溶液。下面是 pH

值的具体校验过程。

校验用具：①500mL或1000mL容量瓶；②除盐水；③烧杯及洗瓶；④定性滤纸；⑤稀盐酸；⑥缓冲剂。

按如下步骤校验pH计：

（1）设定pH计的量程为2.0~10.0。

（2）选择缓冲剂，配置pH值为4.00或6.86的两种缓冲液。

（3）根据所用的缓冲剂在pH计上设定校验点和标准参考值（见表5-14）。

表5-14　缓冲溶液参考值（准确度为±0.01pH）

温度（℃）	缓冲液1	缓冲液2	温度（℃）	缓冲液1	缓冲液2
0	4.01	6.96	35	4.02	6.84
5	4.00	6.95	40	4.03	6.84
10	4.00	6.92	45	4.04	6.83
15	4.00	6.90	50	4.06	6.83
20	4.00	6.88	55	4.07	6.83
25	4.00	6.86	60	4.09	6.84
30	4.01	6.85			

（4）取出pH计的探头（包括玻璃电极、参比电极和温度计），用稀盐酸和除盐水洗净，滤纸擦干。

（5）将pH计的探头放入pH值为4.00的缓冲液中，待pH读数稳定后根据温度把pH计的读数调整到标准值，储存在pH计中。

（6）取出pH计的探头用除盐水洗净，滤纸擦干。

（7）将pH计的探头放入pH值为6.86的缓冲液中，待读数稳定后根据温度把pH计的读数调整到标准值，储存在pH计中。

（8）记录温度、斜率和零点。

（9）取出pH计的探头用除盐水洗净，放回测量池中，校验完毕。

582. 使用浸没型 pH 计注意事项有哪些?

答: 对于浸没型 pH 计的使用，应注意:

(1) 提供足够的搅拌，以防止固体在电极上的累积;

(2) 探头的位置应避开浆液静止区;

(3) 可从循环浆液或石膏排出液管道引出一旁路作为测定点;

(4) 要易于观察，更换检修。

583. 使用过流型 pH 计注意事项有哪些?

答: 对于过流型 pH 计的使用，应注意:

(1) 提供采样管（长度为 25 ~ 500mm）的直径要大于 25.4mm，可从循环浆液或石膏排出液管道引出旁路;

(2) 在水平浆液管道的底部避免使用取样接点;

(3) 安装反冲洗装置;

(4) 在上游安装反射棒以减轻探头的腐蚀。

584. FGD 系统中需要测量的物料位置有哪些?

答: FGD 系统中需要测量的物料位置有：石灰石仓料位、石灰石粉仓料位、石膏仓料位、吸收塔液位、石灰石浆及石膏浆箱池液位、工艺水及滤液水箱池液位、脱水皮带机石膏厚度，以及废水处理系统中化学药品储罐等物位，涉及块状、粉状固体、浆液、液体、化学药品等多种形态的介质，应根据不同的应用场合选择适宜的物位测量装置。

585. 液位测量仪表的优缺点是什么? 对浆液液位的选择应考虑哪些方面的问题?

答: 用于液位测量的仪器仪表较多，表 5-15 说明了不同液位计的优缺点。对浆液液位（如脱硫剂储浆罐液位计、脱硫塔液位计等）的选型，应考虑腐蚀磨损、结垢、堵塞问题。对于脱硫塔液位，还应考虑浆液的泡沫问题。

表5-15　　FGD系统中液位计的选择

类型	测量原理	优点	缺点
浮球式	通过液面的浮球指示液位的高低。可用机械的、电的、磁连接	简单，直接	在石灰石（石灰）FGD应用时易出现沉流物，影响精度； 易受泡沫影响
气泡式	一股恒体积的空气通过插入液位下的垂直管，液位根据背压的变化测得	液位信号通过常用的差压计传送	垂直管易结垢、堵塞； 随浆液密度的变化而变化
位移式	传感器悬挂于罐顶，液位的变化将引起传感器质量的变化	简单、直接	传感器上易沉淀结垢； 适用于无顶盖罐液位的测量； 随浆液密度的变化而变化
压差式	采用压差计测量水压	简单、直接	接管易结垢、堵塞； 随浆液密度的变化而变化
超声波	从传感器中向液面发出一声音信号，根据反射回来的时间测量液位	传感器不与浆液接触； 不随浆液密度的变化而变化	易被泡沫水蒸气干扰而失真
电容式	安装于塔（罐）侧面，通过电容的变化计算出液位	简单	易结垢而影响读数精度
射线式	可安装于塔（罐）的顶部或侧面，可提供单个或连续的测量	不与浆液接触； 密度的改变或泡沫不影响测量精度	造价高； 需专门维护
雷达	类似超声波但运行频率较低	同超声波	比超声波式造价高

586. 湿法脱硫系统中固体料位测量仪表有哪些?

答: 许多用于测量液位的传感器同样可以用于测量固体料位。但是，装置常处于多粉尘环境，由于介质的架桥和堆息角引起的表面不平、压紧、通风而导致密度或物性的变化，固体料位测量会遇到一些特有的问题。在烟气净化系统中，固体料位测量主要应用于存储仓内（灰、石灰、石灰石、石膏等），也可用于除尘器或干式洗涤器的料斗内。存储仓内使用的测量装置包括电容式、超声波式和电磁波射频式（相位跟踪）传感器。另外，荷载单元测量或者张力测量也很普遍，用来测量存储仓满或空时质量的变化。

还有一种固体料位测量装置是垂线测量系统，即一个重锤或者浮子从存储仓的顶部向下降，当浮子接触到料的表面时，系统能够检测到拉线张紧力的减小，也就能够通过计算浮子收回时产生的电子脉冲数来测量移动距离，这样，测量到的料位就是存储仓内的最大料位。当存储仓内装满物料时，不能使用该系统。

放射性变送器是一种典型的用于测量高料位的装置。当料位升高超过传感器时，从放射源到接收器之间的信号强度将会减弱，将这个信号转化为料位指示信号。

在测量单点固体料位时，有时也使用振动音叉探针，插入容器的压力式转换驱动探针的振动会因为接触到物料而衰减，这就会形成电压的变化，经过电子放大后产生一个料位指示。

从具体应用来说，电容物位仪表在液体和固体料位及连接测量中都可应用。当物料是绝缘物质或虽不绝缘但不黏附的介质时，电容物位仪表比较适用。近期，电容物位控制技术有所突破，大大提高了仪表抗黏附能力，几乎可以用于一切物料的料位控制。

超声物位仪表是近 10 年发展起来的非接触式仪表。由于它的传感器不和物料直接接触，无机械摩擦，不易受物料的直接损害和化学腐蚀，因而在物料测量及强腐蚀液体测量中占有优势。

587. 压差式液位计测量原理是什么?

答: 压差式液位计是利用液柱或物料堆积对某定点产生压力的

原理，当被测介质的密度 ρ（kg/m^3）已知时，就可以把液位测量转化为压差测量问题。

588. FGD系统的浆液罐中引起液位偏差的原因有哪些？

答： 在FGD系统的浆液罐中，搅拌器搅动时会产生波动，吸收塔的液面也会由于以下因素而波动：

（1）液体高速喷射到液面上；

（2）在反应期间或液体喷射时若释放出气体，这些气体会形成泡沫；

（3）氧化空气鼓入液面下使液位上浮。

589. 湿法脱硫工艺中浆液密度测量的作用是什么？

答： 吸收塔浆液排出泵出口管道上的石膏浆液密度计控制着吸收塔生成物石膏的品质。浆液浓度低于某一定值时，需打回吸收塔再循环，若浓度高于一定值，则打至一级脱水或补入滤液水。所以，系统中的这个密度计在湿法FGD控制系统中极为重要，必须长期在线，测量准确。

590. γ射线放射吸收测量计工作原理是什么？

答： γ射线放射吸收测量计的原理如图5-6所示，有核放射源发射的核辐射线（通常为γ射线）穿过管道中的介质，其中一部分被介质散射和吸收，其余部分射线被安装在管道另一侧的探测器所接收。介质吸收的射线量与被测介质的密度呈指数吸收规律，即射线的投射强度将随介质中固体物质浓度的增加而呈指数规律衰减。射线强度的变化规律为

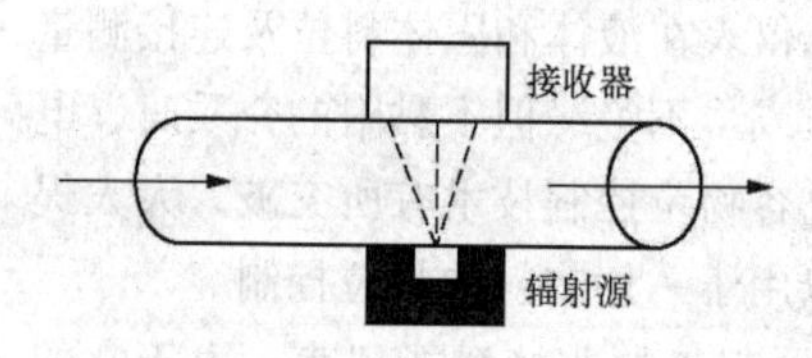

图5-6 γ射线密度计示意图

$$I = I_0 e^{-\mu D} \tag{5-14}$$

式中 I——穿过被测对象后的射线强度；

I_0——进入被测对象之前的射线强度；

μ——被测介质的吸收系数；

D——被测介质的浓度。

在已知核辐射源射出的射线强度和介质吸收系数的情况下，只要通过射线接收器检测透过介质后的射线强度，就可以检测出流经管道的浆液浓度。

591. 射线法检测的浓度计优缺点是什么？

答：射线法检测的浓度计为非接触在线测量，可测定石灰石浆液、石膏浆液、泥浆、水煤浆等混合介质液体的质量浓度或体积百分比，也可检测烟气中的粉尘浓度，核射线能够直接穿透钢板等介质；使用时几乎不受温度、压力、浓度、电磁场等因素的影响，但放射性密度测量计存在以下些缺点：①需要有放射性使用许可证；②不能区分悬浮固体和溶解固体；③一旦管道内出现固体沉积和结垢，就会出现错误信号。

放射性密度测试的维护量极小。在FGD系统的调试中，其精确度通过人工取样和测量来进行校验。

592. 选用γ射线浓度计应注意的事项有哪些？

答：选用γ射线浓度计应注意以下几点：

（1）被测浆液的管道直径不宜过大，一般为300mm以下为好，否则放射源将过大。

（2）为了保证仪表的测量精度，被测管道中的浆液应充满管道且无气泡。为此，应当把放射源和探测器安装在浆液上升管段上。如果装在水平或上升角度小的浆液管道上，则应在管路中加入一段U形管段，以造成浆液上升段。

使用中应特别注意，为使放射源不至于过大，被测管道直径不宜大于300mm（200mm以下为最佳）。如果被测管道直径大于300mm，在条件允许的情况下可以增设旁通管道，在旁通管上测定浓度。

因射线源使用的是放射性同位素，必须承担各种管理义务。

核密计的采购、安装、使用、维护检查应由有资质的专业人员进行，存在取证使用安装、维护等安全要求较高。

593. FGD系统浆液密度测量方法有哪些？最常用测量装置是什么？

答：测量石灰石（石灰）FGD系统浆液密度有γ射性密度计、超声波、光电振动式密度计、质量流量计。在测量浆液密度时，最常用的装置是γ射性密度计。

594. FGD系统流量计可采用哪几种方式？分别适用于哪些介质的测量？

答：流量计可采用热式、压差式、电磁式。热式流量计通常用于烟气流量的测量；压差式流量计常用于氧化空气管路、工艺水管路、除雾器冲洗管路流量的测量；电磁式流量计多用于浆液管路的测量。

595. FGD系统对测量仪表的要求是什么？

答：压力、压差、温度和流量的测量在FGD系统中非常普遍，所测参数可反映出工艺的性能、能耗、运行中出现的问题，以及是否符合设计和运行的要求。对它们的要求是：

（1）当浆液具有很强的腐蚀性或有潜在的腐蚀可能时，必须采取预防措施。

（2）在液体或气体的流动过程中，如果出现固体要用水冲洗。

（3）选用流量计应了解其测量原理和应用场合。许多常规流量计（如孔板、喷嘴等）不宜用于腐蚀性浆液管道。FGD系统中最合适的是电磁流量计。

596. 电磁流量计的优缺点是什么？

答：电磁流量计的特点是磁场稳定、分布均匀，适用于测量封闭管道中导电液体或浆液的体积流量，如各种酸、碱、盐溶液，腐蚀性液体，以及含有固体颗粒的液体（泥浆、矿浆及污水等），被测流体的电导率不能小于水的电导率，但不能检测气体、蒸汽和非导电液体，在 FGD 装置中，电磁流量计被用于石灰石、石膏浆液体积流量的检测，与密度计联合使用能够检测质量流量。

597. 电磁流量计的测量原理是什么？

答：电磁流量计的测量原理是基于法拉第电磁感应原理，如图 5-7 所示。导电液体在磁场中以垂直方向流动而切割磁力时，就会在管道两侧与液体直接接触的电极中产生感应电动势，其感应电动势 E_X 的大小与磁场的强度、流体的流速和流体垂直切割磁力线的有效长度成正比，即

$$E_X = kBDv \tag{5-15}$$

式中　k——仪表常数；

B——磁感应强度；

v——测量管道截面内的平均流速；

D——测量管道截面的内径。

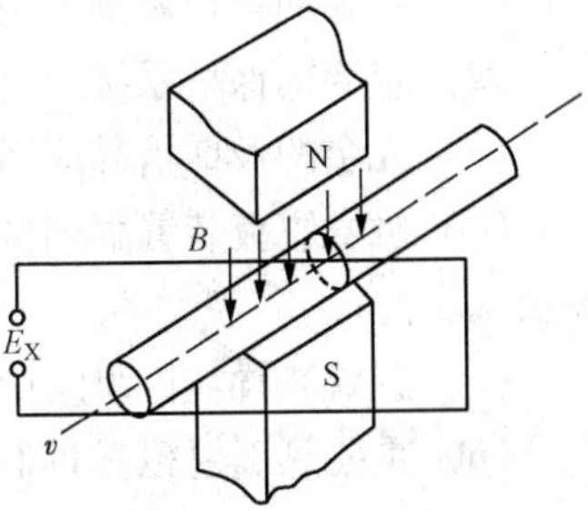

图 5-7　电磁流量计测量原理

体积流量 q_v 为

$$q_v = \frac{\pi D}{4Bk}E_X \tag{5-16}$$

由于电磁流量计无可动部件与突出于管道内部的部件，因而压力损失很小。导电性液体的流动感应出的电压与体积流量成正比，且不受液体的温度、压力、密度、黏度等参数的影响。

598. 科里奥利力式质量流量计工作原理是什么？有何优缺点？

答：科里奥利力（Coriolis）式质量流量计通过检测科里奥利力来直接测出介质的质量流量，是直接式质量流量检测方法中最为成熟的。科里奥利力式质量流量计是利用处于一旋转系中的流体在

直线运动时，产生与质量流量成正比的科里奥利力（简称科氏力）的原理制成的一种直接测量质量流量的新型仪表。

科里奥利力式质量流量计无需由测量介质的密度和体积流量等参数进行换算，并且基本不受流体黏度、密度、电导率、温度、压力及流场变化的影响，适用于测量浆液、沥青、重油、渣油等高黏度液体及高压气体，测量准确、可靠，流量计可灵活地安装在管道的任何部位。

599. 烟气脱硫热工保护系统应遵守的独立性原则是什么？

答：烟气脱硫热工保护系统应遵守的独立性原则有：

（1）重要的保护系统的逻辑控制单独设置。

（2）重要的保护系统应有独立的I/O通道，并有电隔离措施。

（3）冗余的I/O信号应通过不同的I/O模件引入。

（4）触发脱硫装置解列的保护信号宜单独设置变送器（或开关量仪表）。

（5）脱硫装置与机组间用于保护的信号应采用硬接线方式。

（6）重要热工模拟量控制项目的变送器应双重（或三重）化设置（烟气SO_2分析仪除外）。

600. 可编程控制器（PLC）的基本概念是什么？

答：可编程控制器是一种数字运算操作的电子系统，专为在工业环境应用而设计的。它采用一类可编程的存储器，用于其内部存储程序，执行逻辑运算、顺序控制、定时、计数与算术操作等面向用户的指令，并通过数字或模拟式输入/输出控制各种类型的机械或生产过程。可编程控制器及其有关外部设备，都按易于与工业控制系统连成一个整体、扩充其功能的原则设计。

601. 现场总线控制技术（FCS）控制系统的基本概念是什么？

答：现场总线控制技术（Fieldbus Control System，FCS）的核心是总线协议，即总线标准。一种类型的总线，只要其总线协议一经确定，相关的关键技术与有关的设备也就被确定。就其总线协议的基本原理而言，各类总线都是一样的，都以解决双向串行数字化通信传输为基本依据。但由于各种原因，各类总线的总线协议存在很大的差异。为了使现场总线满足可互操作性要求，使其成为真正的开放系统，在IEC国际标准现场总线通信协议模型的用户层中，就明确规定用户层具有装置描述功能。数字化通信取代4～20mA模拟信号：传统技术，现场层设备与控制器之间的连接是一对一（一个I/O点对设备的一个测控点）。所谓I/O接线方式，信号传递4～20mA（传送模拟量信息）或24V DC（传送开关量信息）信号。应用现场总线技术可用一条通信电缆将控制器与现场设备（智能化、带有通信接口）连接，使用数字化通信完成底层设备通信及控制要求。

602. 简述FGD热控系统的构成。

答：分散控制系统（distributed control system，DCS）是当前FGD系统普遍采用的热控装置，DCS实质上是一计算机网络，它采用以微处理机为核心的各种功能组件、构成包括数据采集与处理、PID运算、控制输出等功能的连续控制和顺序控制系统。各种组件安装在统一的机柜中，一端与现场相连，构成控制系统；另一端与操作台相连，通过人—机接口运行人员与计算机进行对话，实现了运行人员对整个FGD系统的操作管理。

它由现场控制站、工程师站、运行人员操作站和数据通信系统四部分构成。

603. FGD热控系统特点是什么？

答：FGD系统DCS的特点为：

（1）可靠性高。DCS除了装置本身有很高的可靠性外，在系统的设计方面，也对可靠性做了充分的考虑，主要有以下几个方面：

1）功能分散。实现控制功能的最小单位是现场控制单元及相应的I/O卡件，每个这样的单位，只实现整个FGD系统的一小部分功能，因此个别控制单元的故障将只影响一小部分功能，对整个控制系统将不会产生明显影响。

2）冗余配置。现场控制站、通信网络、热工电源等重要装置，都是双重配置，两套装置互为备用。操作员站至少有2台，而且每台功能都相同，互相通用，如果有1台操作站故障，其他操作站可以代替故障操作站工作。变送器冗余配置，对于重要的运行参数，通常是采取3选2、3选1或2选1。同一参数的变送器接到不同的I/O卡上，如果有某个I/O卡故障，将不影响整个控制装置的正常运行。FGD系统与机组间用于保护的信号采用硬接线方式，触发系统解列的保护信号单独设有变送器（或开关量仪表）。

3）信号隔离。对于有外电源的4~20mA模拟信号，采取用隔离器隔离的方式。对于数字量I/O信号，采取光电隔离或继电器隔离，防止外面的强电窜入，保证I/O模件的安全。

（2）功能强、可扩展。DCS的硬件采用了积木式结构，软件实现了模块化。功能块的数量，考虑分散性的需要，一般只用到总数的1/3，大量冗余的空间，可以为今后控制系统的改造留有余地。这些冗余空间，也可以组态成一些模拟对象，可以实现自动控制系统的闭环模拟，并且可以根据需要随时增加功能块。

（3）组态方便、适应性强。现在，各种DCS系统都采用图形化的组态方法，只要将组态图按CAD程序在EWS上绘制出来，然后下载到控制器中，即可生成可以执行的程序。对于一个相同的控制器，只要组态的功能不同，那应实现的功能也就不同。因此，在DCS中，虽然要实现的功能多种多样，但其硬件大多相同。

（4）显示直观、操作方便。操作员站显示运行参数的方式多样、直观，如系统图、曲线图、参数表、报警显示等。如果需要进行操作，可以在CRT屏上调出模拟操作器，可以进行自动/手动切换、软手操、给定值设定等，操作极为方便。

现在新推出的DCS组态软件，操作软件全部汉化。对于各种操作，都有中文提示，极为方便。

（5）系统开放。系统开放主要表现在三个方面：①系统的操作员站、工程师站直接采用市面上的高性能工业PC机，市场货源丰富，因此无需考虑备品、备件，而且升级容易；②系统网络可以方便地与厂级信息管理系统相连，可以适时地将重要信息输入全厂管理系统；③系统可以向下连接各种PCL及智能仪表，完成全厂统一的信息管理。

604. FGD系统DCS的功能是什么?

答：FGD系统自动化水平达到“无人值守、定期巡检”的能力，在FGD控制室或机组控制室内通过操作员站对FGD系统进行集中监视与控制，完成对FGD装置的正常启、停。完成正常的运行监视、操作和故障诊断。具体有如下功能：

（1）在少量就地巡检人员的配合下完成整套FGD系统或各局部工艺系统的启动和停止。

（2）在机组正常运行工况下，对FGD系统的运行参数和设备的运行状况进行有效的监视与控制，能保FGD脱硫率达到设计要求，使污染物排放满足环保要求。

（3）在机组出现异常（如RB、炉膛负压波动等）或FGD系统本身出现非正常工况时，能按预定的程序进行处理，使FGD系统与相应的事故状态相适应。

（4）当出现危及机组或FGD系统运行的工况时，能自动进行系统的连锁保护，停止相应的设备或解列FGD系统的运行。

（5）在FGD启动、停止、正常运行、异常工况或出现事故的过程中，自动对各参数进行巡检、数据处理、定时制表、参数越限时的自动报警和打印，对引起事故的原因进行事件顺序记录等。

605. 脱硫装置分散控制系统（DCS）按控制对象分为哪几个控制子系统?

答：脱硫过程采用分散控制系统（DCS）实现整个过程的自动调节程序控制，按控制对象分为以下几个控制子系统。

(1) 吸收系统的控制。包括吸收塔浆液pH值控制、吸收塔浆液液位控制、吸收塔排出石膏浆液流量控制等。

(2) 烟风系统的控制。包括增压风机烟气流量（压力）控制、旁路挡板压差控制、事故挡板控制等。

(3) 石灰石浆液供给系统的控制。包括石灰石浆液箱的液位控制与石灰石浆液浓度控制等。

(4) 石膏脱水系统的控制。包括真空皮带脱水机石膏层厚度控制与滤液水箱水位控制等。

(5) 工艺水及冲洗系统的控制。包括除雾器冲洗控制、吸收塔浆液管道冲洗控制与工艺水箱液位控制等。脱硫装置设有工艺水箱，工艺水经水泵增压后用于除雾器冲洗水，装液容器、管道冲洗水及GGH的冲洗水等。

(6) 废水处理装置的运行控制。废水处理系统基本独立于整套脱硫装置，控制系统也相对独立。

606. 一套完整的FGD装置的DCS包含哪些系统?

答: 一套完整的FGD装置的DCS包含以下系统:

(1) 数据采集系统（data acquisition system，DAS）。能连续采集和处理所有与FGD系统运行有关的信号及设备状态信号，并及时向操作人员提供信息，实现系统的安全经济运行。一旦FGD发生任何异常工况，能及时报警，以提高FGD的可利用率。

(2) 模拟量控制系统（module control system，MCS）。是确保FGD系统安全、经济运行的关键控制系统，主要是系统重要辅机如增压风机、真空皮带脱水机及重要参数的自动调节。

(3) 顺序控制系统（sequence sontrol system，SCS）。能实现重要设备，如增压风机、循环泵等各种浆液泵、除雾器等的顺序控制，以及全系统阀门、挡板等执行机构的连锁保护与控制，以减少运行人员的常规操作。

(4) 电气控制系统（electric control system，ECS）。随着DCS技术的不断发展，DCS所包含的功能也不断扩大，现在的DCS还包含了 FGD 电气系统大部分参数的监视及电气设备的控制与连锁。包括脱硫 6/0.4kV 变压器、高低压电源回路的监视和控制，以及 UPS、直流系统、6kV 电动机及重要的 0.4kV 电动机的监视等。

607. FGD 系统 DAS 的功能是什么?

（1）数据采集功能。DAS 能对 FGD 系统内所有的模拟量和开关量进行连续采集。模拟量是运行参数，开关量是指阀门、挡板及电气开关的运行状态，这些量经过 I/O 卡输入到系统进行处理。

（2）数据处理功能。①对所有模拟量输入信号，通过极值、变化率、相关比较等办法做正确判断和误差检查，包括对变送器信号故障的检查和处理，对不正确的或误差超限的信号进行自动显示报警。②对波动较大的模拟量信号进行数字滤波，以消除噪声。③对热电偶、压差流量等非线性模拟量输入信号进行线性化处理。④具有热电偶冷端温度补偿和开路检查功能。⑤实现信号的工程单位变换，包括标度变换，标准校正、漂移测试、增益优化、偏移校正等。⑥对开关量输出信号进行有效性检查。⑦对脉冲量信号进行累积，并具有自清零和溢出指示。

（3）显示、报警功能。①操作显示，包括厂区级显示（概貌显示）功能组显示，细节显示，操作指导（如允许条件、操作步骤等），以满足 FGD 系统运行操作的需要。标准画面显示具有成组显示、棒状图显示、趋势显示、报警显示。图形文字可以是英文，也可以是汉字，画面便于运行人员调用，对系统运行进行有效监视。②制表记录，包括定期记录，如交接班记录日报、月报；运行人员操作记录。对运行人员操作行为的准确记录，可以在分析系统事故原因时提供运行人员的操作意图；事件顺序记录（sequence of event，SOE），系统应能提供足够的点数并满足事件顺序记录的分辨率要求；跳闸（事故）追忆记录应能保证跳闸前后一定时间的设备状态和参数记录，并能存储一定时间，以便随时调出打印；另外，还有操作员记录和设备运行己录。③历史数据的存储和检索（HSR）可以保存长期的详细运行资料，随时记录重要的状态改变和参数变化，历史数据的检索可按指令进行打印或在CRT上显示。

（4）性能计算功能。FGD系统中需实时计算的参数较少，主要有系统脱硫效率、Ca/S比、耗电量、耗水量等，这些计算值及各种中间计算值均能打印记录并能在CRT上显示。

608. 影响吸收塔液位的因素有哪些？

答：影响吸收塔液位的因素有：石灰石浆液供给量、石膏浆液排出量、除雾器冲洗水，进入吸收塔的滤液水（或工艺水）烟气进入量和烟气中所含水分、浆液中水分蒸发及流出烟气携带水分等。

609. 工业电视监控系统的监测点有哪些？

答：烟气脱硫装置一般均设必要的工业电视监视系统，对脱硫工艺有很好的辅助控制作用，主要的监测点有：①真空皮带脱水机；②石灰石或石灰石粉卸料；③湿式球磨机；④浆液循环泵；⑤增压风机；⑥烟囱出口等。

第六章

燃煤烟气湿法脱硫系统控制连锁条件

610. 脱硫系统连锁控制的总体概念是什么？

答：湿法烟气脱硫工艺连锁控制系统以FGD－DCS为核心，实现完整的热工测量、自动调节、控制、保护报警功能。其自动化水平将使运行人员无需现场人员的配合，在控制室内即可实现对烟气脱硫设备及其附属系统的启动、停止和正常运行工况的监视、控制和调整，以及异常与事故工况的报警、连锁和保护。整个FGD设备的连锁控制包括烟气系统、石灰石浆液制备系统、吸收塔系统、石膏脱水及储存系统和工艺水系统。

611. FGD设备保护的原理是什么？

答：当FGD设备出现危险情况时，设备必须在安全的条件下关断，以确保对人或主要设备不存在任何风险。

612. 什么是保护？保护动作可分为哪几类动作形态？

答：保护是指当脱硫装置在启停或运行过程中发生危及设备和人身安全的工况时，为防止事故发生和避免事故扩大，监控设备自动采取的保护动作措施。保护动作可分为三类动作形态。

（1）报警信号向操作人员提示机组运行中的异常情况。

（2）连锁动作必要时按既定程序自动启动设备或自动切除某些设备及系统，使机组保持原负荷运行或减负荷运行。

（3）跳闸保护。当发生重大故障，危及设备或人身安全时，实施跳闸保护，停止整个装置运行，避免事故扩大。

613. FGD系统正常运行调节主要包括哪些？

答：FGD系统正常运行调节主要包括烟气系统、吸收塔系统、制浆系统、脱水系统的调节过程。

吸收塔系统的调节包括吸收塔水位调节、吸收塔浆液pH值调节、吸收塔浆液密度调节；

制浆系统的调节包括石灰石给料量的调节、球磨机研磨水量的调节、球磨机稀释水量的调节和球磨机再循环箱液位调节；

石膏脱水系统的调节包括石膏旋流器工作压力的调节、石膏滤饼厚度的调节、滤布冲洗水箱水位调节和滤液水箱水位调节。

614. 试述石灰石粉制浆系统石灰石浆液浓度控制策略。

答：石灰石粉制浆控制系统必须保证连续向吸收塔供应浓度合适的石灰石浆液，设定值恒定石灰石粉供应量，并按比例调节供水量，通过石灰石均匀浓度测量的反馈信号修正进水量进行细调。

615. 试述石灰石湿磨制浆系统石灰石浆液浓度控制策略。

答：石灰石浆液浓度的控制分为粗调和细调两个独立的调节回路，其中粗调回路为湿式球磨机加水调节阀控制，细调回路为球磨机浆液循环箱进水调节阀控制。

湿式球磨机加水调节阀控制为单回路的比例调节，被调量为滤液水至球磨机流量，设定值为石灰石称重给料机瞬时流量的 K 倍（其中 K 为石灰石和滤液水的配比系数，由操作员设定）。

湿式球磨机出口浆液密度通过控制球磨机浆液循环箱进滤液水调节阀的开度来实现。球磨机浆液循环箱进水调节阀控制为单回路的 PI 调节，球磨机出口浆液密度通过控制球磨机浆液循环箱进工艺水或滤液水调节阀的开度来实现，被调量为球磨机石灰石再循环泵母管出口浆液密度，设定值为密度设定值，被控对象为循环箱进滤液水调节阀。

616. 试述真空皮带机滤饼厚度控制策略。

答：为了保证石膏正常脱水和防止滤布损坏，必须控制好石膏滤饼的厚度，使其保持厚度的均匀，通常采用变频调速技术，控制皮带机电动机的转速。真空皮带脱水机滤饼厚度控制为单回路的 PI 调节，被调量为滤饼厚度，设定值为滤饼厚度的设定值。

617. 概述烟气系统调节机理。

答：烟气系统的调节主要是指增压风机入口压力的调节。其主要作用是随着锅炉负荷的变化和整个脱硫烟气流程阻力的变化，来增加或减少增压风机的出力，从而维持主机和FGD系统的运行稳定。

调节系统以增压风机入口压力为被调量，加上主机负荷、引风机开度等信号作为前馈信号。构成前馈—反馈复合控制系统，经过适当的PID参数设定，这种控制系统能够满足脱硫系统正常运行的需要。

在正常运行过程中，一般此系统投入自动运行，系统自动采集相关的数据，经过一系列运算之后，输出一控制值，控制现场的执行机构的形成，从而保持增压风机入口压力的稳定。

如果在手动状态，运行人员通过比较压力设定和压力实际值的偏差，然后手动改变静叶的开度来抵消压力的变化。必须注意：每次操作只能导致较小的输出变化，否则可能引起被调量的大幅度波动。对于2台增压风机并列运行的系统，不管在自动或者手动状态下，均要使两者的静叶开度不要偏差太大，以免风机失速。

618. 增压风机入口压力如何控制？

答：为保证锅炉的安全稳定运行，通过调节增压风机导向叶片的开度进行压力控制，保持增压风机入口压力的稳定。为了获得更好的动态特性，引入锅炉负荷和引风机状态信号作为辅助信号。在FGD烟气系统投入过程中，需协调控制烟气旁路挡板门及增压风机导向叶片的开度，保证增压风机入口压力稳定；在旁路挡板门关闭到一定程度后，压力控制闭环投入，关闭旁路挡板门。

619. 概述吸收塔水位调节机理。

答：FGD系统运行时，由于烟气携带、废水排放、石膏携带水而造成水损失，因此需要不断地向吸收塔内补充工艺水，以维持吸收塔的水位平衡。

为了保证FGD装置的正常运行，达到理想的脱硫效率，吸收塔内部必须维持正常的液位高度。维持吸收塔液位的途径主要有除雾器水冲洗、滤液返回水、工艺水直接补充。当吸收塔液位偏低时，可以加快除雾器的水冲洗，或者让更多的滤液水返回吸收塔；当吸收塔液位偏高时，则减慢除雾器的水冲洗，或者减少返回吸收塔的滤液水。当吸收塔具有工艺水补水手动阀时，还可以通过设定自动补水阀开关的水位值来实现自动控制。工艺水一般在吸收塔液位低到一定程度才使用。

620. 吸收塔中加入 $CaCO_3$ 量的大小是如何确定的?

答：$CaCO_3$ 流量的理论值为需脱除的 SO_2 量乘 $CaCO_3$ 与 SO_2 的摩尔密度，需脱除的 SO_2 量为原烟气的 SO_2 量乘以预计的 SO_2 脱除率，通过测量原烟气的体积流量和原烟气的 SO_2 含量可得到原烟气的 SO_2 量。

由于 $CaCO_3$ 流量的调节影响着吸收塔反应池中浆液的 pH 值，为保证脱硫性能，应将 pH 值保持在某一设定范围内。当 pH 在线监测器所测得的 pH 值低于设定值时，所需的 $CaCO_3$ 流量应按某一修正系数增加，当 pH 在线监测器所测得的 pH 值高于设定的 pH 值时，所需的 $CaCO_3$ 流量应按某一修正系数减小。

621. 概述吸收塔浆液 pH 值调节机理。

答：吸收塔浆液 pH 值是 FGD 系统中最重要的参数之一。脱硫系统效率的保持和提高，都是通过控制 pH 值来实现的。影响吸收塔浆液 pH 值的因素有烟气流量的变化、烟气中 SO_2 浓度的变化、石灰石品质的变化、石灰石浆液密度的变化等。

为了保证脱硫效率和防止设备的腐蚀与结垢，吸收塔浆液 pH 值一般控制在 5 ~6，最佳值在 5.6 ~5.8 之间。

吸收塔浆液 pH 值的调节是通过控制进入吸收塔的石灰石浆液流量来实现的。当吸收塔浆液 pH 值偏低时，可以开大石灰石供浆调节阀的开度，以便让更多的石灰石浆液进入吸收塔；当吸收塔浆液 pH 值偏高时，可以减小石灰石供浆调节阀的开度，从而减少石灰石浆液的流量。在自动状态时所需要的石灰石浆液量是自动计算的，它主要由烟气流量、原烟气 SO_2 浓度、所要求的脱硫率、石灰石浆液的密度，以及吸收塔浆液所维持的 pH 值决定的。

622. 概述吸收塔浆液密度的调节机理。

答：为了维持吸收塔内部合适的浆液浓度，保证脱硫效率和系统安全运行，需从吸收塔底部定期排出浓度较高的石膏浆液。石膏浆液浓度过高，造成系统堵塞和磨损，并对脱硫效果产生影响。石膏浆液浓度过低，会加大钙硫比，造成浪费。

因此，石膏浆液浓度一般维持在 1100～1150mg/m³，当石膏浆液浓度大于 1150mg/m³ 时，启动石膏浆液排出泵排出石膏浆液；当石膏浆液浓度小于 1100mg/m³ 时，停止石膏浆液排出泵运行。这一过程是通过石膏浆液输送至石膏旋流站和真空皮带脱水机等脱水系统来实现的。通过脱水系统，可以将一定密度的石膏浆液浓缩，脱水成一定干度的石膏滤饼，回收的滤液水返回吸收塔，从而达到降低石膏浆液浓度的目的。

623. 概述湿式球磨机系统石灰石给料量的调节机理。

答：湿式球磨机系统石灰石给料量调节一般只在启动阶段起作用，在磨机正常运行过程中，石灰石给料量基本是恒定不变的。在启动过程中通过增加变频器的频率来改变称重给料机的转速达到增加石灰石流量的目的，达到额定值后，可以投自动也可以保持手动运行。

624. 概述磨机研磨水流量调节过程机理。

答：磨机研磨水流量与石灰石流量成一固定比例，通过 PID 自动调节，保持水流量在设定值。在手动状态下，只要石灰石流量不出现大的波动，一般不需要调节磨机研磨水流量。

625. 概述磨机稀释水流量调节过程机理。

答：稀释水作用是将磨机出口石灰石浆液进行稀释达到设计

值，以便浆液经过石灰石旋流器的分离后能够产生各方面指标均合格的石灰石浆液。密度值偏高，则适当增加稀释水的流量；反之，则减少稀释水的流量。

在控制原理上，首先通过计算与石灰石流量成固定比例的粗调水量，再加上对密度的精调所需要的水量，作为闭环控制系统的设定值，而实际的稀释水流量作为被调量，通过偏差运算，输出控制值，控制现场调节阀的开度，从而控制密度值。

626. 概述磨机再循环箱液位控制机理。

答：磨机再循环箱液位太高，则浆液容易溢流；反之，则浆液泵的出口压力会降低很多。不利于浆液泵的正常运行，不能很好保持石灰石旋流器的工作压力。可以通过两种方式实现磨机再循环箱液位控制：

（1）通过稀释水来控制浆液箱液位，优点是液位控制比较精确、稳定。

（2）通过溢流分配箱自动切换来维持液位在一定范围内，即液位高于一定值，则旋流器溢流向成品浆液箱；若液位低于一定值，则旋流器溢流返回磨机再循环箱。

627. 概述石膏旋流器工作压力调节机理。

答：压力是旋流器能否正常工作的重要调节，若工作压力偏离额定值太远，一方面底流、溢流的成分不合要求；另一方面工作压力太高，对旋流器的磨损非常严重。

维持旋流器工作压力在额定值附近，一般是通过旋流器入口压力调节阀来实现；也可以通过加装节流或手动阀调节来实现。

在运行过程中，旋流器工作压力突然偏离额定值太远，首先应该检查确认是否堵塞，或者是否有泄漏。

628. 概述石膏滤饼厚度调节机理。

答：维持皮带脱水机滤布上面滤饼的厚度是保证石膏含水量的

重要条件。滤饼厚度过薄，则脱水效果不好；滤饼厚度过厚，则真空度过高，使真空泵过载。通过调节脱水机电动机变频器的频率来调整皮带机的运行速度，可以维持石膏滤饼厚度在合适的值。一般滤饼厚度控制在15~30mm。

629. 概述滤布冲洗水箱水位调节机理。

答：在正常情况下，通过调节真空泵入口水流量略大于皮带机各种冲洗、润滑水之和，可以维持滤布冲洗水箱水位基本稳定，如果水位降低，则通过自动补水阀的开启来维持水位的稳定。

630. 概述滤液水箱水位调节机理。

答：滤液水箱的液位通过开启去吸收塔的电动阀来控制。滤液水箱的液位是一个二位开关量控制，当液位高报警时，系统自动或手动打开去吸收塔的自动阀，往吸收塔打入滤液水；当液位低报警时，则关闭去吸收塔的自动阀，滤液水泵打循环或者停止运行。

631. 脱硫岛使用的测量仪表与常规仪表的不同点主要有哪几个方面？

答：脱硫岛使用的测量仪表与常规仪表的不同点主要有以下几个方面：

（1）脱硫石膏浆液、石灰石浆液、脱硫后净烟气具有腐蚀性，所以测量仪表与介质接触部件，均需考虑接触部件的材料防腐问题。

（2）脱硫石膏浆液、石灰石浆液还有一定的磨损性，所以测量仪表与介质接触部件，均需考虑接触部件的材料防磨问题。

（3）脱硫石膏浆液、石灰石浆液容易在管壁沉淀结垢，从而阻塞管道，所以其测量仪表管线应考虑冲洗问题。

632. FGD设备的正常运行状态定义是什么？

答：FGD设备的正常运行状态定义是：

（1）FGD 旁路烟道挡板门：关闭；
（2）净烟气挡板门：打开；
（3）吸收塔排空阀：关闭；
（4）烟气换热器（GGH）：开启；
（5）增压风机：开启；
（6）原烟气挡板门：开启；
（7）浆液循环泵：开启；
（8）吸收塔搅拌器：开启；
（9）氧化风机：开启；
（10）工艺水泵：开启；
（11）除雾器冲洗水泵：开启。

633．FGD 设备的安全运行状态的定义是什么？

答： FGD 设备的安全运行状态的定义是：
（1）FGD 旁路烟气挡板门：开启；
（2）增压风机：关闭；
（3）原烟气挡板门：关闭；
（4）吸收塔排空阀：打开；
（5）净烟气挡板门：关闭；
（6）烟气换热器：关闭；
（7）浆液循环泵：关闭。

634．FGD 系统的连锁与保护有哪些？

答：（1）FGD 系统的保护；
（2）烟气及其加热系统的连锁与保护；
（3）吸收塔系统的连锁与保护；
（4）石灰石系统的连锁与保护；
（5）石膏浆液系统的连锁与保护；
（6）公共系统的连锁与保护。

635. FGD设备从正常运行状态切换到安全状态下开启的顺序是什么?

答: FGD设备从正常运行状态切换到安全状态下开启的顺序是:

(1) FGD旁路烟气挡板门:开启;

(2) 增压风机:关闭;

(3) 原烟气挡板门:连锁关闭;

(4) 吸收塔排空阀:打开;

(5) 净烟气挡板门:关闭;

(6) 烟气换热器:关闭;

(7) 浆液循环泵:关闭(增压风机关闭60s后,浆液循环泵开始关闭)。

636. FGD保护顺序自动启动的条件是什么?

答: FGD保护顺序将因下列任一条件而自动启动:

(1) 2台以上(含2台)浆液循环泵同时出现故障;

(2) 2台以上(含2台)除雾器冲洗水泵同时出现故障;

(3) FGD入口原烟气温度大于FGD切换旁路运行温度;

(4) 正常运行时原烟气挡板门未开或净烟气挡板门未打开;

(5) FGD系统失电;

(6) 烟气换热器故障停运(主、辅电动机同时出现故障);

(7) 增压风机故障;

(8) 吸收塔搅拌器不少于3台或同侧2台出现故障停运;

(9) 锅炉MFT;

(10) 烟气灰尘含量超过最高值后30min。

637. FGD侧连锁锅炉跳闸保护信号的条件是什么?

答: 由于FGD旁路挡板门未能正常运行(如未能按照要求打开或关闭)而引起的锅炉压力变化,由锅炉自带的压力监测装置进行保护动作。

为了保护整个 FGD 设备中的防腐衬胶、玻璃鳞片和除雾器等不能耐高温的设备和材料，当 FGD 入口烟气温度大于最高允许运行温度，或所有运行的吸收塔浆液循环泵均故障停机，或除雾器冲洗水泵均故障停机时，FGD 入口原烟气挡板门“未打开”且旁路挡板门“未打开”，则请求锅炉跳机。

如果从锅炉到烟囱的烟道“未打开”，则请求锅炉跳机，即必须保证一条烟气总是保持畅通的，这意味着在鼓励正常运行过程中要么正常烟道（FGD 入口原烟气挡板门、FGD 净烟气挡板门）是“打开的”，要么旁路烟道（旁路挡板门）是“打开的”。

引起 FGD 跳机及旁路挡板门未开（拒动），即作为 FGD 侧发出的锅炉系统保护信号。

638. 烟气系统启动允许条件是什么？

答：具备以下所有条件，烟气系统运行启动：

（1）浆液循环泵运行 A、B、C（至少一台）；

（2）原烟气温度正常（100℃ $<t<$ 160℃）；

（3）增压风机启动条件满足（除原烟气挡板门关闭、净烟气挡板门开启条件外）；

（4）GGH 运行（当系统设 GGH 时）；

（5）机组运行（机组送脱硫信号）；

（6）进口烟尘含量低于 150mg/m^3（标准状态下）；

（7）机组负荷大于 40%（机组送脱硫信号）；

（8）1 台石灰石浆液泵在工作；

（9）工艺水泵运行；

（10）1 台氧化风机在工作；

（11）FGD 烟气系统无保护跳闸信号。

639. FGD 烟气系统连锁保护条件是什么？

答：在以下情况之一发生时，FGD 烟气系统保护动作，首先执行旁路挡板门开启命令，同时执行 FGD 烟气系统顺序控制停止程序。

（1）3台吸收塔浆液循环泵全停；

（2）2个相邻布置的吸收塔搅拌器同时出现故障，延时30min（或3个以上吸收塔搅拌器同时出现故障，立即执行）；

（3）FGD入口原烟气温度大于最高温度180℃，延时30s；

（4）FGD系统失电；

（5）GGH主、辅电动机停运（如两台电动机都跳闸延时10s，两台电动机转速低低位则延时120s）；

（6）增压风机停止；

（7）锅炉MFT；

（8）增压风机入口压力低于最小值（min）延时60s。

640. 旁路挡板门快速开启（保护）动作触发条件是什么?

答：当发生下列任一条件时，旁路挡板门快速打开：

（1）出现FGD烟气系统连锁保护条件；

（2）增压风机叶片突然关小且小于43°；

（3）增压风机入口压力小于—1000Pa或大于600Pa。

641. 挡板门密封风机允许启动和停止的条件是什么?

答：挡板门密封风机允许启动和停止的条件是：

（1）启动允许。

1）挡板门密封风机无电气故障；

2）挡板门密封风机停止运行；

3）挡板门密封风机出口阀关闭；

4）任一烟气系统挡板门关闭。

（2）停止允许。密封风电加热器停止。

（3）保护停止。启动后延时1min出口阀门未开。

（4）连锁保护。2台及以上密封风机连锁投入时，2台密封风机互为热备用。

（5）报警。密封风温度小于75℃；或者密封风温度高于130℃。

642. 挡板门密封风电加热器允许启动和保护停止的条件是什么？

答：挡板门密封风电加热器允许启动和保护停止的条件是：

（1）启动允许。

1）密封风电加热器无故障；

2）密封风电加热器不允许；

3）任一台密封风风机已经启动，且时间超过4min。

（2）保护停止。

1）密封风电加热器故障；

2）2台密封风机故障全停或对应出口阀门未开；

3）密封风温度过高。

643. 吸收塔排空阀允许打开和关闭的条件是什么？

答：吸收塔排空阀允许打开和关闭的条件是：

（1）打开允许：原烟气挡板门全关；

（2）关闭允许：净烟气挡板门全开。

644. 增压风机允许启动和保护停止的条件是什么？

答：（1）启动允许。

1）至少1台冷却风机正常运行；

2）前导叶电动执行机构最小角度为5%；

3）入口原烟气挡板门关闭；

4）出口净烟气挡板门开启；

5）增压风机主轴承温度不大于85℃；

6）增压风机主电动机定子温度不大于110℃；

7）电动机轴承温度不大于80℃；

8）吸收塔排空阀关闭；

9）GGH主或辅电动机投运；

10）至少1台吸收塔浆液循环泵在运行中；

11）锅炉引风机在运行中。

（2）停止允许。旁路挡板门在全开位。

（3）保护停止。

1）增压风机运行延时60s，入口原烟气挡板门未打开；

2）增压风机轴承振动不小于4.4mm/s，延时10s；

3）增压风机启动1min后，增压风机出口挡板门未打开；

4）增压风机启动1min后，增压风机出口净烟气挡板门未打开；

5）增压风机冷却风机全停，延时10min；

6）增压风机轴承温度大于100℃；

7）增压风机电动机定子温度大于130℃；

8）增压风机电动机轴承温度大于95℃；

9）3台吸收塔浆液循环泵全停延时20s（旁路挡板门快速开启时间）。

645. 增压风机故障报警项目有哪些?

答: 增压风机故障报警项目有:

（1）增压风机回路故障；

（2）增压风机保护装置故障；

（3）增压风机主轴承温度大于85℃；

（4）增压风机振动大于4.6mm/s；

（5）增压风机电动机轴承温度大于80℃；

（6）增压风机电动机定子绕组温度大于125℃。

646. 增压风机的连锁与保护包括哪些内容?

答: 增压风机的连锁与保护包括:

（1）风机轴承温度小于85℃，高于100℃跳闸；

（2）电动机轴承温度小于80℃，高于85℃跳闸；

（3）叶片调节零位处于最小值30°；

(4) 振动值高于1.7mm/s (31μm) 报警，高于4.4mm/s 跳闸 (80μm)。

647. GGH 允许启动和保护停止的条件是什么?

答: GGH 允许启动和保护停止的条件是:

(1) 启动允许。

1) GGH 主、辅电动机停止;

2) 主、辅电动机无故障 (控制回路断线、脱扣器动作);

3) GGH 导向轴承和推力轴承无报警;

4) 吹灰器无故障报警;

5) GGH 密封风机无故障;

6) 低泄漏风机无故障。

(2) 保护停止。

1) 增压风机停运后 60min;

2) GGH 吹灰器最后一次运行间隔时间不超过 10min。

648. GGH 低泄漏风机允许启动和保护停止的条件是什么?

答: 低泄漏风机允许启动和保护停止的条件是:

(1) 启动允许。

1) 低泄漏风机停运;

2) 低泄漏风机无故障;

3) 低泄漏风机轴承油温度无报警;

4) 低泄漏风机电动机轴承油温度无报警;

5) 低泄漏风机电动机绕组温度无报警;

6) 低泄漏风机进口风门全关。

(2) 保护停止。

1) 低泄漏风机轴承轴温大于 100℃，延时 3s;

2) 低泄漏风机电动机轴承轴温大于 90℃，延时 3s;

3) 电动机定子绕组温度大于 120℃，延时 3s;

4) 增压风机停止。

649. GGH低泄漏风机进口风门电动阀自动打开和自动关闭的条件是什么？

答：低泄漏风机进口风门电动阀自动打开和自动关闭的条件是：

（1）自动打开。低泄漏风机电动机启动后延时5s，自动打开到20%开度（开度可调）。

（2）自动关闭。低泄漏风机停止。

650. GGH高压冲洗水泵允许启动和保护停止的条件是什么？

答：GGH高压冲洗水泵允许启动和保护停止的条件是：

（1）启动允许。

1）GGH选择高压水冲洗，且GGH吹灰器请求启动高压冲洗水泵；

2）GGH正常运行；

3）高压冲洗水泵入口压力大于0.2MPa；

4）吹灰器无故障。

（2）保护停止。

1）入口压力小于0.2MPa；

2）吹灰器故障停运。

651. GGH系统故障报警项目有哪些？

答：GGH系统故障报警项目有：

（1）GGH转速预报警。

（2）GGH转速主报警。

（3）吹灰器故障报警。

（4）GGH密封风机故障。

（5）GGH低泄漏风机故障。

（6）GGH底部和顶部轴承油温大于70℃，温度高报警。

（7）GGH底部和顶部轴承油温大于85℃，温度高高报警。

（8）低泄漏风机轴承油温大于90℃，温度高报警。

(9) 低泄漏风机电动机轴承油温大于85℃，温度高报警。

(10) 低泄漏风机电动机绕组温度大于110℃，温度高报警。

(11) 高压冲洗水泵入口水压力低开关动作，报警。

(12) 高压冲洗水泵出口水压力低开关动作，报警。

(13) 原烟气侧压降大于1.5倍初始启动后的压降，高报警。

(14) 净烟气侧压降大于1.5倍初始启动后的压降，高报警。

652. 除雾器冲洗系统允许启动必须要满足的条件有哪些？连锁保护有哪些？

答：除雾器冲洗装置按程序定期冲洗两层除雾器，以防止堵塞，减小除雾器的压力损失。

(1) 除雾器冲洗系统允许启动必须要满足以下条件：

1) 至少一台冲洗水泵运行；

2) 吸收塔液位低于min。

(2) 除雾器冲洗系统的连锁保护有：

1) 吸收塔液位高于最大值（max），执行除雾器喷水阀强制关闭；

2) 吸收塔液位低于min，保护停用的除雾器系统重新继续执行顺序控制启动程序。

653. 除雾器冲洗水泵的连锁控制有哪些？

答：除雾器冲洗水泵的连锁控制有：

(1) 启动允许。

1) 工艺水箱液位正常大于设定值；

2) 除雾器冲洗水泵出口阀关闭；

3) 除雾器冲洗水泵A停止；

4) 除雾器冲洗水泵A无故障。

(2) 自动启动。连锁投入且另一台除雾器冲洗水泵跳闸。

(3) 保护停止。

1) 工艺水箱液位小于min，延时10s；

2）除雾器冲洗水泵A故障；

3）除雾器冲洗水泵A运行60s内其出口阀未打开；

4）除雾器冲洗水泵A运行出口压力小于200kPa，延时3min。

654. 除雾器系统故障报警有哪些？

答：除雾器系统故障报警有：

（1）除雾器用冲洗水泵故障；

（2）除雾器上下压差大于150Pa。

655. 浆液循环泵进口电动阀打开允许条件有哪些？

答：浆液循环泵进口电动阀打开允许条件有：

（1）浆液循环泵排放阀关闭。

（2）浆液循环泵冲洗水阀关闭。

（3）浆液循环泵停止。

656. 浆液循环泵进口排放阀打开允许和保护关闭的连锁控制有哪些？

答：浆液循环泵进口排放阀打开允许和保护关闭的连锁控制有：

（1）浆液循环泵进口排放阀打开允许。

1）浆液循环泵排放阀全关；

2）浆液循环泵进口阀全关；

3）浆液循环泵停止；

4）浆液循环泵冲洗水阀关闭。

（2）浆液循环泵进口排放阀保护关闭。排水坑液位大于max。

657. 浆液循环泵出口冲洗阀打开允许条件有哪些？

答：浆液循环泵出口冲洗阀打开允许条件有：

（1）浆液循环泵冲洗阀全关；

（2）浆液循环泵进口阀全关；

（3）浆液循环泵停止；
（4）浆液循环泵排放阀全关。

658. 浆液循环泵启动允许和保护停止的连锁条件有哪些？

答：浆液循环泵启动允许和保护停止的连锁条件有：
（1）启动允许。
1）吸收塔液位大于设定值；
2）浆液循环泵进口阀打开延时30s；
3）浆液循环泵排放阀关闭；
4）浆液循环泵冲洗阀关闭；
5）吸收塔浆液循环泵电动机定子温度小于110℃；
6）吸收塔浆液循环泵减速器温度小于90℃（如果有）；
7）吸收塔浆液循环泵轴承温度小于80℃；
8）吸收塔浆液循环泵电动机轴承温度小于80℃。
（2）保护停止。
1）吸收塔液位小于设定值（4m），延时60s；
2）浆液循环泵进口阀未打开；
3）吸收塔浆液循环泵电动机定子温度大于120℃；
4）吸收塔浆液循环泵减速器温度大于100℃；
5）吸收塔浆液循环泵轴承温度大于90℃；
6）吸收塔浆液循环泵电动机轴承温度大于90℃。

659. 浆液循环泵系统故障报警项目有哪些？

答：浆液循环泵系统故障报警项目有：
（1）浆液循环泵故障。
（2）浆液循环泵轴承温度大于90℃。
（3）浆液循环泵电动机轴承温度大于80℃。
（4）浆液循环泵电动机绕组温度大于115℃。

660. 吸收塔搅拌器系统连锁控制有哪些?

答:吸收塔搅拌器系统连锁控制有:

(1) 启动允许。

1) 吸收塔液位大于min1。

2) 搅拌器无故障。

3) 搅拌器停止。

(2) 自动启动:吸收塔液位大于min2。

(3) 保护停止。

1) 吸收塔液位小于min

2) 搅拌器故障。

661. 吸收塔石膏排出泵系统连锁控制有哪些?

答:吸收塔石膏排出泵系统连锁控制有:

(1) 满足以下条件,吸收塔石膏排出泵允许启动(以A泵为例,且A、B泵互为连锁备用):

1) A石膏排出泵和B石膏排出泵均停止;

2) 吸收塔排出泵A无故障;

3) 吸收塔液位大于min;

4) 石膏旋流器进料阀开;

5) 石膏排出泵出口阀门开、关位置正确。

(2) 出现以下情况,吸收塔排出泵保护停止(以A泵为例,且A、B泵互为连锁备用):

1) A石膏排出泵运行,延时60s,出口阀未打开;

2) A石膏排出泵运行,且出口压力小于min或大于max,延时10s;

3) 石膏排出泵进口阀打开状态失去,延时1s;

4) 吸收塔液位小于min。

662. 氧化风系统连锁控制有哪些?

答:氧化风系统连锁控制有:

（1）满足以下条件，氧化风机允许启动（以氧化风机A为例）：

1）氧化风机A出口卸载阀打开；

2）氧化风机A出口阀打开；

3）氧化风机A无故障；

4）氧化风机A综合保护装置无动作；

5）氧化风机A轴承温度小于85℃；

6）氧化风机A电动机绕组温度小于120℃；

7）氧化风机A电动机轴承温度小于90℃

（2）出现以下情况，氧化风机保护停止条件（以氧化风机A为例）：

1）原烟气挡板全关；

2）净烟气挡板全关；

3）吸收塔顶部排气阀全开；

4）氧化空气母管减温后温度高于80℃；

5）氧化风机A轴承温度高于90℃；

6）氧化风机A电动机绕组温度高于130℃；

7）氧化风机A电动机轴承温度高于95℃；

8）氧化风机A出口阀门未开。

（3）氧化风系统故障报警项目：

1）氧化风机轴承温度高于85℃；

2）氧化风机电动机绕组温度高于120℃；

3）氧化风机电动机轴承温度高于90℃；

4）氧化空气母管减温后温度高于75℃。

663. 排水坑系统排水坑泵连锁控制有哪些？

答：排水坑系统排水坑泵连锁控制有：

（1）启动允许。

1）排水坑液位大于min1；

2）排水坑泵相关冲洗水阀全关；

3）排水坑泵无故障；

4）排水坑泵出口阀全关。

（2）自动启动：在液位连锁投入的前提下，排水坑液位大于min1。

（3）自动停止：在液位连锁投入的前提下，排水坑液位小于min2。

（4）保护停止：

1）当排水坑泵运行30s后，出口阀未打开；

2）当排水坑液位小于min2；

3）排水坑泵故障。

664. 排水坑系统排水坑搅拌器连锁控制有哪些?

答：排水坑系统排水坑搅拌器连锁控制有：

（1）启动允许。

1）排水坑搅拌器无故障；

2）排水坑搅拌器停止；

3）排水坑液位大于min1。

（2）自动启动：在液位连锁投入的前提下，排水坑液位大于min1。

（3）自动停止：在液位连锁投入的前提下，排水坑液位小于min2。

（4）保护停止。

1）排水坑搅拌器故障；

2）排水坑液位小于min2，延时10s。

665. 排水坑系统故障报警项目有哪些?

答：排水坑系统故障报警项目：

（1）排水坑泵故障；

（2）排水坑搅拌器故障；

（3）排水坑液位大于max；

（4）排水坑液位小于min2。

666. 事故浆液箱系统事故浆液泵连锁控制有哪些?

答: 事故浆液箱系统事故浆液泵连锁控制有:

(1) 启动允许。

1) 事故浆液箱液位大于 max;

2) 事故浆液泵无故障。

(2) 保护停止。

1) 事故浆液箱液位小于 min;

2) 事故浆液泵电动机故障。

667. 事故浆液箱系统事故浆液箱搅拌器连锁控制有哪些?

答: 事故浆液箱系统事故浆液箱搅拌器连锁控制有;

(1) 启动允许。

1) 事故浆液箱液位大于 max;

2) 事故浆液箱搅拌器无故障。

(2) 自动启动:在液位连锁投入的前提下,事故浆液箱液位大于 min1。

(3) 自动停止:在液位连锁投入的前提下,事故浆液箱液位小于 min2。

(4) 保护停止。

1) 事故浆液箱液位小于 min2;

2) 事故浆液箱搅拌器故障。

668. 事故浆液箱系统故障报警项目有哪些?

答: 事故浆液箱系统故障报警项目有:

(1) 事故浆液泵故障;

(2) 事故浆液罐搅拌器故障。

669. 工艺水箱进水阀连锁控制有哪些?

答: 工艺水箱进水阀连锁控制有:

(1) 自动打开:在水箱补水连锁投入的前提下,当水箱水位小于 min1 时。

（2）自动关闭：在水位连锁投入的前提下，当水箱水位大于 max 时。

670. 工艺水泵连锁控制有哪些？

答： 工艺水泵连锁控制有：

（1）启动允许。

1）工艺水箱液位大于 min1；

2）工艺水泵出口关断阀关闭。

（2）自动启动：连锁投入且 B 泵跳闸，B 泵运行后 60s 工艺水管压力小于 min，延时 30s。

（3）自动停止：工艺水箱液位小于 min2。

（4）保护停止：

1）当工艺水泵运行 60s 后，出口阀未打开时；

2）工艺水箱液位小于 min2。

671. 工艺水泵回流阀连锁控制有哪些？

答： 工艺水泵回流阀连锁控制有：

（1）打开允许：任一台工艺水泵运行。

（2）自动打开：工艺水泵出口管道压力大于 max，延时 30s。

（3）保护打开：工艺水泵运行 60s。

（4）自动关闭：工艺水泵出口水管压力小于 min，延时 30s。

672. 工艺水吸收塔补水阀连锁控制有哪些？

答： 工艺水吸收塔补水阀连锁控制有：

（1）打开允许。吸收塔液位小于 max1。

（2）自动打开。吸收塔液位小于 min1。

（3）自动关闭。吸收塔液位大于 max2。

（4）保护关闭。吸收塔液位大于 max2。

673. 工艺水系统故障报警项目有哪些？

答：工艺水系统故障报警项目有：

（1）工艺水箱水位小于min。

（2）工艺水箱水位大于max。

674. 石灰石粉储运系统连锁控制有哪些？

答：石灰石粉储运系统连锁控制有：

1. 电动旋转阀

（1）打开允许。

1）石灰石粉仓料位计高于最低值；

2）电动插板阀开。

（2）保护关闭。电动插板阀关。

2. 电动插板门

（1）保护打开。电动旋转阀开。

（2）关闭允许。电动旋转阀关。

（3）自动关闭。电动旋转阀关延时30s。

3. 石灰石粉储运系统故障报警

（1）石灰石粉仓料位小于min。

（2）石灰石粉仓料位大于max。

675. 石灰石浆液箱搅拌器连锁控制有哪些？

答：石灰石浆液箱搅拌器连锁控制有：

（1）启动允许。

1）石灰石浆液箱液位大于min1；

2）石灰石搅拌器停运；

3）石灰石搅拌器无故障。

（2）自动启动。石灰石浆液箱液位大于min1。

（3）保护停止。

1）石灰石浆液箱液位小于min2；

2）搅拌器故障。

676. 石灰石浆液箱系统故障报警项目有哪些？

答：石灰石浆液箱系统故障报警项目有：

（1）石灰石浆液箱搅拌器故障。

（2）石灰石浆液箱液位高于设定值 max。

（3）石灰石浆液箱液位低于设定值 min。

677. 石灰石浆液供给泵连锁控制有哪些？

答：石灰石浆液供给泵连锁控制有：

（1）石灰石浆液供给泵启动允许条件。

1）A、B 石灰石浆液供给泵停止，出口阀全关。

2）A 石灰石浆液供给泵无故障。

3）石灰石浆液箱液位大于 min1。

（2）石灰石浆液输送泵保护停止条件。

1）A 石灰石浆液供给泵运行，延时 60s，且出口阀未打开。

2）B 石灰石浆液供给泵停止且泵出口阀开启。

3）A 石灰石浆液供给泵故障。

4）A 石灰石浆液供给泵进口阀打开状态失去。

5）石灰石浆液箱液位小于 min2。

6）泵运行 60s 后，石灰石浆液供应管压力小于 min，或大于 max，延时 30s。

678. 石灰石浆液至吸收塔输送系统的连锁保护逻辑是什么？

答：石灰石浆液至吸收塔输送系统的连锁保护逻辑是：石灰石浆液给料系统在停用的条件下，如果吸收塔的 pH 值小于（min ~ 0.2），执行系统顺序控制启动程序。

679. 吸收塔石灰石浆液入口调节阀的控制是什么？

答：吸收塔石灰石浆液入口调节阀的控制是：

（1）输入量。烟气的流量或机组负荷、烟气中 SO_2 含量、调节阀的实际开度、pH 测量值、石灰石浆液流量。

（2）输出量：调节阀的开度。在石灰石浆液至吸收塔输送系统自冲洗连锁投入的前提下，每隔 60min，该控制阀强制打开 60s 进行管路自冲洗，然后恢复到强制打开前的开度。

680. 真空皮带脱水系统允许启动条件有哪些？

答： 满足所有以下条件，真空皮带机系统允许启动：

（1）真空皮带机无滤布跑偏报警。

（2）真空皮带机无滤布张紧报警。

（3）真空皮带机无皮带跑偏报警。

（4）真空皮带机无气水分离器液位无高报警。

（5）滤布冲洗水箱液位无低报警。

（6）真空皮带机真空泵密封水阀全关。

（7）滤布冲洗水泵停止。

（8）真空泵停止且无故障。

（9）真空皮带机变频器停止且无故障。

（10）至少 1 台工艺水泵在运行。

（11）石膏排出泵至少 1 台运行。

681. 真空皮带脱水机系统紧急停止条件有哪些？

答： 出现任一以下情况，真空皮带脱水机系统紧急停止：

（1）真空皮带机真空泵停止。

（2）真空皮带机变频器停止。

（3）工艺水泵均停止。

682. 真空皮带脱水机系统保护停止条件有哪些？

答： 出现任一以下情况，真空皮带机保护停止：

（1）真空盒密封水流量低，延时 20s。

（2）滤布冲洗水流量低，延时 20s。

（3）真空皮带机紧急拉绳开关动作。

（4）真空皮带机滤布跑偏报警。

（5）真空皮带机滤布张紧报警。
（6）真空皮带机皮带跑偏报警。
（7）滤饼厚度大于45mm，延时30s。
（8）真空泵跳闸。
（9）两台滤布冲洗水泵停止。

683. 真空皮带脱水机速度控制被调量和调节量是什么？

答：真空皮带脱水机速度控制被调量和调节量分别是：
（1）被调量。滤饼厚度、单回路。
（2）调节量。皮带机变频器。

684. 真空皮带脱水真空泵连锁控制有哪些？

答：真空皮带脱水真空泵连锁控制有：
（1）启动允许。
1）真空泵密封水阀全开；
2）真空泵密封水无流量低报警；
3）真空皮带机气水分离器液位无高报警；
4）真空泵停运，且真空泵密封水阀关闭时间超过600s；
5）真空皮带机变频器运行。
（2）保护停止。
1）气水分离器液位高报警；
2）真空泵密封水流量低报警，延时20s；
3）真空泵故障；
4）真空皮带机变频器停止。

685. 真空皮带脱水系统故障报警项目有哪些？

答：真空皮带脱水系统故障报警项目有：
（1）真空皮带机真空泵故障。
（2）真空皮带机变频器故障。
（3）滤布冲洗泵故障。

（4）滤布冲洗水流量低。

（5）滤饼冲洗水流量低。

（6）密封水流量低。

（7）真空泵密封水流量低。

（8）真空皮带机气水分离器液位高报警。

（9）滤饼厚度异常。

686. 滤液水系统（回收水系统）连锁控制有哪些？

答：滤液水系统（回收水系统）连锁控制有：

1. 滤液水箱搅拌器

（1）启动允许。搅拌器无故障且滤液水箱液位大于 min1。

（2）自动启动。滤液水箱液位大于 min1。

（3）自动停止。滤液水箱液位小于 min2。

（4）保护停止。搅拌器电动机故障，或滤液水箱液位小于 min2。

2. 滤液水泵（以滤液水泵 A 为例）

（1）启动允许。

1）A、B 泵均停止且出口阀全关；

2）滤液水箱液位大于 min1；

3）滤液水箱搅拌器运行；

4）A 泵无故障；

5）滤液水泵 A 冲洗阀全关。

（2）自动启动：滤液水泵 A 连锁投入时，滤液水泵 B（运行泵）停止。

（3）保护停止。

1）当滤液水泵 A 运行 60s 后，该出口阀未打开时；

2）水泵 A 运行，进口阀打开状态失去；

3）滤液水泵 A 运行，且出口压力小于 0.18MPa，延时 10s；

4）当滤液水箱液位小于设定值（800mm）；

5）滤液水泵 A 故障；

6）滤液水泵B停止，且滤液水泵B出口阀打开；

7）当滤液水泵A运行60s后，滤液水泵A出口压力高或低，延时30s。

（4）连锁保护。滤液水泵连锁投入，滤液水泵A、B互为热备用。

3. 吸收塔滤液水给水控制

（1）打开允许。吸收塔水位低。

（2）自动打开。滤液水箱液位大于max。

（3）自动关闭。滤液水箱液位小于min。

（4）保护关闭。吸收塔水位高。

4. 工艺水至滤液水箱给水

（1）打开允许。滤液水箱液位小于min1。

（2）自动打开。滤液水箱液位小于min1。

（3）自动关闭。滤液水箱液位大于max。

5. 滤液水系统故障报警

（1）滤液水箱搅拌器故障。

（2）滤液水泵A故障。

（3）滤液水泵B故障。

（4）滤液水箱液位小于min。

（5）滤液水箱液位大于max。

687. 废水处理系统连锁控制有哪些？

答：废水处理系统连锁控制有：

1. 废水泵（清水泵参照执行，并以A泵为例，且A、B泵互为连锁备用）

（1）打开允许。废水箱液位大于min1。

（2）自动打开。A泵连锁投入，B泵（运行中）停止。

（3）关闭允许。废水箱液位小于min2。

（4）自动关闭。废水箱液位小于min2。

2. 污泥输送泵（以A泵为例，且A、B泵互为连锁备用）

（1）打开允许。澄清/浓缩器污泥出口阀A打开。

（2）自动打开。A泵连锁投入时，B泵（运行中）停止。

（3）自动关闭。澄清/浓缩器污泥出口阀A关闭。

3. 废水系统故障报警

（1）各溶液箱液位低。

（2）各加药泵/输送泵故障。

（3）各搅拌器故障。

（4）压滤机故障。

第七章

烟气湿法脱硫系统防腐材料

688. 脱硫装置浆液介质特点是什么？

答：脱硫装置浆液介质特点是：

（1）强腐蚀性。烟气系统中烟气含有大量的SO_2及其他化学物质，在烟气温度降到80℃以下时，SO_2结露形成很强的腐蚀物质附着在设备及检测仪器上，危害极大。

石灰石浆液采用滤液水制浆时由滤液水带入的SO_4^{2-}、SO_3^{2-}、Cl^-、F^-离子化合物有很强的腐蚀性。

石膏浆液中化学介质非常多，烟气中有害化学成分在脱硫反应后溶解在石膏浆液中，主要成分是，SO_4^{2-}、SO_3^{2-}、Cl^-、F^-离子化合物有很强的腐蚀性。

（2）磨损性。原烟气中有大量灰尘固体颗粒，尤其是除尘器效率较低情况下，粉尘含量超过200mg/m^3，烟气通过喷淋层和除雾器后净烟气中粉尘被冲刷掉，但夹带着石膏。烟气流速越大，对设备冲刷越为严重。

（3）堵塞性。烟尘中灰尘附着性非常强，容易造成烟气作为取样设备堵塞。而石灰石浆液和石膏浆液中悬浮物易在节流的位置沉积和附着，使管道、检测设备堵塞和附着在检测仪表上造成检测仪表测量误差。

689. 湿法FGD系统的设备腐蚀原因主要有哪些？

答：（1）SO_2（SO_3）的腐蚀。SO_2（SO_3）溶于水后，生产相应的酸液，使金属表面吸附的水膜pH值很低，加之SO_2本身又是强氧化剂，在阴极上可以进行还原反应，其反应的标准电位比大多数工业用金属的稳定电位要高得多，从而使金属构成腐蚀电池的阳极而加快腐蚀。

（2）SO_4^{2-}、SO_3^{2-}的腐蚀。在吸收塔里，烟气中的绝大部分转变成了硫酸盐、亚硫酸盐，这些离子具有很强的化学活性，它们对钢铁的腐蚀主要表现为去氧极化腐蚀，总反应式可用以下式子表示

$$4Fe + SO_4^{2-} + H_2O \longrightarrow FeS + 3Fe(OH)_2 + 2OH^-$$

（3）Cl^-（F^-）离子的腐蚀。氯离子的含量虽然很少，但对

FGD系统有着重大的影响，它是引起金属腐蚀和应力腐蚀的重要原因。氯离子具有很强的可被金属吸附的能力，从化学吸附具有选择性这一特点出发，对于过渡金属的Fe、Ni等，氯离子比氧更容易吸附在金属表面，把氧排挤掉，甚至可以取代已被吸附的O^{2-}或OH^-，从而使金属的钝化状态遭到局部破坏而发生孔蚀。

（4）高速流体及其携带颗粒物的腐蚀。在快速流动流体的作用下，金属以水化离子的形式进入溶液，尤其当存在湍流时，腐蚀表现更为明显。一方面湍流使金属表面流动的扰动比层流剧烈，加速了阴极去极化剂的供应量，从而加剧了金属的腐蚀；另一方面，湍流又附加了一个流体对金属表面的切应力，这种力能够把已形成的腐蚀产物剥离并让流体带走。如果流体中含有固体颗粒物，还会使切应力的力矩增强，从而使金属腐蚀更为严重。

690. 什么是磨损腐蚀？影响因素是什么？

答：由磨损和腐蚀联合作用而产生的材料破坏过程成为磨损腐蚀。磨损腐蚀是腐蚀性流体与金属构件以较高速度相对运行而引起的金属损伤，是流体冲刷与腐蚀协同作用的结果。磨损腐蚀一般发生在高速流动的流体管道及载有悬浮摩擦颗粒流体的泵、搅拌器、管道等处。有的过流部件，如高压减压阀的阀瓣（头）和阀座、离心泵的叶轮、风机中的叶片等，在这些部位腐蚀介质的相对流动速度很高，使钝化型耐腐蚀金属材料表面的钝化膜因受到过分的机械冲刷作用而不易恢复，腐蚀率会明显加剧。由于脱硫系统石灰石浆液及石膏浆液中存在固相颗粒，因此会大大加剧设备磨损腐蚀的程度。

磨损腐蚀的影响因素十分复杂，材料本身的化学成分、组织结构、机械性能、表面粗糙度、耐蚀性等，介质的温度、pH值、溶解氧量，各种活性离子的浓度、黏度、密度，固相和气相在液相中的含量，固相的颗粒度和硬度等，过流部件的形状、流体的速度和流态等都对磨损腐蚀有很大影响。就FGD浆液泵而言，合金过流部件的耐腐蚀性（钝化膜的特性）、硬度对抵御流体运动的冲刷腐蚀是十分重要的。此外，浆液含固量较高或含有磨损性强的飞灰和由石灰石带入的石英颗粒会加剧冲刷的力学作用，使钝化膜减薄、破碎，从而加速腐蚀。腐蚀使过流表面粗糙，容易形成局部微湍流，这又促进了冲刷过程。

691. 如何防止脱硫装置（FGD）设备的腐蚀？

答：（1）由于电厂FGD装置体积大，制作安装和防腐施工均在现场作业，且流过的物质温度较高，流量和固体含量大，腐蚀性强，设备运行周期长，衬里维修难，所以，在选择衬里材料时比通常情况要高一个等级。

（2）由于Cl^-和F^-的存在，不锈钢在使用过程中短期即出现点蚀、缝隙腐蚀和冲刷腐蚀等现象，因此选用时应慎重。碳钢与高合金钢复合钢板，与不锈钢类似，除局部使用外，主体设备不宜采用。整体镍基合金，使用效果较好，但价格昂贵。碳钢加树脂砂浆衬里，因砂浆结构松散，微裂纹及气孔量大，抗渗性差，使用寿命短，应慎重选用。碳钢橡胶衬里耐磨性能好，施工技术完善，在FGD防腐中使用较广泛；但是其缺点是造价高，物理失效多，施工难度大，难修补。玻璃钢在使用温度低于80℃时，可以长期运转，使用寿命较长，若能采取安全措施防止烟气温度超温，可选用玻璃钢作为内衬，其造价与碳钢橡胶衬里差不多。目前，玻璃鳞片衬里已成为FGD首选防腐技术，具有抗渗性好、施工难度小、容易修补、物理失效少等优点，造价适中，但耐磨性差一些。

（3）设计与施工时，可根据设备不同的部位，不同的工作环境，不同的温度，不同的冲刷与腐蚀环境，选用不同性能的防腐材料或复合结构，并在尖角、阴阳角或冲刷特别严重的部位，采用特殊防磨措施，以达到经济、适用、安全、可靠、维修工作量小、维修容易的使用效果。

（4）在FGD设备防磨蚀设计与维修中，还要充分考虑由于设备承受冲击、振动而产生的交变应力，受热不均而产生的热应力，均有可能使防腐层开裂，在结构上应采取增强措施，避免开裂而引起防腐层的失效。

692. 温度对衬里的影响主要有哪几个方面?

答: 温度对衬里的影响主要有4个方面:

(1) 温度不同,材料选择不同,通常140~110℃为一挡,110~90℃为一挡,90℃以下为一挡。

(2) 衬里材料与设备基体在温度作用下产生不同线性膨胀,温度越高,设备越大,其副作用越大,会导致两者黏结界面产生热应力影响衬里寿命。

(3) 温度使材料的物理化学性能下降,从而降低衬里材料的耐磨性及抗应力破坏能力,还会加速有机材料的恶化过程。

(4) 在温度作用下,衬里内施工形成的缺陷如气泡、微裂纹、界面孔隙等受热力作用为介质渗透提供条件。

693. 脱硫设备对防腐材料的要求是什么?

答: 脱硫设备对防腐材料的要求:所用防腐材质应当耐温,在烟道气温下长期工作不老化,不龟裂,具有一定的强度和韧性;采用的材料必须易于传热,不因温度长期波动而起壳或脱落。

694. 引起非金属材料发生物理腐蚀破坏的因素主要有哪些?

答: 引起非金属材料发生物理腐蚀破坏的因素主要有:①腐蚀介质的渗透作用;②应力腐蚀;③施工质量。残余应力、介质渗透、施工质量是衬里腐蚀破坏的三个方面,三者相互促进。

695. 催化作用有哪两个显著的特征?

答: 催化作用有两个显著的特征是:第一,催化剂只能加速化学反应速度,对于可逆反应而言,其对正逆反应速度的影响是相同的,因而只能缩短达到平衡的时间,而不能使平衡移动,也不能使热力学上不可能发生的反应发生。第二,催化作用有特殊的选择性,这是由催化剂的选择性决定的。

696. 发生缝隙腐蚀有几个阶段？

答：发生缝隙腐蚀有以下几个阶段：

（1）氧化贫化，产生带正电的金属离子；

（2）带负电的卤化物阴极进入缝隙与带正电的金属离子化合；

（3）水解后使局部呈强酸性。

697. 什么是电化腐蚀？

答：电化腐蚀是由于不同金属间电化学势差的不同而产生的腐蚀。防止电化腐蚀的方法可采用加塑料垫将金属隔离开来，并防止电解液的进入。

698. 在烟气脱硫领域比较通用的防腐工艺有哪些？

答：在烟气脱硫领域比较通用的防腐工艺有耐蚀合金薄板衬里、橡胶衬里、有机树脂（玻璃鳞片胶泥）衬里、聚脲衬里及玻璃钢衬里等。

699. 丁基橡胶基本特性是什么？

答：丁基橡胶是异丁烯单体与少量异戊二烯共聚合而成，代号为SIR。这种橡胶的基本特性是：

（1）气体透过性小，气密性好；

（2）耐水性好，对水的吸收量最少，水渗透率极低；

（3）回弹性小，在较宽温度范围内（－30～50℃）均不大于20%，因而具有吸收振动和冲击能量的特性；

（4）耐热老化性优良，具有良好的耐臭氧老化、耐高温性（可用于100℃以下）和化学稳定性；

（5）缺点是硫化速度慢，黏合性和自黏性差，与金属黏合性不好，工艺性能差，与不饱和橡胶兼容性差。

由于丁基橡胶不容易硫化，需要较高的硫化温度，因此丁基橡胶不适合制作预硫化和自硫化胶板，适合作在车间硫化的橡胶衬里，如小型罐体和管道等。

700. 橡胶的优缺点是什么？

答：优点：

（1）对基体结构的适应性强，可进行较复杂异形构件的衬覆；

（2）具有良好的缓和冲击、吸收振动能力；

（3）衬里破坏较易修复；

（4）衬胶方式灵活，对于小型部件，可采用车间衬胶，对于大型设备，可采用现场衬胶；

（5）衬胶层的整体性能好，致密性高，具有良好的抗渗性能；

（6）橡胶衬里的价格较低，其价格性能比非常具有竞争力。

缺点：

（1）耐用热性能较差，一般硬质橡胶的使用温度为90℃以下，软质橡胶为－25～150℃；

（2）对强氧化性介质的化学稳定性较差；

（3）橡胶衬里容易被硬物等造成机械性损伤；

（4）橡胶的导热性能差，一般其热导率为0.576～1kJ/（m·h·℃）；

（5）硬质橡胶的膨胀系数要比金属大3～5倍，在温度剧变、温差较大时，容易使衬胶开裂及胶层和基体之间出现剥离脱层现象；

（6）设备衬胶后，不能在基体进行焊接施工，否则会引起胶层遇高温分解，甚至发生火灾事故。

701. 在FGD装置中使用橡胶衬里的位置有哪些？

答：FGD装置中使用橡胶衬里的位置有吸收塔、浆液箱罐及管道、水力旋流器内衬、真空脱水机输送皮带、滤液水管道、净烟道、石灰石浆液箱及滤液水箱。

702. 玻璃鳞片定义是什么？

答：玻璃鳞片是外观形状似鱼鳞片的薄片状玻璃填料。

703. 什么是玻璃鳞片衬里?

答: 玻璃鳞片衬里是以耐腐蚀树脂为基料，玻璃鳞片为骨干填料，添加各种功能性添加剂混配而成的胶泥状防腐蚀材料，再经规定的施工规程涂覆在设备表面而形成的防腐蚀保护层，简称鳞片衬里。

704. 玻璃鳞片树脂涂料的主要优缺点是什么?

答: 玻璃鳞片树脂涂料的主要优点是:

(1) 具有较高的耐酸性、碱腐蚀性、耐水解性;

(2) 具有较高的耐热性和耐寒性;

(3) 对基体表面黏着力强，耐温度骤变性好;

(4) 由于增强材料的应用增加了衬层的表面硬度及抗压、抗拉强度等机械性能，使之具有优良的抗渗透性和耐磨损性;

(5) 可以设计出具有各种特性的衬层结构;

(6) 投资费用低于橡胶衬里和合金。

玻璃鳞片树脂涂料的主要缺点是:

(1) 耐温性仍受到应用温度的限制;

(2) 遭受机械撞击时易损坏，抵抗机械冲击力不如橡胶内衬，烟道壁过分振动可能使衬层开裂;

(3) 施工环境恶劣，施工步骤严格;

(4) 维修工作量大，对吸收塔5~10年需大修或更换;

(5) 不能在衬层背面的基材进行焊接施工，树脂是易燃物，检修过程中的电焊易引发火灾。

705. 玻璃钢定义是什么?

答: 以合成树脂为黏结剂，玻璃纤维及其制品作增强材料，并添加各种辅助剂而制成的复合材料称为玻璃纤维增强塑料（Fiber-Reinforced Plastic, FRP)，简称玻璃钢。因其强度高，可与钢铁相比，故又称为玻璃钢。

706. 玻璃钢（FRP）的主要优缺点是什么？

答：FRP 的主要优点是：①轻质高强；②优良的耐化学腐蚀性；③良好的耐热性和隔热性；④良好的表面性能，表面少有腐蚀产物，也很少结垢，FRP 管道内阻力小，摩擦系数较低；⑤可设计性好，可以改变原材料种类、数量比例、纤维布排列方式，以适应各种不同要求；⑥良好的施工工艺性，可以加工成所需要的任何形状，最适合大型、整体和结构复杂防腐设备的施工要求，适合现场施工和组装。

FRP 的缺点是：与金属相比，FRP 的弹性模量较低，长期耐温性一般在 100℃以下，个别可达 150℃左右，仍远低于金属和无机材料的耐温性。对溶剂和强氧化性介质的耐腐蚀性也较差。

707. 在脱硫中应用的耐腐蚀金属材料有哪些？

答：在 FGD 系统中得到广泛应用的耐腐蚀金属材料有：奥氏体不锈钢、双相不锈钢、镍基 Cr-Mo 合金、钛合金、高铬铸铁及低合金钢。特别在一些高温、严重腐蚀区域和动态设备防腐蚀区域，耐腐蚀金属材料成为橡胶和增强树脂衬层的主要替代物。

708. 采用耐腐蚀合金的优点是什么？

答：采用耐腐蚀合金的优点是：

（1）合金不像橡胶和树脂衬层那样对温度敏感，合金在不正常工况下不易损坏。

（2）全合金装置一般无需事故急冷装置。

（3）合金构件的清洗、除垢要比涂层容易得多，不用担心会损坏涂层。

（4）对合金表面的检查和维修也容易得多，维修时只需合格的焊工就可以进行修复工作。

（5）对合金构件的施工方法和施工环境虽有一定要求，但远不如橡胶和树脂衬里施工要求那么严格。

（6）合金产品性能的变化一般比橡胶和树脂要小，后两者有保存期。另外，合金材料的检验也较为简单。

709. FGD装置中有哪些设备需要防腐？

答：在FGD装置中需要防腐的设备主要有衬胶管道（所有的浆液管）、净烟气烟道、烟气换热器、吸收塔、各类浆液泵、浆液箱（池）搅拌机装置等。

710. 在FGD装置运行中应采取哪些措施来防止或减少腐蚀？

答：（1）监视浆液Cl^-浓度，及时排放浆液，防止Cl^-浓缩导致其浓度过高。

（2）监视浆液pH值。控制pH值范围以防止pH值过低而加速腐蚀。

（3）保持表面无沉积物或氧化皮的聚积会增大点蚀和缝隙腐蚀的危险，因此，在有条件时应及时冲洗。

（4）定期检查，发现问题及时处理。

第八章

烟气湿法脱硫设备及系统调试与验收

711. 脱硫装置整套启动调试的意义是什么?

答: 脱硫装置整套启动调试是从锅炉烟气引入吸收塔开始，在此期间主要工作就是全面检验脱硫装置，通过一系列试验进行参数调整，使脱硫效率、石膏品质及废水排放达到要求，脱硫系统运行在最佳工作状态。

分系统调试则从脱硫系统受电开始，分别进行 DCS 控制系统、工艺水系统、压缩空气系统、石灰石制备系统、水循环系统、吸收塔系统、烟气系统、石膏脱水系统及废水处理系统等调试，对系统内的阀门、泵、风机及测量仪表等设备的调试，系统带介质进行试运，考核设备性能，消除设备缺陷，保证系统的合理性、完整性，是所有分系统完全具备整套启动的条件。

712. 脱硫装置启动调试一般分为哪两部分?

答: 脱硫装置启动调试一般分为分部试运调试和整套启动试运调试。分部试运调试从脱硫系统受电开始至整套启动开始为止。脱硫装置启动调试分为启动调试准备工作、分系统调试工作、整套系统启动调试工作和 168h 后工作四个阶段。

713. 整套启动试运阶段是如何划分的?

答: 整套启动试运阶段从启动增压风机、烟气进入脱硫装置开始，到完成 168h 满负荷试运为止。整套启动试运分为整套启动热态调整试运和 168h 满负荷试运两部分。

714. 整套启动热态调试是如何划分的?

答: 整套启动热态调试从启动增压风机、烟气进入吸收塔进行脱硫开始，到完成 168h 满负荷试运为止。运行是指增压风机处于运行状态，烟气经过脱硫装置，不论通过烟气负荷大小；停运是指发生故障或试验需要或其他因素停止增压风机，烟气停止进入脱硫的状态。

715. 试生产阶段的主要任务是什么？

答：试生产阶段的主要任务：进一步考验设备性能，消除设备缺陷，完成合同中约定的项目，完成未完的调试项目，进行性能试验，全面考核脱硫装置的各项运行和经济指标。

716. 脱硫装置启动调试试运现场应具备的条件是什么？

答：脱硫装置启动调试试运现场应具备的条件是：

（1）脱硫装置区域场地基本平整，消防、交通和人行道路畅通，试运现场的试运区与施工区设有明显的标志和分界，危险区设有围栏和醒目警示标志。

（2）试运区内的施工用脚手架已经全部拆除，现场（含电缆井、沟）清扫干净。

（3）试运区内的梯子、平台、步道、栏杆、护板等已经按设计安装完毕，并正式投入使用。

（4）区域内排水设施正常投入使用，沟道畅通，沟道及孔洞盖板齐全。

（5）脱硫试运区域内的工业、生活用水和卫生、安全设施投入正常使用，消防设施经主管部门验收合格、发证并投入使用。

（6）试运现场具有充足的正式照明，事故照明能及时投入。

（7）各运行岗位已具备正式的通信装置，试运增加的临时岗位通信畅通。

（8）在寒冷区域试运，现场按设计要求具备正式防冻措施，厂房温度一般不得低于5℃，能保证设备不冻坏；停运或备用的设备和管道应排净介质。

（9）脱硫控制室和电子间的空调装置、采暖及通风设施已经按设计要求正式投入运行。

（10）启动试运所需的石灰石（或石灰石浆液）、化学药品、备品备件及其他必需品已经备齐。

（11）环保、职业安全卫生设施及检测系统已经按设计要求投运。

（12）保温、油漆及管道色标完整，设备、管道和阀门等已经命名，且标志清晰。

（13）设备和容器内经检查确认无杂物。

（14）与FGD配套的电气工程能满足要求。

（15）运行操作人员已经培训，确实能胜任本岗位的运行操作和故障处理。

（16）调试人员的个人安全防护用品已准备齐全。

717. 调试期间使用的工具有哪些？

答：调试期间使用的工具有：

（1）机务所需的成套基本工具、电气所需的成套基本工具、各种照明灯具。

（2）手持式仪表，如测振仪、测温仪、pH计、烟气流量计（皮托管）、便携式烟气综合分析仪（测量 O_2、SO_2、NO_x 等）。

（3）U形管压力计、精确天平、化学分析仪器仪表、量筒、取样瓶、保护手套及护目镜等。

718. 脱硫装置启动调试前设备电气元件检查与试验的内容是什么？

答：检查电气、热工盘柜到就地设备的电缆是否铺设完好，并检查是否与电缆清册及相关文件相一致。检查所有测量仪表与变送器之间的信号电缆及其接线与接线图一致，所有电气设备应接地完好。检查所有设备和仪表及接线是否达到防水要求，设备接地是否可靠。

1. 电动机与驱动

（1）检查所有的电动机，确保处于干燥状态。如果绕组潮湿，应采取可靠的方法干燥。

（2）检查核对电动机与驱动铭牌上的参数、KKS号与相应文件上的数据是否一致。

（3）对低压电动机应检查其极性、绝缘等技术数据。

（4）对高压电动机应进行相关电气试验，并检查电动机绝缘材料的绝缘性能。

2. 高压开关设备

（1）检验核对电动机与驱动铭牌上的参数、KKS号与相应文件上的数据是否一致。

（2）检查内部接线。

（3）进行综合保护校验和开关传动试验。

3. 低压开关设备

（1）检验核对电动机与驱动铭牌上的参数、KKS号与相应文件上的数据是否一致。

（2）检查内部接线。

（3）进行开关传动试验。

4. 直流设备

（1）检验核对电动机与驱动铭牌上的参数、KKS号与相应文件上的数据是否一致。

（2）在厂家指导下对蓄电池进行充电和放电试验。

（3）对直流屏进行受电前的详细检查。

5. I&C设备（Instrumentation &control，仪表与控制）

（1）检验核对执行器与驱动铭牌上的参数、KKS号与相应文件上的数据是否一致。

（2）仪表与变送器根据供货商的指南安装。

（3）检查所有到仪表与变送器的量程应正确。

（4）检查测点的取样位置是否正确，取样管布置是否符合要求，接线是否牢固，电缆桥架、仪表及接线处是否有防水措施。

6. DCS系统

（1）检验核对所有卡件与相应文件上的数据是否一致。

（2）空气调节装置运行。

（3）控制柜内外均干净。

（4）硬件绝缘符合要求。

（5）盘柜接地电阻应符合要求。

（6）UPS电源稳定可靠。

719. 设备单体调试的目的和范围是什么？

答： 设备单体调试的目的是为了检查设备单体试运情况，范围包括检查确认设备启动/停止的操作，电动阀、气动阀、手动阀、安全阀等开关操作，热控仪表的调试和单回路的检查等。

720. 设备单体调试的内容是什么？

答： 设备单体调试的内容是：

（1）润滑油加注的检查。根据设备的运行维护手册，选择正确的润滑油或润滑脂，检查所有的润滑点及油站是否加注了足够的油脂。提交润滑方案，包括加注点、补充及更换的量和时间间隔。

（2）电动机试转。脱开泵或风机的联轴器，皮带连接的应解开皮带。手动盘动电动机，检查轴承情况，转动应灵活。在DCS上启动电动机，检查电动机的转向。电动机的转向正确后，应连续运转，进行4h试运行。定期测量并记录运行时的电流、轴承温度及振动情况，同时检查相关信号在DCS上的显示和现场实际情况是否一致。

（3）阀门及执行器的定位和调整。对于开关型阀门，定位调试后，在控制室检查阀门的开关操作和位置反馈及力矩报警等信号，并记录全开/全关时间。对于调节型阀门，检查开关的方向、模拟量给定和反馈信号的一致性，并试验阀门的调节特性，如死区、响应时间、特性曲线等。

（4）仪表的调校和测量回路的检查。对就地温度、压力/压差、流量、密度、pH计、浊度等控制开关和变送器等仪表进行校核标定。

检查现场模拟量仪表的量程和DCS设定值及设计一致。在就地变送器等仪表上进行模拟量输入，检查至DCS测量回路的正确性及线性度，根据工艺要求设置高、低报警值。

721. 分系统调试应具备的条件是什么？

答： 分系统调试应具备的条件：

（1）试运设备的安装工作已经完成，并经验收合格。

（2）试运设备已经过静态调试完成，调试校验记录完整。

（3）分散控制系统软件恢复及组态工作已完成。

（4）现场干净、整洁，照明充足，沟道盖板齐全，施工用的脚手架已拆除。

（5）通信满足调试要求。

（6）全厂排水系统畅通。

（7）设备的送、停电必须符合有关的规程要求，并按规程做详细的检查，确认无问题后方可进行设备的送、停电。设备送停电操作需有人监护，并挂警示牌。

（8）调试人员必须熟悉相关设备、系统的结构、性能，以及调试方法和步骤。

（9）所有的现场调试工作必须制定相应的安全措施，并做好“三交三查”［三交：交任务、交安全、交技术；三查：查衣着、查三宝（安全帽、安全带、安全网）、查精神状况］。临时设施试验前必须经过检查，确认其安全性能。

722. 分系统调试的内容是什么？

答： 分部试运包括单体试运和分系统试运两部分。单体试运是指单台设备的试运行，包括电动机、泵、风机、烟气换热器等设备的试运。分系统试运指按系统对其动力、电气、热控等所有设备进行空载和带负荷试运行。

分系统试运包括如下内容：

（1）工艺（工业）水系统试运。

（2）压缩空气系统试运。

（3）石灰石储存及浆液制备系统试运。

（4）烟气系统试运。

（5）SO_2 吸收系统试运。

（6）石膏脱水系统试运。

（7）脱硫废水系统试运。

（8）其他系统试运。

723. 整套调试前应进行的检查和试验项目有哪些？

答： 整套调试前应进行以下检查和试验项目：

（1）所有仪表、测量参数、信号的检查。

（2）所有阀门、泵和风机等设备的检查、传动、连锁试验。

（3）烟气挡板的检查、传动、连锁试验。

（4）FGD保护连锁试验。

（5）工艺、热控和电气全面检查，保证其能满足整套启动试运要求。

（6）检查水、石灰石准备充足。

（7）DCS中临时仿真、强制等措施都已恢复。

724. 脱硫吸收塔人孔门关闭之前运行再鉴定应做的试验项目有哪些？

答： 脱硫吸收塔人孔门关闭之前需要做的试验项目有：

（1）浆液循环泵入口阀、排放阀和水冲洗阀的启闭性和严密性试验；

（2）吸收塔搅拌器水冲洗门的启闭性和严密性试验；

（3）氧化风进入吸收塔前冷却水和冲洗水启闭性和严密性试验；

（4）除雾器水冲洗试验，检查冲洗喷嘴冲洗效果等。

725. 湿法烟气脱硫装置整套启动步骤是什么？

答： 在FGD系统启动前组织专门人员对FGD各部分进行全面检查，确认系统内无人工作，各设备启动条件满足要求。

整套启动步骤如下：

（1）石灰石仓上料。石灰石仓装满石灰石，并且安排好运输车辆，随时为湿法脱硫系统补充足够的石灰石。

（2）启动工艺水系统。启动工艺水泵向吸收塔等箱罐注水，并控制在需要的液位。

（3）启动制浆系统。启动制浆系统，制满一罐石灰石浆液，控制其密度为1200kg/m^{3}左右。

（4）加石膏晶种。通过吸收塔排水坑泵向吸收塔加石膏晶种。

（5）启动GGH系统。启动烟气换热器及密封风机。

（6）顺序启动其他FGD系统。

1）启动氧化风机。

2）启动吸收塔浆液循环泵。

3）打开净烟挡板。

4）关闭吸收塔排空阀。

5）启动增压风机。

6）连锁打开原烟挡板。

7）调整增压风机导叶，使FGD系统稳定运行。

8）启动石灰石浆液供浆系统。

9）启动除雾器冲洗顺序控制。

10）启动真空皮带脱水机和废水排放系统。

726. 简述调试脱硫增压风机的必备条件。

答：调试脱硫增压风机的必备条件是：

（1）锅炉本体、风烟道及电除尘器检修完毕。

（2）锅炉送、引风机处于热备用状态。

（3）锅炉负压自动调整装置正常。

（4）脱硫的烟气系统挡板门调整完毕。

727. 简述增压风机单体调试的步骤。

答：增压风机单体调试的步骤是：

（1）全开送、引风机的进、出口挡板。

（2）打开二次风扫板，关闭一次风、三次风挡板。

（3）关闭磨煤机的所有入口风门挡板。

（4）关闭原烟气挡板。

（5）按操作规程启动增压风机试运行。

728. 风机试运应达到什么要求?

答: 风机试运应达到的要求是:

（1）轴承和转动部分试运中没有异常现象。

（2）无漏油、漏水、漏风等现象，风机挡板操作灵活，开度指示正确。

（3）轴承工作温度稳定，滑动轴承温度不大于65℃，滚动轴承温度不大于80℃。

（4）风机轴承振动一般不超过0.10mm。

第九章

烟气湿法脱硫装置的运行及维护

729. 什么是脱硫系统启动？

答：脱硫系统启动是指按既定操作程序将脱硫系统从停止状态转变为运行状态，烟气进入脱硫系统。

730. 什么是脱硫系统停止？

答：脱硫系统停止是指按既定操作程序将脱硫系统从运行状态转变为停止状态，烟气停止进入脱硫系统。

731. 脱硫系统的投运和停运需要具备哪些条件？

答：投运条件：

（1）系统各设备无影响启动的工作票，措施已全部恢复。

（2）机组已启动并运行正常，投油已结束，对应的电除尘器电场已投用。

（3）供水、供气、制浆正常。

（4）设备电源已全部恢复，需进行试验的已完成，各项启动条件已全部满足，解除的保护已投入。

停运条件：

（1）电除尘器全部电场停运。

（2）机组计划停运或异常停运。

（3）脱硫系统故障停运或异常停运。

732. FGD系统在正常运行时总的注意事项有哪些？

答：FGD系统在正常运行时总的注意事项有：

（1）运行人员必须注意运行设备以预防设备故障，注意各运行参数并与设计值比较，发现偏差及时查明原因。要做好数据的记录以积累经验。

（2）FGD系统内备用设备必须保证其处于备用状态，运行设备故障后能正常启动。每个月备用设备必须启动一次。

（3）浆液设备停用后必须进行冲洗。

733. 吸收塔、浆液循环系统的运行维护包括哪些内容？

答：吸收塔、浆液循环系统运行维护的内容包括：

（1）转动设备的润滑。绝不允许没有必需的润滑剂而启动转动设备，运行后应经常检查润滑油位，注意设备的压力、振动、噪声、温度及严密性。

（2）转动设备的冷却。①对电动机、风机、空气压缩机等设备的空气冷却状况经常检查以防过热；②所有泵和风机的电动机、轴承的温度，应经常检查以防超温；③泵的机械密封注意应定期检查。

（3）罐体、管道。应经常检查法兰、人孔等处的泄漏情况，及时处理。

（4）搅拌器。启动前必须使浆液浸过搅拌器叶片，叶片在液面上转动易受大的机械力而遭受损坏，或造成轴承的过大磨损。

734. 电动机运行管理的一般规定有哪些？

答：电动机运行管理的一般规定有：

（1）在每台电动机的外壳上，均应有原制造厂的铭牌。铭牌若遗失，应根据原制造厂的数据或试验结果补上新的铭牌。

（2）电动机及其所带设备上应标有明显的箭头，以指示旋转方向，外壳上应有明显的编号名称，以表示它的隶属关系。启动装置上应标有“启动”“运行”“停止”标志。

（3）电动机的开关、接触器、操作把手及事故按钮应有明显的标志以指明属于哪台电动机。事故按钮应有防护罩。

（4）电动机与机械连接的联轴器应装牢固的防护罩，外壳及启动装置里外壳应有良好的接地装置。

（5）备用中的电动机应定期检查和试验，以保证随时启动，并定期轮换使用。

（6）保护电动机用的各型熔断器的熔体应经过检查，每个熔断器的外壳上都应写明其中熔体的额定电流。就地应标明各电动机装设的熔断器的型号和容量。

735. 电动机的电压变动范围是什么?

答:电动机的电压变动范围是:

(1)电动机一般可以在额定值的95%～110%范围内运行,其额定出力不变。

(2)当电压低于额定值时,电流可相应增加,但最大不应超过额定电流值的1%,并监视绕组、外壳及出风温度不超过规定值。

(3)电动机在额定出力运行时,相间不平衡电压不得超过额定值的5%,三相电流差不得超过10%,且任何一相电流不超过额定值。

736. 如何正确使用绝缘电阻表(手动绝缘电阻表)?使用方法及注意事项是什么?

答:绝缘电阻表的用途是测试线路或电气设备的绝缘状况。使用方法及注意事项如下:

(1)首先选用与被测元件电压等级相适应的绝缘电阻表,对于500V及以下的线路或电气设备,应使用500V或1000V的绝缘电阻表。对500V以上的线路或电气设备,应使用1000V或2500V的绝缘电阻表。

(2)用绝缘电阻表测试高压设备的绝缘时,应由两人进行。

(3)测量前必须将被测线路或电气设备的电源全部断开,即不允许带电测绝缘电阻,并且要查明线路或电气设备上无人工作后方可进行。

(4)绝缘电阻表使用的表线必须是绝缘线,且不宜采用双股绞合绝缘线,其表线的端部应有绝缘护套;绝缘电阻表的线路端子L应接设备的被测相,接地端子E应接设备外壳及设备的非被测相,屏蔽端子G应接到保护环或电缆绝缘护层上,以减小绝缘表面泄漏电流对测量造成的误差。

(5)测量前应对绝缘电阻表进行开路校检。绝缘电阻表L端与E端空载时摇动绝缘电阻表,其指针应指向"∞";绝缘电阻表

L端与E端短接时，摇动绝缘电阻表，其指针应指向“0”。说明绝缘电阻表功能良好，可以使用。

（6）测试前必须将被试线路或电气设备接地放电。测试线路时，必须取得对方允许后方可进行。

（7）测量时，摇动绝缘电阻表手柄的速度要均匀，以120r/min为宜；保持稳定转速1min后，取读数，以便躲开吸收电流的影响。

（8）测试过程中两手不得同时接触两根线。

（9）测试完毕应先拆线，后停止摇动绝缘电阻表，以防止电气设备向绝缘电阻表反充电导致绝缘电阻表损坏。

（10）雷电时，严禁测试线路绝缘。

737. 电动机绝缘测试的操作步骤（电子表）和注意事项有哪些？

答：（1）首先核对要测量电动机的一次接线方式，确定测量的具体位置。对于就地控制的电动机要从就地控制箱内接触器的负荷侧摇。对于远方操作，就地无控制箱的则从MCC开关柜后开关的出线侧进行测量。

（2）到达被测电动机后，核对设备命名编号正确无误，电源已停电。

（3）在被测设备上验明无电压。

（4）接好表线，一人持表，一人手持两个接线，先选择与被测电动机电压相近的挡位。然后分别测量U相、V相、W相对地电阻及各相间电阻，低压电动机用500V挡位测量对地绝缘应不得低于0.5MΩ。

（5）将被测电动机与接地点接触放电。

738. 电动机的运行操作、检查及维护包括哪些内容？

答：（1）电动机启动前的检查。

（2）电动机的启动与停止：①电动机的启动步骤；②电动机

的停止步骤。

（3）电动机运行中的检查与维护。

（4）电动机异常运行及事故处理。

739. 电动机启动前的检查内容包括什么？

答：电动机及其带动的设备检修后，检修工作负责人应办理工作票终结手续，向运行人员交代设备的状况和绝缘电阻值，运行人员应按照停、送电联系制度，办理好手续后方可进行操作。

启动前的检查内容包括：

（1）查工作票已终结，机组已无人工作，电动机周围清洁，无妨碍运行的物件；

（2）检查继电保护及连锁装置正确投入；

（3）检查电动机所带设备应具备启动条件，并且无倒转现象；

（4）润滑油量充足，油位指示在标准线范围内，油色透明无杂质，无渗油处，强迫油循环电动机应先投油系统；

（5）直流电动机应检查整流子、碳刷接触良好，表面光滑，弹簧压力适当；

（6）电动机地脚螺栓、接地线及联轴器防护罩牢固良好；

（7）绕线式电动机滑环、碳刷及启动装置接触良好，刷辫及碳刷完整，启动把手在“启动”位置，频敏电阻短路开关在断开位置；

（8）手动盘车无卡涩现象，定转子无摩擦声；

（9）电动机及所带设备的电气仪表和热工仪表完整正确。

740. 电动机启动时有哪些注意事项？

答：（1）通知送电的设备在未得到电气人员已送电的通知前，所属值班人员不得接触电动机回路上的任何设备。

（2）笼式电动机在冷热状态下允许启动次数，应按制造厂家的规定执行，无规定时可根据被带动机械的特性和启动条件验算确定。在正常情况下，允许在冷态状态下启动2次，每次间隔不得少于5min，启动时电动机电流有指示即为一次启动。在热态下可启动1次，只有在事故处理及启动时间不超过2～3s的电动机，可多启动1次。当进行动平衡试验时启动间隔为：①200kW以下电动机不少于0.5h；②200～500kW电动机不少于1h；③500kW以上电动机不少于2h。

（3）启动电动机时应监视启动过程，注意电流表返回时间与以往比较不可过长，启动结束后应检查电动机运行正常。

（4）值班人员在启动大型电动机前，应事先与电气值班人员取得联系，事故情况下除外，但事故后需通知电气值班人员。

（5）备用的电动机自动投入时，应先合上被联动投入电动机开关把手，再恢复跳闸设备的开关把手及信号装置。

741. 简述电动机的启动步骤。

答：（1）对6kV高压电动机，应将小车开关推进工作位置，装上操作、合闸熔断器。对于低压电动机，应检查开关在分后，合上工作隔离开关，装上操作合闸熔断器。

（2）将操作把手切至合闸位置或按下合闸按钮。绿灯熄灭，红灯燃亮。

（3）用频敏变阻器启动的电动机，当电源开关合上后，经过一定时间（5～9s），电动机接近全速，转子短路开关自动连锁合上，有举刷装置的电动机全速后，用举刷装置的手柄将滑环短路器扳到“运行”位置。

（4）凡有连锁或联动的电动机，应按要求先后投入有关切换开关。

742. 电动机的停止步骤是怎样的？

答：电动机的停止步骤如下：

（1）断开电动机连锁开关或自投开关；

（2）拉开电动机的电源开关；

（3）绕线式电动机将滑环短路器扳至“启动”位置。

743. 电动机运行过程中的检查内容包括哪些?

答：运行中电动机的检查工作应由所属岗位值班人员负责，其检查内容如下：

(1) 电流表指示稳定，不超过允许值，否则应要求电气人员前来检查；

(2) 电动机声响正常，振动、窜动不超过规定值，指示灯正常；

(3) 电动机各部温度不超过规定值，无烟气、焦糊、过热等现象；

(4) 电动机外壳、启动装置的外壳接地线应良好，地脚螺栓不松动，轴承油位正常，无喷油、漏油现象，油质透明无杂质，油环转动灵活，端盖及顶盖封闭良好；

(5) 绕线式电动机和直流电动机滑环表面光滑，碳刷压力均匀接触良好，无冒火等现象；

(6) 电动机通风道无阻塞，冷却水阀门及通风道挡板位置正确，电动机周围清洁无杂物。

744. 电动机运行时的维护内容包括什么?

答：(1) 绕线式电动机滑环、碳刷的维护由专人负责，其维护项目如下：①定期吹扫清理滑环碳刷：②更换过短、损坏的碳刷；③保持碳刷在无火花下运行。

(2) 用油环润滑轴承的电动机，根据油位指示适当加油，滚动轴承一般也应加油。必要时，应用油枪增添油质相同的润滑剂。

(3) 轴承润滑油的更换一般一年不少于一次，更换时应将轴承彻底清洗。

745. FGD设备在检修后启动前的检查项目有哪些?

答：FGD设备在检修后启动之前，运行人员检查确认所有检修工作均已结束，工作票终结；各项连锁和保护试验均已完成。

接到FGD启动命令后，相关岗位值班员对所属设备做详细检查，发现缺陷及时消除并验收合格。

FGD启动前的检查项目有：

（1）脱硫现场杂物清理干净，各通道畅通，照明充足，楼梯栏杆安全牢固，各沟道畅通，盖板齐全。

（2）各设备润滑油油位正常，油质化验合格，油位计和油面镜清晰完好，无渗漏油现象。

（3）各烟道、管道保温完好，各种标示清晰完整。

（4）烟道、池、箱、塔、仓和GGH等内部已清扫干净，无余留物，人孔门检查后已经关闭。

（5）热工仪表、电动阀电源投入，脱硫DCS系统投入且DCS组态参数正常，全部热工、电气测量装置完好、显示正确，各种就地执行机构正常。

（6）机械、电气设备地脚螺栓齐全且牢固，防护罩完整，连接件及紧固件安装正常。

（7）各种手动阀、电动阀开关灵活，电动阀阀位指示与CRT画面显示相符。

（8）各系统手动阀门初始位置符合FGD启动的工艺要求。

746. 简述检修后的吸收塔出、入口烟气挡板的调试步骤及方法。

答：检修后的吸收塔出、入口烟气挡板的调试步骤及方法为：

（1）检查烟气挡板的叶片、密封垫、连杆及相应的执行机构，应安装完毕没有损坏。

（2）所有螺栓紧固完毕。

（3）烟道安装完毕，烟道严密性试验完毕，烟道内的杂物已清理干净。

（4）分别用远控、就地电动及就地手动的方式操作各烟气挡板。挡板应开关灵活，开关指示及反馈正确。

（5）就地检查挡板的开、关是否到位。当挡板全关时，检查若有间隙，调整相应的执行机构或密封。

（6）烟气挡板的连锁保护检查和试验。

747. 由烟气旁路运行方式切换为FGD运行方式的条件是什么？

答：当系统满足以下条件时，可以切换为FGD的运行方式：

（1）锅炉启动完毕，退出油枪投煤运行。

（2）至少有一台吸收塔循环泵投入了运行（为了避免浆液在吸收塔烟气入口处沉积，吸收塔循环泵在原烟气进口挡板打开通入烟气前运行时间不能超过5min）。

（3）FGD进口烟气温度在允许的范围内。

（4）进口烟气含尘量在允许的范围内。

（5）GGH已经启动。

748. FGD系统按照启停时间可以分为哪几种类型？

答：FGD系统按照停运时间将停运分为短时停运（几小时）、短期停运（几天）和长期停运（机组大修等）；与此相对应，FGD系统的启动可以分为短时停运后启动、短期停运后启动和长期停运后启动。

749. FGD运行调整的主要任务是什么？

答：FGD运行调整的主要任务是：

（1）在主机正常运行的工况下，满足机组脱硫的需要。

（2）保证脱硫装置安全运行。

（3）精心调整，保证各参数在最佳工况下运行，降低各种消耗。

（4）保证石膏品质符合要求。

（5）保证机组脱硫效率在规定范围内。

750. 为防止进入FGD的粉尘含量过高，可采取哪些方法对电除尘器进行调整？

答：为有效防止进入FGD的粉尘含量过高，可采取以下方法进行调整：

（1）运行人员应关注煤种的变化，调整好燃烧风量，特别是在锅炉吹灰时，应对各电场晃动进行手动控制；

（2）为避免除尘器连续振打所引起的二次飞扬，正常运行时振打应在 PLC 控制下运行，如需检查振打运行情况也应尽量缩短手动振打时间；

（3）在增压风机启动手动调整动叶开度时，需缓慢增大，防止负荷过高，带起烟道死角中的粉尘引起二次飞扬；

（4）加强对电除尘器各电场一次电压、一次电流、二次电压、二次电流的闪频情况的监控，使闪络频率控制在 10 次/分以内；

（5）尽可能抬高后两级电场的运行参数，确保电除尘器的高效运行，以达到有效控制烟气中粉尘含量的目的。

751. 试述吸收塔循环泵启动前应检查的内容。

答：（1）循环浆液系统上各表计齐全、指示正确。

（2）循环泵入口阀在关闭位置，轴瓦冷却水阀在开位置。

（3）循环泵事故按钮完好。

（4）循环浆液系统上所有的测量表计、电动阀门、电动机接线紧固，外皮无破损，电动机外壳接地线连接完好。

（5）循环泵油位在油标的 2/3 处，油质良好。

（6）循环泵地脚螺栓、防护罩齐全紧固，盘车灵活。

（7）吸收塔搅拌器盘车灵活。

（8）现场照明充足，无杂物。

（9）循环泵停运 7 天以上时，启动前必须通知电气运行人员对电动机绝缘电阻进行测量，合格后方可启动。

（10）拆开电源线的工作结束后，必须对电动机进行单电动机试转，确认电动机转向与泵要求转向一致。

（11）循环浆液管道用工业水冲洗完毕，相应的阀门开关灵活，位置反馈正确。

（12）吸收塔的液位达到规定值，满足循环泵的启动要求。

752. 概述工艺水系统启动步骤。

答：工艺水系统启动步骤如下：

（1）检查工艺水箱外形正常，滤网无堵塞，并有水位指示，溢流管畅通，放水阀应严密关闭。

（2）检查工艺水至各系统供水管道应畅通，节流孔板无堵塞。

（3）检查工艺水来水管道完好，管道及法兰连接完好无泄漏，出口各管道阀门开关指示正确，向工艺水箱注水准备冲洗。

（4）开启工艺水箱底部排净阀及工艺水泵、除雾器冲洗水泵入口管道排净阀，对工艺水箱进行冲洗，冲洗3～5min，确认冲洗合格后，关闭工艺水箱底部放水阀及各泵入口排净阀，向工艺水箱供水。

（5）开启待运行泵的入口手动阀。

（6）当工艺水箱液位达到正常液位时，启动选定的一台工艺水泵运行，出口启动阀自动打开。检查确认泵出口压力正常、流量正常，泵出口回流管道过压阀启闭正常。

（7）投入备用工艺水泵连锁，以便运行泵故障停运或泵出口压力过低时，备用泵自动启动。

（8）工艺水箱补水电动（气动）阀根据水箱水位的高低自动打开或关闭。

753. 概述石灰石浆液制备系统启动步骤。

答：（1）石灰石上料系统的启动。

1）启动石灰石仓顶、卸料间、斗式提升机间布袋除尘器。

2）启动石灰石仓顶皮带输送机。

3）启动斗式提升机。

4）启动除铁器。

5）启动振动给料机。

（2）湿式球磨机系统的启动。

1）启动系统声光信号报警。

2）启动球磨机润滑油系统。

3）检查球磨机齿圈润滑油箱及齿轮润滑油箱油位正常，油质良好。

4）仪用气源投入正常。

5）启动球磨机齿圈润滑油泵及齿轮润滑油泵，确认各处供油量合适。

6）启动滤液水泵运行，开启至球磨机和浆液箱各电动阀。

7）开启球磨机再循环箱泵进口气动阀，启动一台浆液泵，开启其出口阀。

8）调整滤液水至再循环箱调节阀，维持球磨机排浆罐液位正常。

9）启动球磨机运行。

10）启动对应的称重皮带给料机。

11）及时调整球磨机进口石灰石给料量在额定值，将球磨机入口工艺水进水调节阀和滤液水至再循环箱调节阀投入自动运行。

12）再循环箱液位由石灰石旋流器底流和溢流分配箱气动执行机构自动切换进行控制，旋流器来流石灰石浆液密度由滤液水至再循环箱调节阀的自动开关来控制。

754. 概述吸收塔系统启动步骤。

答：吸收塔系统启动步骤如下：

（1）吸收塔系统启动范围包括搅拌器、浆液循环泵、氧化风机、除雾器、吸收塔排水坑、吸收塔补水阀和事故浆液池。

吸收塔和浆液循环泵连续运行，加入吸收塔的石灰石浆液量根据烟气流量、入口 SO_2 含量、SO_2 脱除率和吸收塔浆液的 pH 值进行控制；除雾器冲洗水及吸收塔滤液补水调节阀控制吸收塔的液位；吸收塔排出到石膏旋流器的石膏以间断方式运行，用以控制吸收塔的浆液密度。

（2）吸收塔系统顺启动步骤。

1）吸收塔搅拌器启动。

2）浆液循环泵启动。

3）除雾器冲洗启动。

4）石膏排出泵启动。

5）石灰石浆液供给泵启动。

6）氧化风机启动。

7）石灰石浆液调节阀投自动。

（3）吸收塔搅拌器启动。

1）检查确认吸收塔搅拌器检修工作结束，无事故跳闸记忆。

2）吸收塔液位满足搅拌器启动条件。

3）开启搅拌器下部冲洗水手动阀，冲洗时间不少于5min。

4）启动吸收塔搅拌器，检查搅拌器无明显振动，轴承无异声，机械密封无泄漏，投入自动控制。

（4）浆液循环泵启动。在浆液循环泵启动条件满足后，先启动2台吸收塔浆液循环泵顺序控制启动程序，视锅炉负荷和吸收塔通烟气后脱硫效率的情况确定是否需要启动后1台吸收塔浆液循环泵顺序控制启动程序。对于未启动的浆液循环泵，将泵设为备用。浆液循环泵的启动间隔应大于60s。

1）投入浆液循环泵的机械密封水和齿轮箱冷却水。

2）关闭浆液循环泵冲洗水电动阀。

3）关闭浆液循环泵排净电动阀。

4）开启浆液循环泵进口电动阀。

5）启动吸收塔浆液循环泵。

（5）石膏排出泵启动。

1）投入石膏排出泵的机械密封水。将一台石膏排出泵设为运行泵，另一台设为备用泵。

2）关闭石膏排出泵冲洗水电动阀。

3）关闭石膏排出泵出口门阀。

4）关闭石膏浆液去密度计、pH管线阀。

5）关闭密度计、pH管线冲洗水阀。

6）开启石膏排出泵进口电动阀。

7）开启石膏排出泵冲洗阀。

8）延时30s关闭甲石膏排出泵冲洗阀。

9）启动吸收塔石膏排出泵。

10）开启石膏排出泵出口阀。

11）开启石膏浆液去密度计、pH计管线阀。

（6）氧化风机启动。

1）确认氧化空气系统检修工作结束，氧化风机入口风道畅通无堵塞，轴承油质良好，油位正常，皮带松紧适当，防护罩完整牢固。

2）投入氧化风机轴承冷却水、一级风机冷却器冷却水、隔声罩排气扇。

3）开启氧化风机出口电动阀。

4）全面开启排空电动阀。

5）启动一台氧化风机。

6）氧化风机启动正常1min后关闭排空的电动阀，观察出口压力及流量至正常值。

7）氧化风机启动后视出口温度情况投入喷水减温器。

8）氧化风机启动后，未启动的氧化风机设为备用。

（7）石灰石浆液供给泵启动。

1）关闭石灰石浆液泵出口电动阀；

2）关闭泵出口冲洗水电动阀；

3）打开石灰石浆液泵入口电动阀；

4）打开供给管道冲洗水电动阀；

5）延时30s关闭浆液供给管道冲洗水电动阀；

6）启动石灰石浆液泵；

7）打开石灰石浆液泵出口电动阀；

8）投入石灰石浆液出口管道上的密度计、出口压力变送器。

9）设定pH值，石灰石给浆调节阀投自动，以满足吸收塔处理要求。

755. 概述烟气系统启动步骤。

答：烟气系统启动步骤如下：

（1）烟气系统的启动范围主要包括密封风系统、GGH 系统、增压风机系统。

（2）密封风系统的启动。

1）开启密封风机出口手动阀。

2）确认烟道内无人检修，启动一台密封风机，缓慢开启其进口手动阀，确认流量，压力满足需要。

3）密封风机启动 3～5min 后投入电加热器，将冷空气加热至 100℃左右。

（3）GGH 的启动。GGH 启动前检查以下内容：

1）检查转子轴承、驱动装置减速箱及相关风机，注入合格的润滑油且液位正常。

2）通过旋转主电动机延伸轴上的手摇装置对 GGH 进行盘车且不少于 2 圈，确保烟气换热器能自由转动。

3）检查吹灰枪的压缩空气、低压和高压冲洗水投用条件已满足。

4）检查密封风机能正常运转。

5）检查低泄漏风机能正常运转，入口导叶关闭。

6）检查转子停车报警装置正常运转。

GGH 的启动流程：

1）确认原烟气及净烟气挡板门关闭。

2）确认空气压缩机出口及压缩空气罐出口手动阀门开启。

3）启动转子停车报警装置。

4）启动中心筒密封空气系统和吹灰器密封风机。

5）启动烟气换热器主驱动电动机。

6）60s 后转速报警系统设为自动。

7）关闭低泄漏风机进口电动挡板。

8）启动低泄漏风机，联开低泄漏风机进口电动挡板至一个合适的开度。

9）烟气负荷稳定后人工选择高压蒸汽吹扫或高压水冲洗。

10）吹灰器系统高压蒸汽吹扫为运行吹扫状态（一般为 1 次/

8h)，高压水冲洗建议为1次/月或者根据GGH实际工况进行冲洗。

(4) 增压风机的启动。

1) 检查润滑油脂已充满风机轴承或管路。

2) 启动增压风机电动机轴承润滑油泵。

3) 将风机入口静叶调至最小位置。

4) 启动一台轴承冷却风机，另一台备用。

5) 开启净烟气挡板。

6) 关闭吸收塔排空阀。

7) 打开待启动增压风机出口挡板。

8) 启动增压风机，延时静叶自动开启10%（10s内）。

9) 风机入口静叶自动开启10%。

10) 延时10s，开启原烟气挡板门。

11) 按照步骤7)、8)、9)、10)，启动另外一台增压风机。

12) 根据进烟量的需要，调整静叶开度，至增压风机失速信号消失，并逐步增大风机负荷，同时注意检查风机的振动、温度、声音等无异常。

13) 根据锅炉运行情况，手动关闭旁路挡板门。

14) 将2台增压风机静叶开度调至所需工况后投入自动控制。

756. 脱硫增压风机启动前应满足哪些条件?

答: 脱硫增压风机启动前应满足的条件为:

(1) 确认增压风机无检修工作，工作票已终结，安全措施已全部恢复。

(2) 确认增压风机启动前检查操作卡已正确执行。

(3) 确认增压风机系统各热工连锁保护已投入。

(4) 启动前确认设备内无人工作。

(5) 保持电动机接地线完好无损。

(6) 启动前确认增压风机动叶开度在最小位置。

(7) 合上开关电动机不转、倒转或转速明显缓慢时应立即停止运行。

（8）按6000V电动机启动规定进行操作。启动后应及时调整动叶开度，避免风机失速。

（9）注意检查润滑油和液压油冷却器、过滤器进出口切换阀切向位置正确。

（10）启动前应确认润滑油系统正常。

（11）检查润滑油、液压油冷却水压力、流量正常。

（12）增压风机轴承温度小于70℃（轴承温度测点2取2）。

（13）增压风机动叶角度小于5%或增压风机动叶已关。

（14）增压风机电动机轴承温度小于60℃（前轴承、后轴承）。

（15）增压风机电动机绕组温度小于80℃。

（16）增压风机扩散器内筒与烟气压差不低于250Pa。

（17）增压风机入口风箱密封空气压差不低于250Pa。

（18）无增压风机执行机构故障，无增压风机保护连锁跳闸条件。

（19）FGD入口烟气挡板已关。

（20）FGD出口烟气挡板打开。

（21）烟气换热器GGH已投运（主电动机或辅电动机运行）。

（22）增压风机液压油箱油温小于50℃。

（23）增压风机液压油压力正常大于700kPa。

（24）增压风机出口扩散筒密封风机和入口风箱密封风机任一密封风机已运行。

（25）增压风机轴承润滑油流量正常（大于18L/h）。

（26）增压风机电动机轴承润滑油流量正常（大于5.4L/h）。

（27）至少一台吸收塔浆液循环泵已运行。

（28）增压风机伺服电动机无故障信号。

（29）吸收塔排空阀已关。

757. 造成脱硫系统增压风机跳闸的条件有哪些？

答：造成脱硫系统增压风机跳闸的条件有：

（1）增压风机轴承温度大于100℃延时5s。

（2）增压风机失速报警与动叶角度大于41%，延时120s。

（3）增压风机主轴承振动大于80μm，延时5s。

（4）增压风机电动机轴承温度大于75℃且润滑油流量低（前/后轴承各二取高），延时5s。

（5）增压风机电动机轴承温度大于80℃（前/后轴承各二取高），延时5s。

（6）增压风机电动机绕组温度大于130℃（每相分别二取高），延时5s。

（7）FGD跳闸。

（8）增压风机液压油箱油温大于55℃，延时60min或大于60℃延时5s。

（9）增压风机液压油压低于700kPa，延时20min。

（10）增压风机启动120s后入口原烟气挡板未全开。

（11）增压风机扩散器内筒与烟气压差低报警，延时240min。

（12）增压风机入口风箱密封空气与烟气压差低报警，延时240min。

（13）增压风机运行，原烟气挡板或净烟气挡板未开。

（14）增压风机轴承润滑油流量低报警与轴承温度高（大于85℃增压风机前/后每相二取高），延时5s。

（15）电动机轴承润滑油流量低报警与电动机轴承温度高（大于85℃二取高），延时5s。

（16）两台润滑油泵跳闸。

（17）GGH跳闸。

（18）三台循环停运。

（19）FGD进口压力大于1kPa。

（20）FGD进口压力小于-1kPa。

758. 对各种烟气系统的启动和停运操作，总体上有两点要求是什么？

答：对各种烟气系统的启动和停运操作，总体上有两点要求：

（1）尽量减少对锅炉负压的影响，特别注意不要导致MFT。

（2）减少增压风机启动失败，避免发生损坏设备事故。

759. 石膏脱水系统运行操作的注意事项有哪些？

答：石膏脱水系统运行操作的注意事项有：

（1）真空建立起来前不要启动脱水机；

（2）真空不能超过设定的真空值；

（3）在停止时要释放滤布的张紧状态；

（4）必须连续进行喷吹清洗；

（5）检查脱水皮带的润滑系统正常。

760. 概述石膏脱水及储运系统启动步骤。

答：（1）启动前的检查。

1）检查主动轮、从动轮、真空槽表面水平度，确认在同一水平面上。

2）检查所有滤布和皮带支撑辊的平行度和水平度。

3）检查轴承润滑油量充足，齿轮油箱油位正常，油质合格，不漏油。

4）检查传动带与真空槽、皮带滑台或皮带托辊之间是否有杂物。

5）检查传动带张力，传动带应适度张紧，以主动轮不打滑为宜。

6）检查真空皮带脱水裙边是否损坏。

7）检查滤布、滤饼及石膏浆液来浆喷嘴是否有堵塞，必要时进行疏通。

8）检查滤布完整无划痕、无抽线、无空洞。

9）检查传动带上下无杂物，无残留杂质黏结。

10）检查摩擦带无断裂，确认与皮带能一同转动。

11）检查所有的托辊干净、光滑，无石膏块黏结，必要时用水清理干净。

12）确认滤布纠偏装置运转正常，压力调整器的滤网无堵塞，并把压力调整到0.2MPa。

13）确认滤饼冲洗水系统及设备、滤布冲洗水系统及设备、真空系统互设备正常，水箱水位正常，工业水泵已启动且出口压力正常，各相关系统及设备具备投运条件。

（2）真空皮带脱水机启动。

1）启动石膏皮带输送机。

2）打开滤布冲洗水喷水阀门，启动一台滤布冲洗水泵，检查喷嘴喷射角度正常；喷出的水遍布于滤布的整个宽度，喷射压力不超过500kPa。

3）打开真空槽密封水，检查流量正常。

4）打开滑动润滑水和皮带润滑水手动阀，确认有水流出。

5）启动真空皮带脱水机驱动电动机。

6）开启真空泵进水阀，有水流出后启动真空泵，投入真空系统。

7）确认皮带和滤布都垂直运行，同时滤布纠偏系统在正常运行。

8）打开给浆阀门，引入浆液至皮带机，形成滤饼。

9）在整个皮带机均匀布满浆液后，真空逐步建立，当达到－40kPa左右的真空度并有干的滤饼形成后，将给浆控制到工艺要求值，逐步提高皮带转速和给浆速度，控制滤饼厚度在正常值（15～30mm）。

10）打开滤饼冲洗水阀，调整冲洗水量，投入滤饼冲洗系统。

761. 真空皮带脱水机的停运步骤是什么？

答：真空皮带脱水机的停运步骤是：

（1）切断给浆。

（2）给湿滤饼足够时间使其尽可能地被脱水干燥，并将滤饼排出卸料斗。

（3）关闭真空系统。

（4）运行滤布2~3个周期以确保滤布与皮带的清洁，然后关掉冲洗水。

（5）停止冲洗水泵。

（6）停止真空皮带脱水机驱动装置。

（7）关闭皮带润滑和真空箱密封水阀。

762. 对GGH进行吹灰的原则是什么？

答：对GGH进行吹灰的原则是：

（1）GGH在未处理烟气的出入口各配有一台吹灰器。该吹灰器分三个系统，一个系统以压缩空气作为介质吹扫换热元件，另外两个系统分别为GGH提供高压水和低压水冲洗。

（2）GGH最初至少每6h使用压缩空气吹扫一次，吹扫频率可视运行情况而定，以保证压降接近设计值（原烟气：516Pa；净烟气：476Pa）。

（3）GGH吹灰要在锅炉停机前及GGH启动达到稳定负荷后进行。

（4）如果GGH处于锅炉燃烧不佳的状况，可以随时进行吹扫。

（5）GGH停用前要进行吹灰，以除掉换热元件表面的杂质，避免设备冷却后会出现换热元件腐蚀。

（6）GGH启动后应立即吹灰，以除掉因FGD运行不佳或燃烧不充分造成的尘粒等杂质。

（7）当GGH与锅炉、省煤器和空气预热器都需进行吹灰时，GGH的吹灰应安排在最后。

763. 简述GGH压缩空气的吹灰步骤。

答：GGH压缩空气吹灰步骤（吹灰器由DCS控制吹枪移动和相关的阀门运行及监控）为：

（1）确保吹扫前气源管线里所有水都排放干净；

（2）确保选择的吹扫介质正确，有气源并启动自动控制；

（3）启动 DCS 控制吹枪流程；

（4）注意监视吹灰器的压力，确保正常。

764. GGH 高压水的冲洗步骤是什么？

答：GGH 高压水的冲洗步骤如下：

（1）记录 GGH 的压降；

（2）确保冲洗水源具备并且过滤器清洁；

（3）检查 GGH 底部烟道的排水阀确认打开；

（4）启动 DCS 控制的高压水冲洗流程；

（5）启动高压冲洗水泵；

（6）启动 DCS 控制的吹枪移动流程；

（7）注意监视高压水压力指示值；

（8）整个吹灰周期完成后，再次记录 GGH 压降，如果压降没有显著改善，应重复冲洗流程；

（9）停止高压冲洗水泵，关闭底部烟道排水阀。

765. 氧化风机首次启动前应检查确认的项目有哪些？

答：氧化风机在首次启动前应仔细检查，确认如下几项：

（1）如果有进气管道与风机相连接，建议在进气口法兰上安装一金属丝滤网，运转 24h 后拆除下滤网，重新换上法兰连接。这样可以防止管道中的焊渣等异物吸入风机。

滤网必须可靠地固定，以免被吸入风机。滤网需用不锈钢丝编织而成（不能用焊接滤网），网眼面积为 $1mm^2$。

（2）检查管道安装，不使管道载荷直接加到风机法兰上；检查管道连接部位是否紧固。

（3）检查油塞及油位观察窗是否已经紧固。

（4）在油箱中加入润滑油，使油面到油位观察窗中心圈红点的上端。

注意：润滑油不可加入过量，否则会使润滑油进入罗茨风机型腔。

（5）用手转动风机的皮带轮，应感觉转动灵活自如。

（6）检查电动机的旋转方向。先卸下全部皮带，点动电动机以确认电动机的旋转方向和皮带罩壳上的旋转方向指示标记是否一致。如不一致，调换电动机接线，然后将全部皮带装上。

注意：反转可能导致设备受损。

（7）检查皮带轮（或联轴器）对准与否，皮带的张紧程度如何。皮带张紧不可太紧或太松。

（8）检查进、排气管道上的阀门，应使阀门全部打开，以防止压力瞬间上升过高。

（9）对两串联使用的风机（双级风机），应检查中间冷却器的冷却水供水阀门是否打开。

（10）启动电动机。

（11）调节阀门以获得需要的压力或真空度。

注意：运转风机时，必须先安装好皮带罩壳；在皮带罩壳拆卸状态下运转风机，很可能引起事故。

766. 概述石灰石浆液制备系统停止步骤。

答：（1）停止对应运行球磨机的称重皮带给料机，关闭压缩空气来气阀。

（2）比率调节阀和密度调节阀切换为手动。

（3）停止球磨机运行。

（4）停止球磨机大齿轮喷淋油脂系统。

（5）关闭球磨机冷却水阀。

（6）停止球磨机润滑油泵系统。

（7）根据排浆罐液位停止球磨机浆液泵。

767. 概述石膏脱水及储运系统停止步骤。

答：（1）停止石膏排出泵及石膏旋流站运行，脱水机来浆阀门关闭。

（2）给湿滤饼足够时间使其尽可能脱水干燥，并把所有浆料和滤饼排出到卸料槽。

（3）运行滤布2~3个周期，以确保滤布和皮带清洁，然后关闭滤饼和滤布冲洗喷嘴来水阀。

（4）停止真空皮带脱水机运行。

（5）停止真空泵运行。

（6）关闭真空泵密封水阀。

（7）停止滤布冲洗水泵。

768. 概述烟气系统停止步骤。

答：（1）开启旁路烟道挡板门。

（2）增压风机静叶调节切换为手动，逐步关闭静叶角度到最小。

（3）停止增压风机运行。

（4）关闭入口原烟气挡板门。

（5）关闭增压风机出口原烟气挡板门。

（6）开启吸收塔排空阀。

（7）关闭净烟气挡板门。

（8）延时2h，停止GGH系统。

769. 概述吸收塔系统停止步骤。

答：（1）停止石灰石浆液泵运行，并进行管道水冲洗。

（2）停止氧化风机运行。

（3）关闭吸收塔补水阀并停止补水程序及除雾器冲洗系统。

（4）根据吸收塔集水坑液位，依次停止浆液循环泵运行。

770. 概述工艺水系统启停步骤。

答：（1）解除备用泵连锁。

（2）关闭运行的工艺水泵出口电动阀。

（3）停止工艺水泵运行。

771. 脱硫系统停运后检查维护及注意事项是什么？

答：脱硫系统停运后检查维护及注意事项是：

（1）应及时对停运设备和浆液管道进行冲洗。

（2）定时检查系统中各箱、罐、坑液位，检查各搅拌器运行情况，如果是长期停运，应将各箱、罐、坑排空。

（3）按要求进行设备的换油和维护工作。

（4）停运期间应消除设备缺陷。

（5）冬季停运应采取防冻措施。

772. FGD装置运行中的一般性检查和维护的项目有哪些？

答：（1）FGD装置的清洁；

（2）转动设备的润滑和冷却；

（3）泵的机械密封，运行工况，循环回路；

（4）罐体、管道法兰和人孔门等处的泄漏情况；

（5）搅拌器的运行情况；

（6）烟气系统的积灰、堵塞情况，氧化风机的油压、油位及滤网清洁情况；

（7）石膏脱水系统的积垢情况；

（8）测量装置的校验和检查；

（9）系统运行中的化学分析。

773. 脱硫设备维护与保养需经常检查的项目有哪些？

答：为保证机组和FGD装置的正常运行，脱硫设备要进行适当的维护和保养，需经常检查的项目有：

（1）热工、电气、测量及保护装置，工业电视监控装置齐全并正常投入。

（2）设备外观完整、部件和保温齐全，设备及周围应清洁，无积油、积水、积浆及其他杂物，照明充足，栏杆平台完整。

（3）各箱、罐、池及吸收塔的人孔门、检查孔和排浆阀应严密关闭，各备用管座严密封闭，溢流管畅通。

（4）所有阀门、挡板开关灵活，无卡涩现象，位置指示正确。

（5）所有联轴器、三角皮带防护罩完好，安装牢固。

（6）转动机械各部地脚螺栓、联轴器螺栓、保护罩等应连接牢固。

（7）转动机械各部油质正常，油位指示清晰，并在正常油位；检查孔、盖完好，油杯内润滑油脂充足。

（8）转动机械各部应定期补充合适的润滑油，加油时应防止润滑油混入颗粒性机械杂质。

（9）转动机械运行时，无撞击、摩擦等异声，电流表指示不超过额定值，电动机旋转方向正确。

（10）转动机械轴承温度、振动不超过允许范围，油温不超过规定值。

（11）油箱油位正常，油质合格。

（12）电动机冷却风进出口畅通，入口温度不高于40℃，进出口风温差不超过25℃，外壳温度不超过70℃，冷却风干燥。

（13）电动机电缆头及接线、接地线完好，连接牢固，轴承及电动机测温装置完好正确投入；一般情况下，电动机在热态下不准连续启动两次（电动机绕组温度超过50℃为热态）。

（14）检查设备冷却水管、冷却风道畅通，冷却水来回水投入正常，水量适当。

（15）运行中皮带设备皮带不打滑、不跑偏且无破损现象，皮带轮位置对中。

（16）所有皮带都不允许超过出力运行，第一次启动不成功应减负荷再启动，仍不成功则不允许连续启动，必须卸去皮带上的全部负荷方可启动，并及时汇报值长、专工。

（17）所有传动机构完好、灵活，销子连接牢固。

（18）电动执行器完好，连接牢固，并指向自动位置。

（19）各箱罐外观完整，液位正常。

（20）事故按钮完好并加盖。

774. 脱硫设备日常巡检部件及内容是什么？

答：脱硫设备日常巡检部件及内容见表9-1。

表9-1 脱硫设备日常巡检部件及内容

设备	类型	检查部件	检查内容
风机	轴流式	电动机 轴承 润滑油泵单元 液压油泵单元 冷却水流量计 电流表 密封空气系统	（1）每个部件的振动，异常噪声，异常气味和异常温度； （2）润滑油的出口压力值和泄漏； （3）液压油的出口压力值和泄漏； （4）润滑油泵和液压油泵的冷却水流量； （5）电流值； （6）密封空气的出口压力； （7）每个部件中没有发生泄漏
	离心式	电动机 轴承 挡板 压力表 入口过滤器（若有） 阀门	（1）每个部件的振动，异常噪声，异常气味和异常温度； （2）挡板打开的状态； （3）出口压力值； （4）每个部件中没有发生泄漏； （5）电流值
鼓风机	罗茨	旋转部件 驱动部件 相关的仪表 入口过滤器 管道 电流表	（1）每个部件的振动，异常噪声，异常气味和异常温度； （2）润滑油的体积/液位； （3）润滑油的泄漏； （4）出口压力； （5）入口压力； （6）止回阀的颤动； （7）轴承和转子冷却水通路； （8）电流值； （9）出口流体温度； （10）传动皮带的松弛和磨损情况

续表

设备	类型	检查部件	检查内容
泵	离心式 柱塞泵	轴封部件 轴承部件 泵壳 电动机 压力表 管道 阀门 电流表	（1）每个部件的振动，异常噪声，异常气味和异常温度； （2）每个部件中无泄漏情况； （3）出口压力值； （4）润滑油的体积/液位； （5）电流值； （6）阀门的打开和关闭状态； （7）传动皮带的松弛和磨损情况（若有）
搅拌器	桨状	轴封部件 轴 齿轮部件 电动机	（1）每个部件的振动，异常噪声，异常气味和异常温度； （2）每个部件中无泄漏情况； （3）润滑油的体积/液位； （4）电流值
真空泵	水封	轴封部件 轴承部件 泵壳 电动机 压力表 流量表 管道 阀门 电流表	（1）每个部件的振动，异常噪声，异常气味和异常温度； （2）每个部件中无泄漏情况； （3）出口压力值； （4）密封水的流速和压力； （5）阀门的打开和关闭状态； （6）电流值； （7）皮带和滑轮的振动和磨损
旋流器	多旋流器	旋流器本身 阀门 相关仪表 管道 总管和底部流面板	（1）每个部件无泄漏； （2）每个部件无堵塞； （3）阀门的打开和关闭状态； （4）入口压力
给料机输送机	振动给料机 称重给料机 皮带输送机 斗式提升机	给料机本身 传动部件 皮带、料斗 入口滑动闸阀 出口斜槽	（1）每个部件的振动，异常噪声，异常气味和异常温度； （2）润滑油的体积/液位； （3）无油泄漏发生； （4）皮带滑轮的振动和磨损； （5）在出口处无堵塞和无沉积物；

续表

设备	类型	检查部件	检查内容
给料机输送机	振动给料机 称重给料机 皮带输送机 斗式提升机	密封空气管路和空气流速 扩展部分 电流表（二次电流和频率）	(6) 给料机本身无堵塞和无渗开； (7) 密封空气阀全部打开； (8) 入口滑动闸阀全部打开； (9) 扩展部分的断裂； (10) 粉末排放的状况； (11) 电流值
湿式球磨机	湿式球磨机	磨机本身 驱动部件 齿轮传动装置润滑 轴承（磨机和小齿轮） 冷却水 润滑单元和管道	(1) 每个部件的振动，异常噪声，异常气味和异常温度； (2) 润滑油的体积/液位； (3) 润滑油的排放流速值和泄漏； (4) 无油泄漏发生； (5) 润滑油泵单元的冷却水流速； (6) 电流值； (7) 阀门打开和关闭的状态
石膏分离器	水平皮带真空过滤器	滤布 滚筒 传动部件 进料筒 刮板 管道 卸料斜槽 相关仪表 清洗水供给喷嘴 阀门 电磁阀 操作盘	(1) 每个部件的振动和异常噪声； (2) 每个部件无泄漏； (3) 在斜槽处排放石膏； (4) 滤布的曲折/对准； (5) 滤布的堵塞和堵住； (6) 滤布和皮带的损坏及皮带有无孔和撕扯情况； (7) 用水清洗滤布的清洁度； (8) 石膏的飞溅； (9) 过滤器滤饼的黏附状态； (10) 阀门打开或关闭状态； (11) 在进给箱处液体进给和堵塞； (12) 真空状态； (13) 可用的滚筒旋转状态和衬里磨损； (14) 公用系统用水的压力； (15) 控制面板的指示

续表

设备	类型	检查部件	检查内容
储罐	圆柱形	储罐本身 相关仪器 管道	（1）储罐的液位； （2）每个部件中无泄漏发生； （3）阀门打开/关闭的状态； （4）振动和异常噪声
挡板	双百叶窗板	电动机 轴承 密封部件	（1）每个部件的振动，异常噪声，异常气味和异常温度； （2）挡板打开的状态； （3）每个部件中无泄漏发生
	百叶窗板	电动机 轴承	每个部件的振动，异常噪声，异常气味和异常温度
GGH	旋转式	GGH 本身 传动部件 吹灰部件 污水部件 电流表	（1）每个部件的振动，异常噪声，异常气味和异常温度； （2）管道和换热器无泄漏发生； （3）吹灰器的压力； （4）润滑油的体积/液位； （5）密封空气和清扫空气的压力； （6）电流值
吸收塔	圆柱形	吸收塔本身 相关仪器 管道 喷嘴集管 pH 计	（1）吸收塔的液位； （2）每个部件中无泄漏发生； （3）阀门打开/关闭的状态； （4）pH 计的堵塞情况； （5）振动和异常噪声
储仓	圆柱形	储仓本身 相关仪器 管道	（1）粉末料位计的运行； （2）每个仪器的指示值； （3）堵塞情况； （4）气动滑板的供气压力
坑	地下	坑本身 相关仪器 管道	（1）坑的液位； （2）每个部件中无泄漏发生； （3）浆液沉积物的情况； （4）振动、异常噪声和异常气味

775. 泵类设备运行中应检查和维护的内容包括哪些？

答：泵类设备检查和维护内容应包括：

（1）泵的轴封应严密，无漏浆及漏水现象，泵的出口压力正常，出口压力无剧烈波动现象，否则进口堵塞或汽化。

（2）泵的进口压力过大，应及时调整箱罐的液位正常，以免泵过负荷，如果泵的出口压力低，应切为备用泵运行，必要时通知检修人员处理。

（3）各部位油质、油位、油温正常，各部轴承温度、振动正常。

（4）电动机电流正常，电动机旋转方向正确。

776. 氧化风机运行中应检查和维护的内容包括哪些？

答：氧化风机运行中应检查和维护的内容包括：

（1）氧化风机进口滤网应清洁，无杂物。

（2）氧化风机管道连接牢固，无漏气现象。

（3）氧化风机出口电动阀关闭严密。

（4）氧化空气出口压力、流量正常，若出口压力太低，应检查耗电量情况，必要时应切换至备用氧化风机运行。

（5）检查入口过滤器前后压差正常，若压差过大，应切换至备用氧化风机运行，并及时清洁过滤器。

（6）润滑油的油质必须符合规定，每运行6000h，应进行油质分析。

（7）当吸收塔液位变动时，应注意调整氧化风机的出力。

777. 石灰石储运系统运行中的检查内容有哪些？

答：石灰石储运系统运行中的检查内容有：

（1）布袋除尘器正确投入，反吹系统启停动作正常；

（2）旋转给料机下料均匀，给料无堆积、飞溅现象；

（3）所有进料、下料管道无磨损、堵塞和泄漏现象。

778. 石灰石给料系统运行中应检查和维护的内容包括哪些?

答: 石灰石给料系统运行中应检查和维护的内容包括:

(1) 卸料斗箅子安装牢固并完好。

(2) 除尘器投入正常，清灰系统启停操作正常。

(3) 振动给料机下料均匀，给料无堆积、飞溅现象。

(4) 应检查并防止吸铁件刺伤弃铁皮带。

(5) 人员靠近金属分离器时，身上不要带铁制尖锐物件，如刀子等，同时防止自动卸下的铁件击伤人体。

(6) 运行中应及时清理原料中的杂物，如果原料中的石块、铁件、木头等杂物过多，应及时汇报值长及专工，通知有关部门处理。

(7) 运行中应及时清理弃铁箱中的杂物。

(8) 螺旋输送机转动正确，输送机各部无积料现象。

(9) 斗式提升机底部无积料，各料斗安装牢固并完好。

(10) 石灰石仓无水源进入。

(11) 所有进料、下料管道无磨损、堵塞及泄漏现象。

779. 石灰石制备系统运行中应检查和维护的内容包括哪些?

答: 石灰石制备系统运行中应检查和维护的内容包括:

(1) 称重皮带机给料均匀，无积料、漏料现象，称重装置测量准确。

(2) 制浆系统管道及旋流器应连接牢固，无磨损及漏浆现象。若旋流器泄漏严重，应切为备用旋流器运行，并通知检修处理。

(3) 保持球磨机最佳钢球装载量，若球磨机电流低于正常值，应及时补加钢球。

(4) 球磨机进、出料管及滤液水管应畅通，运行中应密切监视球磨机进口料位，严防球磨机堵塞。

(5) 大齿轮喷淋装置喷油正常，空气及油管连接牢固，不漏油、不漏气。

(6) 若油箱油位不正常升高，应及时通知检修人员检查冷却水管是否破裂；反之，可能油管破裂或管路堵塞。

（7）慢驱电动机爪形离合器应处于退出位置。

（8）若筒体附近有漏浆，应及时通知检修人员检查橡胶瓦螺栓是否松脱，是否严密或存在其他不严密处。

（9）若球磨机进、出口密封处泄漏，应检查球磨机内料位计密封磨损情况。

（10）经常检查球磨机出口箅子的清洁情况，及时清除分离出来的杂物。

（11）禁止球磨机长时间空负荷运行。

（12）球磨机转速不能达到额定转速或太快达到额定转速时，应通知检修人员检查溢流联轴器内的油量。

（13）运行中和停机后应检查液力耦合器易熔塞是否完好，应无漏油现象。

780. 烟气系统检查和维护的内容应包括哪些?

答: 烟气系统检查和维护的内容应包括:

（1）脱硫系统运行时，应定期进行旁路烟气挡板开、关试验。

（2）检查密封系统正常投入，其密封风压力应高于热烟气压力500Pa以上。

（3）密封风管道和烟道应无漏风、漏烟现象。

（4）烟道膨胀畅通，膨胀节无拉裂、破损现象。

（5）脱硫装置停运检查时须关闭原烟气及净烟气挡板，此时因启动挡板密封风机，且密封气压应高于烟气压力，防止烟气进入工作区。

781. 增压风机油站的哪些参数参与跳闸条件?设定值各为多少?

答: （1）风机轴承润滑油温大于85℃，延时5min跳增压风机；

（2）液压油温度大于60℃跳增压风机；

（3）液压油压小于700kPa跳增压风机。

（4）液压油箱油温大于55℃持续60min，

（5）2台润滑油泵全停持续5s。

782. 增压风机运行中的检查内容有哪些？

答：增压风机运行中的检查内容如下：

（1）增压风机密封烟气系统及轮毂加热器正确投入；

（2）增压风机本体完整，人孔门严密关闭，无漏风或漏烟现象；

（3）增压风机主轴承温度、振动等应正常，无异声；

（4）增压风机主驱动电动机的绕组和轴承温度、振动应无异常；

（5）增压风机液压油站、润滑油站冷却水正常；

（6）增压风机动叶调节灵活，液压油压力适当；

（7）增压风机液压油站和润滑油站的液位应正常；

（8）增压风机滑轨及滑轮完好，滑动自如，无障碍；

（9）增压风机基础减震装置无严重变形；

（10）增压风机进出口法兰连接牢固；

（11）当油过滤器前后压差过高时，则应切换为备用油过滤器运行；

（12）如果油箱油温低于10℃，投入油箱加热器运行；

（13）如果油箱油位过低，应检查系统严密性并及时加油至正常油位；

（14）如果油箱油温高于55℃，应查明原因，若油的流量低，必须对油路及轴承进行检查。

783. GGH运行中的检查内容有哪些？

答：GGH运行中的检查内容有：

（1）GGH运行中应无动静部分摩擦和异常声音，传动装置运转平稳；

（2）GGH电动机电流应稳定在正常范围内，若电流异常摆动，应及时查找原因，并进行相应处理；

（3）运行中应严密监视GGH进出口烟气压差及进出口烟气温度的变化情况，发现异常应及时分析原因并采取相应措施；

（4）若GGH进出口烟气压差增大，应及时进行吹灰；

（5）检查轴承润滑油系统无泄漏，油位、油温等正常；

（6）外壳保温良好，本体无漏风、漏烟现象；

（7）冲洗水系统阀门应关闭，系统无泄漏现象；

（8）检查上、下轴承油温应正常；

（9）GGH密封风机和低泄漏风机运行正常。

784. GGH检查和维护的项目有哪些？

答：GGH检查和维护的项目有：

（1）转子驱动装置。电动机的温度、振动、电流和轴承的转动声音；减速箱的温度、振动、齿轮声音、轴承转动声音、油位和漏油情况；过滤器疏水、小齿轮声音和气体的泄漏情况。

（2）主轴承。热侧和冷侧的轴承转动声音、油位和漏油情况、尘封环位置、气体泄漏、耳轴螺栓锁定棒掉落情况。

（3）转子本体。通风阻力，转子密封掉落和滑动声音，换热元件掉落和堵塞情况。

（4）吹灰器。吹灰器的蒸汽压力、主汽阀漏气、阀门开关机构的操作、移动喷头漏气、内管漏气、喷枪管漏气、配对法兰漏气及吹灰器的操作情况。

785. 低泄漏风机运行中需要检查哪些内容？

答：低泄漏风机运行中需要检查的内容包括：

（1）检查风机各部轴承油位正常；

（2）检查风机和电动机轴承温度正常；

（3）检查电机绕组和任何其他控制回路的温度正常；

（4）检查风机各部振动正常，无异声；

（5）确保风机不在喘振条件下运行；

（6）在风机运行中使用入口风门调节负荷。

786. 吸收塔运行中应检查和维护的内容包括哪些？

答： 吸收塔检查和维护的内容应包括：

（1）吸收塔本体无漏浆及漏烟、漏风现象，其液位和 pH 值应在规定范围内。

（2）除雾器压差正常，除雾器冲洗水畅通，压力在合格范围内，除雾器自动冲洗时，冲洗程序正常。

（3）吸收塔喷淋层喷雾良好。

（4）侧进式搅拌器轴封良好，检漏管无漏浆现象。

（5）氧化空气喷枪冲洗水应开启。

（6）应控制吸收塔出口烟气温度低于60℃，以免损坏除雾器。

（7）运行中视情况投入上层除雾器冲洗水阀。

787. 石膏脱水系统运行中应检查和维护的内容包括哪些？

答： 石膏脱水系统运行中应检查和维护的内容包括：

（1）检查浆液分配管（盒）进行均匀，无偏斜，石膏滤饼厚度适当，出料含水量正常且无堵塞现象。

（2）脱水机走带速度适当，滤布张紧度适当，清洁，无划痕。

（3）脱水机所有托辊应能自由转动，应及时清理托辊及周围固体沉积物。

（4）滤布冲洗水流量为 $7m^3/h$，真空和密封水流量为 $2m^3/h$，滤饼冲洗水流量为 $7m^3/h$，滑道冲洗水流量为 $1.7m^3/h$，脱水机运转时声音正常，气水分离器真空度正常。

（5）皮带调偏装置正常投入，出口压力适当。

（6）真空泵冷却水流量正常，一般为 $10m^3/h$ 左右。

（7）检查工艺水至滤饼冲洗水箱管路畅通。

（8）脱水机不易频繁启停，应尽量减少启停次数。短时不脱水时，可维持脱水机空负荷低速运行。

788. 真空皮带机正常运行的检查和调整是什么？

答：在真空皮带机正常运行中，做以下检查和调整：

（1）调整给浆率和皮带速度，优化真空皮带脱水机的出力，降低滤饼含水率。

（2）调整冲洗水量，以最少的冲洗水量达到最佳的滤布、皮带冲洗效果。

（3）每日进行一次如下检查：湿度分析；滤饼厚度检查；真空度检查；检查滚筒的情况；检查仪用空气源是否正常，滤布纠偏是否正常运行。

789. pH计运行中应检查和维护的内容包括哪些？

答：pH计运行中应检查和维护的内容包括：

（1）pH计的冲洗。

1）pH计每隔1h自动冲洗一次，当发现pH值指示不准确时，应及时冲洗pH计。

2）关断进浆阀。

3）存储pH值。

4）开启冲洗水阀，冲洗pH计1min。

5）冲洗完毕，关闭冲洗水阀，开启进浆阀。

6）冲洗完毕，显示应准确，否则应重新冲洗。

（2）pH计的投入。

1）投运前，应检查pH计各阀门严密关闭，外观及连接部件正常。

2）关闭冲洗水阀。

3）缓慢开启进浆阀及回浆阀，向pH计充浆。

4）投入后，应通知化学专业人员化验石膏pH值，若pH值不准确，应立即对pH计进行冲洗。若反复冲洗后pH计指示仍不准确，应立即通知热工人员进行处理。

（3）pH计的保养。如果脱硫装置停运时间较长，石膏排出泵需要停止运行时，则pH计必须进行注水保养。

1）石膏排出泵已停运，关闭pH计入口手动阀，开启pH计水冲洗电动阀，对pH计及出口管道进行冲洗。

2）开启pH计入口手动阀，关闭出口手动阀，对入口管道进行水冲洗。关闭pH计入口手动阀及冲洗水电动阀、手动阀，pH计注水完毕，此时，pH值为7.0左右。

3）pH计注水后应定期进行检查，及时向pH计注水保养，一般每24h即应注水一次，否则pH计电极结垢，会影响pH计的测量精度，甚至损坏pH计。

790. 运行中转动机械紧急停止条件是什么？

答：运行中转动机械紧急停止条件是：

（1）启动后无电流显示或电流在规定时间不返回。

（2）启动后电极不转或转动声音不正常，在规定时间内达不到规定转速。

（3）润滑设备故障造成断油，不能立即恢复时。

（4）轴承温度及定子绕组温度超过规定值，保护未动作时。

（5）设备发生火灾、水灾危及人身、设备安全时。

（6）电动机、转动机械振动或窜动超过规定值时。

（7）转动机械轴承冒烟时。

（8）转动机械发生严重摩擦或撞击时。

（9）皮带设备发生以下情况之一时，应紧急停运：

1）皮带严重跑偏时。

2）皮带打滑或速度明显减慢时。

3）进、出料口堵塞时。

4）设备发生明显异声时。

5）危及设备及人身安全时。

791. 脱硫设备被冻的原因是什么？

答：在自然界中，大部分物质从液体凝结成固体时，体积都要缩小，但液态水凝固为冰时，体积却要膨胀9%左右，这种膨胀的力量巨大，会造成严重的破坏。原因分析为：

（1）人的主观因素。冬季来临时未制定防冻预案；防冻系统和设施忘记投运；停运系统和设备时，系统和设备中的浆液和水没有放净。

（2）环境因素。工厂处于极寒地区；寒风直吹设备；寒流时间突然提前。

（3）工程设计原因。极寒地区的设备露天布置；设计过程中防冻和保温考虑不周全；防冻热源功率设计偏小。

（4）材料因素。保温材料质量差；电伴热材料质量差；其他设备、材料等本身质量较差。

（5）施工因素。保温层破损或保温厚度不够；伴热电缆施工方法不对。

（6）运行维护管理问题。防冻热源断开或跳闸；系统经常短期停运；冬天设备跑、冒、滴、漏。

792. 脱硫系统冬季运行期间应重点防范哪些风险？

答：脱硫系统冬季运行期间应重点防范的风险为：

（1）确保人员安全，对现场存在的风险要清楚，有预防措施。

（2）各类管道保温是否完好，确保管道不会被冻结。

（3）各类变送器、压力表、液位计、测量管等伴热电缆正常投运，确保上位机反馈数据正确。

（4）各设备间、开关室、控制室等房屋门窗完好并已关闭，防止设备损坏。

（5）各室外设备防雨棚是否完好，特别是备用设备应该加强切换，防止冻结。

（6）对各类阀门要定期进行试验，防止阀门被冻住，发现问题及时检修。

（7）各水、浆液、药品箱内搅拌器正常投运，部分可以打循环的泵也可投运，防止结冰。

（8）适当开启增压风机润滑油站、液压油站备用冷却器进、出水阀，保持水流畅通；适当开启备用石膏浆液循环泵减速机冷却水阀，保持水流畅通。

（9）吸收塔除雾器冲洗间隔时间缩短。

（10）增压风机油站加热器正常投运。

（11）及时联系石灰石送粉，保持粉仓正常料位。

（12）加强设备定期切换和定期试验，确保设备正常稳定运行。

793. 脱硫装置运行维护过程中采取的防冻措施有哪些？

答：脱硫装置运行维护过程中采取的防冻措施有：

（1）在运行过程中及时处理现场管道、设备等的跑、冒、滴、漏缺陷。

（2）地下水池埋设深度不够防冻深度或开敞式水池应采取冬季防冻措施，防止冻坏。如果室外环境温度低于4℃，室外设备的各坑、池、罐的泵及搅拌器均应运行。

（3）管道结冰后，光管可以用喷灯烤；对于内部有衬胶的管道在结冰后，不允许用喷灯烤，只能采取拆法兰疏通的办法，用热水或热蒸汽。

（4）浆液系统管道堵塞后必须及时疏通，防止浆液停止流动后增加管道和相关设备被冻坏的风险。

（5）运行中如果室外环境温度低于4℃，应尽量保持工业水、工艺水至各个设备及系统的补水有一定流量。

（6）设备或系统在停运中应及时冲洗并放干净管道及设备中的水和介质。

（7）增压风机等在室外的油站油温度要一直在启动运行条件之上。

（8）对于停运的室外压缩空气管道要及时开启低点放水。

（9）进行厂房的空洞封闭，防止漏风，加强暖气监视，确保室内暖气一直保持供给，并制定暖气停运的应急措施，防止暖气停运后厂房内的设备、管道冻坏。

(10) 对于室外管道上的调节阀尤其要注意，因为运行中有时调节阀在关闭状态。再有就是各种调节阀、仪表等均有旁路，在正常运行时，旁路一般处于关闭状态，长期不流动浆液易堵易冻。

(11) SO_2 分析仪取样管、旁路压差表取样管、pH 计冲洗管等多处仪表取样管冻结，SO_2 分析仪由于排水管的冻结造成排水不畅，运行中注意及时清理排水管附近的积冰。

(12) 在工艺水主干管上接有许多检修用冲洗水管，这些管路设计中没有充分考虑冬季防冻问题；在接近主干管的部位没有加阀门，只是在远离主干管的端部有阀门，并且没有管线放水阀，易形成死水，要经常检查并注意放水。

794. 简述脱硫系统停运后的检查及注意事项。

答：脱硫系统停运后，注意事项有：

(1) 有悬浮液的管线必须冲洗干净，残留的悬浮液可能会引起管路的堵塞。

(2) 要定时检查系统中各箱罐的液位，如果是长期停运，应将各箱罐清空。

(3) 应考虑设备的换油和维护工作。

(4) 停运期间应进行必需的消缺工作。

795. 脱硫装置检修过程中采取的防冻措施有哪些？

答：脱硫装置检修过程中采取的防冻措施有：

(1) 保温层厚度必须满足设计要求，不能偷工减料。

(2) 不能有漏保温的地方，该保温的地方必须全部填实。

(3) 保温棉之间要有搭接。保温棉外的金属保护层接缝与保温棉接缝必须错开，不能存在有寒风从保温棉接缝处直接穿透的缝隙通道。

(4) 及时更换被淋湿的保温棉材料，恢复设备保温防冻措施。

(5) 特别关注设备以下部位保温的施工质量：阀门阀盖阀杆、管道进出其他设备或建筑物的接口处、膨胀节和法兰面、排空阀和排空管道、直接在结构上生根处的管道、处于地面下冻土层内的管道等。

（6）在需要增加电伴热或需要保温的位置增加电伴热和保温。

（7）采用电伴热防冻时，伴热电缆的缠绕施工工艺很重要。缠绕施工工艺一定要求满足特殊设备的防冻要求，如阀门阀盖阀杆、泵壳底座、排空阀、弯头和三通处等。具体缠绕方法在伴热电缆产品说明书中都有说明，可供借鉴。

（8）准备好防寒防冻物质并由专人管理（防寒用门帘、电伴热设备、保温材料、破碎冰用的电锤、喷灯、加热用的蒸汽、热水等）。

（9）施工、抢修时不得使用冻硬的橡胶圈。

（10）对于管道中的陶瓷阀门和陶瓷短接容易冻裂，更要注意：

1）管线冻结后，由于水、冰、陶瓷膨胀系数不同，内部陶瓷套管被冻裂。

2）化冻时，用热水浇致使陶瓷炸裂。

3）化冻后安装过程中，由于安装顺序错误，致使陶瓷阀损坏；正确的安装顺序为先将该阀安装好，再连接相连的法兰配管，即使陶瓷阀安装得不严，也不要强行紧固，尤其是不能在整个管线上最后安装该阀，其他段法兰管由于有橡胶内衬可以进行微调纵向位置，但由于该阀为陶瓷内管，安装中纵向调整的幅度小，易受损。

796. 烟气脱硫系统的能耗主要表现在哪些方面？

答：烟气脱硫系统的能耗主要表现在电耗、水耗和压缩空气的消耗上，其中以电能消耗为最大，脱硫系统的电耗占厂发电量的1%～1.5%。

797. 烟气脱硫系统中电功率较大的主要设备有哪些？

答：烟气脱硫系统中电功率较大的主要设备有增压风机、浆液循环泵、氧化风机、球磨机、挡板密封加热器、真空泵和石膏排出泵等，其中增压风机的电功率占50%左右。

798. 脱硫增压风机做功计算公式是什么?

答: 脱硫增压风机做功计算公式是

$$p = \frac{\Delta p \eta}{\rho} \tag{9-1}$$

式中 p——比功，即增压风机对单位质量烟气量所做的功，kJ/kg；

Δp——压升，即增压风机对烟气提供的压升，Pa；

ρ——烟气密度，kg/m^3；

η——烟气压缩性系数，无纲量单位。

在增压风机所需提供的压升 Δp 一定的前提下（即脱硫系统阻力相同情况下），烟气密度 ρ 越小，则增压风机所做的比功越大；在烟气密度相同的情况下，所需提供的压升越大（即脱硫系统的阻力越大），则增压风机所做的比功越大。另外，因为增压风机对烟气所做的总功等于比功与烟气总质量流量的乘积，因此，在比功一定的情况下，烟气的质量流量越大，则增压风机所做的功越多。增压风机做功的多少直接影响到其电耗的大小，做功越多，电耗越大。

799. 在满足脱硫性能的前提下，降低增压风机电耗应从哪几方面着手?

答: 在满足脱硫性能的前提下，降低增压风机电耗应从以下方面着手：

（1）调整好锅炉的燃烧，降低过量空气系数，减少生产的烟气量；

（2）减少系统漏风量；

（3）降低脱硫系统入口的烟气温度；

（4）优化脱硫系统设计，减小系统阻力。

（5）加装增压风机小旁路，在低负荷下停运增压风机。

（6）加强GGH吹扫和除雾器水冲洗，避免GGH和除雾器堵塞、阻力增加。

（7）满足脱硫性能的前提下，减少浆液循环泵运行台数，降低喷淋层阻力。

800. 为降低烟气系统阻力，增压风机进出口烟道布置应遵循的原则是什么？

答：为降低烟气系统阻力，增压风机进出口烟道布置应遵循的原则是：

（1）进口烟气布置应尽量保证气流均匀地进入风机叶轮，并充满叶轮进口界面。风机进口烟道以水平段为最佳，一般长度不小于入口烟道当量直径的2.5倍，烟道收敛变径角度不超过15°，扩散变径角度不超过7°。

（2）风机出口烟道直管段长度应尽可能保证3～5倍当量直径以上。

801. 脱硫添加剂分类及其作用是什么？

答：用于石灰石—石膏法的脱硫添加剂主要分为无机添加剂和有机添加剂两大类。无机添加剂如镁添加剂、钠添加剂等，此类添加剂可强化吸收过程，提高脱硫效率。有机添加剂又称为缓冲添加剂，多为有机酸，如苯甲酸、间苯二甲酸、甲酸钠等。

在烟气脱硫中，采用脱硫添加剂对烟气脱硫有以下几个方面的作用：

（1）减小pH值波动，起到缓冲剂的作用；

（2）增强洗涤能力，提高脱硫效率；

（3）增强碳酸钙的反应活性，提高吸收剂利用率；

（4）防止浆液结垢和堵塞，提高系统可靠性和稳定性；

（5）同比条件下，可降低液气比，实现系统节能降耗。

第十章

烟气湿法脱硫装置常见故障分析与处理

802. 脱硫系统故障处理的一般原则是什么?

答: 脱硫系统故障处理的一般原则是:

(1) 应保证人身、设备安全。

(2) 正确判断和处理故障,防止故障扩大,限制故障范围或消除故障原因,恢复装置运行。在装置确已不具备运行条件或危害人身、设备安全时,应按临时停运处理。

(3) 在故障处理过程中应防止浆液在管道内堵塞,在吸收塔、箱、罐、坑及泵体内沉积。

(4) 在电源故障情况下,应查明原因及时恢复电源。若短时间内不能恢复供电,应将泵、管道内的浆液进行排空。待电源恢复后,启动工艺水泵对泵及管道进行冲洗。

(5) 在没有发生上述故障时,运行人员应根据自己的经验,采取对策,迅速处理。首先保证旁路挡板打开,具体操作内容及步骤应根据电厂的系统实际情况,在电厂的运行规程中规定。

803. FGD系统在出现什么情况时可申请锅炉紧急停炉?

答: FGD系统在出现下列情况时可申请锅炉紧急停炉:

(1) 脱硫循环泵全部停运,而FGD原烟气挡板和净烟气挡板均无法关闭。

(2) FGD入口烟气温度过高(超过FGD设计允许的最高烟气温度),而FGD原烟气挡板和净烟气挡板均无法关闭。

(3) FGD出入口烟气挡板在正常运行时发生关闭而旁路烟道挡板未能同时打开。

(4) FGD旁路烟道处出现大面积烟气泄漏。

804. 简述脱硫系统保护动作的原因及动作后的处理方法。

答: 造成脱硫系统保护动作的原因通常有以下几条:

(1) 所有吸收塔循环泵都无法投入运行;

(2) 脱硫系统入口烟气温度超过了允许的最高值;

(3) 在正常运行时,出现FGD入口和出口烟气挡板关闭的情况；

（4）增压风机因故障无法运行；

（5）烟气再热器因故障无法运行，或出口烟气温度过低；

（6）系统入口烟气含尘量超标；

（7）半数以上吸收塔搅拌器无法投入运行；

（8）锅炉 MFT 或大量投油燃烧。

脱硫系统保护动作后的处理方法如下：

（1）检查确定旁路烟气挡板已自动开启；

（2）通知运行班长及有关部门；

（3）注意调整和监视各浆液池内浆液密度和液位；

（4）保证各搅拌器正常运行；

（5）及时排空和冲洗可能因浆液沉淀而造成堵塞的泵、管道及箱罐；

（6）查明脱硫系统保护动作的原因，并根据脱硫系统运行规程采取相应措施，并准备随时恢复系统的运行。

805. 脱硫系统紧急停运的工况有哪些？

答： 脱硫系统发生下列情况之一时，应立即打开旁路挡板，停运脱硫系统：

（1）增压风机因故障停运；

（2）吸收塔浆液循环泵全停；

（3）脱硫系统入口烟气温度高于极限值；

（4）脱硫系统入口烟道压力超出极限值；

（5）净烟气或原烟气挡板关闭；

（6）高压电源中断；

（7）锅炉 MFT；

（8）GGH 因故障停运；

（9）危及人身、设备安全的因素。

806. 脱硫系统异常停运的工况有哪些?

答:发生下列情况之一时,宜停运脱硫系统:

(1)锅炉长时间投油枪或除尘器故障;

(2)吸收塔浆液密度超设计值20%,经采取措施后无效;

(3)GGH堵塞严重,经采取措施后无法维持正常压差;

(4)吸收塔浆液品质恶化,经采取措施后无法恢复正常;

(5)吸收塔浆液pH值低于4.0以下,经采取措施后无效;

(6)吸收塔本体漏浆严重,处理无效;

(7)工艺水泵全停。

807. 两台石灰石浆液泵其中一台失去备用另外一台故障时,如何确保脱硫率?

答:(1)通过吸收塔集水坑制浆然后注入吸收塔。

(2)如无石灰石粉可通过开启石灰石浆液罐底部排放阀或石灰石浆液泵进口排放阀把石灰石浆液排放到吸收塔集水坑,通过集水坑泵打入吸收塔。

(3)还可以将其他吸收塔的浆液导入吸收塔。

(4)联系检修人员立即对故障石灰石浆液泵进行检修。

808. 石灰石粉已用完,粉车估计在2h后到达,运行侧通过哪些措施确保脱硫率?

答:(1)在保证脱硫率的前提下将石灰石浆液流量开至最小。

(2)如浆液密度不是非常高应停运脱水系统。

(3)关闭吸收塔废水排放。

(4)当出现脱硫率较低时可开启除雾器进行冲洗。

(5)如维持不住脱硫率应增启一台浆液循环泵。

809. 石灰石供浆系统的常见故障有哪些?如何处理?

答:石灰石供浆系统的常见故障有:①浆液浓度异常;②石灰石浆液泵故障。

石灰石浆液浓度异常的原因有：①石灰石旋转给料机堵塞；②粉仓内石粉搭桥；③石灰右粉仓进料系统故障；④石灰石密度控制故障；⑤石灰石浆液箱进水失控；⑥测量仪器故障。

处理方法有：①清理给料机；②增加粉仓进料量；③检查石灰石粉仓气化风机及相应的气化管道；④对石灰石密度控制块进行必要的检查；⑤检查相应的管线及阀门；⑥检查测量仪器。

石灰石浆液泵发生故障的现象是CRT上报警，泵出口流量指示为零。

其原因有：①石灰石浆液泵保护停运；②事故按钮动作。

处理方法有：①立即查明具体原因并做相应处理，不运行的泵和管道在停止后应立即冲洗；②启动备用泵，如两台泵都发生故障而吸收塔内pH值不断降低，则应停止FGD运行。

810. 湿式球磨机运行过程中常出现的问题有哪些？

答：湿式球磨机运行过程中常出现的问题有：

（1）大小齿轮啮合不正常，突然发生加大振动或发生异常声响。

（2）润滑系统发生故障，不能正常供油。

（3）衬板螺栓松动或折断脱落。

（4）主轴承、主电动机温升超过规定值或主电动机电流超过规定值。

（5）主轴承、传动装置和主电动机的地脚螺栓松动。

（6）减速机抱死。

811. 厂区服务水故障停运，运行侧通过哪些措施确保脱硫系统安全运行？

答：（1）减少对吸收塔除雾器冲洗（可短时不冲洗）。

（2）关闭备用浆液循环泵冷却水。

（3）在保证设备正常运行时将增压风机润滑油站、液压油站、循环泵、氧化风管冷却水开至最小。

（4）停运脱水系统。

（5）关闭加药系统补水。

（6）关闭现场地面冲洗用水。

（7）停运GGH高、低压冲洗水。

（8）减少对石灰石浆液罐补水。

（9）如果较长时间停运应汇报值长开启消防水对工艺水箱进行补水。

812. 工艺水中断的处理原则是什么？

答：工艺水中断的处理原则是：

（1）当设备冷却水中断，应按照异常停运处理。

（2）查明工艺水中断原因，处理后恢复脱硫系统运行。

（3）密切监视吸收塔进出口温度、液位、浆液密度及转动设备的机械密封冷却水、石灰石浆液箱液位变化情况。

813. 试述脱硫系统工艺水中断的现象、原因及处理方法。

答：脱硫系统工艺水中断的现象：

（1）补给水流量计无流量。

（2）补给水压力低报警。

脱硫系统工艺水中断的原因：

（1）工艺水水源中断，如供水系统断水、管道泄漏、来水总阀门阀板掉落等。

（2）工艺水泵跳闸，而备用泵没有及时投入运行。

相应的处理方法是：

（1）打开旁路烟气挡板门。

（2）调整增压风机风量至零，停风机，关闭FGD出、入口挡板门。

（3）停运旋流器，浆液返回吸收塔，停运脱水机和真空泵。

（4）联系值长或单元长，询问供水是否正常，现场检查水泵及管路情况，尽快恢复供水。

（5）若工艺水系统短时无法恢复，应停运其他设备。

814. 在 FGD 系统运行过程中，出现正水平衡危害是什么？

答：在 FGD 系统运行过程中，有时会出现水平衡破坏的现象，主要表现为出正水平衡，即进入 FGD 系统的水多于 FGD 系统实际需要的水量。出现严重正水平衡时，吸收塔液位偏高且常出现溢流、浆液浓度偏低，使液位和浓度失控；使除雾器（ME）少有冲洗兼补水的机会，严重时造成 ME 堵；FGD 系统内的各个箱、罐、地坑等多水满为患，FGD 耗水量大大增加。

815. 在 FGD 系统运行过程中，出现正水平衡的原因是什么？

答：在 FGD 系统运行过程中，出现正水平衡的原因有：

（1）FGD 系统长时间低负荷运行（如锅炉低负荷、旁路开启、风机导叶开度较小），此时占工艺水消耗绝大部分（不考虑废水排放量可占 90% 以上）的烟气蒸发水量大大减少，副产品石膏带走的水分也相应减小，而除雾器（ME）冲洗水、密封水等未按比例减少。

（2）除雾器冲洗频率和冲洗时间设置不适当。

（3）除雾器冲洗水管或喷嘴破损、泄漏，造成水大量进入塔内。

（4）除雾器冲洗阀门不能关闭或关不严（即内漏），这是个常见的问题。

（5）填料和机械密封水、冷却水流量过大，超出原设计水平衡值。

（6）皮带脱水机真空泵密封水或滤饼冲洗系统水流量过大，而制浆系统用水量较小。

（7）设备启/停或切换频繁且冲洗水量大，特别是在调试初期。

（8）大量雨水等原未设计考虑的水进入 FGD 系统。

816. 在FGD系统运行过程中，出现正水平衡时采取的措施是什么？

答： 在FGD系统运行过程中，出现正水平衡时，应及时查明原因，并采取相应措施。

（1）选用质量良好的阀门防止内漏发生，及时修理更换损坏的阀门。

（2）调整除雾器冲洗程序使之正常。

（3）降低密封、冷却水量，最大限度地利用石膏过滤水进行石灰石浆液制备。

（4）调整停运泵和管道冲洗时间。

（5）对输送稀浆的泵和管道在排空后减少冲洗或不冲洗，忌频繁启停设备。

（6）加大废水排放量、防止系统外水源如雨水、清洁用水的流入。

（7）将过剩水暂时存储起来（如可打往事故浆液罐）供负水平衡时使用等。

（8）可用泵将多余的水打到FGD系统外。

817. GGH故障的处理原则是什么？

答： GGH故障的处理原则是：

（1）确认烟气系统连锁保护动作正常，启动故障喷淋水系统或者开启除雾器冲洗。

（2）查明GGH跳闸原因，处理后恢复脱硫系统运行。

（3）若短时间内不能恢复运行，应按短时停机的有关规定处理。

818. GGH常见故障有哪些？

答： GGH常见故障有以下两种：

（1）换热元件结垢和堵塞；

（2）GGH泄漏造成脱硫系统排放SO_2浓度超标。

819. GGH 发生故障时的现象有哪些？分析其原因并指出其解决办法。

答：GGH 发生故障时的现象有：①GGH 压差大；②GGH 出口烟气温度高；③GGH 入口烟气温度高。

GGH 发生故障的原因有：①换热元件严重积灰；②所有吸收塔循环泵停运；③GGH 堵塞；④脱硫进口烟气温度低。

解决与处理方法有以下几个：

（1）增加吹灰次数，若上述处理无效，启用高压水冲洗，适当减少增压风机动叶角度。

（2）当 FGD 系统不运行及净烟气挡板打开时，如温度升高至最高值关闭净烟气挡板。

（3）核对压差，压差大应进行清洗，检查进口烟气温度，当低于预定值时，联系值长。

（4）发生如下故障应将 FGD 隔离，并对 GGH 紧急停用：①主电动机和事故备用电动机故障；②轴承油温报警（70℃高报，85℃高高报）；③造成转子停车的电源故障；④密封风系统故障；⑤吹灰器压缩空气气源故障；⑥烟气换热器外部系统故障；⑦未处理烟气入口温度过高。

820. GGH 出口烟气温度低的危害、原因是什么？如何处理？

答：危害：GGH 出口烟气温度低于一定温度会引起结露，酸性气体溶解形成酸，会腐蚀设备。

原因：GGH 阻塞、脱硫进口烟气温度低。

处理：核对 GGH 压差，压差大要进行冲洗；检查进口烟气温度，当低于设定值，联系主机调整。

821. GGH 主电动机在运行中跳停辅电动机自启成功后运行侧应做哪些联系和处理？

答：DCS 画面主电动机应立即切为连锁状态并汇报值长、专工；联系电气、控制检修人员及设备点检（夜间联系生技部值班），并安排人员核实主电动机电源及变频器报警内容；在检修处理前应联系控制解除“GGH主、辅电动机停运跳停增压辅机”保护；在检修将故障消除后要求试运前确认保护已解除并汇报值长同意后方可进行；在试运正常后保持主电动机运行，将辅电动机设为连锁状态并通知控制恢复保护。

822. 低压泄漏风机的常见故障有哪些？

答：低压泄漏风机的常见故障有：

（1）低压泄漏风机的振动大；

（2）低压泄漏风机的轴承温度高；

（3）控制部件无输出；

（4）机械噪声。

823. 低压泄漏风机振动大的原因有哪些？如何处理？

答：低压泄漏风机振动大的原因有：①低压泄漏风机偏心；②低压泄漏风机主轴弯曲；③低压泄漏风机轴承螺栓松动；④低压泄漏风机叶轮损坏；⑤低压泄漏风机的基础或灌浆故障；⑥低压泄漏风机的结构支撑强度不够。

处理方法有：①纠正风机和驱动装置的找正；②检查偏转，维修或更换主轴；③紧固所有螺栓并检查所有底脚和底板的找正；④修复所有损坏部分，重新就位找平衡，需要时更换叶轮；⑤用高强度高质量材料重新修复并加固基础，确定底板固定到混凝土基础或钢结构上；⑥用合适的钢带加强现有支撑结构。

824. 低压泄漏风机轴承温度高的原因有哪些？如何处理？

答：低压泄漏风机轴承温度高的原因有：①低压泄漏风机润滑油油位低；②低压泄漏风机轴承损坏；③轴承轴向间隙不足；④润滑油质量等级低。

处理方法有：①检查轴承是否漏油并重新加油到要求油位；②检查轴承，必要时更换；③必要时检查并重新使轴承就位以达到规定的间隙；④检查油质。

825. 低压泄漏风机控制部件无输出的原因是什么？如何处理故障？

答： 低压泄漏风机控制部件无输出的原因有：机械故障和控制部件松动或损坏。

处理方法有：①检查所有可拆卸部件使其运动自如；②维修或更换损坏的连杆或部件。

826. 低压泄漏风机产生机械噪声的原因是什么？如何处理？

答： 低压泄漏风机产生机械噪声的原因主要是：①叶轮与进风口摩擦；②叶轮在主轴上松动。

处理方法有：①检查间隙是否符合规定，检查机壳变形，必要时修正；②与厂家联系。

827. 风机出力降低的原因有哪些？

答： 风机出力降低的原因有：

（1）气体成分变化或气体温度高，使密度减小；

（2）风机出口管道风门积杂物堵塞；

（3）入口管道风门或网罩积杂物堵塞；

（4）叶轮入口间隙过大或叶片磨损严重；

（5）转速变低。

828. 离心风机振幅超过标准的主要原因有哪些？

答： 离心风机振幅超过标准的主要原因有：

（1）叶片质量不对称或一侧部分叶片磨损严重；

（2）叶片附有不均匀的积灰或灰片脱落；

（3）翼形叶片被磨穿；

（4）叶片焊接不良，灰粒从焊缝中钻入；

（5）平衡重量与位置不相符或位置移动后未找动平衡；

（6）双吸风机两侧进的烟气量不均匀；

（7）地脚螺栓松动，联轴器中心未找好；

（8）轴承间隙调整不当或轴承损坏；

（9）轴刚度不够、共振、轴承基础稳定性差和电动机振动偏大等。

829. 增压风机故障的处理原则是什么？

答：增压风机故障的处理原则是：

（1）开启旁路挡板。

（2）关闭原、净烟气挡板，开启吸收塔顶部放空阀。

（3）查明增压风机跳闸原因，处理后恢复脱硫系统运行。

（4）若短时间内不能恢复运行，应按短时停机的有关规定处理。

830. 增压风机的常见故障有哪些？

答：增压风机的常见故障主要有：①增压风机跳闸；②增压风机失速；③增压风机入口压力值与设定值偏差大；④电动机无法启动；⑤风机振动过大；⑥风机声音异常；⑦风机叶片控制故障；⑧液压油站和润滑油站油压/油量低，液压油泵和润滑油泵轴封处漏油；⑨液压油站和润滑油站安全阀运行有误；⑩液压油泵和润滑油泵声音异常；⑪液压油和润滑油油温过高。

831. 脱硫增压风机故障现象、原因是什么？如何处理？

答：故障现象：

（1）脱硫增压风机跳闸、声光报警发出；

（2）脱硫系统旁路挡板自动开启，原、净烟气挡板自动关闭；

（3）若制浆系统投入自动，连锁自动停止制浆系统；

（4）DCS画面上增压风机电流到零，电动机画面由红色变为绿色。

故障原因：

（1）运行人员误操作；

（2）脱硫增压风机失电；

（3）脱硫塔再循环泵全停；

（4）脱硫出、入口烟气挡板开启不到位；

（5）增压风机轴承温度过高；

（6）电动机轴承温度过高；

（7）电动机绕组温度过高；

（8）风机轴承振动过大；

（9）电气故障（过负荷、过电流保护及差动保护动作）；

（10）增压风机发生喘振。

故障处理：

（1）确认脱硫旁路挡板自动开启，原、净烟气挡板自动关闭，若连锁不良应手动处理；

（2）检查增压风机跳闸原因，若由连锁动作造成，应待系统恢复正常，方可重新启动；

（3）若属风机设备故障造成，应及时汇报值长及车间，联系检修人员处理，在故障未查实处理完毕之前，严禁重新启动风机；

（4）若短时间内不能恢复运行，按短时停机的有关规定处理。

832. 增压风机不能正常投运的原因有哪些？

答：造成增压风机不能正常投运的原因有：

（1）增压风机失电；

（2）吸收塔循环泵全停；

（3）原、净烟气挡板开启不到位；

（4）增压风机轴承温度过高；

（5）增压风机电动机轴承温度过高；

（6）增压风机电动机绕组温度过高；

（7）增压风机轴承振动过大；

（8）增压风机发生喘振；

（9）电气故障（过负荷、过电流保护、差动保护动作）；

（10）运行人员误操作。

833. 增压风机轴承箱振动剧烈的原因有哪些？

答：增压风机轴承箱振动剧烈的原因有：

（1）机轴与电动机轴不同心；

（2）机壳或进风口与叶轮摩擦；

（3）基础的刚度不够，不牢固；

（4）叶轮变形或黏灰；

（5）叶轮与轴松动、联轴器螺栓松动；

（6）机壳与支架、轴承箱与支架、轴承箱盖与座等连接螺栓松动；

（7）风机叶轮不平衡。

834. 增压风机轴承箱温升过高的原因有哪些？

答：增压风机轴承箱温升过高的原因有：

（1）轴承箱或电动机振动剧烈；

（2）润滑脂质量不良，变质或填充过多，或含有杂质；

（3）轴承箱盖和座连接螺栓的紧力过大或过小；

（4）轴与滚动轴承安装歪斜，前后两轴承不同心；

（5）轴承间隙太小；

（6）滚动轴承损坏；

（7）轴弯曲；

（8）工作处温度过高。

835. 增压风机电动机电流大或温升过高的原因有哪些？

答：增压风机电动机电流大或温升过高的原因有：

（1）启动时入口风道挡板门未关严；

（2）流量超过规定值，管路阻力过小或风道漏气；

（3）风机输送气体密度过大或温度过低，使压力过大；

（4）电动机输入电压过低，电源单相断电或电动机转速增大；

（5）联轴器连接不正，皮圈过紧或间隙不匀；

（6）受轴承箱振动剧烈的影响；

（7）机件发生故障，动叶轮与静止部分发生摩擦。

836. 分析增压风机失速时的故障表现、原因和处理过程。

答：增压风机失速时的故障现象表现在：①DCS 画面失速报警发出；②风机入口压力大幅度波动；③风机水平和垂直振动加剧；④风机电流大幅度晃动，就地检查风机声音异常。

增压风机失速的原因有：①烟气系统挡板误关；②操作风机动叶时幅度过大，使风机进入失速区；③动叶调节特性变差；④机组在高负荷时，烟气量过大。

故障处理方法有：①立即向值长汇报增压风机失速情况；②如自动调节不正常，接值长令后应立即将风机动叶控制切至“手动”，并加强与主机协调操作；③汇报值长要求减小增压风机动叶开度，同时严密监视增压风机入口压力及其他各项技术参数变化；④经上述处理失速现象消失，则稳定增压风机运行工况，进一步查找原因并采取相应措施后，方可逐步增加风机的负荷，经上述处理后无效或已严重威胁设备的安全时，应汇报值长后立即停止该风机运行。

837. 增压风机入口压力值与设定值偏差大有哪些现象？分析原因并处理故障。

答：增压风机入口压力值与设定值偏差大的现象表现在：①增压风机入口压力值与设定值偏差大于 100Pa；②动叶开度位置反馈参数与调节输出指令大于 2%；③增压风机动叶控制由“自动”跳转为“手动”，指令与位置反馈偏差超过 15%，或入口压力反馈值与设定值偏差大于 500Pa；④增压风机入口和出口压力波动幅度较大；⑤锅炉吸风机出口风压变化大。

其原因分析有：①增压风机动叶调节机构卡涩；②增压风机动叶调节电动执行机构力矩调整不当；③动叶调节机构故障；④动叶

开度调节回路异常。

故障处理方法有：①将增压风机动叶控制由“自动”切为“手动”，及时汇报值长并随时将变化情况进行汇报；②调整动叶开度指令与开度位置反馈值适当后，根据入口压力手动调整动叶开度，并严密监视动叶位置反馈跟踪情况和入口压力的变化，确保入口压力稳定和增压风机运行工况稳定，将操作及运行情况汇报值长；③联系相关检修人员及时到达现场进行处理。

838. 为什么增压风机的电动机无法启动？如何处理？

答：增压风机电动机无法启动的原因有电源故障断线和电缆断开。

处理方法有：①检查电源电压；②检查电缆线及其连接。

839. 增压风机振动过大的原因有哪些？应采取哪些处理措施？

答：增压风机振动过大的原因有：①叶片和轮毂上积灰；②联轴器有缺陷；③轴承有缺陷；④部件松动；⑤叶片磨损；⑥失速操作；⑦导管堵塞或挡板未开启。

处理措施：①清理积灰；②修理或更换联轴器；③更换轴承；④紧固松动部件螺栓；⑤更换叶片；⑥断开主电动机或控制风机使其脱开失速范围；⑦疏通堵塞导。

840. 增压风机声音异常的原因主要有哪些？如何处理？

答：增压风机声音异常的原因有：①基础螺栓松动；②电动机缺相运行；③转子和静态件间摩擦；④风机失速运行。

处理方法有：①紧固地脚螺栓；②检查故障原因，并进行相应地纠正；③检查叶片顶部间隙；④断开电动机或风机控制系统；⑤检查风道是否堵塞，挡板是否打开。

841. 增压风机叶片控制故障的主要原因有哪些？如何处理？

答：增压风机叶片控制故障的主要原因有：①伺服电动机故

障；②液压油压力低；③调节驱动装置故障。

处理方法有：①检查控制系统和伺服电动机；②检查液压油站运行情况。③检查调节臂情况和调节驱动装置。

842. 液压油站和润滑油站油压/油量低的原因有哪些？如何处理？

答：液压油站和润滑油站油压/油量低的原因主要是：①泵入口侧漏油；②安全阀设定值过低；③油温过高；④隔离阀未全开；⑤过滤元件变脏；⑥入口过滤器部分堵塞。

处理方法有：①全面检查油站有无泄漏情况；②调整安全阀；③降低油温，清洁油冷却器；④检查隔离阀的开度；⑤更换过滤元件；⑥检查入口过滤器。

843. 增压风机液压油泵和润滑油泵轴封处漏油的原因有哪些？如何处理？

答：增压风机液压油泵和润滑油泵轴封处漏油的原因有：①轴套油孔堵塞；②入口压力过高；③油封故障。

处理方法有：①检查清理轴套油孔；②检查入口压力并调整；③更换油封。

844. 分析增压风机液压油站和润滑油站安全阀运行有误的原因并指出处理方法。

答：增压风机液压油站和润滑油站安全阀运行有误的原因主要是：①安全阀被污染；②安全阀设定值过高。

处理方法有：①拆卸检查清洁安全阀；②调整安全阀设定值。

845. 增压风机液压油泵和润滑油泵在什么情况下声音异常？如何处理？

答：增压风机液压油泵和润滑油泵声音异常原因：①油泵联轴器没对中；②泵入口进入空气；③隔离阀未完全打开。

处理方法有：①检查并对联轴器重新找正；②消除泵入口漏气现象；③全开隔离阀。

846. 增压风机液压油和润滑油油温过高的原因有哪些？如何处理？

答：增压风机液压油和润滑油油温过高的原因主要有：①泵压力过高；②安全阀设定值过低，油在泵中惰转；③低黏度的油被污染。

处理方法有：①联系检修人员检查油泵；②调节安全阀设定值；③检查油污染情况，必要时更换。

847. 吸收塔入口烟气温度高的原因及处理方法？

答：吸收塔入口烟气温度高的原因有：锅炉出口烟气自身温度较高；GGH降温效果不佳；烟气量过大，内应力致使温度较高。

处理方法有：温度较高时适当开启旁路开度，降低温度；加强换热器冲洗；烟气流量较大时开启旁路阀门适当减缓烟气挤压。

848. 吸收塔浆液循环泵全停处理原则是什么？

答：吸收塔浆液循环泵全停处理原则是：

（1）确认烟气系统连锁保护动作正常，启动故障喷淋水系统或者开启除雾器冲洗。

（2）查明浆液循环泵跳闸原因，处理后恢复脱硫系统运行。

（3）若短时间内不能恢复运行，应按短时停机的有关规定处理。

849. 浆液循环泵运行中停运应如何处理？需要做哪些联系？

答：两台循环泵运行期间其中一台跳停处理：立即启动备用循环泵。若无备用泵应立即联系控制解除“两台循环泵停运60min跳停FGD”和“三台循环泵同时停运延时10s跳停FGD”保护并汇报值长，对跳停的循环泵进行冲洗并确认进口是否内漏（依据情况联系检修）；调查循环泵各运行参数中哪一点出现故障并联系对应检修班组和设备点检（夜间联系生技部值班）；汇报值长、安环部、专工；在检修查明故障原因处理期间应对运行的循环泵加强监视；在处理期间应对除雾器和GGH加强冲洗及吹扫，避免堵塞（若处理时间不明确且负荷不高于75%负荷，可以考虑使用高压水对GGH冲洗）；若检修明确故障原因无法消除，应汇报值长、专工决定是否停运FGD；故障处理完成后及时报送脱硫异常报表。

850. 浆液循环泵压力低的原因是什么？有哪些处理方法？

答：浆液循环泵压力低的原因主要有：①浆液循环泵管线堵塞；②喷嘴堵；③相关阀门开/关不到位；④浆液循环泵的出力下降。

处理方法有：①清理浆液循环泵管线；②清理喷嘴；③检查并校正阀门状态；④循环泵解体检查叶轮磨损情况，视情况更换叶轮。

851. 简述循环泵浆液流量下降的原因及处理方法。

答：循环泵浆液流量下降会降低吸收塔液气比，使脱硫效率降低。造成这一现象的原因主要有：

（1）管道堵塞，尤其是入口滤网易被杂物堵塞；

（2）浆液中的杂物造成喷嘴堵塞；

（3）入口阀开关不到位；

（4）泵的出力下降。

处理的方法分别是：

（1）清理堵塞的管道和滤网；

（2）清理堵塞的喷嘴；

（3）检查入口阀；

（4）对泵进行解体检修。

852. 浆液循环泵跳闸原因和处理方法是什么？

答：浆液循环泵跳闸原因：

（1）失电；
（2）运行中阀门关位；
（3）进口压力小于30kPa；
（4）吸收塔液位低于6m；
（5）绕组温度高于130℃；
（6）泵前轴温度高于95℃；
（7）电动机前轴温度高于80℃；
（8）减速机温度高于110℃。

处理方法：

（1）确认无异常后，联系送电重新启动；
（2）就地确认阀门实际状态，若非关闭联系控制人员处理信号问题；
（3）进口压力低，判断吸收塔液位真实情况，加强进口冲洗排放、回流冲洗；
（4）就地实际判断温度是否属高，如非真实，联系控制处理；
（5）勤于关注吸收塔液位变化。

853. 分析浆液循环泵参数变化与系统缺陷的关系。

答：（1）浆液循环泵运行中入口压力变小，是入口滤网有堵塞现象，浆液中的杂质是很多的，并且浆液如果控制不好，滤网会结垢严重等。

（2）浆液循环泵出口压力变大，浆液循环泵喷嘴有堵塞。

（3）浆液循环泵的进口滤网有不同程度的堵塞，导致泵气蚀的发生，流量忽大忽小，进口管道振动加剧，引起浆液循环泵振动。

854. 当除雾器冲洗水源失去后如何调整运行方式确保除雾器不堵塞？

答：（1）加强除灰电除尘器电场的投运率，减少进入吸收塔的烟尘颗粒；

（2）增启一台浆液循环泵保持吸收塔浆液低密度运行（确保脱硫率和 pH 值的前提下）；

（3）联系检修人员紧急处理，确保恢复除雾器冲洗水；

（4）加强对除雾器、GGH 压差和增压风机电流的监视，出现升高后及时汇报值长并联系生产管理人员。

855. 除雾器烟气流速增加的原因是什么？

答：除雾器烟气流速增加的原因：

（1）除雾器结垢，使得通流面积减少；

（2）因煤种变化、燃烧工况变化使烟气量增加；

（3）漏风率增加。

856. 氧化风机的故障有哪些？

答：氧化风机的故障有：

（1）不正常运转噪声；

（2）鼓风机太热；

（3）吸入流量太低；

（4）电动机需用功率超出；

（5）边侧皮带振动；

（6）鼓风机在切断电源后倒转。

857. 氧化风机不能运转或卡死的原因和处理方法是什么？

答：原因分析：

（1）电动机故障或者电源系统未上电；

（2）风机内有异物卡住；

（3）风机内部发生接触而抱死；

（4）轴承损伤或发生偏斜，转子的前后面与侧箱体发生接触；

（5）风机轴承断油，黏附上脏物或者产生锈斑。

处理方法：

（1）检查电动机绝缘情况，保证电气控制系统工作正常；

（2）检查风机内部，去除杂物；

（3）检查调整风机内部各组件的间隙情况；

（4）更换轴承，修理接触部位；

（5）清理风机轴承，检查加油。

858. 氧化风机运行风量不足，出口风压升不上去的原因和处理方法是什么？

答：氧化风机运行风量不足，出口风压升不上去的原因：

（1）进口侧的滤清器或者滤网被灰尘等杂物堵塞；

（2）风机的连接法兰或出口侧管道有泄漏现象；

（3）安全阀动作；

（4）风机内部间隙过大。

处理方法：

（1）清理滤清器或者滤网；

（2）检查并更换连接方法的垫片，处理泄漏部位；

（3）重新调整安全阀动作压力；

（4）调整风机内部各组件的间隙。

859. 氧化风机运行声音异常的原因和处理方法是什么？

答：氧化风机运行声音异常的原因：

（1）内部有异物混入；

（2）地脚螺栓或法兰螺栓有松动现象；

（3）轴承有磨损现象；

（4）消声器的紧固螺栓松动，有漏气现象；

（5）齿轮啮合不良，齿轮间隙过大；

（6）机械密封接触不良，有磨损或破损现象。

处理方法：

（1）检查并清除异物；

（2）拧紧各连接螺栓；

（3）检查或更换轴承；

（4）拧紧消声器的螺栓；

（5）检查更换齿轮；

（6）检查调整机械密封或更换新的密封件。

860. 氧化风机运行温度过高的原因和处理方法是什么？

答：氧化风机运行温度过高的原因：

（1）风机负荷过大；

（2）环境温度过高；

（3）润滑油油质恶化或加油量过多；

（4）转子内部有接触现象；

（5）冷却水中断或水量不足；

（6）联轴器中心线对中不良；

（7）氧化风管出口进入吸收塔部分堵塞；

（8）进口侧的滤清器或者滤网被灰尘等杂物堵塞。

处理方法：

（1）保证风机在额定电流条件下运行。

（2）保证周围最高温度不超过40℃。

（3）检查润滑油油质及油位高度。

（4）检查并调整内部间隙。

（5）检查冷却水流量正常。

（6）检查调整联轴器中心线的对中程度。

（7）在吸收塔浆液排空后清理塔内氧化风管内结垢物质；在清理后加强运行中吸收塔运行参数的控制，同时调整氧化风机冷却水水量，确保氧化风温控制在50℃以下，预防氧化风管结垢堵塞。

（8）清理滤清器或者滤网。

861. 氧化风机运行振动过大的原因和处理方法是什么？

答：氧化风机的振动值随着工况的变化而有所不同，过大的振动将导致轴承、转子等部件的损坏。原因分析：

（1）风机的地脚螺栓或紧固螺栓有松动现象；

(2) 管道的支撑系统不合适或管道有共振现象；
(3) 风机过负荷运行；
(4) 联轴器的中心线对中不良；
(5) 轴承有损伤及磨损现象。
处理方法：
(1) 拧紧风机的地脚螺栓或紧固螺栓；
(2) 加强管道的支撑系统；
(3) 保证风机的入、出口侧通气正常；
(4) 检查调整联轴器的中心度及联轴器间的间隙；
(5) 检查更换轴承。

862. 吸收塔浆液中 Cl^- 含量高的主要原因是什么？处理方法是什么？

答： 主要原因有：
(1) 烟气中氯的含量过高。
(2) 工艺水中氯的含量过高。
(3) 石灰石中有氯化物的成分带入。
处理方法：
(1) 提高入炉煤的品质，改善 FGD 入口烟气中氯含量。
(2) 降低工艺水中氯的含量过高。
(3) 及时投运废水处理系统，加大废水排放量。

863. 旋流器给料压力发生波动的原因及处理方法是什么？

答： 旋流器给料压力应稳定在 0.1 ~ 0.4MPa，不得产生较大的波动。给料压力发生波动有损于设备性能，影响旋流器的分级效果。压力波动通常是泵槽液位下降和空气拽引造成泵给料不足或者是泵内进入杂物堵塞造成的；运行很长时间后压力下降是由泵磨损造成的。

调整处理方法：若是泵槽液位下降引起的压力波动，可以通过增加液位或关闭一两个旋流器或减小泵速来调整。若是由泵堵塞或磨损引起的压力波动，则需检修泵。

864. 旋流器堵塞现象及处理方法是什么?

答: 检查所有运行中的旋流器溢流和底流排料是否通畅，如果旋流器溢流和底流的流量减小或底流断流，则表明旋流器发生堵塞。

调整处理方法：若是溢流、底流流量均减小，则可能是旋流器进料口堵塞，此时应关闭堵塞旋流器的进料阀门，将其拆下，清除堵塞物；若是底流流量减小或断流，则是底流口堵塞，此时可将螺母拧下，清除底流口中杂物。

865. 旋流器底流浓度波动的原因及处理方法是什么?

答: 经常观察旋流器底流排料状态，并定期检查底流浓度和细度。底流浓度波动或“底流夹细”均应及时调整。旋流器正常工作状态下，底流排料应呈“伞状”。如底流浓度过大，则底流呈“柱状”或呈断续“块状”排出。

调整处理方法：底流浓度大可能是由给料浆液浓度大或底流过小造成的，可以先在进料处补加适量的水，若底流浓度仍大，则需更换较大的底流口。若底流呈“伞状”排出，但底流浓度小于生产要求浓度，则可能是进料浓度低造成的，此时应提高进料浓度。“底流夹细”的原因可能是底流口径过大、溢流管直径过小、压力过高或过低，可以先调整好压力，再更换一个较小规格的底流口，逐步调试达到正常生产状态。

866. 旋流器溢流浓度增大或“溢流跑粗”的原因及处理方法是什么?

答: 应定期检查溢流浓度和细度，旋流器溢流浓度增大或“溢流跑粗”可能与给料浓度增大和底流口堵塞有关。

调整处理方法：发现“溢流跑粗”可以先检测底流口是否堵塞，再检测进料浓度，并根据具体情况调整。

867. 石膏脱水系统故障时，石膏浆液如何处理？

答：立即停止石膏脱水系统，若停机时间长，启动事故排放系统，通过吸收塔石膏浆液排出泵，将石膏浆液排入事故浆箱（池），待原因查明消除后重新启动脱水系统。若脱水系统短时间停运，则关闭吸收塔至水力旋流器的阀门，让石膏浆液在石膏浆液排出泵与石膏旋流器间循环。

868. 真空皮带脱水机滤饼脱水效果差的原因和处理办法是什么？

答：真空皮带脱水机滤饼脱水效果差，经检验石膏含水量大于10%，其原因和处理办法是：

（1）真空度偏低，可与正常时真空度比较，一般真空度在40kPa以上。如确实偏低，检查真空度低的原因。

（2）滤布再生不好：

1）滤布冲洗不净：检查冲洗水流量、压力、喷嘴确保冲洗水量。

2）刮刀除去滤布剩余滤饼效果不好：调整刮刀或更换刮刀，刮刀应紧贴在滤布上。

3）滤布老化：滤布经过长时间运行引起滤布堵塞，更换滤布（设计约6个月更换一次滤布）。

（3）皮带跑偏：皮带跑偏会引起皮带中心出水孔偏移真空室中心，皮带孔被摩擦带遮住，此时真空度会升高，脱水率变差。调整张紧辊，调节丝杆把皮带调正。

（4）浆液不合格：

1）浆液密度低于40%，浆液含水率偏高，正常值在40%～50%，此时调整检查一级脱水旋流器使其浓度达到要求。

2）由于脱硫工艺等问题造成浆液质量差，在脱水过程中滤饼表面始终有一层稀泥状，而且真空度会偏高，此时对浆液进行取样化验检验其成分，检查调整使其达到要求。

（5）除沫器堵塞：打开气液分离器上部检查口用水冲洗除

沫器。

（6）喂料器下料不均匀，引起滤饼厚度不均匀：检查喂料器内多孔板是否变形，更换多孔板。

（7）滤饼厚度太厚，大于30mm，石膏处理量大于设计值，调整浆液来量。

869. 真空皮带脱水机真空度低的原因和处理办法是什么？

答：真空皮带脱水机真空度低，低于正常值（40～60kPa），其原因和处理办法是：

（1）检查真空泵吸入口滤网：取出滤网把滤网面对光亮处看有无杂质吸附在滤网上，然后用水冲洗干净。

（2）检查真空盒是否漏真空：听其有无气流的尖叫声，用绸带或布条缠绕在长棍上，沿真空室下部依次检查，如有漏气，绸带会被吸住，放下真空室进行检查处理。

（3）检查真空室与真空总管连接软管接头处有无漏真空：用绸带沿连接处检查观其有无吸住绸带现象，再进行处理。

（4）检查真空总管法兰连接处有无漏真空：用绸带或布条缠绕在长棍上，沿真空总管法兰连接处依次检查，如有漏气，绸带会被吸住检查方法同上。

（5）检查气液分离器所有连接处有无漏真空：用绸带或布条缠绕在长棍上，沿真空总管法兰连接处依次检查，如有漏气，绸带会被吸住检查方法同上。

（6）检查气液分离器排水管道到滤液池的管口是否被滤液覆盖（正常滤液应覆盖管口）。

（7）检查滤布两边是否全部覆盖脱水槽：如有部分脱水槽未覆盖，调整滤布支撑架。

（8）检查滤饼厚度：

1）如低于15mm以下，调整皮带速度，使其达到规定值。

2）检查浆液的来量并调整适当的浆液量，滤饼沿宽度方向厚度是否均匀。

（9）检查摩擦带厚度是否磨损：正常值为5mm，如4mm以下更换摩擦带。

（10）检查皮带与真空室间是否漏真空：用脚踩皮带中心也就是真空室中心应为皮带中心略高于皮带两边，反之可调整真空室高度。

（11）真空室密封水量太小：调整真空室密封水量使其达到水密封作用。

（12）检查真空泵：

1）真空泵三角带是否打滑。

2）真空泵密封水流量是否满足要求。

3）做一次泵真空度试验，在真空泵吸入口加一盲板，启动真空泵系统，观察真空度。

870. 真空皮带脱水机真空度高的原因和处理办法是什么？

答：真空皮带脱水机真空度高于平时运行正常值而且滤饼脱水明显差，其原因和处理办法是：

（1）皮带跑偏：皮带孔眼被摩擦带覆盖，调整张紧辊，调节丝杆，调整好皮带。

（2）真空软管变形：由于运行时间长，软管老化变形管内流通部分缩小，更换软管。

（3）真空总管内衬胶脱落：将真空总管两侧堵板拆除检查。

（4）气液分离器除沫器堵塞：打开气液分离器顶上检查盖，用工艺水冲洗除沫器。

（5）气液分离器内衬胶脱落：打开检查孔检查脱胶是否堵住吸入口。

（6）浆液不合格：

1）浆液密度低于40%，浆液含水率偏高，正常值在40%～50%，此时调整检查一级脱水旋流器使其浓度达到要求。

2）由于脱硫工艺等问题造成浆液质量差，在脱水过程中滤饼表面始终有一层稀泥状，而且真空度会偏高，此时对浆液进行取样化验检验其成分，检查调整使其达到要求。

（7）滤布使用太久引起滤布再生不好：

1）滤布冲洗不净：检查冲洗水流量、压力、喷嘴确保冲洗水量。

2）刮刀除去滤布剩余滤饼效果不好：调整刮刀或更换刮刀，刮刀应紧贴在滤布上。

3）滤布老化：滤布经过长时间运行引起滤布堵塞，更换滤布（设计约6个月更换一次滤布）。

（8）由于脱硫工艺等原因，浆液石膏颗粒太小，杂质太多，引起滤布过滤条件恶化，解决改善浆液质量。

871. 真空皮带脱水机皮带跑偏的原因和处理办法是什么？

答：真空皮带脱水机皮带跑偏的原因和处理办法是：

（1）突然失去真空，或真空表真空度异常，检查真空度异常原因。

（2）喂料器下浆液不均匀偏向一侧：检查喂料器内多孔板是否变形，更换多孔板，调整好皮带。

（3）皮带挡轮：检查皮带两侧的皮带挡轮固定螺栓是否松动，调整皮带重新固定好皮带挡轮。

（4）皮带托辊：

1）检查带有腰子形轴承座皮带托辊，轴承座是否松动移位，重新调整好托辊垂直度。

2）检查皮带托辊是否有卡死现象，处理卡死的托辊使其与皮带同步滚动。

（5）皮带支撑风量不均匀（气支撑型）：检查两侧支撑风机风门开关位置是否一致，风机有无异常。

（6）皮带水支撑水量不均匀（水支撑型）：检查进入两侧滑板工艺水的水量是否一致，管路有无堵塞、脱落、漏水现象，及时进行疏通和恢复及处理支撑水管。检查皮带水支撑的水质是否混入石膏并沉积皮带和滑板之间影响皮带的正常运转，清理沉积在皮带和滑板之间的石膏。

872. 真空皮带脱水机滤布跑偏的原因和处理办法是什么？

答： 真空皮带脱水机滤布跑偏的原因和处理办法是：

（1）喂料器下浆液不均匀偏向一侧：检查喂料器内多孔板是否变形，更换多孔板，调整好皮带。

（2）滤布托辊：

1）检查带有腰子形轴承座滤布托辊，轴承座是否松动移位，重新调整好托辊垂直度。

2）检查滤布托辊是否有卡死现象，处理卡死的托辊使其与皮带同步滚动。

（3）检查供给纠偏器的压缩空气：

1）有无气源。

2）气源压力是否正常（正常值在0.5MPa），气源管路是否脱落。

（4）检查滤布纠偏器：

1）手拉纠偏导杆左右摆动45°角，观察纠偏气囊是否自然前后移动，如不动或单方向动，检查气囊进排气是否正常。

2）检查纠偏器气囊两根导轨是否被浆液埋掉。

3）检查纠偏控制杆与滤布的位置是否调整好。

873. 真空皮带脱水机滤布冲洗不干净的原因和处理办法是什么？

答： 真空皮带脱水机滤布冲洗不干净的原因和处理办法是：

（1）检查滤布冲洗水系统是否正常。

1）工艺水泵出口压力是否正常。

2）供水管道是否畅通，有无堵塞、泄漏。

3）冲洗水喷嘴是否堵塞。

4）喷嘴出水是否成扇形交叉射向滤布表面，如没有调节阀门则调整水压。

（2）滤布刮刀严重磨损、变形使之不能刮净滤饼，滤布残留滤饼较多，更换刮刀。

874. 真空皮带脱水机皮带打滑的原因和处理办法是什么?

答: 真空皮带脱水机皮带打滑现象为驱动辊运转皮带不动，其原因和处理办法是:

(1) 检查驱动辊、张紧辊表面带水程度和表面有无增加润滑的附着物。

(2) 检查皮带两托辊间的皮带垂度应在40mm以内，调整张紧辊。

(3) 检查皮带托辊是否有卡死不转动现象，处理托辊卡死。

(4) 检查皮带与滑板间支撑水量是否合适（水支撑型），水质是否干净，增加水量，保证水质。

(5) 检查皮带与多孔板支撑风量是否合适（气支撑型），开大风门开关。

875. 真空皮带脱水机正常运行突然停止的原因和处理办法是什么?

答: 真空皮带脱水机正常运行突然停止的原因和处理办法是:

(1) 检查有无工作电源。

(2) 检查是否保护动作，有以下内容可从DCS画面中查找：变频器故障、紧急拉线开关动作、皮带跑偏开关动作、滤布跑偏开关动作、真空泵密封水低动作、真空室密封水或润滑水流量低动作。

(3) 根据（2）中的内容以及DCS显示内容在现场检查是正确动作还是误动作，如是误动作用万用表检查该动作的开关、线路、DCS系统的故障所在，并进行处理。

(4) 紧急拉线开关动作后要对开关进行人为手动复位才能重启脱水机，该复位按钮装在开关的正面。

876. 石灰石抑制和闭塞的现象、原因分析及处理方法是什么?

答: (1) 异常现象。

1) 石灰石正常给浆或加大给浆，脱硫效率下降;

2) 石灰石正常给浆或加大给浆，pH值下降;

3）石膏浆液品质下降。

（2）原因分析及处理方法。

1）浆液中含有高浓度的氯离子及镁离子；

2）浆液中含有高浓度的氟化铝络合物或溶解亚硫酸盐，氟化铝络合物一般由杂质、烟气粉尘、燃油产物引发，亚硫酸盐由不完全氧化引发。

3）处理方法。加大氧化风量，堵住杂质、烟气粉尘、燃油产物等污染源，极端情况下采取排浆、添加氢氧化钠、乙二酸、二元酸（乙二酸与谷氨酸、丁二酸混合物）、甲酸、镁等增强化学性能的添加剂。

877. 石膏中亚硫酸钙含量过高的主要原因是什么？处理方法是什么？

答：主要原因有：

（1）油类或其他有机物被带入系统。

（2）氧化空气量不够。

（3）氧化空气分布不均。

（4）烟气含尘量超标。

（5）石灰石品质较差或粒径不符合要求。

处理方法为：

（1）防止对氧化反应起抑制作用的有机物带入系统。

（2）检查氧化风的风量。

（3）检查氧化风在吸收塔内的分布情况。

（4）控制烟尘的含尘不得超标，防止烟气中过细的烟尘颗粒对塔内起包裹作用，影响氧化反应的正常运行。

（5）提高石灰石品质，调整颗粒粒径。

878. 石膏中硫酸钙含量过高的主要原因是什么？处理方法是什么？

答：主要原因有：

（1）塔内反应不完全（如 pH 值控制过高、循环吸收塔浆液停留时间偏短等）。

（2）石灰石活性不高，溶解性较差。

（3）烟气含尘量过高，影响石灰石的反应活性。

（4）石灰石颗粒粒径不符合要求，部分石灰石颗粒在浆液中未发生反应。

处理方法为：

（1）严格控制吸收塔浆液 pH 值在合格范围内，保证浆液在塔内的停留时间。

（2）更换石灰石，提高石灰石的消溶性。

（3）降低 FGD 入口烟气的含尘量。

（4）保证石灰石颗粒粒径在合格范围内（细度小于 44～61μm 的占 90%），不能过粗。

879. 石膏脱水能力不足的原因有哪些?

答：（1）石膏浆液浓度太低。

（2）烟气流量过高。

（3）SO_2 入口浓度太高。

（4）石膏浆液泵出力不足。

（5）石膏水力旋流器数目太少、入口压力太低。

（6）到皮带机的石膏浆液浓度太低。

880. 石膏含水量超标的现象是什么?原因有哪些?应采取哪些处理措施?

答：（1）石膏含水量超标的现象是石膏含水量比较高，真空皮带机真空度高，石膏不能形成，呈稀泥状。

（2）石膏含水量超标原因有：

1）氧化不充分，亚硫酸盐含量高；

2）石膏密度过低，石膏晶粒小；

3）pH 值过高，石膏难以氧化结晶；

4）烟气中含有大量的粉尘、油分，堵塞滤布；

5）真空度低于正常值；

6）石膏旋流站故障、旋流子磨损或旋流站压力控制不稳定，使进入脱水机的石膏浆液含固量太低，造成石膏脱水困难。

（3）应采取如下处理措施：

1）加强废水排放，改善石膏浆液品质；

2）监视脱水系统的真空度，真空度下降时，立即查明原因，并及时处理；

3）滤布冲洗干净；

4）pH值控制稳定，氧化充分；

5）锅炉投油或粉尘超标时及时退出脱硫系统；

6）定期化验石膏浆液成分和工艺水品质及旋流站底流含固量，发现问题及时处理。

881. 石膏浆液品质恶化的情况有哪些？处理方法是什么？

答：石膏浆液品质恶化有两种情况：氧化过程受阻（$CaSO_3$含量高）和其他固体杂质浓度过高（$CaSO_3+CaSO_4$总含量低），造成的后果是石膏脱水不佳。

（1）氧化过程受阻。氧化过程受阻的原因，①浆液中某种抑制氧化反应的物质浓度过大，如油脂或其他有机物等；②氧化空气的分布装置故障（如氧化空气矛管堵塞或脱落）或设计不合理。

处理方法为：

1）浆液中某种抑制氧化反应的物质浓度过大，首先要避免该物质继续进入系统，其次对浆液进行置换，逐步降低该物质的浓度。

2）对于其他固体的杂质，一般来自烟气中的灰分及石灰石中的杂质，为避免其在吸收塔内富集，在烟气含尘量超过允许值时应降低烟气量的运行，如在一定时间内不能恢复正常，则应退出FGD运行；石灰石进厂应进行检查和化验，应避免使用杂质含量过大（如$CaCO_3$小于80%）的石灰石原料。

（2）其他固体杂质浓度过高。对于非溶解性杂质，浓度过高会使石膏脱水时滤布污染，造成脱水困难。对于一些可溶性的杂质，也对氧化或结晶过程有阻碍作用，如铁离子可能使浆液接近于胶体，难以结晶。

处理方法为：重视和严格控制石灰石品质，同时可逐步对浆液进行置换，改善浆液品质，如输送至事故浆液箱，浆液品质正常后可缓慢输送回吸收塔。

882. 搅拌器或泵体腐蚀磨损的现象是什么？原因是什么？应采取哪些措施？

答：（1）搅拌器或泵体腐蚀磨损的现象是搅拌器叶片严重破损，搅拌效果降低，搅拌器振动加大。浆液泵叶轮及泵体明显磨损，间隙加大，损耗增加，出力下降，严重影响相关系统的经济性能。

（2）搅拌器或泵体腐蚀磨损的原因是：浆液中颗粒物的磨损，酸性物质的腐蚀，泵的汽蚀现象；泵的选材不当。

（3）搅拌器或泵体腐蚀磨损应采取的措施为：

1）加强检查，定期做镀层或涂层。

2）加强废水排放，防止浆液起泡，防止汽蚀现象发生。

3）防止杂物或异物进入系统。

4）对石灰石浆液箱和吸收塔进行定期清理，清除沉积在底部的颗粒物。

5）定期化验石灰石品质，防止 SiO_2 超标。

6）定期监视循环泵的电流变化来判断循环泵的磨损情况，优化氧化空气系统的设计，防止或减少泵的汽蚀。

883. 侧进式搅拌器皮带磨损过快的原因是什么？解决方法是什么？

答：侧进式搅拌器皮带磨损过快的原因是：

（1）皮带轮没有调直；

（2）电动机支撑松动；

（3）皮带轮损坏、磨损；

（4）温度过高；

（5）机械干扰；

（6）驱动超负荷；

（7）灰尘/砂子进入传动带；

（8）皮带轮太小；

（9）皮带或皮带轮上有油脂；

（10）安装不正确导致拉紧组件损坏。

侧进式搅拌器皮带磨损过快解决方法是：

（1）重新调直皮带轮，消除“弯曲”；

（2）紧固电动机支撑固定螺栓；

（3）换掉损坏的皮带轮；

（4）给皮带防护通风；

（5）消除干扰，移动皮带轮；

（6）用酒精清洗皮带及皮带轮，清除油脂；

（7）用新的配套组件替换，安装要正确。

884. 吸收塔搅拌器有两台停运后应如何处理？目的是什么？

答： 在确保脱硫率的前提下保持吸收塔内部浆液低密度运行防止出现沉淀淤积；增启循环泵加快浆液流动；在不影响脱水效果的前提下提升石膏排出泵变频加大流量；每隔2h利用搅拌器冲洗水对已停运的搅拌器进行冲洗。目的是防止吸收塔底部浆液密度较高和沉淀，造成循环泵和石膏排出泵及管道的磨损。

885. 典型湿法FGD系统中主要结垢类型有哪些？

答： 典型湿法FGD系统中主要有四种结垢类型。

（1）灰垢。这在吸收塔入口干湿交界处十分明显，粉尘和浆液易在此积累 $CaSO_3 \cdot 1/2H_2O$ 软垢会逐渐氧化成 $CaSO_4 \cdot 2H_2O$，再加上热烟气的蒸发作用，迅速形成硬垢。当烟气中粉尘较多时，干湿交界处的结垢极为严重。

（2）石膏垢。当吸收塔的石膏浆液中的 $CaSO_4$ 过饱和度大于或等于 1.4 时，溶液中的 $CaSO_4$ 就会在吸收塔内各组件表面析出结晶形成石膏垢。石膏垢主要分布在吸收塔壁面及循环泵入口、石膏泵入口滤网的两侧，以及在水力旋流器溢流的盖子和底部分流器管子上。另外，在上层除雾器的叶片上，由于冲洗不彻底，也有明显的浆液黏积现象。$CaSO_4 \cdot 2H_2O$ 的结垢非常坚硬，这种硬垢不能用降低 pH 值的方法溶解掉，必须用机械方法清除。更为严重的是，$CaSO_4 \cdot 2H_2O$ 结垢一旦形成，将以此结垢处为"据点"，继续扩大，即使将相对饱和度降至正常工况也无法避免。要使过饱和度小于 1.4，运行人员要严格控制吸收塔内石膏浆液浓度、液气比，并提高氧化率。

（3）CSS 垢。它是 $CaSO_3 \cdot 1/2H_2O$ 和 $CaSO_4 \cdot 2H_2O$ 两种物质的混合结晶。CSS 垢在吸收塔内各组件表面逐渐长大形成片状的垢层，其生长速度低于石膏垢。CSS 垢主要分布在吸收塔底数台搅拌器的"死区"内。

$CaSO_3 \cdot 1/2H_2O$ 的结垢较软，相对易处理一些，降低运行的 pH 值是有效的方法之一。若 $CaSO_3 \cdot 1/2H_2O$ 未及时清理，也会逐渐氧化为 $CaSO_4 \cdot 2H_2O$，由软垢变成硬垢。

（4）碳酸钙垢层。碳酸钙也是一种难溶物质，其垢层为软垢，很容易去除。当采用 $Ca(OH)_2$ 作为脱硫剂时，若将 $Ca(OH)_2$ 浆液直接与烟气接触，由于浆液 pH 值很高，烟气中 CO_2 的浓度又高（一般占体积比为 15% 左右），$Ca(OH)_2$ 除了与烟气中的 SO_2 反应以外，还将与烟气中的 CO_2 发生再碳酸化反应，重新生成 $CaCO_3$。

实验表明，当 $pH > 9$ 时，$Ca(OH)_2$ 的再碳酸化现象很明显。因此，使用 $Ca(OH)_2$ 作脱硫剂，先将 $Ca(OH)_2$ 浆液与脱硫反应后的浆液混合，配成 $pH = 8 \sim 8.5$ 的浆液，然后将其与烟气接触脱硫。

886. 石灰石-石膏湿法脱硫系统结垢的危害是什么？

答：在石灰石-石膏湿法脱硫系统中，结垢是影响系统运行可靠性的主要因素。脱硫塔内的结垢有滚雪球现象，即一旦发生结垢，将迅速发展扩大。它的危害主要表现在以下几方面。

(1) 结垢发生在格栅、管道、喷嘴、气流分布器上，造成压力损失陡增，气（液）流量下降，直到导致系统无法正常运行。

(2) 结垢发生在仪器仪表的连接管及传感器的表面，如pH计取样管、压差变送器管道、液位计及气体采样管表面等，严重影响测量精度，甚至根本无法测量。

(3) 结垢发生在除雾器叶片上，将会改变气体的分布和局部气体的流速，影响气流的均匀分布和最佳的气流速度，从而影响除雾效率。除雾器的结垢常常造成脱硫塔停运。

(4) 结垢发生在不锈钢表面，由于结垢阻止了氧气的进入，导致不锈钢表面发生应力腐蚀和点蚀，当Cl^-浓度高时更为明显。

(5) 结垢发生在衬里（如橡胶表面），由于垢层可能不断变干变厚，当其脱落时，容易撕裂衬里，造成腐蚀；另外，大块的垢层也可以砸伤吸收塔内部构件，如陶瓷类的浆液喷嘴。

887. 造成石灰石-石膏湿法脱硫系统中结垢与堵塞的原因是什么?

答：造成石灰石-石膏湿法脱硫系统中结垢与堵塞的原因：溶液或浆液中的水分蒸发而使固体沉积；氢氧化钙或碳酸钙沉积或结晶析出；反应产物亚硫酸钙或硫酸钙的结晶析出。

888. 石灰石-石膏法中造成管路堵塞现象的原因有哪些?

答：在石灰石-石膏法脱硫系统中，管路堵塞是最常见的系统故障，造成这一现象的原因有以下几点：

(1) 系统设计不合理，如设计流速过低、浆液浓度过大、管路及箱罐的冲洗和排空系统不完善等。

(2) 浆液中有机械异物（包括衬橡胶管损坏后的胶片）或垢片造成管路堵塞。

(3) 系统中泵的出力严重下降，使向高位输送的管道堵塞。

（4）系统中有阀门内漏，泄漏的浆液沉淀在管道中造成堵塞。

（5）系统停运后，未及时排空管道中剩余的浆液。

（6）系统停运后，未及时对浆液的管路及系统进行水冲洗。

（7）管内结垢造成通流截面变小。

（8）氧化风机故障后，循环浆液倒灌入氧化空气分配管并很快沉淀而造成堵塞。

889. 石灰石-石膏法脱硫系统在运行当中可以从哪些方面来防止结垢现象的发生？

答：在石灰石-石膏法脱硫系统中，可以从以下几个方面来防止结垢现象的发生：

（1）提高锅炉电除尘器的效率和可靠性，使 FGD 入口烟尘量在设计范围内。

（2）运行控制吸收塔浆液中石膏过饱和度最大不超过 140%。

（3）选择合理的 pH 值运行，尤其避免 pH 值的急剧变化或频繁发生变化会导致腐蚀加速。

（4）保证吸收塔浆液的充分氧化，保护亚硫酸钙的氧化率大于 95%。

（5）向吸收剂中加入添加剂如镁离子、乙二醇等。镁离子加入后可以生成溶解度大的 $MgCO_3$，增加了亚硫酸根离子的活度，降低了钙离子的浓度，使系统在未饱和状态下运行，可以达到防垢的目的；加入乙二醇，可以起到缓冲 pH 值的作用，抑制 SO_2 的溶解，加速液相传质，提高石灰石的利用率。

（6）对接触浆液的管道在停运后及时冲洗干净。

（7）保证除雾器、烟气再热器等冲洗和吹扫系统运行可靠。

（8）烟气挡板系统定期清灰。

（9）定期检查，及时发现潜在的问题。

890. 常见的防止结垢和堵塞的方法有哪些？

答：一些常见的防止结垢和堵塞的方法有：

（1）在工艺操作上，控制吸收液中水分蒸发速度和蒸发量。

（2）控制溶液的 pH 值；控制溶液中易于结晶的物质不要过饱和。

（3）保持溶液有一定的晶种。

（4）严格除尘，控制烟气进入吸收系统所带入的烟尘量，设备结构要作特殊设计，或选用不易结垢和堵塞的吸收设备，例如流动床洗涤塔比固定填充洗涤塔不易结垢和堵塞。

（5）选择表面光滑、不易腐蚀的材料制作吸收设备。

891. 引起 GGH 换热面堵塞原因有哪些？

答：（1）净烟气携带浆液的沉积结垢引起堵塞。锅炉烟气经过吸收塔后，烟气温度降低、水分饱和，虽经两级除雾器除下大部分液滴，出口液滴含量在 75mg/m^3 以下或更低，但因烟气总量大、GGH 连续运行的时间长，携带的石膏浆液的总量很大。这些浆液通过 GGH 时会黏附在换热元件上，烟气的冷热交替通过，使得部分水分蒸发，留下溶质或固形物并逐渐加厚形成恶性循环，最终堵塞换热元件通道。

（2）烟尘引起的 GGH 堵塞。因吸收塔出口烟气处于饱和状态，并携带一定量的水分，GGH 加热元件表面比较潮湿，在 GGH 原烟气侧特别是冷端，烟尘会黏附在加热元件的表面。另外，烟尘具有水硬性，其中的 CaO 可以激活烟尘的活性，烟气中的 SO_3 及塔内浆液等与烟尘相互反应形成类似水泥的酸盐，随着运行时间的累积硬化，即使高压水也难以清除，这同样引起堵塞问题，在烟尘量大时堵塞更快。

（3）设计不合理引起的 GGH 堵塞。GGH 本身设计不合理，如 GGH 换热面高度、换热片间距、换热片形式、吹灰方式、布置形式、吹灰器数量、吹灰器喷头吹扫位置、覆盖范围等，对 GGH 积灰、结垢均有影响。另外，喷淋层和除雾器的设计对堵塞也有很大影响。GGH 前后直烟道过短，导流板也不能使流场分布均匀，这使得 GGH 局部会先产生浆液黏结堵塞，继而形成恶性循环。

（4）当吸收塔内 pH 值较高时，烟气携带的 $CaCO_3$ 含量也多，它们会与原烟气和净烟气中 SO_2 继续反应生成结晶石膏而牢固地黏附在 GGH 换热元件上引起堵塞。

（5）在运行中有时吸收塔液位过高，溢流管排浆不畅，浆液从吸收塔原烟气入口倒流入 GGH。吸收塔在运行时由于氧化空气的鼓入液位有一定的上升。另外，吸收塔运行时在液面上常会产生大量泡沫，泡沫中携带石灰石和石膏混合物颗粒。液位测量反映不出液面上虚假的部分，造成泡沫从吸收塔原烟气入口倒流入 GGH。原烟气穿过 GGH 时，泡沫在原烟气高温作用下，水分被蒸发，泡沫中携带的石灰石和石膏混合物颗粒黏附在换热片表面。在此过程中，原烟气中的灰尘首先被吸附在泡沫上，随着泡沫水分的蒸发进而黏附在换热片表面，造成结垢。即便瞬间反流，GGH 积污也非常严重。

（6）GGH 吹扫或冲洗不正常或故障。

1）运行时 GGH 不吹扫自然会结垢。有的 FGD 系统未能按运行规程进行 GGH 的定期吹扫，或吹扫的周期长、每次吹扫的时间较短，不能及时去除积灰/垢而形成累积。

2）吹扫气/汽源参数不满足设计要求，不能达到吹扫效果。

3）吹灰步序、步长、停留时间设置不合理，如有未吹到的死角等。

（7）除雾器的堵塞会直接影响 GGH 的堵塞。若除雾器发生堵塞，除雾器出口的液滴含量增加，会明显加快 GGH 的堵塞。

（8）循环泵长时间启动而 FGD 系统未通烟时，也可使吸收塔浆液漂流黏附在 GGH 上。

（9）吸收塔浆液出现问题，如碳酸钙或亚硫酸钙的含量明显偏高，会导致 GGH 的堵塞。

892. 烟气系统泄漏的原因有哪些？如何处理？

答：烟气系统泄漏原因有安装或检修工艺不符合规范和腐蚀泄漏。

（1）原烟气侧泄漏。膨胀节和各检查孔是易于出现泄漏的部位。安装时密封不好，会持续地有少量烟气泄漏，泄漏出的烟气会造成周围金属部件的腐蚀。如果泄漏部位在保温层内，则烟气温度降低后会更容易出现酸露，造成保温外护板和管道（设备外壳）的腐蚀。

处理方法：对密封面清理干净（必要时进行校正和打磨），选择合适的密封材料，仔细进行密封。

（2）净烟气侧泄漏。由于湿度高和含有腐蚀性气体，净烟气侧（有GGH时，在GGH之前为饱和烟气）有防腐层，防腐层在热应力和冲刷的作用下会出现局部损坏；或在施工中遗留的局部问题，也会造成金属腐蚀。最终出现烟气泄漏，同时伴有凝结水的排除。

处理方法：根据腐蚀情况，除去一定范围的防腐层，对金属部分进行除锈和修补（必要时更换金属部分），打磨平整后恢复防腐层。

893. 运行中脱硫效率不高的原因有哪些？其解决措施有哪些？

答：运行中脱硫效率不高的原因有：

（1）SO_2值测量不正确；

（2）pH值测量不正确；

（3）烟气流量增加；

（4）SO_2入口浓度加大；

（5）pH值过低（<5.5），而且氧化空气压缩机在运行；

（6）再循环的液体流量降低。

运行中解决脱硫效率低的措施主要有：

（1）校准SO_2的测量；

（2）校准pH值的测量；

（3）若可能，增加一层喷淋层；

（4）检查石灰石粉的质量及投配情况，增加石灰石浆液的加入量；

（5）检查吸收塔再循环泵的运行数量及泵的出力情况。

894. 废水处理系统加药装置加不进药的主要原因有哪些？处理方法是什么？

答：废水处理系统加不进药的主要原因有：

（1）溶液箱出药管被药剂中的残渣堵塞。

（2）溶液箱出口的Y形过滤器长期未进行清理。

（3）计量泵的冲程及速度未调整好。

（4）计量泵内隔膜损坏。

处理方法为：

（1）溶药时不要将药剂中的残渣带入溶液箱，并应进行充分的搅拌，保证固体药剂的完全溶解。

（2）清理Y形过滤器。

（3）将计量泵的冲程及速度调整到合适位置。

（4）及时更换计量泵内的隔膜。

895. 废水处理系统浓缩澄清器出水水质不良的主要原因有哪些？处理方法是什么？

答：主要原因有：

（1）混凝剂及助凝剂的加药量不足。

（2）内部填装的斜管变形或被污泥堵塞。

（3）澄清浓缩池的出力过大，表面负荷超过$1m^3/(m^2 \cdot h)$（设置有斜管时）。

（4）池内储泥过多，发生污泥上翻现象。

处理方法为：

（1）调整混凝剂及助凝剂的加药量。

（2）清理及冲洗斜管。

（3）降低澄清浓缩池的负荷运行。

（4）启动污泥处理系统及时排泥。

896. 废水处理系统出水 COD 超标的主要原因有哪些？处理方法是什么？

答：主要原因有：

（1）废水处理系统混凝处理效果不好，导致 COD 的去除率较低。

（2）工艺水中的 COD 含量超标。

（3）油类物质漏入系统。

（4）吸收塔氧化系统不完全，亚硫酸钙含量高。

处理方法为：

（1）加强废水的混凝处理。

（2）保证工艺水中 COD 含量正常。

（3）防止油类物质漏入系统。

（4）检查氧化风系统正常，确保浆液的正常氧化。

（5）向清水箱内加入次氯酸钠等氧化剂以降低 COD 的含量。

897. 废水处理系统压滤机滤板间跑浆的主要原因有哪些？处理方法是什么？

答：主要原因有：

（1）滤板压紧力未到达规定要求。

（2）滤板褶皱，滤板表面有碰伤现象。

（3）滤布孔与滤板孔不同心。

（4）进泥压力（或空气吹洗压力）超过 0.6MPa。

（5）滤布及滤板密封面间有杂质。

处理方法为：

（1）调整液压油的压力，使压紧力达到规定的要求。

（2）调整滤布，更换滤板。

（3）对错位的滤布进行纠正。

（4）调整进泥压力（或空气吹洗压力），压滤机进泥压力控制在 0.6MPa 以下。

（5）及时清洗滤布。

898. 废水处理系统压滤机滤布挂泥的主要原因有哪些？处理方法是什么？

答：主要原因有：

（1）滤布污脏，长时间未进行清洗。

（2）废水澄清时混凝剂及助凝剂的加药量不足。

（3）压滤机进泥量不够，没有进行充分的压滤。

（4）进泥量未控制好，在污泥浓度较高时快速大量的进泥导致压滤机的中心管堵塞，使压滤机尾端的滤室不能进满污泥。

处理方法为：

（1）定期清洗滤布。

（2）调整混凝剂及助凝剂的加药量。

（3）调整压滤机进泥量，保证有充分的压滤过程。

（4）调整控制压滤机进泥量，并检查各出水嘴应均匀排水。

899. 废水处理系统离心脱水机扭矩过大的主要原因有哪些？处理方法是什么？

答：主要原因有：

（1）助凝剂的加药量不足。

（2）进泥量未控制好。

（3）进泥浓度过高。

（4）离心机内被污泥堵塞。

处理方法为：

（1）调整助凝剂的加药量。

（2）离心机未达到正常转速前不能进泥，进泥量应逐渐增加调至额定值。

（3）保证进泥量浓度在离心机设计要求的范围内，尤其是初始的进泥浓度应进行严格的控制。

（4）对离心机的螺旋进行反转操作，将机内堵塞的污泥反转排出。

900. 石膏中酸不溶物质含量过高的主要原因是什么？处理方法是什么？

答：主要原因有：

（1）石灰石中酸不溶物质含量（主要是 SiO_2 及白云石等成分）过高。

（2）烟气中烟尘含量过高。

处理方法为：

（1）改善石灰石品质。

（2）改善 FGD 入口烟气的含尘量。

（3）及时投运废水处理系统。

901. 哪些情况下必须由操作员停止废水？

答：以下情况必须由操作员停止废水：

（1）槽中的一个或多个搅拌器发生故障；

（2）清/浓缩器中的刮除机构发生故障，这种故障必须尽快地排除，在发生故障 4～6h 后，应当把沉淀槽中污泥排出；

（3）浆泵发生故障；

（4）发生故障是因为絮凝剂的混合。

902. 废水处理系统 pH 值与标准值的偏差过大如何处理？

答：废水处理系统 pH 值与标准值的偏差过大处理方法为：

（1）pH 测量电极（测量链）在需要时清洗/重新调整；

（2）石灰浆加药管线在需要时加以清洗；

（3）检查 HCl 加药系统（加药头中的空气、加药泵的设定值、HCl 槽中的液位）；

（4）检查控制系统的参数化状况。

903. 沉降槽/沉淀槽溢流中的固体含量过大如何处理？

答：沉降槽/沉淀槽溢流中的固体含量过大处理方法为：

（1）检查絮凝剂的加药系统（加药头中的空气、加药泵的设定值、絮凝剂槽中的料位）。

（2）沉降槽/沉淀槽中污泥厚度过厚，应检查。

904. 如何判断 DCS 发生故障了？如何处理？

答： DCS 故障发生时的现象有操作员站出现故障，出现“黑屏”或者“死机”。

处理方法有：

（1）若主要后备硬手操及监视仪表可用且暂时能够维持脱硫系统的正常运行，则转用后备操作方式运转，同时联系热工人员排除故障并恢复操作员站运行方式。

（2）如短时间内无法恢复，则应利用后备硬手操，安全停运脱硫系统。

905. 试述 FGD 系统中各测量仪表发生故障后的应对措施。

答： FGD 系统中各测量仪表发生故障后的应对措施有：

（1）pH 计故障。若系统中的 pH 计发生故障，则必须人工每小时化验一次，然后根据实际的 pH 计及烟气脱硫率来控制石灰石浆液的加入量。若 $pH<5.8$，则必须将石灰石浆液量增加约 15%；若 $pH>6.2$，则必须将石灰石浆液量减少约 10%，且 pH 计须立即恢复，校准后尽快投入使用。

（2）密度计故障。需人工在实验室测量各浆液密度，且密度计须尽快修好，校准后投入使用。

（3）液体流量测量故障。用工艺水清洗或重新校验。

（4）SO_2 仪故障。关闭仪表后用压缩空气吹扫，运行人员应立即查明原因并好参数记录。

（5）烟道压力测量故障。用压缩空气吹扫或机械清理。

（6）液位测量故障。用工艺水清洗或人工清洗测量管子或重新校验液位计。

906. 吸收塔发生起泡现象的主要原因是什么？处理方法是什么？

答：主要原因有：

（1）烟尘含量过高。

（2）过细的烟尘颗粒在吸收塔内长期聚集。

（3）颗粒较细的化合物如吸收剂、设备腐蚀产物（铁锈等）、各类反应生成物在吸收塔浆液表面聚集。

（4）烟气中含由未完全燃烧的助燃油、风机泄漏的润滑油等被带入至吸收塔内，油类物质在塔内发生皂化反应，并在吸收塔浆液表面形成泡沫。

处理方法为：

（1）改善FGD入口烟气的含尘量。

（2）当出现轻微泡沫时，可以将适当泡沫排出系统。

（3）加强石膏脱水，及时投运废水处理系统。如吸收塔浆液品质实在太差，则应对浆液进行彻底的置换。

（4）通过吸收塔排水地坑向吸收塔内加入适量的消泡剂。

907. 吸收塔液位过高及过低的危害是什么？

答：吸收塔液位过高，吸收塔溢流加大，且吸收塔浆液容易倒入烟道损坏引风机叶片；吸收塔液位过低，则减少氧化反应空间，脱硫效率降低且影响石膏品质，严重时将造成损坏设备。

908. 吸收塔系统停运后，液位异常下降的原因是什么？

答：当吸收塔系统停运后，若发现液位异常下降，如吸收塔石膏排出泵在运行状态，则应立即检查石膏排出泵的排地沟门有没有关上；石膏浆液至事故浆池的阀门是不是在关闭位置；还要检查吸收塔排地沟门有没有被误打开；观察事故浆池的液位有没有上升的趋势。如果吸收塔石膏排出泵在停运状态，就要检查吸收塔的外壁有无漏浆现象，查看地沟里有没有浆液流动；还要检查液位计指示准确与否，需不需要校验。

909. 试述吸收塔液位异常的现象、产生的原因及处理方法。

答：现象：吸收塔液位异常指液位过高、过低和波动过大。

造成吸收塔液位异常的原因有：

（1）吸收塔液位计不准；

（2）浆液循环管道漏；

（3）各种冲洗阀不严；

（4）吸收塔泄漏；

（5）吸收塔液位控制模块故障。

处理方法是：

（1）检查校核吸收塔液位计；

（2）停运泄漏的浆液循环管道，进行更换或堵漏；

（3）检查调整不严的泄漏冲洗阀；

（4）降低吸收塔液位，对泄漏点进行封堵；

（5）更换故障的吸收塔液位控制模块。

910. 吸收塔液位测量不准的原因是什么？有何解决办法？

答：吸收塔液位测量不准的原因是：

（1）密度测量误差。密度计本身测量误差：浆液本身密度不均匀、分层，上部（较小）和下部（较大）密度不一致，浆液节流可能使密度减低；浆液含气泡太多。

（2）浆液堵塞、沉积造成阻力增大，造成压力测量误差。

（3）泡沫引起的虚假液位。

（4）仪表测量误差。

吸收塔液位测量不准的解决办法为：

（1）防止浆液起泡。

（2）调整修正系数，定期冲洗和检查标定仪表。

（3）尽量消除密度计引起的测量误差。

（4）加强巡查，及时消除。

（5）通过监视氧化空气压力来参考和发现液位是否测量准确。

911. 浆液密度测量不准的原因是什么？有何解决办法？

答：浆液密度测量不准的原因有：

（1）浆液流速太小，有沉积和堵塞。

（2）浆液含有杂质，卡在密度计中间。

（3）浆液流速过高，密度计磨损。

（4）浆液黏性太大，密度计内表面不光滑，已结垢。

（5）浆液节流太严重，节流处慢慢堵塞。

浆液密度测量不准的解决办法为：

（1）调整节流孔板，保证适当流速，防止堵塞和磨损。

（2）监视相关参数变化，及时冲洗清理。

（3）防止异物进入系统。

912. 锅炉燃用煤种超过脱硫装置设计煤种时带来的不利影响是什么？

答：锅炉燃用煤种超过脱硫装置设计煤种时带来的不利影响是：

（1）脱硫装置出口 SO_2 浓度升高，脱硫效率下降。

（2）石膏浆液及副产品石膏品质下降。

（3）辅助系统运行时间大大增加，腐蚀、磨损、泄漏、结垢加剧。

（4）发电成本伴随着脱硫装置入口 SO_2 浓度的增加而增加，脱硫的各种消耗指标大大增加。

（5）装置检修维护困难。

913. 吸收塔浆液 pH 值测量不准的原因是什么？有何解决办法？

答：吸收塔浆液 pH 值测量不准的原因为：

（1）浆液流速太高，并伴有较大颗粒物撞击，使 pH 计破碎。

（2）浆液流速太小，有沉积和堵塞，使测量值不准。

（3）pH 计电极表面结垢，且未及时清理。

（4）维护不当或未及时保养、清洗和标定。

（5）pH 计电极干涸、老化。

吸收塔浆液 pH 值测量不准的解决办法为：

（1）及时发现和查找原因，制定有针对性的检查和维护措施。

（2）每天定期检查清洗和标定。

（3）每天定期化验并比较。

（4）pH 计不用时需及时用饱和 KCl 溶液进行保养，防止干涸。

914. 试述引起石灰石浆液密度异常的原因及处理方法。

答：石灰石浆液密度异常可能是由以下原因引起的：

（1）密度计显示不准；

（2）粉仓内的石灰石粉受潮板结或有搭桥现象；

（3）石灰石粉给料机机械卡涩或跳闸；

（4）密度自动控制系统失灵；

（5）制浆池补水流量异常。

处理的方法是：

（1）检查密度计电源是否正常、石灰石浆液流量是否过低，如无异常，应人工测量石灰石浆液密度，并联系热工人员校准密度计。

（2）检查流化风机和流化风管，投运粉仓壁振打装置；

（3）清理造成给料机内的杂物；

（4）联系热工人员检查石灰石浆液密度控制模块；

（5）检查工艺水泵运行情况，核对补水阀实际开度与 DCS 显示开度否相符。

915. 试论述 pH 值显示异常的现象、原因及处理方法。

答：在石灰石石膏法脱硫系统中，pH 值一般要求控制在5. 8 ~ 6. 2。pH 值高有利于 SO_2 的吸收但不利于石灰石的溶解；反之，pH 值低有利于石灰石的溶解但不利于 SO_2 的吸收。造成 pH 值显示异常的原因有：

（1）pH计电极污染、损坏老化；

（2）pH计供浆量不足；

（3）pH计供浆中混入工艺水；

（4）pH计变送器零点漂移；

（5）pH控制模块故障。

处理的方法是：

（1）清理、更换pH计电极；

（2）检查pH计连接管线是否堵塞；

（3）检查吸收塔排出泵的供浆状态；

（4）检查pH计的冲洗阀是否泄漏；

（5）检查校正pH计；

（6）检查pH计模块情况。

916. 高压电源中断的处理原则是什么？

答：高压电源中断的处理原则是：

（1）检查保安段已通电，检查并恢复保安段设备。

（2）检查旁路挡板开启，关闭原、净烟气挡板，打开吸收塔放空阀。

（3）若高压电源短时间不能恢复，应按短时停机相关规定处理。

（4）若造成380V电源中断，应按相关规定处理。

917. 380V电源中断的处理原则是什么？

答：380V电源中断的处理原则是：

（1）若为高压电源故障原因，应按短时停机处理。

（2）380V单段故障，应查明故障原因，断开该段电源开关及负荷开关。

（3）380V电源全部中断，且电源短时间不能恢复，应按短时停机处理。

918. 三相异步电动机常见故障有哪些?

答: 三相异步电动机常见故障有:

(1) 电动机定子耐压强度不够。

(2) 电动机空载电流偏大。

(3) 电动机三相电流不平衡。

(4) 电动机温度高。

(5) 电动机振动和噪声。

(6) 电动机扫膛。

(7) 电动机轴承过热。

(8) 电动机缺相运行。

919. 如何处理电动机常见的异常运行?

答: 电动机在运行中发生异常现象时,应立即汇报班长,并通知电气运行人员,电气运行人员在巡回检查时发现异常现象需要将电动机停止运行时,应与电动机所属值班人员联系,并由电动机所属值班人员进行操作。

920. 什么情况下应立即停止电动机运行?

答: 发生下列情况应立即停止电动机运行:

(1) 危及人身安全;

(2) 电动机及所属的电气设备冒烟着火;

(3) 所带机械设备损坏,无法运行;

(4) 发生强烈振动;

(5) 电动机内部发生冲击,定子、转子相互摩擦;

(6) 电动机转速急剧下降,电流增大或到零;

(7) 电动机温度及轴承温度急剧上升,超过允许值且继续上升;

(8) 发生危及电动机安全运行的水灾、火灾。

921. 什么情况下启动备用电动机?

答: 发生下列情况者,对于重要的电动机,可先启动备用电动机，然后停用异常电动机：

（1）电动机有不正常的声音或绝缘有烧焦的气味；

（2）在同样负荷下定子电流超过正常运行的数值；

（3）电动机内或启动调节装置内出现火花或冒烟；

（4）轴承温度急剧上升且超过规定值；

（5）电动机的电缆引线严重过热或漏油；

（6）大型密闭式冷却电动机冷却水系统发生故障；

（7）电动机三相不平衡电流超过10%以上。

922. 什么情况下允许将已跳闸的电动机进行一次重合？

答：如已跳闸的重要电动机没有备用或不能迅速启动备用电动机，为了保证机组的继续运行，在无下列情况，允许将已跳闸的电动机进行一次重合：

（1）启动调节装置或电源电缆明显短路或损伤现象；

（2）发生需要立即停机的人身事故；

（3）所带机械损坏；

（4）保护跳闸的电动机；

（5）重要的电动机失去电压或电压下降时，在1min内严禁值班人员手动切断厂用电动机。

923. 电动机运行中跳闸的原因与处理方法有哪些？

答：电动机运行中跳闸的原因有：

（1）定子绕组匝间或相间短路；

（2）动力电缆故障；

（3）所带机械卡死；

（4）电压降低；

（5）保护误动作或人员过失。

处理方法有：

（1）启动备用机组；

（2）若无备用机组，应通知电气值班人员检查，无问题后方可再次启动，确认误动作时可立即启动；

(3) 若在启动时跳闸，未查明原因不得再次启动，由电气值班人员前来检查。

电气值班人员应进行下列检查：

(1) 何种保护动作；

(2) 电动机绕组及电缆是否有短路、接地、断线现象；

(3) 所带机械是否卡死，熔断器是否熔断，连锁回路是否良好；

(4) 开关机构是否良好，电源开关和隔离开关是否合好；

(5) 绕线式电动机频敏电阻器或开关是否良好；

(6) 电动机绝缘电阻（包括电缆）。

924. 电动机冒烟着火的原因有哪些？如何处理？

答： 电动机冒烟着火的原因有：

(1) 由于轴心不正或轴瓦磨损，使定子、转子相碰；

(2) 定子绕组受潮、污秽、老化、相间短路或接地故障；

(3) 鼠笼条开焊或断裂。

处理方法有：

(1) 立即拉开电动机电源开关；

(2) 用二氧化碳、四氯化碳或雾状喷水灭火，严禁用大水流、沙子或泡沫灭火器灭火；

(3) 通知电气人员检查。

925. 电动机剧烈振动的原因有哪些？如何处理？

答： 电动机剧烈振动的原因有：

(1) 电动机与所带机械中心不正，大轴弯曲，机械损坏；

(2) 机组轴承损坏或平衡块失去平衡；

(3) 定子、转子相互摩擦或风扇脱落；

(4) 绕线式电动机转子一相开路或笼式电动机转子开焊断裂；

(5) 机械振动、地脚螺栓松动。

处理方法有：

（1）启动备用机组；

（2）若无备用机组，应降低电动机负荷，看振动是否减轻或消除，否则应联系检修人员处理。

926. 电动机温度异常升高超过允许值时应进行哪些检查？如何处理？

答：电动机温度异常升高超过允许值时，应进行下列检查：

（1）电压是否低于规定值，电流是否超过规定值；

（2）检查冷却空气是否超过35℃，冷却系统是否堵塞，风扇是否损坏；

（3）三相电流是否平衡，有无超过规定值；

（4）所带机械是否有卡涩现象，引起过负荷。

处理办法有：

（1）检查轴承是否转动，冷却油是否正常，油路是否堵塞断油；

（2）油量是否充足，油质是否异常；

（3）滚动轴承是否加油过多或缺油；

（4）轴承冷却水是否正常；

（5）轴承有无异声或损坏现象。

927. 电动机定子电流表发生周期性摆动的原因有哪些？如何处理？

答：电动机定子电流表发生周期性摆动的原因有：

（1）绕线式电动机转子绕组内部损坏或笼式电动机转子开焊断裂；

（2）绕线式电动机短路环或碳刷开路，开关接触不良。

处理方法有：

（1）启动备用电动机，停止故障电动机；

（2）若无备用电动机，则应对故障电动机加强监视，并通知电气值班人员前来检查，当检查无效且电动机定子电流摆动幅度越来越大时，应立即停止故障电动机运行。

928. 电动机启动后即跳闸应如何处理？

答：电动机启动后即跳闸，应检查保护动作情况，三相电源是否正常，测量绝缘电阻，对电动机所属机械设备进行检查分析，确认良好后，可在专人监护下进行第二次启动，如发现异常应立即停止，联系检修人员处理。

929. 中置式高压开关柜常见故障有哪些？

答：中置式高压开关柜常见故障有：①拒动作、误动作故障；②绝缘故障；③导电回路故障；④手车进出困难。

930. 干式变压器常见故障有哪些？

答：干式变压器常见故障有：①干式变压器温度高；②干式变压器温度控制仪故障。

931. 烟囱的作用是什么？

答：烟囱的第一个作用是将烟气从高空排入大气。由于烟囱有一定的高度，烟气排出后被大气稀释，减轻了烟气中有害成分对环境的影响。

第二个作用是产生一定的引力，帮助引风机将烟气排入大气。对于没有引风机的小型炉子，则利用烟囱的引力克服烟气流动的阻力，将烟气排入大气。

932. 为什么烟囱大多是下面粗、上面细？

答：除小型锅炉的铁烟囱为制作方便，上下一样粗外，钢筋混凝土烟囱和砖烟囱大都是下面粗、上面细。这是因为下粗上细的烟囱重心较低，支承面积较大，烟囱的稳定性好。

另外一个原因是烟气在烟囱内流动时，因为散热，烟气体积减小，如果烟囱直径上下相同，烟囱出口烟速下降，容易引起倒风。

采用下粗上细的烟囱，由于烟气流通截面逐渐减小，烟气流速可保持不变或略为增加。维持烟囱出口较高的烟气流速，不但可以防止冷空气倒流入烟囱，而且可以增加烟囱的有效高度，使烟气散布在更大的范围内，有利于减轻排烟中有害气体对大气的污染，改善电厂周围的环境。

933. 烟囱的引力是怎样形成的？

答：烟囱的引力是由于烟气的温度高，重力密度小，空气的温度低，重力密度大，两者重力密度不同而造成的。烟囱的抽力为

$$F = h(\gamma_k - \overline{\gamma}_y)$$

式中 h——烟囱高度，m；

γ_k——空气的重力密度，N/m^3；

γ_y——烟气的平均重力密度，N/m^3。

由上式可见，烟囱越高，空气温度越低，烟气温度越高，则烟囱的引力越大。

934. 湿烟气是怎么产生的？

答：在湿法烟气脱硫过程中，烟气经过喷淋降温后，烟气的温度降到水露点温度，成为湿烟气。

935. 湿烟气的特点是什么？

答：湿烟气的特点是：

(1) 由于烟气含湿量增加，烟气的密度增加；

(2) 处于饱和状态的湿烟气，有可能不含有水滴，但是很不稳定，在受到压缩、膨胀、降温，甚至碰撞时会出现凝结水滴；

(3) 湿烟气中的水分对于烟气中的酸性气体，如 SO_2、SO_3、HCl 和 HF 有更高的吸收作用，因而提高了烟气的酸露点，增强了烟气的腐蚀性。

936. 湿烟气对电厂运行的影响是什么?

答: 湿烟气对电厂运行的影响为:

(1) 洗涤塔及下游的烟道、挡板门、膨胀节、烟囱产生腐蚀;

(2) 由于烟气密度增大,烟囱的抽拔力降低,烟囱部分区段出现正压;

(3) 烟囱内部的正压会加快对烟囱的腐蚀,造成烟囱泄漏;

(4) 由于烟囱的降温和减压作用,烟气凝结水量增加。

937. 湿烟气排放对周围环境的影响是什么?

答: 湿烟气排放对周围环境的影响为:

(1) 烟气抬升高度降低;

(2) 烟囱排水量增加;

(3) 烟气中粉尘浓度(包括 PM2.5)有可能增加;

(4) 烟囱排出白色烟羽;

(5) 在一定条件下烟羽呈现蓝烟或黄烟;

(6) 在一定条件下烟囱的周围出现烟囱雨;

(7) 烟羽下洗;

(8) 烟囱出口结冰。

938. 什么是湿烟囱?

答: 湿烟囱是指机组采用湿法脱硫装置,并未采用 GGH 等再热装置的火力发电厂烟囱。

939. 为什么要对湿烟囱内衬进行防腐处理?

答: 在役火力电厂机组采用石灰石 - 石膏湿法脱硫装置,为了提高脱硫装置的可用率和降低厂用电率,部分脱硫装置并未安装 GGH 等再热装置。因湿法脱硫未完全去除酸类气体,脱硫后烟气在流通过程中遇冷凝结,在烟囱内壁结露成腐蚀性的凝结酸液进而对烟囱造成腐蚀危害。为解决烟囱防腐问题,必须对湿烟囱内衬进行防腐处理。

940. 湿烟囱有哪几种运行工况？

答：湿烟囱有以下五种运行工况：

（1）干烟气工况。排放未经脱硫的烟气。进入烟囱的烟气温度一般为120～160℃。在此条件下，烟囱内壁处于干燥状态，烟气中酸性气体对烟囱内壁材料仅产生气态腐蚀，腐蚀进程缓慢。

（2）湿烟气工况。排放经湿法脱硫后无烟气再热系统的烟气。湿烟气在流通过程中凝结成冷凝液。冷凝液沿筒壁流淌，其酸性较强，普遍为pH＝1.5～2.5的混合酸液，对烟囱内壁材料腐蚀严重；对于湿法脱硫后含有烟气再热系统的烟囱，考虑烟气再热系统再热效果及今后烟气再热系统改造的不确定性，其烟气工况仍应归类为湿烟气工况。

（3）混合工况。干、湿烟气混合排放，进入烟囱的混合烟气温度分布不均匀，会产生局部冷凝结露状况。冷凝液浓度高、腐蚀性更强。

（4）过渡工况。脱硫系统启、停及运行中旁路挡板开启或关闭时，排放烟气温度发生突变。

（5）事故工况。烟囱在锅炉空气预热器事故等短时异常状态，烟气温度在250℃左右。

941. 湿烟囱防腐设计原则是什么？

答：湿烟囱防腐设计应符合下列原则：

（1）防腐材料应有抗酸性、抗渗性、耐磨性和强的黏结性；

（2）应耐200℃以上高温和应抗冷热交变性能；

（3）自重应轻、吸水性应差。

942. 对现役烟囱防腐改造的原则是什么？

答：对现役烟囱防腐改造的原则是：

（1）进行烟囱防腐改造的项目，应先进行烟囱结构安全评估和防腐方案论证。

（2）对于600MW及以上等级发电机组的烟囱，机组使用年限不足5年，在场地许可的条件下可采用新建湿烟囱或者吸收塔塔顶烟囱方案。对于不宜进行防腐改造的烟囱，也可采用新建湿烟囱方案或者吸收塔塔顶烟囱方案。

（3）对于300MW及以上等级发电机组的单筒及砖套筒常规烟囱，机组预期使用年限大于15年，可采用内设金属材料结构的排烟筒方案。

（4）对于300MW及以下等级发电机组的烟囱，机组预期使用年限小于15年，可采用烟囱内壁防腐方案。防腐类别可采用发泡砖体系。

943. 影响选择湿烟囱的因素是什么？

答：（1）烟雾扩散。离开烟囱的烟气会形成一种逐渐消失在大气中的不连续烟雾，这种烟雾扩散既可能影响烟囱附近地区，也可能对下游很长一段距离造成影响。如果烟雾在烟囱出口处立即下落，就会形成一种称为烟雾下坠的现象，这种现象与风向及风速有较大的关系，风流过烟囱后会在烟囱背面形成低气压区，当风速增加时，低气压区域就会增大，气压就会进一步降低。如果烟气在离开烟囱时的浮力或垂直速度不够大，就会产生烟气下坠现象。刮风使从烟囱出来的垂直烟雾水平弯曲，因此烟雾进入低气压区。烟雾下坠造成烟囱材料损坏并降低了烟雾的扩散速度。此外，在结冰天气时，烟雾下坠还会造成烟囱结冰。与采用独立烟囱结构的机组相比，多个机组共用一个烟囱时，出现烟雾下坠的可能性更大。因为大直径的烟囱外壳会产生较大的低压区。

由于减少了烟雾浮力和垂直扩散速率，与采用烟气再热系统相比，湿烟囱在烟囱附近产生的地面SO_2（及其他污染物）浓度最大。这种地面污染浓度对烟囱出口温度极为敏感，烟气温度越低，烟囱附近地面的污染物就越大，所以升高烟气温度就增大了烟雾的浮力，浮力增大，烟雾的上升力就增大，这会给予排放物更多的时间去扩散，并在排放物底部到达地面之前通过低压区。

为了遵守相关环境质量标准，无论是否采用烟气再热系统，都需要确定最小的烟囱高度。具体的烟囱高度可以根据烟囱所在区域的地形和其他污染源的存在情况来确定。同时考虑现场的气象数据、现有的地面污染物浓度及当地建筑物的距离、入口和其他排放源的情况。

烟囱的液滴排放（也称烟囱下雨）也是任何采用湿烟囱的发电机组要考虑的问题。下雨来自于那些跟随烟气一起排出，并在到达地面之前由于尺寸较大而未能蒸发的液滴，并经常出现在距烟囱下游100m左右的地方。烟囱下雨很容易出现在采用湿烟囱运行的FGD系统中，但即使采用烟气再热，也可能出现。通过对FGD统设计的优化，可以减少液滴排放问题。

（2）烟气的浊度。混浊度是光线通过从烟囱排出的烟雾时所受阻碍程度的一个测量值。烟雾的浊度是由于光与烟气中的固体颗粒、某些液体及气体相互作用产生的，包括飞灰、硫酸雾和氮氧化物。

当热饱和气体离开烟囱时，烟气温度降低并形成水汽雾滴，这些水汽雾滴降低了烟雾的透光性，当测量烟气的混浊度仅用于调试目的时，可以不考虑水汽雾滴对烟雾混浊度的影响。但是，一个电厂必须考虑烟雾中水汽的存在，因为它加剧了由烟气其他成分产生的混浊度，并影响就地浊度监测仪器的测量值。

一般人很难区分由烟气中水汽凝结引起的浊度与由烟气中颗粒物质引起的混浊度的差别。居住在采用湿烟囱的电厂附近的居民可能认为从烟囱中排出的烟雾具有较高的浊度的原因是烟雾中存在固体颗粒物质，其实它是由水雾形成的。当试图采用湿烟囱时，应该考虑这一问题。应当注意，当采用烟气再热时，可以延迟或减少水雾的形成。但大多数此类系统并没有设计成在任何大气条件下烟雾中都不会有水汽凝结的效果。因为天气寒冷，即使采用烟气再热，也会形成可见的水气雾滴。

（3）经济性。如果电厂对烟雾扩散和混浊度的评估表明，基于技术、环境要求和公众可接受的条件下采用湿烟囱是可行的，则应该进行一个经济性评估来选择烟囱最经济的运行方式。这个评估应包括非再热系统和再热系统之间的差异。大多数情况下，与采用烟气再热的 FGD 系统相比，带有一个设计良好的湿烟囱的 FGD 系统在总投资和运行费用方面要低得多。

非再热系统和再热系统的总投资必须包括出口烟道、烟囱和烟气再热系统的总投资和年运行费用。在这个评估中，再热系统的运行费用特别重要。采用汽轮机排气作为烟气再热热源会使机组的热耗率增大 5% 以上（一般情况下）。采用气—气热交换器将 FGD 入口烟气热量输入到 FGD 出口烟气的方案对机组热耗影响很小，但带来较大的投资，并增大了 FGD 烟气侧的压降。

944. 烟气中水气冷凝形成的原因是什么？

答：尽量减少烟囱下雨是湿烟囱的主要设计目的，这是因为除雾器带水、烟气绝热膨胀及烟道和烟囱内衬的散热，都可能使烟气中存在水雾。除雾器的带水情况变化较大，取决于除雾器的清洁情况和其他因素。在某些地方，来自除雾器的带水可能是烟囱水雾的主要来源，这些水雾的直径通常在 100～1000μm，其中有少数超过 2000μm。

当饱和烟气在烟囱中向上流动时，烟气压力降低，绝热膨胀使烟气受到冷却，从而形成非常小的水雾（通常其直径小于 1μm），通常认为绝热膨胀在烟囱中产生的雾滴数量最多，但是，由于这些雾滴非常小，它们对烟囱的带水量的贡献不大。虽然某些凝结水会聚集在烟囱上部的内壁上，但大多数会排出烟囱，这些雾滴小得足以在到达地面之前，大多数会被烟雾带走并蒸发掉。

暖湿烟气与烟道和烟囱内衬的冷壁面接触而形成冷凝可能是另一个主要的水气来源，根据这种机理形成的冷凝量与出口烟道的长度、烟道的保温情况、烟道内衬材料及环境温度有关。

烟气中的部分水雾被惯性力带到烟道和烟囱内壁上，水滴与壁面上形成的水滴相混合。大多数来自于设计并运行良好的除雾器的带水水滴直径较大，足以通过这种撞击方式被壁面收集下来，非常细小、不会发生撞击的水雾在排出烟囱时也很少带来问题。当壁面上冷凝量增加时，细小的水滴结合成能被烟气从壁面上撕下的大水滴。这种重新进入烟气中的水滴量取决于壁面特性和烟气速度，粗糙的壁面和较高的烟气速度导致较高的烟气带水率。这种重新进入烟气中的水滴直径通常比烟气冷凝或除雾器带水形成的水滴直径大得多，其尺寸范围在100～500μm之间。

945. 烟囱雨的液体4大来源是什么？

答： 烟囱雨的液体4大来源是：

（1）除雾器出口烟气携带的浆液液滴。大部分液滴均已沉积在烟道和烟囱中，只有很小一部分细小液滴（<50μm）可到达烟囱出口。

（2）沉积和冷凝在烟道壁上的液滴被气流二次带出的大直径液滴，这是烟囱雨的主要来源之一。

（3）烟气冷凝形成的液滴，虽然流量很大，但是液滴很细，对降落到地面上的烟囱雨的贡献不大。

（4）在烟囱防腐层上的沉积的冷凝液体流，由于烟气流速过高，液流向上流动，从烟囱出口排出，这也是烟囱雨的主要来源之一，液滴直径很大（300～2000μm）。

946. 湿法脱硫烟气造成烟囱腐蚀的条件有哪些？

答： 湿法脱硫烟气造成烟囱腐蚀的条件有：

（1）烟囱内壁温度低于酸露温度。

（2）烟囱内部存在正压区。

（3）烟囱出口的烟气流速过大或过小。

947. 湿法脱硫后由于烟气温度降低对烟囱的影响主要有哪些？

答： 湿法脱硫后的烟气温度比未脱硫的烟气温度低，烟气温度的变化对烟囱带来的影响主要有：

（1）由于烟气温度的降低出现酸结露现象，造成烟囱内部腐蚀；

（2）由于烟气温度的变化使烟囱的热应力发生改变；

（3）由于烟气温度降低影响烟气抬升高度，从而影响烟气的排放；

（4）由于烟气温度的降低造成正压区范围扩大。

948. 造成烟囱雨的原因是什么？

答：造成烟囱雨的原因是：

（1）除雾器运行不正常：

1）流速。通过除雾器的烟气流速如果超过设计临界值，除雾器的携液量会以指数速率急剧增加；

2）泄漏。除雾器局部坍塌或穿孔，造成烟气漏流。

（2）烟道保温或冷凝水收集不当。

（3）烟囱未按湿烟囱要求设计：通烟筒保温不够、通烟筒烟气流速太高、通烟筒内壁粗糙、烟囱形状不佳。

949. 何为石膏雨现象？石膏雨现象产生的原因是什么？有何处理措施？

答：石膏雨现象是由于经脱硫处理后的净烟气中携带大量的冷凝液经烟囱排放至大气后，因重力作用形成“下雨”的现象。

石膏雨现象产生的原因是：

（1）烟囱流速过高。当烟囱烟气流速低于15m/s时，净烟气中冷凝水由于重力作用而沿着烟囱壁向下，通过收集并排到排水坑。当烟囱烟气流速大于20m/s，甚至超过25m/s时，净烟气中冷凝水夹带少量的灰尘、微颗粒石膏等固体，在高流速烟气带动下直接通过烟囱排放进入大气，在其重力作用下形成石膏雨现象。

（2）净烟气温度低。在配置GGH脱硫装置中，由于净烟气通过GGH将净烟气从48℃升温至80℃以上，净烟气中水分以气态形式通过烟气排放，因此不存在石膏雨现象。而在无GGH脱硫装置中，由于净烟气从吸收塔排放的温度均在55℃以下，通过净烟道及烟囱温度将降低3～5℃，因此净烟气中大量的水分被析出形成冷凝液，并在高流速的作用下撞击烟气将黏附在烟道上的灰尘及微颗粒石膏浆液带入净烟气，通过烟囱排放到大气中。

（3）除雾器堵塞。由于冲洗不及时、冲洗水管道断裂、冲洗水压力不足、冲洗水管道喷嘴堵塞及除尘器烟尘排放浓度超过150mg/m^3等原因，造成除雾器局部结垢堵塞，除雾器堵塞严重时会引起塌陷。除雾器堵塞后使烟气可流通面积减少，通过除雾器的烟气流速增加，使得除雾器失效，造成净烟气水滴夹带量超标，大量石膏浆液被携带到净烟气中。

处理措施：

（1）可以通过向净烟气送热风，将净烟气温度提升到60℃以上。

（2）采用高效除雾器，或者由两级除雾器改为三级除雾器，或者由平板式除雾器改为屋脊式除雾器。

（3）加强除雾器压差和冲洗水流量及压力监视，发现异常及时通知检修人员处理。

（4）对除雾器冲洗水压力进行优化调整，使其工作压力在150～300kPa。

（5）对除雾器进行离线人工水冲洗，清除除雾器结垢，恢复塌陷的除雾器模块。

（6）利用停机检修机会，恢复断裂的除雾器冲洗水管道、疏通堵塞的冲洗喷嘴。

950. 脱硫两台杂用空气压缩机故障停运后将如何确保脱硫气源？

答：联系值长，打开空气压缩机联络阀；联系检修人员处理，汇报发电部专工。

951. 脱硫仪用气源失去后将如何处理？防范措施有哪些？

答：脱硫仪用气源失去后的处理方法：

（1）检查脱硫仪用储气罐出口阀是否被关闭，储气罐压力是否正常。

（2）如上述均正常，联系主机询问情况。

防范措施：

（1）与主机保持联系确认空气压缩机状态（备用及失备情况）；

（2）加强上位机仪用储气罐的出口压力；

（3）如实填写就地储气罐的压力，比较每一次巡检时压力的变化；

（4）出现异常及时联系检修人员，并汇报相关领导。

952. 空气压缩机排气量和压力低于额定值的原因及处理方法是什么？

答：空气压缩机的主要作用是为系统提供仪用气源、流化风气源、系统中气动阀门气源等。造成空气压缩机排气量和压力低于额定值的原因可能有：

（1）耗气量超过压缩机的排气量；

（2）进气过滤器堵塞；

（3）电磁阀失灵；

（4）控制空气的软管失灵；

（5）进气阀不能完全打开；

（6）油气分离器滤芯堵塞；

（7）空气泄漏；

（8）安全阀泄漏。

可采取的处理方法分别是：

（1）检查设备的连接情况；

（2）更换过滤器的滤芯；

（3）检查电磁阀；

（4）更换有泄漏的软管；

（5）更换进气阀；

（6）更换油气分离器滤芯；
（7）检查并排除故障；
（8）更换安全阀。

953. 空气压缩机无法全载运行的原因有哪些？

答：空气压缩机无法全载运行的原因如下：
（1）压力开关故障。
（2）三相电磁阀故障。
（3）延时继电器故瘴。
（4）进气阀动作不良。
（5）压力维持阀动作不良。
（6）控制管路泄漏。

954. 空气压缩机电流高跳闸的原因有哪些？

答：空气压缩机电流高跳闸的原因如下：
（1）电压太低。
（2）排气压力太高。
（3）润滑油的规格不符合要求。
（4）油气分离器堵塞（油压高）。
（5）机体故障。

955. 空气压缩机排气温度过高的原因有哪些？

答：空气压缩机排气温度过高的原因如下：
（1）润滑油量不足。
（2）冷却水温度过高。
（3）环境温度高，油冷却器堵塞。
（4）润滑油规格不正确。
（5）热控制阀故障。
（6）空气滤清器不清洁。
（7）油过滤器堵塞。

（8）冷却风扇故障。

956. 空气压缩机排气温度低正常值（70℃）的原因有哪些？

答：空气压缩机排气温度低正常值（70℃）的原因如下：

（1）冷却水量太大。

（2）环境温度低。

（3）无负荷时间太久。

（4）排气温度表故障。

（5）热控制阀故障。

957. 空气压缩机无法空车的原因有哪些？

答：空气压缩机无法空车的原因如下：

（1）压力开关失灵。

（2）进气阀动作不良。

（3）泄放电磁阀故障（线圈烧损）。

（4）气量调节膜片破损。

（5）泄放限流孔太小。

958. 空气压缩机排出气体中含有油分子，润滑油添加周期减短，无负荷或停机时空气滤清器冒烟的原因有哪些？

答：（1）润滑油加得太多，油面太高。

（2）回油管阻流孔堵塞。

（3）排气压力低。

（4）油气分离器破损。

（5）压力维持阀弹簧疲劳。

（6）油停止阀故障。

（7）排气止回阀不严。

（8）重车停机。

（9）电气线路错误，泄放阀未泄放。

959. 空气压缩机的紧急停运条件有哪些?

答: (1) 冷却水中断，气缸失去冷却。

(2) 润滑油中断。

(3) 气压表损坏，无法监视气压。

(4) 油压表损坏，或油压低于最低运行值。

(5) 发生剧烈振动。

(6) 一、二级缸排气压力大幅度波动。

(7) 电动机电流突然增大，超过额定电流值，电气设备着火。

(8) 一、二级缸中任一个缸的压力达到安全阀动作设定值而安全阀拒动。

第十一章

烟气湿法脱硫设备性能测试

960. 脱硫设备性能测试的目的是什么？

答：脱硫设备性能测试的目的是：整体脱硫设备在设计工况运行期间，与脱硫设备运行有关的技术指标、经济与环境指标是否达到设计要求，污染物排放是否满足国家和地方环境保护法规的要求，来整体评价脱硫设备性能。

961. 脱硫工艺性能指标主要有哪些？

答：脱硫工艺性能指标主要有脱硫效率、二氧化硫排放质量浓度、水量消耗、电能消耗、吸收剂消耗、系统压力降、除雾器出口烟气中携带的液滴质量浓度、石膏品质、废水品质、蒸汽消耗和压缩空气消耗。

962. 脱硫设备性能指标主要有哪些？

答：脱硫设备性能指标主要有设备效率、设计裕度、结构材料、设备噪声、腐蚀裕度、防磨性能。

963. 脱硫装置运行应符合哪些要求？

答：脱硫装置运行应符合下列要求：

（1）脱硫装置的运行应适应机组的运行方式。

（2）脱硫装置的运行及在紧急情况下的处理不应影响电厂的安全生产，尤其在脱硫装置启停、旁路挡板门动作时。

（3）脱硫装置的运行不应对周围环境和生态造成二次污染。

964. FGD系统考核性能指标分为哪三类？

答：不同的FGD系统及合同要求考核的性能指标略有不同，考核中指标大致可以分为三类：

（1）技术性能指标。如脱硫率、除雾器后液滴含量、再热器后烟气温度、石膏质量、废水质量、球磨机出力等。

（2）经济性能指标。如系统压损、粉耗、电耗、水/汽耗等，这直接影响FGD系统投运后的运行费用。

（3）环保性能指标。如 FGD 出口 SO_2 浓度、噪声、粉尘等，需满足环保标准的要求。

除了上述指标外，压缩空气的消耗量、脱硫添加剂的消耗量等也得到测量；FGD 系统烟气中的其他成分如 O_2、含湿量等，烟气参数如烟气量、烟气温度、压力，石灰石（粉）品质，工艺水成分，吸收塔浆液成分、浓度、pH 值等，煤质成分等在试验中也同时得到测试和分析。需要指出的是，一些合同中规定的指标如 FGD 装置的可用率、装置和材料的使用寿命、烟气挡板的泄漏率等内容，不宜也没必要作为 FGD 性能试验的项目。

965. 什么是性能保证值?

答：性能保证值是指脱硫装置在设计条件运行的情况下，其性能参数应达到的保证值。

966. 什么是脱硫装置性能验收试验?

答：性能验收试验是指以考核验收脱硫设备为目的的性能试验。

967. 什么是脱硫设备设计工况?

答：设计工况是脱硫设备在设计入口烟气参数时的运行工况。

968. 什么是脱硫设备负荷率?

答：脱硫设备负荷率是指脱硫设备入口烟气流量（标准状态、湿烟气、过量空气系数为 1.4 时）与设计工况下烟气流量（标准状态、湿烟气、过量空气系数为 1.4 时）之比。

969. 什么是 SO_2 排放质量浓度?

答：SO_2 排放质量浓度是指烟气经脱硫装置脱除 SO_2 后，将实际测量的 SO_2 排放体积浓度折算为标准状态下干烟气（101300Pa，273K，湿度为 0）和氧量为 6% 状态下的 SO_2 质量浓度。

970. 什么是烟尘排放质量浓度？

答：烟尘排放质量浓度是指烟气经除尘系统脱除烟尘后，将实际测量的烟尘排放质量浓度折算为标准状态下干烟气（101300Pa，273K，湿度为0）和氧量为6%状态下的烟尘质量浓度。

971. 什么是装置可利用率？计算公式是什么？

答：装置可利用率是指脱硫装置在规定的技术条件下，在规定的时间内，达到规定的保证值的能力。其计算公式是

$$K = \frac{MTBF}{MTBF + MTTR} \times 100\% \tag{11-1}$$

$$K = \frac{A - B - C}{A} \times 100\%$$

式中 K——可利用率，%；

$MTBF$——系统平均故障间隔时间，h；

$MTTR$——系统故障平均修复时间，h；

$MTBF + MTTR$——系统可靠性总的验证时间，h。

A——满足脱硫系统投运条件的等效小时数/年（即折算到机组满负荷条件下的小时数）；

B——由于脱硫系统自身原因而强制停用的小时数/年；

C——强迫降低脱硫效率的等效小时数/年（即折算到设计脱硫效率条件下的小时数）。

972. 吸收剂消耗定义是什么？

答：吸收剂消耗是指脱硫装置在设计额定工况条件下消耗的吸收剂量。

973. 电能消耗定义是什么？

答：电能消耗是指脱硫装置在设计额定工况条件下消耗的各种电能之和。

974. 水量消耗定义是什么?

答: 水量消耗是指脱硫装置在设计额定工况条件下消耗的所有水量之和。

975. 系统压力降定义是什么?

答: 系统压力降是指脱硫装置在额定工况条件下进出口烟气流的平均全压之差。

976. 除雾器出口烟气中携带的液滴量定义是什么?

答: 除雾器出口烟气中携带的液滴量是指离开除雾器单位体积烟气中所携带液滴的质量浓度。

977. 湿法烟气脱硫设备性能测试应做的项目包括哪些?

答: 湿法烟气脱硫设备性能测试应做的项目包括:

(1) 烟气流量;

(2) SO_2 排放浓度;

(3) 脱硫效率;

(4) 烟尘排放浓度;

(5) 除尘效率;

(6) 净烟气排放温度;

(7) 吸收剂的主要成分和反应/消化速率;

(8) 脱硫副产物的成分;

(9) 烟气系统阻力;

(10) 电能消耗量;

(11) 水消耗量;

(12) 吸收剂消耗量和钙硫摩尔比;

(13) 负荷率变化范围;

(14) 工作场所的粉尘浓度;

(15) 设备噪声。

978. 湿法烟气脱硫设备性能测试选做的项目包括哪些？

答：湿法烟气脱硫设备性能试验选做的项目包括：

（1）除雾器出口烟气中浆液滴的含量；

（2）SO_3 的脱除率；

（3）HF 的脱除率；

（4）HCl 的脱除率；

（5）外供压缩空气消耗量；

（6）蒸汽消耗量；

（7）脱硫外排废水的主要成分和质量流量；

（8）应根据性能测试的目的、具体的工艺、现场的测试条件选择测试项目。

979. SO_2 浓度分析方法有哪几种？

答：SO_2 浓度分析方法有很多。手工分析方法有碘量法、分光光度法（如四氯汞钾—盐酸副玫瑰苯胺分光光度法、甲醛缓冲溶液吸收—盐酸副玫瑰苯胺分光光度法、钍试剂分光光度法）等；仪器分析方法有定电位电解法、紫外荧光法、溶液电导法、非分散红外线吸收法等；SO_2 也可以使用火焰光度检测器、配以气相色谱仪进行测定。

980. 烟气中 SO_2 碘量法分析的原理是什么？

答：烟气中 SO_2 被氨基磺酸铵和硫酸铵混合液吸收，用碘标准溶液滴定，按滴定量计算出 SO_2 浓度。该法测定的 SO_2 浓度范围为 $100 \sim 6000mg/m^3$。反应式为

$$SO_2 + H_2O \longrightarrow H_2SO_3$$

$$H_2SO_3 + H_2O + I_2 \longrightarrow H_2SO_4 + 2HI$$

在标准溶液中有淀粉指示剂，这种指示剂可以指示溶液中 I_2 的存在。当有 I_2 时，指示剂呈深蓝色；反应进行后，溶液中的 I_2 转变成 I^-，指示剂就变成了无色。根据碘溶液的浓度和用量及烟

气的体积，就可计算出 SO_2 的百分含最。计算式为

$$\varphi(SO_2) = \frac{100V_{SO_2}}{V_r \times \frac{p - p_{H_2O}}{101325} \times \frac{273}{273 + t} + V_{S_2O}} \tag{11-2}$$

$$V_{S_2O} = 10.945NV_1$$

式中　φ（SO_2）——烟气中 SO_2 的体积分数，%；

V_r——反应后的余气体积，mL；

p——当地大气压，Pa；

p_{H_2O}——在余气温度为 t 时烟气中水蒸气分压，Pa；

t——余气的温度,℃；

V_{SO_2}——与碘溶液反应的 SO_2 体积（标准状态下），mL；

N——与反应的碘溶液的当量浓度；

V_r——加入反应瓶中的碘溶液量，mL。

981. 烟气中 SO_2 碘量分析方法分为哪两种?

答: 碘量分析方法又分为间接碘量法和直接碘量法。

（1）间接碘量法是指先用溶液吸收 SO_2，然后加淀粉指示利，最后由碘标准溶液滴定至蓝色终点。

（2）直接碘量法是采样前把淀粉指示剂加入碘标准溶液中，采样过程中生成的 SO_3^{2-} 与碘发生氧化还原反应，使溶液由蓝色变成无色，达到反应终点。这种方法被用于碘量法 SO_2 测定仪。测试过程中，通过控制吸收液的温度和控制烟气中 SO_2 与吸收液中碘的反应时间（3～6min）及采样流量，防止碘的挥发损失，保证准确的测定结果。这种方法与间接碘量法、定电位电解法、电导率法等同时测定烟气中 SO_2，测定结果表明，各方法之间不存在系统误差。

982. 间接碘量法检测烟气中的 SO_2 浓度时，注意事项是什么?

答: 间接碘量法检测烟气中的 SO_2 浓度时，需注意以下几个问题：

（1）当有硫化氢等还原性物质存在时，测定结果产生正误差，可在吸收瓶前串联一个装有乙酸铅棉的玻璃管，以消除硫化氢的干扰。锅炉在正常工况下，烟气中硫化氢等还原性物质极少，可忽略不计；垃圾焚烧炉排气中含有硫化氢，测定 SO_2 前，应先除去硫化氢。

（2）吸收液中的氨基磺酸铵可用来消除二氧化氮的干扰。吸收液的 pH 最佳值为 5.4 ± 0.3，pH 值小，SO_2 易挥发；pH 值大，SO_2 易氧化。

（3）采样过程中应确保采样系统不泄漏，采样管应加热到120℃以上，以防 SO_2 溶于冷凝水中，造成测试结果偏低。

（4）如果 SO_2 浓度很低，例如 FGD 系统出口净烟气，在滴定样品溶液时，可用微量滴定管，以减少误差。如果 SO_2 浓度很高，可将样品溶液定容后，取出适量样品溶液滴定。

第十二章

烟气湿法脱硫装置化学监督

983. 脱硫运行化学监督的主要任务是什么？

答：化学监督是保证脱硫系统设备安全、经济、稳定运行的重要环节之一。对于脱硫系统应采用能够适应脱硫介质特点的检测手段和科学的管理方法，及时发现和消除与化学监督有关的脱硫设备隐患，防止事故发生。

化学监督的主要任务：检查脱硫系统的运行参数，调整、优化运行方式，降低材料消耗；定期分析测定系统的主要参数，配合做好与化学监督有关的在线测量仪表（如密度计、液位计、pH计等设备）的维护及校验工作；检查脱硫系统的环境指标，监测脱硫系统排放的固相、液相、气相物质的化学成分。脱硫系统运行异常时，化学分析配合参与运行中发生的与化学有关的重大设备、系统事故原因分析，为分析解决问题提供依据。

984. 脱硫运行化学分析内容及检测周期是什么？

答：化学监督采取原料把关、过程监督、结果控制的原则，按照工艺流程对脱硫的各个环节进行监督。脱硫化学监控点主要包括输入条件监测、化学反应分析、产品质量控制；化学分析的主要内容有粉尘成分分析、水质成分分析、脱硫剂化学成分分析、脱硫氧化系统分析、外排物品质分析、废水排放指标分析等。

原则上，脱硫化学分析按定期取样分析的形式进行分析。浆液循环氧化系统每天分析一次，脱硫剂、副产品石膏以及脱硫废水等每周取样分析一次；脱硫系统水质包括工艺水及工业水水质每月分析一次，粉尘成分按需或每年分析一次。

985. 建立FGD化学分析监测程序和进行FGD工艺物质中化学分析的目的是什么？

答：在FGD系统热态调试和正常运行过程中，建立FGD化学分析监测程序和进行FGD工艺物质中的化学分析十分重要，它有如下目的：

（1）校验在线运行仪表；

（2）进行日常的工艺控制和运行；

（3）确定和分析 FGD 工艺的干扰和问题；

（4）对 FGD 系统的性能进行评价和优化；

（5）建立最初的 FGD 系统特性和性能测试数据以利今后的运行分析比较；

（6）监测废水和副产品是否符合环保要求或合同要求。

986. FGD 化学分析可以分为哪四类？

答：要实行 FGD 化学分析监测程序，首先要决定分析的项目和分析的频率。总的来说，FGD 化学分析可分为四类：

（1）运行和控制工艺系统的常规分析。这类分析的主要目的是校验在线运行仪表，为工艺校制和运行提供快速的反馈，如吸收塔 pH 计、密度计等。如果使用了增强性能的添加剂，那么要分析添加剂的浓度。这类分析取决于工艺和参数的变动情况，一天或一周分析数次。

（2）监测 FGD 系统性能的日常分析。这类分析监测吸收塔和其他辅助系统如吸收剂制备、副产品处理系统等。目的是确定它们是否符合设计性能及当 FGD 系统性能发生变化或恶化时能较早得到提示。例如：①固相分析可以确定吸收剂的利用率和 SO_3^{2-} 的氧化程度；②液相分析可以确定相对饱和度和几种重要可溶物潜在的结垢情况；③可溶性离子如 SO_4^{2-}、Cl^- 的液相分析可以评价液相 SO_2 的吸收能力和潜在的腐蚀情况等。

监测 FGD 工艺辅助系统的分析例子包括吸收剂粒径分布、脱水机给浆含固量、滤饼含固量等。准确的分析和分析频率取决于 FGD 系统、工艺变量和监测的目的。该类分析的最大特点是在整个 FGD 系统运行寿命里是例行的分析（每天、2 次每周、1 次每周等）。

（3）评价 FGD 工艺性能、说明 FGD 工艺特性及进行 FGD 工艺性能优化的分析。这类分析是为更进一步地评价和说明 FGD 工艺特性，通常在 FGD 系统启动时和最初的性能测试阶段进行。它提供了基本的性能和工艺特征信息。这类分析可帮助确定和解决工艺问题，对FGD工艺进行优化，包括吸收塔浆液、工艺水、吸收剂、固体副产品、废水等各种成分的分析。

（4）监测废水和副产品是否符合环保要求或合同要求的分析。该类分析取决于环保要求或合同要求，分析频率可能是每天、每季度或一年一次，通常该类分析主要针对排放的FGD工艺废水和固体，以及用作销售的固体副产品。这类分析的例子有FGD废水中pH值、悬浮物、可溶性固体和一些特定的主要离子（如Ca^{2+}、Mg^{2+}、Na^{+}、Cl^{-}、SO_4^{2-}等）。如副产品固体作为商用产品，则副产品的成分是必须分析的，如Cl^{-}、总的可溶性离子、水分等，甚至一些用作废物抛弃处理的副产品固体也要进行一些特性分析。

987. 湿法石灰石-石膏法FGD系统运行中需要分析的项目有哪些？常用分析方法是什么？

答：湿法石灰石-石膏法FGD系统运行中需要分析的项目和常用分析方法见表12-1。

表12-1　湿法石灰石-石膏法FGD系统运行中需要分析的项目和常用分析方法

样品	分析项目	常用分析方法
石灰石（粉）	粒径	光度法
	水分	质量法
	氧化钙CaO	EDTA容量法
	氧化镁MgO	EDTA容量法
	盐酸不溶物	质量法
	化学活性	滴定法
石灰石浆液	密度（含固率）	质量法
吸收塔浆液	pH值	玻璃电极法
	密度（含固量）	质量法
	碳酸钙$CaCO_3$	容量法
	亚硫酸根SO_3^{2-}	碘量法

续表

样品	分析项目	常用分析方法
吸收塔浆液	氯离子 Cl^-	硫氰酸汞分光光度法
	氟离子 F^-	氟试剂分光光度法
	盐酸不溶物	质量法
产品石膏	水分	质量法
	纯度（$CaSO_4 \cdot 2H_2O$）	质量法
	碳酸钙 $CaCO_3$	容量法
	亚硫酸钙 $CaSO_3$	碘量法
	盐酸不溶物	质量法
	氯离子 Cl^-	硫氰酸汞分光光度法
工艺水	pH 值、硬度、氯离子 Cl^-、悬浮物等	FGD 系统正常时不作要求，有异常时才分析
FGD 废水	pH 值	玻璃电极法
	悬浮物	质量法
	氟离子 F^-	氟试剂分光光度法
	COD	重铬酸钾法
	汞 Hg	冷原子吸收法
	镉 Cd	直接吸入火焰原子吸收分光光度法
	其他如重金属等需达标的成分	一般电厂实验室不具备分析废水中的一些重金属。只需定期分析

988. FGD 需要化学分析样品的采样位置在哪？分析频次是多少？

答：FGD 需要分析样品的采样位置与分析频次如下：

（1）石灰石。石灰石的采样应按《化工用石灰石采样与样品制备方法》（GB/15057.1—1994）进行，采集的石灰石充分混合，再进行制样；石灰石粉可在运输罐车内采集，一般每车/罐分析一次。来料稳定时也可减少分析频率。

（2）浆液（石灰石浆液、吸收塔内浆液等）。在各设备设计安装的采样点处采样。为使采集的样品具有代表性，所有样品采样前，都必须把采样点内的残留物冲洗干净，然后将热浆液灌入保温瓶中尽快送到实验室，立即开始过滤样品，进行分析。调试时，根据需要随时进行浆液成分分析，分析项目根据调试需要确定，分析频率高的时候每班一次或数次。

（3）石膏副产品。在皮带脱水机卸料口或设备设计安装的采样点处采样，应使采集的样品具有代表性，并尽快送到实验室进行分析。调试时，根据需要随时进行石膏成分分析。

（4）废水。在FGD废水处理设备入口及废水排放出口处取样，调试时pH值随时可分析，其他的项目至少分析一次。

（5）烟气监测。调试时，根据需要随时进行烟气的采样和分析，如流量、温度 SO_2 浓度等，测得数据与FGD在线监测仪表进行对比并校正。烟气的采样和分析，均按有关标准进行。

989. 一个完整的FGD实验室应由哪几部分组成？

答：一个完整的FGD实验室应由以下几部分组成：

（1）永久性的设施和设备。包括电源、自来水系统、水槽、排水管、去离子水系统、空调系统、储物柜、实验台、排气设施、安全的淋浴间、压缩空气系统、真空系统、储物区域等。

（2）分析设备和仪器。可分为以下几类：

1）辅助设备、非一次性消耗品，包括电冰箱、最小刻度为0.1mg和0.01g的电子天平、台式pH计和便携式pH计、加药装置、数显式烘箱、马弗炉、磁力搅拌器、搅拌台、热板、采样设备等，一台计算机。

2）玻璃器皿，包括各种大小的量筒、烧杯、曲颈瓶、锥形瓶，吸液管等。

3）一次性消耗品，包括各种化学药品、反应剂、过滤纸、干燥剂、pH电极、取样瓶等。

4）分析仪器。如粒径分布仪、分光光度计等。

另外，应备有消防器材、急救箱、酸、碱伤害时急救所需的中和溶液及毛巾肥皂等物品。

990. 在选择购买 FGD 分析设备和仪器时要考虑哪几个因素?

答: 在选择购买 FGD 分析设备和仪器时要考虑下面几个因素:

(1) 对于大量样品的分析，仪器分析更高效率，现代的仪器都带有计算机控制和自动制样、分析处理数据，无需人看管。但若只有少量样品时，调整和校验仪器使它的效率不如湿化学手工分析。

(2) 仪器分析可以同时测多种成分。例如原子吸收光谱仪 (AAS)、感应耦合氩等离子光谱仪 (ICAP) 可以分析多种 FGD 工艺中重要的阳离子；离子色谱仪可以分析多种阴离子。

(3) 湿化学手工分析费用低，在分析少量样品时更高效，在实验室经费受限时可选择采用手工分析的方法。

991. FGD 实验室分析人员应有哪些方面的专业知识?

答: FGD 实验室分析人员应有以下方面的专业知识:

(1) 基本的实验室分析经验和分析基础知识;

(2) 在 FGD 系统中使用的分析方法、仪器的原理和操作步骤;

(3) 分析结果和 FGD 性能指标的计算、制表和总结方法;

(4) 基本的 FGD 工艺化学概念，以便将实验数据与系统的运行和性能联系起来进行分析。

992. FGD 实验室分析人员应负责哪些方面的工作?

答: FGD 实验室分析人员应负责以下全部或部分工作:

(1) FGD 工艺中样品的采集与工艺数据的收集;

(2) 校验仪器;

(3) 进行化学分析;

(4) 分析方法的调整;

(5) 计算、汇总分析结果并将分析结果及 FGD 系统的性能指标写成报告，给相关的电厂和 FGD 系统运行人员;

（6）对FGD系统的运行和性能情况进行评估；

（7）培训其他实验室人员；

（8）与FGD系统运行人员一起对分析结果进行讨论，并分析吸收塔的运行和系统性能情况；

（9）对实验室的质量保证与控制及安全程序进行评估。

993. FGD实验室应具备哪些安全保障措施?

答：FGD实验室应具备以下安全保障措施：

（1）总的实验室安全措施和操作规程；

（2）安全处理化学和有害物质的措施；

（3）安全处理压缩空气的措施；

（4）总的急救措施；

（5）保护眼睛、听力及防护衣使用的措施；

（6）呼吸设备的使用措施；

（7）防止电力伤害的措施；

（8）火灾预防和保护措施；

（9）其他应急措施。

994. 石灰石（粉）中水分测试方法是什么?

答：石灰石（粉）中水分测试方法为：质量法，在105～110℃的干燥箱中烘至恒重，称量后计算。

995. 石灰石（粉）CaO和MgO含量测试方法是什么?

答：石灰石（粉）CaO和MgO含量测试方法为：EDTA（乙二胺四乙酸二钠）滴定法，测定范围为CaO含量大于49%，MgO含量为1%～4%。

试样经盐酸、氢氟酸和高氯酸分解，以三乙醇胺掩蔽铁、铝等干扰元素，在pH值大于12.5的溶液中，以钙羧酸作指示计，用EDAT标准滴定溶液滴定钙，在pH=10时，以酸性铬蓝K—萘酚绿B作混合指示剂。用EDAT标准滴定溶液滴定钙镁总量，由差值法求得 MgO 的含量。

CaO、MgO 与 $CaCO_3$、$MgCO_3$ 的换算关系式为

$$x_{CaCO_3} = 1.786x_{CaO} \tag{12-1}$$

$$x_{MgCO_3} = 2.1x_{MgO} \tag{12-2}$$

式中　x_{CaCO_3}、x_{CaO}、x_{MgCO_3}、x_{MgO}——石灰石中各成分的质量分数，%。

另外，MgO 的含量还可用火焰原子吸收光谱法（仲裁法）来测定。试样经盐酸、氢氟酸和高氯酸分解，加入氯化锶消除共存离子的干扰，在含有钙基体溶液的稀盐酸介质中，用火焰原子吸收光谱仪，以乙炔—空气火焰测量 MgO 的吸光度。

996. 石灰石（粉）中盐酸不溶物含量测试方法是什么？

答：盐酸不溶物测试方法为：质量法，测定范围为0.5%～10%。

约1g试样经盐酸分解后过滤，残余物置于（950±25）℃的高温炉中灼烧60min，冷却后称重，重复灼烧20min，直至恒量，计算得盐酸不溶物。

997. 石灰石（粉）中氧化铁（Fe_2O_3）含量测试方法是什么？

答：氧化铁（Fe_2O_3）含量测试方法为：邻菲啰啉分光光度法，测定范围为0.05%～1%。

试样经碳酸钠—硼酸混合熔剂熔融，水浸取，酸化，以抗坏血酸作还原剂，用乙酸铵调节 pH≈4 时，亚铁与邻菲啰啉生成橘红色的配合物，于分光光度计波长 510nm 处测量吸光度。

998. 石灰石（粉）中氧化硅（SiO_2）含量测试方法是什么？

答：氧化硅（SiO_2）含量测试方法为：钼蓝分光光度法，测定范围为0.05%～5%。

试样经碳酸钠—硼酸混合熔剂熔融，稀盐酸浸取。在 pH≈1.1 的酸度下，钼酸铵与硅酸形成硅钼杂多酸，以乙醇作稳定剂，在草酸—硫酸介质中用硫酸亚铁铵将其还原成硅钼蓝，于分光光度计波长 680mm 处测量吸光度。

999. 石灰石（粉）中氧化铝（Al_2O_3）含量测试方法是什么？

答：氧化铝（Al_2O_3）含量测试方法为：铬青天S分光光度法，测定范围为0.1% ~1%。

试样经碳酸钠—硼酸混合熔剂熔融，盐酸浸取，以抗坏血酸掩蔽铁，苯羟乙酸掩蔽钛，在乙酸-乙酸钠缓冲体系中，铝与铬青天S及表面活性剂聚乙烯醇生成紫红色的三元配合物，于分光光度计波长560mm处测量吸光度。

1000. 测试石灰石活性的试验方法分为哪两大类？

答：石灰石活性是衡量所取石灰石吸收SO_2能力的一个综合指标，该测试也可用于给石灰石反应性能评级并选取符合条件的石灰石。测试石灰石活性的试验方法分为两大类：

（1）在pH值恒定的条件下进行。通过向石灰石浆液中滴定酸来维持pH值不变，考察石灰石溶解速率（消溶速率）的大小。单位时间内溶解的石灰石越多，石灰石的消溶率越大，石灰石的活性也越高。

（2）向石灰石浆液中加入酸，得到pH - t曲线，并通过与标准石灰石样的pH - t曲线的比较来判定石灰石活性的好坏。

1001. 石灰石活性测试程序是什么？

答：在一定的温度、搅拌速率下，硫酸以固定速率持续添加到石灰石溶液中，约50min后，所加硫酸量理论上应能使石灰石中和。对溶液pH值持续测试1h并绘制pH值相对于时间的曲线图。在添加硫酸的过程中，溶液的pH值越高，石灰石的活性就越强。最后，将pH值相对于时间的曲线与标准曲线进行对比。

具体测试程序如下：

（1）根据所附程序，测定石灰石样品的总浓度，以等价的$CaCO_3$表示。

（2）对石灰石溶液取样。分析样品的粒径分布，所取样品应能使90%的颗粒通过325目（44μm）。

（3）称出与 $CaCO_3$ 碱度相等的量的石灰石样品。

（4）将所称石灰石放入 800～1000mL 的烧杯中，再加入 400mL 的去离子水。

（5）将烧杯置于热钢板搅拌器上（或适当的恒温浴液中），用大小适度的磁搅拌棒搅拌，搅拌的速度为 600r/min，加热至 60℃。进行测定的余下事项时保持该条件不变。将温度计及 pH 计电极插入烧杯溶液中。

（6）所使用的硫酸浓度为（1.000±0.001）mol/L，将 1L 硫酸放于设有定容泵的容器中。

（7）将定容泵的抽送率设为 2.00mL/min，泵的抽送率与所设值的偏差不能超出 ±2%。如果定容泵的抽送率不符合规定标准，则有必要对其进行校准。

（8）清洗泵并将导管中的酸性溶液排入废水中。将导管插入石灰石样品溶液下，使其完全通过 pH 计电极但不与之接触。

（9）启动泵，使硫酸抽吸到石灰石浆液中。连续记录浆液相对于时间的 pH 值，精确到 0.01 个单位。前 10min 每 1min 记录一次，第二个 10min 每 2min 记录一次，40min 每 5min 记录一次，精确到 0.01 个单位；也可使用计算机自动化设备进行自动记录。

（10）将该程序持续 60min。往石灰石溶液中添加过量的硫酸以在 50min 内中和 5.00g 的等量 $CaCO_3$。

（11）程序完成后，通重新检验 pH 计及电极的标度，并确认其标度变化不超过 ±0.05 个 pH 值单位。确认直连式泵的抽送率为（2.00±0.04）mL；对于非直连式泵，使用的校准程序测定其抽送率。

当偏差超过上述规定时，测定结果无效。

（12）使用 3 份独立样品［由步骤（2）分别制备］重复上述程序，计算不同次数石灰石浆液的 pH 值平均值。

（13）绘制石灰石浆液 pH 值相对于时间的曲线图，即为石灰石反应性的滴定特性。

（14）将样品石灰石的滴定特性曲线与标准曲线进行比较。

（15）分析样品的$CaCO_3$、Ca^{2+}、Mg^{2+}及惰性物质，以确认其成分与散装石灰石样品相同。

石灰石活性曲线中平台的维持时间越长，表明石灰石中的有效反应成分就越多，越有利于对烟气SO_2的吸收；同时要求pH值不应下降太快，一般要求30min时曲线的pH值不得小于5.0。需注意的是，测试时应保证石灰石样品的粒径分布，否则得出的结果不具有可比性。

1002. 什么是石灰石粉反应速率？

答：石灰石粉反应速率是指石灰石粉中碳酸盐与酸反应的速率。

1003. 烟气湿法脱硫用石灰石粉反应速率的测定实验目的是什么？

答：烟气湿法脱硫用石灰石粉反应速率的测定的目的：对石灰石粉与酸的反应速率进行测定，测出石灰石粉的反应速率，为烟气湿法脱硫装置使用单位选择石灰石粉原料提供依据。

1004. 烟气湿法脱硫用石灰石粉反应速率的测定实验试剂和原料是什么？

答：烟气湿法脱硫用石灰石粉反应速率的测定所用试剂除另有说明外，均为分析纯试剂：0.1mol/L盐酸（HCl）溶液、0.1mol/L氯化钙（$CaCl_2$）溶液。所用的水指蒸馏水或具有同等纯度的去离子水。

所用原料石灰石粉应通过质量检测部门的检测，确定石灰石粉中碳酸钙（$CaCO_3$）和碳酸镁（$MgCO_3$）的质量百分率。

1005. 烟气湿法脱硫用石灰石粉反应速率的测定实验仪器包括哪些？

答：烟气湿法脱硫用石灰石粉反应速率的测定实验仪器包括：

（1）自动滴定仪一台，有恒定 pH 滴定模式，分辨率为 0.01pH，滴定控制灵敏度为 ±0.1pH。

（2）玻璃仪器，即 500mL 烧杯一个，500mL 量筒一支。

（3）水浴锅一台，温度误差为 ±1℃。

（4）计时表一块，误差为 ±1s。

（5）电子天平一台，感量在 0.001g 以上。

1006. 烟气湿法脱硫用石灰石粉反应速率的测定实验方法与步骤是什么?

答: 烟气湿法脱硫用石灰石粉反应速率的测定实验方法与步骤是:

（1）试样的制备。选用的石灰石粉细度为 250 目，筛余 5%。

用量筒量取 250mL 0.1mol/L $CaCl_2$ 溶液，注入烧杯中，把其放置在水浴中，控制温度 50℃ 并使其恒温后，用电子天平称取 0.150g 石灰石粉，加入恒温的烧杯中，并插入搅拌器的搅拌桨，速度为 800r/min 连续搅拌 5min。

（2）数据的测定。将 pH 计电极插入到石灰石悬浮液中，注意电极不要碰到搅拌桨。自动滴定仪设定 pH 值为 5.5，用 0.1mol/L 盐酸溶液开始滴定，同时计时表开始计时，记录不同时刻 t 的盐酸溶液消耗量。实验重复三次。

1007. 烟气湿法脱硫用石灰石粉反应速率的测定结果表示与数据处理方法是什么?

答: 烟气湿法脱硫用石灰石粉反应速率的测定结果表示与数据处理方法是:

（1）石灰石粉转化分数的计算。样品中石灰石粉转化分数的计算式为

$$X(t)=\frac{\frac{1}{2}c_{HCl}V_{HCl}(t)}{\frac{W\omega_{CaCO_3}}{M_t(CaCO_3)}+\frac{W\omega_{MgCO_3}}{M_t(MgCO_3)}} \tag{12-3}$$

式中 $X(t)$——t时刻，石灰石粉的转化分数，取0.8；

c_{HCl}——盐酸的浓度；

$V_{HCl}(t)$——t时刻，滴定所消耗的盐酸体积，mL；

W——石灰石粉的质量；

ω_{CaCO_3}——石灰石粉中碳酸钙的质量百分率，为实测值；

ω_{MgCO_3}——石灰石粉中碳酸镁的质量百分率，为实测值；

$M_t(CaCO_3)$——碳酸钙的分子质量；

$M_t(MgCO_3)$——碳酸镁的分子质量。

（2）石灰石粉反应速率的计算。根据石灰石粉转化分数计算式，计算当石灰石粉转化分数为0.8时所需滴定盐酸的体积。测定石灰石粉转化分数达到0.8所需的时间，以此时间作为表征石灰石粉反应速率的指标。

（3）精密度。在置信概率95%条件下，置信界限相对值在5%以内，置信界限相对值Δ计算为：

$$\Delta = \pm(1.96 \times CV)/\sqrt{n} \tag{12-4}$$

式中 n——试样个数，$n>3$；

CV——测试变异系数。

1008. 如何测定石灰石浆液密度（含固率）？其计算公式是什么？

答：石灰石浆液密度（含固率）测定方法为：取一定体积的石灰石浆液V（mL），称重后得浆液质量m（mg），则石灰石浆液密度计算式为

$$\rho = \frac{m}{V}(kg/m^3) \tag{12-5}$$

取一快速定性滤纸，称取其质量A（精确至10mg），用该滤纸对V（mL）浆液进行真空过滤，用乙醇对滤块进行冲洗。然后在105～110℃下将滤块干燥至恒重，称其质量B（精确至10mg）。

石灰石浆液的含固率$x_{石}$（%），即浆液中固体浓度（质量百分数）的计算式为

$$x_{石} = \frac{B - A}{m} \times 100\% \tag{12-6}$$

石灰石浆液密度ρ与含固率的换算式为

$$x_{石} = \frac{\rho_{石}(\rho - 1000)}{\rho(\rho_{石} - 1000)} \times 100(\%) \tag{12-7}$$

$$\rho = \frac{1000\rho_{石}}{\rho_{石} - \frac{x_{石}}{100}(\rho_{石} - 1000)} \tag{12-8}$$

式中　$\rho_{石}$——石灰石固体的真实密度，一般为2800kg/m^3。

这样如测得石灰石浆液的密度$\rho = 1250$kg/m^3，则石灰石浆液的含固率$x_{石} \approx 31\%$；如$x_{石} \approx 25\%$，则$\rho = 1191$kg/m^3。

1009. FGD吸收塔石膏浆液主要分析项目有哪些?

答: FGD吸收塔石膏浆液主要分析项目有：石膏浆液pH值、密度、含固量（含固率）、钙离子（Ca^{2+}）、镁离子（Mg^{2+}）、亚硫酸根（SO_3^{2-}）、氯离子（Cl^-）、氟离子（F^-）、碳酸钙（$CaCO_3$）、盐酸不溶物质等。

1010. FGD吸收塔石膏浆液pH值分析方法是什么?

答: FGD吸收塔石膏浆液pH值分析方法是：取样后就地立即测量，用校正过的便携式pH计分析即可。

1011. FGD吸收塔石膏浆液密度分析方法是什么?

答: FGD吸收塔石膏浆液密度分析方法是：取一定体积的石膏浆液V（mL），称重后得浆液质量m（mg），则浆液密度的计算式为

$$\rho = \frac{m}{V} \tag{12-9}$$

式中　ρ——石膏浆液密度，kg/m^3；

V——石膏浆液体积，mL；

m——石膏浆液质量，mg。

1012. FGD吸收塔石膏浆液含固量（含固率）的测定方法是什么？

答：FGD吸收塔石膏浆液含固量（含固率）的测定方法是：取一快速定性滤纸，称取其质量 A（精确至10mg），用该滤纸对 V（mL）浆液进行真空过滤，用乙醇对滤块进行冲洗。然后在45～50℃下将滤渣干燥至恒重，称其质量 B（精确至10mg）。石膏浆液的含固量 $X_{石膏}$ 计算公式为

$$X_{石膏} = \frac{B - A}{V} \tag{12-10}$$

石膏浆液的含固率 $x_{石膏}$（%），即浆液中固体浓度（质量百分数）的计算式为

$$x_{石膏} = \frac{B - A}{m} \times 100\% \tag{12-11}$$

即

$$x_{石膏} = \frac{100X_{石膏}}{\rho} \tag{12-12}$$

式中 ρ——吸收塔石膏浆液密度。

同样，吸收塔石膏浆液密度 ρ 与含固率 $x_{石膏}$ 的换算式为

$$x_{石膏} = \frac{\rho_{石膏}(\rho - 1000)}{\rho(\rho_{石膏} - 1000)} \times 100(\%) \tag{12-13}$$

式中 $\rho_{石膏}$——吸收塔中固体物质的真实密度。

忽略其他各种杂质（在正常运行工况下，吸收塔中固体物质90%以上应是石膏），即是浆液中的石膏密度在2300kg/m³左右。这样如测得吸收塔浆液的 $\rho \approx 1060kg/m^3$，则吸收塔浆液的含固率 $x_{石膏} \approx 10\%$，如 $x_{石膏} \approx 20\%$，则吸收塔石膏浆液的 $\rho \approx 1127kg/m^3$。大部分吸收塔正常运行时，其浆液的含固率在10%～20%，运行人员可以计算并列出吸收塔浆液密度值和石灰石浆液密度值与含固率的对应关系表格，在运行控制参数时做到心中有数。

1013. FGD吸收塔石膏浆液中 Ca^{2+}、Mg^{2+} 的测定方法是什么？

答：FGD吸收塔石膏浆液中 Ca^{2+}、Mg^{2+} 的测定方法是：

（1）试剂。①0.02mol/L 的 EDTA 标准溶液；②1+1 的三乙醇胺溶液；③200g/L 的 KOH 溶液；④pH=10 的氯化铵—氨水缓冲溶液；⑤50g/L 的盐酸羟胺溶液；⑥钙羟酸指示剂；⑦5g/L 的酸性铬 K 指示剂；⑧5g/L 的萘酚绿指示剂。

（2）测定方法。取 10mL（V）吸收塔浆液置于 250mL 烧杯中，加入 100mL 去离子水、50mL 三乙醇胺溶液和 15mL KOH 溶液，搅拌均匀。再加少量钙羧酸指示剂，通过自动滴定仪，用 0.02mol/L 的 EDTA 标准溶液滴定至终点，记下 EDTA 的消耗体积 V_1。

另取 10mL（同样为 V）吸收塔浆液置于 250mL 烧杯中，加入 100mL 去离子水、5mL 盐酸羟胺溶液、5mL 三乙醇胺溶液和 10mL 氯化铵—氨水缓冲溶液，搅拌均匀。再加入 2～3 滴酸性铬蓝 K 和 6～7 滴萘酚绿指示剂，通过自动滴定仪，以光度电极为指示电极用，用 0.02mol/L 的 EDTA 标准溶液滴至终点，记下 EDTA 的消耗体积 V_2，则 Ca^{2+}、Mg^{2+} 浓度计算式为

$$\rho_{Ca^{2+}} = \frac{c_{EDTA} V_1 \times 40.08 \times 1000}{V} \tag{12-14}$$

$$\rho_{Mg^{2+}} = \frac{c_{EDTA}(V_2 - V_1) \times 24.31 \times 1000}{V} \tag{12-15}$$

1014. FGD 吸收塔石膏浆液中 SO_3^{2-} 的测定方法是什么？

答：FGD 吸收塔石膏浆液中 SO_3^{2-} 的测定方法是：

（1）试剂。①0.1N 的 H_2SO_4；②0.1N 的 I_2 标准溶液；③0.1N 的 $Na_2S_2O_3$ 标准溶液。

（2）测试方法。将 10mL 0.1N I_2 溶液和 10mL 去离子水加入 250mL 的碘量瓶中。用 0.1N 的 H_2SO_4 将 pH 值调至 1～2，另将 20mL 吸收塔浆液滤液加入碘液中，盖上塞子，磁力搅拌 5min，然后加入 100mL 去离子水，通过自动滴定仪，用 0.1N 的 $Na_2S_2O_3$ 滴定剩余的 I_2，记下 $Na_2S_2O_3$ 的消耗体积 V。计算式为

$$\rho_{SO_3^{2-}} = \frac{(10 - V) \times 0.1 \times 80}{0.02} \tag{12-16}$$

1015. FGD吸收塔石膏浆液中氯离子（Cl^-）的测定方法是什么？

答：FGD吸收塔石膏浆液中氯离子（Cl^-）的测定方法是：氯含量测定方法有许多，硝酸银滴定法、硝酸汞滴定法所需仪器设备简单，适合于清洁水测定；但硝酸汞滴定法使用的汞盐有剧毒不宜采用。离子色谱法是目前国内外最为通用的方法，简便快速。电位滴定法、电极流动法适合于带色或污染的水样，在污染源监测中使用较多。

（1）硝酸银滴定法。在中性或弱碱性溶液中，以铬酸钾为指示剂，用硝酸银标准液滴定氯离子，生成氯化银沉淀，微过量的银离子与铬酸钾指示剂反应生成浅砖红色铬酸银沉淀，指示滴定终点。反应式为

$$Cl^- + AgNO_2 \longrightarrow NO_3^- + AgCl\downarrow \quad (12\text{-}17)$$

$$2Ag^+ + CrO_4^{2-} \longrightarrow Ag_2CrO_4\downarrow \quad (12\text{-}18)$$

该法适用的浓度范围为10～500mg/L，高于此范围的样品，经稀释后可以扩大其适用范围；低于10mL的样品，滴定终点不易掌握，需采用离子色谱法。

（2）离子色谱法。利用离子交换的原理，连续对多种阴离子进行定性和定量分析。水样注入碳酸盐—碳酸氢盐溶液并流经系列的离子交换树脂，基于待测阴离子对低容量强碱性阴离子树脂（分离柱）的相对亲和力不同而彼此分开。被分开的阴离子，在流经强酸性阳离子树脂（抑制柱）时，被转换为高电导的酸型，碳酸盐—碳酸氢盐则转变成弱电导的碳酸（消除背景电导），电导检测器测量被转变为相应酸型的阴离子，与标准进行比较，根据保留时间定性、峰高或峰面积定量。该法检出下限为0.02mg/L，一次进样可连续测定6种无机阴离子（F^-、Cl^-、NO_2^-、NO_3^-、HPO_4^{2-}和SO_4^{2-}）。

（3）电位滴定法。以氯电极为指示电极，以玻璃电极或双液接参比电极为参比，用硝酸银标准液滴定。用毫伏计测定两电极之间的电位变化。在恒定地加入少量硝酸银的过程中，电位变化最大

时仪器的读数即为滴定终点。该法的检测下限可达10^{-4}mol/L。

（4）电极流动法。试液与离子强度调节剂分别由蠕动泵引入测量系统，经过一个三通管混合后进入流通池，由流通池喷嘴口喷出，与固定在流通池内的离子选择性电极接触，该电极与固定在流通池内的参比电极即产生电动势，该电动势随试液中氯离子浓度的变化而变化。由浓度的对数（$\lg c_{Cl^-}$）与电位值E的校准曲线计算出Cl^-的含量。该法检出下限为0.9mg/L，线性范围是9.0～1000mg/L。

1016. FGD吸收塔石膏浆液中氟离子（F^-）的测定方法是什么？

答：FGD吸收塔石膏浆液中氟离子（F^-）的测定方法是：氟离子主要的测定方法列于表12-2中，FGD系统中，前三种方法用得较多，对于污染严重的样品及含氟硼酸盐的水样，均要进行预蒸馏。

表12-2　　氟离子主要的测定方法

序号	方法	特点	测定范围（mg/L）
1	离子色谱法	较通用，简洁快速	0.06～10
2	氟离子选择电极法	选择性好，适用范围宽，水样浑浊，有颜色均可测定	0.05～1900
3	氟试剂分光光度法	适用于含氟较低的样品	0.05～1.8
4	茜素磺酸锆目视比色法	适用于含氟较低的样品，由于是目视，误差较大	0.1～2.5
5	硝酸钍滴定法	氟化物含量大于5mg/L可以用	≥5.0

（1）氟离子选择电极法。当氟电极与含氟的试液接触时，电池的电动势E随溶液中氟离子浓度的变化而改变（遵守能斯特方程）。当溶液的总离子强度为定值且足够时，计算式为

$$E = E_0 - \frac{2.303RT}{F}\lg c_{F^-} \qquad (12\text{-}19)$$

可见，电动势 F 与 $\lg c_{F^-}$ 成直线关系，$\frac{2.303RT}{F}$ 为该直线的斜率，也为电极的斜率。

（2）氟试剂分光光度法。氟离子在 pH = 4.1 的乙酸盐缓冲介质中，与氟试剂和硝酸镧反应，生成蓝色三元络合物，颜色的强度与氟离子浓度成正比，在 620nm 波长处定量测定氟化物。

（3）茜素磺酸锆目视比色法。在酸性溶液中，茜素磺酸钠与锆盐生成红色络合物，但样品中有氟离子存在时，能夺取该络合物中的锆离子，生成无色的氟化锆离子 $(ZrF_6)^{2-}$，释放出黄色的茜素磺酸钠。根据溶液由红褪至黄色的色度不同，与标准色列比色定量测定氟。

1017. 吸收塔中浆液的 $CaCO_3$ 与盐酸不溶物含量的测定方法是什么？

答： 实际上是测定固相即石膏中 $CaCO_3$ 与盐酸不溶物的含量。

1018. FGD 副产品石膏成分分析项目和方法是什么？

答： FGD 副产品石膏成分分析项目和方法见表 12-3。

表 12-3　　FGD 石膏分析项目和方法

序号	项　目	测　定　方　法
1	附着水（游离水）	质量法
2	结晶水	质量法
3	二水硫酸钙（$CaSO_4 \cdot 2H_2O$）	质量法
4	半水亚硫酸钙（$CaSO_3 \cdot 1/2H_2O$）	碘溶液滴定法
5	碳酸钙（$CaCO_3$）	NaOH 滴定法
6	酸不溶物	质量法
7	三氧化硫（SO_3）	氯化钡沉淀法
8	氧化钙（CaO）	EDTA 滴定法
9	氧化镁（MgO）	EDTA 滴定法

续表

序号	项　　目	测　定　方　法
10	氯（Cl^-）	硝酸银滴定法等
11	氟（F^-）	氟离子选择电极法
12	三氧化铁（Fe_2O_3）	邻菲啰啉分光光度法
13	三氧化铝（Al_2O_3）	EDTA 滴定法
14	二氧化钛（TiO_2）	二安替比林甲烷分光光度法
15	氧化钾（K_2O）	火焰光度法
16	氧化钠（Na_2O）	火焰光度法
17	二氧化硅（SiO_2）	氢氧化钠滴定法
18	五氧化二磷（P_2O_5）	钼酸铵分光光度法
19	烧失量	质量法
20	颗粒物（粒径）	颗粒度分析仪
21	白度	—
22	pH 值	玻璃电极法、便携式 pH 计

1019. FGD 副产品石膏中附着水的测定（标准法）分析步骤是什么？

答： FGD 副产品石膏中附着水的测定（标准法）分析步骤是：称取约 1g 试样（m_3），精确至 0.0001g，放入已烘干至恒量的带有磨口塞的称量瓶中，于 45℃ ±3℃的烘箱内烘 1h（烘干过程中称量瓶应敞开盖），取出，盖上磨口塞（但不应盖得太紧），放入干燥器中冷至室温。将磨口塞紧密盖好，称量。再将称量瓶敞开盖放入烘箱中，在同样温度下烘干 30min，如此反复烘干、冷却、称量，直至恒量（m_4）。

附着水的质量百分数 x_1 按下式计算

$$x_1 = \frac{m_3 - m_4}{m_3} \times 100\% \tag{12-20}$$

式中　x_1——附着水的质量百分数，%；

m_3——烘干前试料质量，g；

m_4——烘干后试料质量，g。

允许差：同一试验室允许差为0.02%。

1020. FGD副产品石膏中结晶水的测定（标准法）分析步骤是什么？

答：FGD副产品石膏中结晶水的测定（标准法）分析步骤是：称取约1g试样（m_5），精确至0.0001g，放入已烘干、恒量的带有磨口塞的称量瓶中，在230℃±5℃的烘箱内烘1h，取出，用坩埚钳将称量瓶取出，盖上磨口塞，放入干燥器中冷至室温，称量。再放入烘箱中于同样温度下烘干30min，如此反复加热、冷却、称量，直至恒量（m_6）。

结晶水的质量百分数x_2按下式计算：

$$x_2=\frac{m_5-m_6}{m_5}\times100\%-x_1 \tag{12-21}$$

式中 x_2——结晶水的质量百分数，%；

m_3——烘干前试料质量，g；

m_4——烘干后试料质量，g；

x_1——附着水的质量百分数，%。

允许差：同一试验室允许差为0.15%；不同试验室允许差为0.20%。

1021. FGD副产品石膏中二水硫酸钙（$CaSO_4\cdot2H_2O$）含量的测定方法是什么？

答：FGD副产品石膏中二水硫酸钙（$CaSO_4\cdot2H_2O$）含量的测定方法是：将2g干石膏样品（A）以0.1mg的精确度进行称重，并将其放入一250mL的烧杯，与此同时加入大约100mL的去离子水和10mL 30%的HCl溶液，该溶液通过一张分析性慢速过滤纸进行过滤。使用去离子水冲洗滤纸和可能存在的任何残留物，直到过滤液没有酸性为止。在完全冷却后，将所有的过滤液（包括水）

装入到一个250mL的量瓶中，并灌注到标记处。

在250mL的烧杯中利用滴管加入V（mL）的上述酸性蒸煮溶液（约50mL），同时加入100mL的去离子水和5mL的浓缩HCl。将该溶液加热到沸点。然后，逐滴加入10mL的10% $BaCl_2$溶液。该溶液静置至少4h（彻夜更好）。

以800℃温度烧热一个孔隙率为1（孔隙宽度约6μm）的瓷钵，直到获得恒定的质量，在干燥器中进行冷却。确定空钵的质量（G）。然后经过该瓷制过滤钵对沉淀的$BaSO_4$进行过滤，且用热的去离子水对沉淀物进行冲洗。直至过滤液中没有任何氧化物的迹象。钵和冲洗过的沉积物以800℃的温度进行煅烧，直至获得恒定的质量，在干燥器中进行冷却，并确定质量（H），则样品中$CaSO_4 \cdot 2H_2O$的质量含量$x_{CaSO_4 \cdot 2H_2O}$的计算式为

$$x_{CaSO_4 \cdot 2H_2O} = \frac{(H - G) \times 172.17 \times 250}{233.4VA} \times 100\% \qquad (12\text{-}22)$$

1022. FGD副产品石膏中二水硫酸钙（$CaSO_3 \cdot 1/2H_2O$）含量的测定方法是什么？

答：FGD副产品石膏中半水亚硫酸钙（$CaSO_3 \cdot 1/2H_2O$）含量的测定方法是：在250mL三角烧瓶中加入10mL 0.1mol/L的I_2溶液（V）和约10mL去离子水，以0.1mg的精确度称1g左右的干石膏m，加入三角烧瓶的溶液中，滴加0.1mL的硫酸进行酸化。然后用磁力搅拌器搅拌大约5min。此时应保证溶液不能改变颜色。若碘量不够，再加入V（mL）的I_2溶液，使混合物pH值在1～2之间。再加入100mL去离子水，通过自动滴定仪，用0.1mol/L的$Na_2S_2O_3$滴定，加入2mL0.5%的淀粉溶液作指示剂，滴定直至溶液的蓝色刚好消失。记录各溶液用量。$CaSO_3 \cdot 1/2H_2O$含量的计算式为

$$x_{CaSO_3 \cdot \frac{1}{2}H_2O} = \frac{V_{I_2} + V - V_{Na_2S_2O_3}}{2m} \times 0.1 \times 129.14 \times 100\% \qquad (12\text{-}23)$$

式中　$x_{CaSO_3 \cdot \frac{1}{2}H_2O}$——$CaSO_3 \cdot 1/2H_2O$含量，%；

$V_{I_2}+V$——消耗的 I_2 溶液总体积，mL；

$V_{Na_2S_2O_3}$——消耗的 $Na_2S_2O_3$ 体积，mL；

m——分析的固体石膏量，mg。

1023. FGD副产品石膏中碳酸钙（$CaCO_3$）含量的测定方法是什么？

答：FGD副产品石膏中碳酸钙（$CaCO_3$）含量的测定方法是：称取 m（mg）（约1g，精确至0.1mg）的干石膏，放入250mL烧杯中，加入100mL去离子水和1mL30%的双氧水 H_2O_2，约2min后，加入20mL 0.1mol/L的HCl和20mL去离子水，将该溶液在50～70℃的温度下静置约15min。冷却后加入约200mL去离子水，搅拌5min左右。过量的HCl使用自动滴定仪用0.1mol/L的NaOH溶液滴定至pH值为4.3为止。在碳酸盐含量较高的情况下，应增加HCl的量。对残留碳酸盐含量不大于2.0%的石膏，确定采用20mL 0.1mol/L的HCl。$CaCO_3$ 含量的计算式为

$$x_{CaCO_3}=\frac{V_{HCl}-V_{NaOH}}{2m}\times 0.1\times 100.09\times 100\% \qquad (12\text{-}24)$$

式中 x_{CaCO_3}——$CaCO_3$ 的质量含量，%；

V_{HCl}——消耗的HCl溶液的体积，mL；

V_{NaOH}——消耗的NaOH的体积，mL；

m——分析的固体石膏量，mg。

1024. FGD副产品石膏中酸不溶物的测定（标准法）分析步骤是什么？

答：FGD副产品石膏中酸不溶物的测定（标准法）分析步骤是：称取约0.5g试样（m_7），精确至0.0001g，置于250mL烧杯中，用水润湿后盖上表面皿。从杯口慢慢加入40mL盐酸（1+5），待反应停止后，用水冲洗表面皿及杯壁并稀释至约75mL。加热煮沸3～4min，用慢速滤纸过滤，以热水洗涤，直至检验无氯离子为止。将残渣和滤纸一并移入已灼烧、恒量的瓷坩埚中，灰化，在

950～1000℃的温度下灼烧20min，取出，放入干燥器中，冷却至室温，称量。如此反复灼烧、冷却、称量，直至恒量（m_8）。

酸不溶物的质量百分数x_3，按下式计算

$$x_3 = \frac{m_8}{m_7} \times 100\% \tag{12-25}$$

式中　x_3——酸不溶物的质量百分数，%；

m_8——灼烧后残渣的质量，g；

m_7——试料质量，g。

允许差：同一试验室允许差为0.15%；不同试验室允许差为0.20%。

1025．FGD副产品石膏中三氧化硫的测定（标准法）分析步骤是什么？

答： FGD副产品石膏中三氧化硫的测定（标准法）分析步骤是：

（1）方法提要。在酸性溶液中，用氯化钡溶液沉淀硫酸盐，经过滤灼烧后，以硫酸钡形式称量。测定结果以三氧化硫计。

（2）分析步骤。称取约0.2g试样（m_9），精确至0.0001g，置于300mL烧杯中，加入30～40mL水使其分散。加10mL盐酸（1＋1），用平头玻璃棒压碎块状物，慢慢地加热溶液，直至试样分解完全。将溶液加热微沸5min，用中速滤纸过滤，用热水洗涤10～12次。调整滤液体积至200mL，煮沸，在搅拌下滴加15mL氯化钡溶液。继续煮沸数分钟，然后移至温热处静置4h或过夜（此时溶液的体积应保持在200mL）。用慢速滤纸过滤，用温水洗涤，直至检验无氯离子为止。将沉淀及滤纸一并移入已灼烧恒量的瓷坩埚中，灰化后在800℃的马弗炉内灼烧30min，取出坩埚置于干燥器中冷却至室温，称量。反复灼烧，直至恒量。

（3）结果表示。三氧化硫的质量百分数x_{SO_2}按下式计算

$$x_{SO_2} = \frac{m_{10} \times 0.343}{m_9} \times 100 \tag{12-26}$$

式中 x_{SO_2}——三氧化硫的质量百分数，%；

m_{10}——灼烧后沉淀的质量，g；

m_9——试料的质量，g；

0.343——硫酸钡对三氧化硫的换算系数。

（4）允许差。同一试验室的允许差为0.25%；不同试验室的允许差为0.40%。

1026. FGD副产品石膏中氧化钙的测定（标准法）分析步骤是什么？

答：FGD副产品石膏中氧化钙的测定（标准法）分析步骤是：

（1）方法提要。在pH=13以上强碱性溶液中，以三乙醇胺为掩蔽剂，用钙黄绿素-甲基百里香酚蓝-酚酞混合指示剂，以EDTA标准滴定溶液滴定。

（2）分析步骤。称取约0.5g试样（m_{11}），精确至0.0001g，置于银坩埚中，加入6~7g氢氧化钠，在650~700℃的高温下熔融20min，取出冷却，将坩埚放入已盛有100mL近沸腾水的烧杯中，盖上表面皿，于电炉上加热，待熔块完全浸出后，取出坩埚，用水冲洗坩埚和盖，在搅拌下一次加入25mL盐酸，再加入1mL硝酸。用热盐酸（1+5）洗净坩埚和盖，将溶液加热至沸，冷却，然后移入250mL容量瓶中，用水稀释至标线，摇匀。此溶液为A。

吸取25.00mL溶液A，放入300mL烧杯中，加水稀释至约200mL，加5mL三乙醇胺（1+2）及少许的钙黄绿素-甲基百里香酚蓝-酚酞混合指示剂，在搅拌下加入氢氧化钾溶液至出现绿色荧光后再过量5~8mL，此时溶液pH值在13以上，用[c（EDTA）=0.015mol/L] EDTA标准滴定溶液滴定至绿色荧光消失并呈现红色。

（3）结果表示。氧化钙的质量百分数x_{CaO}按下式计算

$$x_{CaO}=\frac{T_{CaO}\times V_5\times 10}{m_{11}\times 1000}\times 100=\frac{T_{CaO}\times V_5}{m_{11}} \qquad (12\text{-}27)$$

式中 x_{CaO}——氧化钙的质量百分数，%；

T_{CaO}——每毫升 EDTA 标准滴定溶液相当于氧化钙的质量，mg/mL；

V_5——滴定时消耗 EDTA 标准滴定溶液的体积，mL；

10——全部试样溶液与所分取试样溶液的体积比；

m_{11}——试料的质量，g。

（4）允许差。同一试验室的允许差为 0.25%；不同试验室的允许差为 0.40%。

1027. FGD 副产品石膏中氧化镁的测定（标准法）分析步骤是什么？

答： FGD 副产品石膏中氧化镁的测定（标准法）分析步骤是：

（1）方法提要。在 pH = 10 的溶液中，以三乙醇胺、酒石酸钾钠为掩蔽剂，用酸性铬蓝 K - 萘酚绿 B 混合指示剂，以 EDTA 标准滴定溶液滴定。

（2）分析步骤。吸取 25.00mL 溶液 A，放入 400mL 烧杯中，加水稀释至约 200mL，加 1mL 酒石酸钾钠溶液，5mL 三乙醇胺（1 + 2），搅拌，然后加入 pH = 10 缓冲溶液 25mL 及少许酸性铬蓝 K - 萘酚绿 B 混合指示剂，用［c（EDTA）= 0.015mol/L］EDTA 标准滴定溶液滴定，近终点时应缓慢滴定至纯蓝色。

（3）结果表示。氧化镁的质量百分数 x_{MgO} 按下式计算

$$x_{MgO} = \frac{T_{MgO} \times (V_6 - V_5) \times 10}{m_{11} \times 1000} \times 100 = \frac{T_{MgO} \times (V_6 - V_5)}{m_{11}} \qquad (12\text{-}28)$$

式中 x_{MgO}——氧化镁的质量百分数，%；

T_{MgO}——每毫升 EDTA 标准滴定溶液相当于氧化镁的质量，mg/mL；

V_6——滴定钙、镁总量时消耗 EDTA 标准滴定溶液的体积，mL；

V_5——测定氧化钙时消耗 EDTA 标准滴定溶液的体积，mL；

10——全部试样溶液与所分取试样溶液的体积比；

m_{11}——试料的质量，g。

（4）允许差。同一试验室的允许差为0.15%；不同试验室的允许差为0.25%。

1028. FGD副产品石膏中三氧化二铁的测定（标准法）分析步骤是什么？

答：FGD副产品石膏中三氧化二铁的测定（标准法）分析步骤是：

（1）方法提要。用抗坏血酸将Fe^{3+}还原为Fe^{2+}，在pH = 1.5～9.5条件下，Fe^{2+}与邻菲罗啉生成稳定的橘红色配合物，在波长510nm处，测定吸光度，并计算三氧化二铁的含量。

（2）分析步骤。吸取25.00mL溶液A，放入100mL容量瓶中，用水稀释至约50mL。加入5mL抗坏血酸溶液，放置5min，再加入5mL邻菲罗啉溶液，10mL乙酸铵溶液。用水稀释至标线，摇匀。放置30min后，用分光光度计、10mm比色皿，以水作参比，在波长510nm处测定溶液的吸光度。在工作曲线上查得三氧化二铁的含量（m_{12}）。

（3）结果表示。三氧化二铁的质量百分数$x_{Fe_2O_3}$按下式计算

$$x_{Fe_2O_3} = \frac{m_{12} \times 10}{m_{11} \times 1000} \times 100 = \frac{m_{12}}{m_{11}} \qquad (12\text{-}29)$$

式中　$x_{Fe_2O_3}$——三氧化二铁的质量百分数，%；

m_{12}——100毫升测定溶液中三氧化二铁的含量，mg；

m_{11}——试料的质量，g；

10——全部试样溶液与所分取试样溶液的体积比。

（4）允许差。同一试验室的允许差为0.05%；不同试验室的允许差为0.10%。

1029. FGD副产品石膏中三氧化二铝的测定（标准法）分析步骤是什么？

答：FGD副产品石膏中三氧化二铝铁的测定（标准法）分析

步骤是：

（1）方法提要。调整溶液 pH 值至 3.0，在煮沸下用 EDTA - Cu 和 PAN 为指示剂，用 EDTA 标准滴定溶液滴定铁、铝含量，并扣除三氧化二铁的含量。

（2）分析步骤。吸取 25.00mL 溶液 A，放入 300mL 烧杯中，用水稀释至约 200mL，加 1～2 滴溴酚蓝指示剂溶液，滴加氨水（1+2）至溶液出现蓝紫色，再滴加盐酸（1+2）至溶液出现黄色，加入 pH = 3.0 的缓冲溶液 15mL，加热煮沸并保持 1min，加入 10 滴 EDTA - Cu 溶液及 2～3 滴 PAN 指示剂溶液，用［c（EDTA）= 0.015mol/L］EDTA 标准滴定溶液滴定至红色消失，继续煮沸，滴定，直至溶液经煮沸后红色不再出现，呈稳定的亮黄色为止。

（3）结果表示。三氧化二铝的质量百分数 $x_{Al_2O_3}$ 按下式计算

$$x_{Al_2O_3} = \frac{T_{Al_2O_3} \times V_7 \times 10}{m_{11} \times 1000} \times 100 - 0.64 \times x_{Fe_2O_3}$$

$$= \frac{T_{Al_2O_3} \times V_7}{m_{11}} - 0.64 \times x_{Fe_2O_3} \qquad (12\text{-}30)$$

式中　$x_{Al_2O_3}$——三氧化二铝的质量百分数，%；

$T_{Al_2O_3}$——每毫升 EDTA 标准滴定溶液相当于三氧化二铝的质量，mg/mL；

V_7——滴定时消耗 EDTA 标准滴定溶液的体积，mL；

$x_{Fe_2O_3}$——按 13.2 测得三氧化二铁的质量百分数，%；

0.64——三氧化二铁对三氧化二铝的换算系数；

10——全部试样溶液与所分取试样溶液的体积比；

m_{11}——试料的质量，g。

（4）允许差。同一试验室的允许差为 0.15%；不同试验室的允许差为 0.20%。

1030. FGD 副产品石膏中二氧化钛的测定（标准法）分析步骤是什么？

答： FGD 副产品石膏中二氧化钛的测定（标准法）分析步

骤是:

(1) 方法提要。在酸性溶液中 TiO_2 与二安替比林甲烷生成黄色配合物，于波长420nm处测定其吸光度。用抗坏血酸消除三价铁离子的干扰。

(2) 分析步骤。从氧化钙测定步骤(2)配制的溶液A中，吸取25.00mL溶液放入100mL容量瓶中，加入10mL盐酸(1+2)及10mL抗坏血酸溶液，放置5min。加95%乙醇5、20mL二安替比林甲烷溶液，用水稀释至标线，摇匀。放置40min后，使用分光光度计、10mm比色皿，以水作参比，于420nm处测定溶液的吸光度。在工作曲线上查出二氧化钛的含量(m_{13})。

(3) 结果表示。二氧化钛的质量百分数 x_{TiO_2}，按下式计算

$$x_{TiO_2} = \frac{m_{13} \times 10}{m \times 1000} \times 100 = \frac{m_{13}}{m} \tag{12-31}$$

式中 x_{TiO_2}——二氧化钛的质量百分数，%；

m_{13}——100mL测定溶液中二氧化钛的含量，mg；

m——试料的质量，g；

10——全部试样溶液与所分取试样溶液的体积比。

(4) 允许差。同一试验室的允许差为0.05%；不同试验室的允许差为0.10%。

1031. FGD副产品石膏中氧化钾和氧化钠的测定(标准法)分析步骤是什么?

答: FGD副产品石膏中氧化钾和氧化钠的测定(标准法)分析步骤是:

(1) 方法提要。试样经氢氟酸-硫酸蒸发处理除去硅，用热水浸取残渣，以氨水和碳酸铵分离铁、铝、钙、镁。滤液中的钾、钠用火焰光度计进行测定。

(2) 分析步骤。称取约0.2g试样(m_{14})，精确至0.0001g，置于铂皿中，用少量水润湿，加5mL氢氟酸及15滴硫酸(1+1)置于低温电热板上蒸发。近干时摇动铂皿，以防溅失，待氢氟酸散

尽后逐渐升高温度，继续将三氧化硫白烟赶尽。取下放冷，加入50mL热水，压碎残渣使其溶解，加1滴甲基红指示剂溶液，用氨水（1+1）中和至黄色，加入10mL碳酸铵溶液，搅拌，置于电热板上加热20~30min。用快速滤纸过滤，以热水洗涤，滤液及洗液盛于100mL容量瓶中，冷却至室温。用盐酸（1+1）中和至溶液呈微红色，用水稀释至标线，摇匀。在火焰光度计上，按仪器使用规程进行测定。在工作曲线上分别查出氧化钾和氧化钠的含量（m_{15}）和（m_{16}）。

（3）结果表示。氧化钾和氧化钠的质量百分数x_{K_2O}和x_{Na_2O}按下式计算

$$x_{K_2O} = \frac{m_{15} \times 10}{m_{14} \times 1000} \times 100 = \frac{m_{15} \times 0.1}{m_{14}} \tag{12-32}$$

$$x_{Na_2O} = \frac{m_{16} \times 10}{m_{14} \times 1000} \times 100 = \frac{m_{16} \times 0.1}{m_{14}} \tag{12-33}$$

式中　x_{K_2O}——氧化钾的质量百分数，%；

x_{Na_2O}——氧化钠的质量百分数，%；

m_{15}——100mL测定溶液中氧化钾的含量，mg；

m_{16}——100mL测定溶液中氧化钠的含量，mg；

m_{14}——试料的质量，g。

（4）允许差。同一试验室的允许差：K_2O与Na_2O均为0.05%；不同试验室的允许差：K_2O与Na_2O均为0.10%。

1032. FGD副产品石膏中氧化硅的测定（标准法）分析步骤是什么?

答: FGD副产品石膏中氧化硅的测定（标准法）分析步骤是:

（1）方法提要。在有过量的氟、钾离子存在的强酸性溶液中，使硅酸形成氟硅酸钾（K_2SiF_6）沉淀，经过滤、洗涤及中和残余酸后，加沸水使氟硅酸钾沉淀水解生成等物质量的氢氟酸，然后以酚酞为指标剂，用氢氧化钠标准滴定溶液进行滴定。

（2）分析步骤。称取约0.3g试样（m_{17}），精确至0.0001g，

置于镍或银坩埚中，加入4g氢氧化钾，盖上坩埚盖（留有一定缝隙），放在电炉上（600～650℃）熔融至试样完全分解（约20min）。取下坩埚，放冷，用热水将熔块提取到300mL的塑料杯中，坩埚及盖以少量硝酸（1+20）及热水洗净（此时溶液的体积应为40mL左右）。加入15mL硝酸，冷却后，加入10mL氟化钾溶液，再加入氯化钾，仔细搅拌至氯化钾充分饱和，再过量1～2g，冷却放置15min，以中速滤纸过滤，塑料杯与沉淀用氯化钾溶液洗涤2～3次。将沉淀连同滤纸一起放入原塑料杯中，沿杯壁加入10mL氯化钾—乙醇溶液及1mL酚酞指示剂溶液，用［c（NaOH）=0.15mol/L］氢氧化钠标准滴定溶液中和未洗尽的酸，仔细搅动滤纸并随之擦洗杯壁，直至溶液呈红色。然后加入200mL沸水（用氢氧化钠溶液中和至酚酞呈微红色），用［c（NaOH）=0.15mol/L］氢氧化钠标准滴定溶液滴定至微红色。

（3）结果表示。二氧化硅的质量百分数x_{SiO_2}按下式计算

$$x_{SiO_2}=\frac{T_{SiO_2}\times V_8}{m_{17}\times 1000}\times 100=\frac{T_{SiO_2}\times V_8\times 0.1}{m_{17}} \qquad (12\text{-}34)$$

式中 x_{SiO_2}——二氧化硅的质量百分数，%；

T_{SiO_2}——每毫升氢氧化钠标准溶液相当于二氧化硅的质量，mg/mL；

V_{17}——滴定时消耗氢氧化钠标准滴定溶液的体积，mL；

m_{17}——试料的质量，g。

（4）允许差。同一试验室的允许差为0.15%；不同试验室的允许差为0.20%。

1033. 什么是烧失量？

答：试样中所含水分、碳酸盐经高温灼烧即分解逸出，灼烧所失去的质量即为烧失量。

1034. 烧失量测定分析步骤是什么？

答：烧失量测定分析步骤是：称取约1g试样（m_{22}），精确

至0.0001g，置于已灼烧恒量的瓷坩埚中，将盖斜置于坩埚上，放在马弗炉内。从低温开始逐渐升高温度，在800～850℃下灼烧1h，取出坩埚置于干燥器中，冷却至室温，称量。反复灼烧，直至恒量（m_{23}）。

烧失量的质量百分数 X_{LO1} 按下式计算

$$X_{LO1} = \frac{m_{22} - m_{23}}{m_{22}} \times 100\% \tag{12-35}$$

式中　X_{LO1}——烧失量的质量百分数，%；

m_{22}——试料的质量，g；

m_{23}——灼烧后试料的质量，g。

允许差为：同一试验室的允许差为0.20%；不同试验室的允许差为0.25%。

1035. 工艺水一般分析项目有哪些？

答：工艺水一般分析项目有pH值、悬浮物、总硬度（钙、镁）、氯化物（Cl^-）、硫酸盐（SO_4^{2-}）等。

第十三章

烟气湿法脱硫系统运行安全

1036. 试述湿法石灰石-石膏FGD系统对机组安全运行的影响。

答：随着环境保护标准日趋严格，要求脱硫系统和主机同步运行已成必然趋势。脱硫系统逐渐成为与锅炉、汽轮机相提并论的主要系统。脱硫系统能否长期、稳定、高效地运行，是保证发电厂安全稳定运行的重要条件之一。除FGD系统稳定性直接影响主机稳定外，脱硫系统还对发电机组安全性有以下两个方面的影响：

（1）对锅炉安全运行的影响。当到FGD系统启停时，烟气进行旁路和主烟道之间的切换，由于两路烟道的阻力不一样，此时会对锅炉的炉膛负压产生明显的影响，特别是当FGD（如增压风机）必须紧急停止的异常情况。

（2）对锅炉尾部烟道及烟囱的腐蚀。脱硫前烟气温度和烟囱内壁温度基本上大于酸露点温度，故烟气不会在尾部烟道和烟囱内壁结露，且在负压区不会出现酸腐蚀问题。而脱硫后烟气温度已低于酸露点温度，净烟气中尽管SO_2含量降低，但SO_3脱去的不多，且烟气内腐蚀性成分发生了很大的变化，有Cl^-、SO_3^{2-}、SO_3^{2-}、F^-等。净烟气中的水分也大大增加，SO_3将会溶于水中，烟气会在尾部烟道和烟囱内壁结露，加上脱硫后烟囱正压区的增大，会使烟囱的腐蚀加重。

1037. 脱硫装置对机组正常运行的影响通常需考虑的因素主要有哪些？

答：脱硫装置的启停以及在紧急情况下的处理都不应影响电厂安全生产和文明发电。对机组正常运行的影响通常需考虑的因素主要有：

（1）脱硫装置启停、旁路挡板门动作时对锅炉炉膛负压和燃烧稳定性的影响；

（2）脱硫装置启停对其下游的烟道、膨胀节、引风机和烟囱等防腐耐磨性能的影响。

1038. 脱硫装置对机组运行方式的适应性指是什么？通常需考虑的因素主要有哪些？

答： 脱硫装置对机组运行方式的适应性是指脱硫装置的运行应适应机组的各种运行方式，确保脱硫装置与机组负荷调整的协调性和安全性。

通常需考虑的因素主要有：

（1）脱硫装置中的所有设备必须能够承受各种可能的热冲击；

（2）脱硫装置应具有良好的负荷跟踪特性，确保脱硫装置的安全性和与机组的协调性；

（3）脱硫装置停用后的维护工作量小。

1039. 脱硫装置对周围环境和生态的影响通常需考虑的因素主要有哪些？

答： 安装脱硫装置的目的是为了保护环境、改善大气环境质量，因此，不应该、也不允许电厂因使用了脱硫装置而对周围环境和生态造成二次污染。通常需考虑的因素主要有：

（1）脱硫后 SO_2 和烟尘的排放应达到国家标准的要求；

（2）脱硫装置额外造成的噪声应达到国家标准的要求；

（3）脱硫装置产生的脱硫废水和副产物的处理不应产生二次污染。

1040. FGD 装置运行对锅炉运行的影响是什么？

答： FGD 装置运行对锅炉运行的影响为：

FGD 装置的阻力由脱硫增压风机克服，与锅炉的联系通过 FGD 进、出口烟气挡板及旁路烟气挡板进行烟气切换。当 FGD 装置启、停时，烟气挡板与 FGD 装置烟道切换，由于两路烟道的阻力不同，会对锅炉的炉膛负压产生明显的影响。在 FGD 装置启动时锅炉炉膛负压变小，停运时则变大，其变化范围可达数百帕，而锅炉正常运行时负压仅为数十帕。

1041. 机组投油助燃、稳燃对脱硫系统带来的问题是什么?

答：部分老机组因掺烧、低负荷燃烧等诸多原因，存在短时投油助燃、稳燃时脱硫不退出运行的情况。其主要会出现以下问题：

（1）吸收塔起泡，产生虚假液位；

（2）脱水滤布沾污油渍而影响脱水；

（3）油烟对防腐材料有降解破坏作用；

（4）油烟容易导致GGH沾污、积灰、堵塞；

（5）影响吸收剂的利用和脱硫效率。

1042. 吸收塔浆液中的盐酸不溶物来源是什么？其危害是什么？有何办法减少盐酸不溶物在吸收塔中的含量?

答：吸收塔浆液中的盐酸不溶物主要来自石灰石和烟尘中的飞灰。其成分主要是SiO_2和飞灰中未被完全燃烧的碳及其化合物。

由于FGD系统是相对封闭的系统，盐酸不溶物在吸收塔内不断富集。它会覆盖在石灰石颗粒的表面，减少颗粒与水相的接触面积，从而使石灰石的活性严重降低。另外，细小的飞灰将使后续的石膏脱水困难，因此应尽量减少盐酸不溶物在吸收塔中的含量。

办法有：保证石灰石的品质、提高锅炉除尘器的效率、调整废水旋流器的旋流效果及增大废水的排放量等。

1043. 石膏浆液中氯离子的主要来源是什么?

答：石膏浆液中氯离子的主要来源有三种：煤、脱硫剂及工艺水。一般石灰石中含氯为0.01%左右，工艺水中含氯10～150mg/L，FGD系统中大部分的氯来源于煤。我国燃煤中的氯含量一般为0.1%左右，少数煤中氯含量为0.2%～0.35%，某些高灰分煤的氯含量可达0.4%。

1044. 氯对 FGD 系统的主要影响是什么?

答: 氯对 FGD 系统的主要影响有:

(1) 能引起金属的孔蚀、缝隙腐蚀、应力腐蚀及选择性腐蚀。特别当其浓度富集到一定程度后，会严重影响系统的运行经济性、可靠性和使用寿命。

(2) 抑制吸收塔内物理和化学反应，改变吸收浆液的 pH 值(水解作用)，影响 SO_2 吸收的传质过程、降低 SO_2 的去除率。

(3) 脱硫剂的消耗量随氯化物浓度的增高而增大，同时，氯化物抑制吸收剂的溶解。

(4) 氯化物会引起后续石膏脱水困难，导致成品石膏中含水量增大（一般要求石膏含水小于 10%）。

(5) 吸收浆液中氯化物浓度增高，引起石膏中剩余的脱硫剂 ($CaCO_3$) 量增大，一般要求石膏中过剩 $CaCO_3$ 含量不大于 3%。

(6) 影响石膏的综合利用。石膏用作水泥缓凝剂时，对石膏中的氯含量有严格要求，一般要求小于 0.1%。因此，氯化物含量高时需附加除氯措施，使后续处理工艺复杂，费用增加。

(7) 氯化物含量较高时，吸收浆液中不参加反应的惰性物增加，吸收浆液的密度增大，浆液循环系统耗电增加。

因此，应尽量控制吸收塔浆液中的氯离子含量，可适当增大废水的排放量，使吸收塔中的氯离子浓度达到平衡。

1045. 石膏中 Cl^- 含量一般要求是多少? 如果运行中超标，采取的措施是什么?

答: 石膏中的 Cl^- 含量一般要求小于 100ppm，运行中如超标，则可适当增大真空皮带机的冲洗水量。

1046. 石膏中盐酸不溶物来源是什么?

答: 石膏中的盐酸不溶物主要来自石灰石，还有一部分来自烟尘中的飞灰。

1047. 减少石膏中盐酸不溶物应采取哪些措施?

答: 为减少盐酸不溶物以提高石膏纯度，应采取以下措施:

(1) 保证石灰石的品质，减少其中的盐酸不溶物;

(2) 提高锅炉除尘器效率，减少FGD烟气中的飞灰;

(3) 增大废水的排放量等。

1048. F^-对FGD系统的影响是什么?

答: F^-对FGD系统可能发生的最大影响是“氟化铝致盲”现象，即烟气经电除尘后飞灰、石灰石粉及工艺水中的氟和铝含量较高时，会在吸收塔浆池内发生复杂的反应。生成氟化铝络合物AlF_n。(n一般在2~4之间)。该络合物吸附在石灰石颗粒表面，极大地阻碍石灰石的溶解和反应，使其化学活性严重降低，导致石灰石调节pH值的能力下降。脱硫率降低，石膏中的残余$CaCO_3$含量增加，石膏晶体颗粒粒径变小，并随着液相中F^-和Al^{3+}离子浓度的增加，负面影响加剧。它们单独存在时对石灰石的活性影响不大，但当它们共存时，较小浓度下活性就急剧下降，因此运行中应尽量降低飞灰含量，适当增大废水排放。

1049. 现场设备安装有紧急事故按钮的有哪些?在发生什么情况下可以使用事故按钮?

答: 现场设备安装有紧急事故按钮的有：增压风机、杂用空气压缩机、氧化风机、挡板密封风机、GGH、低泄漏风机、浆液循环泵、石膏排出泵、吸收塔搅拌器、集水坑泵、集水坑搅拌器、石灰石浆液泵、工艺水泵、除雾器冲洗水泵、石灰石粉仓布袋除尘器空气压缩机、石灰石浆液罐搅拌器、滤液水泵、石膏脱水区集水坑泵、石膏脱水区集水坑搅拌器、污水提升泵、石灰乳计量泵、石灰乳循环泵、石灰乳储存箱搅拌器、石灰乳计量箱搅拌器、出水箱搅拌器、出水输送泵、污泥输送泵、氧化箱搅拌器、反应箱搅拌器、中和箱搅拌器、絮凝箱搅拌器、压滤机、滤布滤饼冲洗水泵、真空泵、皮带脱水机、废水给料泵。

当设备发生故障但未及时跳闸，或危及人身、设备安全时，任何人员都可使用事故按钮。

1050. 脱硫系统运行中可能造成人身危害的因素有哪些？

答：脱硫系统运行中可能造成人身危害的因素有：

（1）粉尘。脱硫系统以石灰石粉为吸收剂，在输粉和制浆的过程中均可能造成粉尘飞扬，对工作人员的健康有一定的危害。

（2）噪声。脱硫系统的设备在生产过程中产生噪声，如氧化风机、浆液循环泵等产生噪声较大，如不采取措施，将对人体的健康造成一定的不良影响。

（3）电。脱硫系统设备由于雷电或接地不良所造成的损坏并给工作人员带来伤害；电气设备由于工作人员的误操作及保护不当可能会给工作人员带来伤害。

（4）机械。脱硫系统中有风机、水泵、输送机等机械设备，在运行和检修过程中如果操作不当或设备布置不合理，都有可能给工作人员造成伤害。

（5）有害气体。含有二氧化硫的热烟气泄漏及脱硫系统检修时烟道中残留的二氧化硫都会危害工作人员健康。

（6）酸。三氧化硫溶于水后生成硫酸，它会严重腐蚀金属并危害人体。

1051. 有腐蚀性或有毒性的化学分析药品沾染皮肤后如何处理？

答：一般性药品先用清水冲洗后，再用洗手液或肥皂重新洗涤均可，强酸强碱等药品应先用相对的弱酸弱碱清洗或用干布擦拭后，再用大量的清水清洗干净，然后用洗手液清洗。接触有毒物体后若皮肤表面出现发热发烫或过敏反应，应及时送入医院检查治疗。

1052.《电业安全工作规程　第1部分：热力和机械》（GB 26164.1—2010）中锅炉脱硫设备运行与检修基本规定是什么？

答：《电业安全工作规程　第1部分：热力和机械》（GB 26164.1—2010）中锅炉脱硫设备运行与检修基本规定是：

（1）在脱硫塔内部进行检修工作前，应将与该脱硫塔相连的石灰石浆液进料管、石膏浆液排除管、事故浆液排出管、事故浆液进入管、出入口烟道的阀门或挡板门关严并上锁，挂上警告牌。电动阀门还应将电动机电源切断，并挂上警告牌。停止该脱硫塔的增压风机、浆液循环泵、氧化风机、烟气换热器（GGH）、脱硫塔搅拌器等设备的运行，并将各设备电源切断，并挂上警告牌。

（2）在脱硫吸收塔内动火作业前，工作负责人应检查相应区域内的消防水系统、除雾器冲洗水系统在备用状态。除雾器冲洗水系统不备用时，严禁在吸收塔内进行动火作业。动火期间，作业区域、吸收塔底部各设置一名专职监护人。

（3）工作人员进入脱硫设施检修工作前，必须将对应锅炉的吸风机、给粉机、排粉机、送风机、回转式空气预热器等电源切断，并挂上禁止启动的警告牌。

（4）工作人员进入脱硫系统增压风机、烟气换热器（GGH）、脱硫塔、烟道以前，应充分通风，不准进入空气不流通的烟道内部进行工作。

1053.《电业安全工作规程　第1部分：热力和机械》（GB 26164.1—2010）中锅炉脱硫设备运行与检修要求是什么？

答：《电业安全工作规程　第1部分：热力和机械》（GB 26164.1—2010）中锅炉脱硫设备运行与检修要求是：

（1）脱硫系统运行时，严禁关闭与该套脱硫系统相连的出、入口烟道挡板门；严禁停止脱硫塔系统上全部浆液循环泵的运行；严禁停止烟气换热器的运行。

（2）石灰石制浆系统斗式提升机运行时，严禁打开手孔进行检查。

(3) 石灰石卸料机在运行时，严禁打开手孔，伸手检查卸料机内部叶轮。

(4) 所有检修人员进入烟气系统（包括原烟气烟道、净烟气烟道、脱硫塔、烟气换热器、增压风机等）作业时，必须经过充分的通风换气、排水后，方可进入。进入该系统作业的人员必须登记，外部必须留有人员进行联系、监护。

(5) 在脱硫烟道内部作业必须使用12V的防爆照明灯具。

(6) 在进入原烟气烟道、净烟气烟道、脱硫塔、烟气换热器(GGH)、增压风机内作业时，检修负责人应对带入的工具进行登记，检修结束后将工具及杂物全部带出容器。

(7) 所有衬胶、涂鳞的防腐设备上（如脱硫塔、球磨机、衬胶泵、烟道、箱罐、管道等），不应做任何焊接工作，如因设备系统必须进行焊接作业，应严格执行动火工作程序。焊接作业结束后，应对焊接及其影响部位重新进行防腐处理。

(8) 进行脱硫塔检修时，必须先将脱硫塔内浆液全部排除，否则严禁进入脱硫塔内作业。

(9) 进行脱硫塔除雾器和喷淋系统检修时，严禁动火。

(10) 严禁在除雾器上站人或堆放物料。

(11) 进行斗式提升机检修前，应停止进料，斗提空转2周后，检修人员方可打开人孔门进行检修。斗式提升机检修时应做好防止上部落物的措施。

(12) 进行石灰石破碎机检修时，严禁向破碎机入口卸石灰石。

(13) 进行具有放射性的密度计检修、维护时必须由取得相关资格证人员进行，严禁非专业人员擅自检查。

(14) 在脱硫烟气系统检修结束后，检修负责人必须清点检修人员，确认全部从容器内出来后，方可关闭人孔门。

(15) 石灰石浆液和石膏排出系统停止运行时，必须严格执行顺序控制程序操作，每次必须对系统内部进行充分的水冲洗，以免积浆造成设备、管道系统的堵塞。

（16）冬季在寒冷地区，停止脱硫系统运行后，必须将管道内冲洗水及时排放干净，以免将管道冻坏、塌落。

1054. FGD系统可能的着火源有哪些？火灾的危害是什么？

答：FGD系统可能的着火源有：①焊接、气割、磨削；②加热设备；③照明设备；④电气设备；⑤吸烟等。

火灾可能造成的损失包括吸收塔等箱罐的各种内部件，如除雾器、喷淋层、氧化空气分配管，甚至是塔本体、防腐鳞片或内部衬胶、流动性物资（脚手架、衬胶材料）等，最为严重的将危及机组烟道，影响机组的安全运行。在我国的许多FGD系统安装、检修施工时，也发生过各种导致严重损失的火灾事故。

1055. FGD系统设备检修时原则性防火措施是什么？

答：为防止火灾的发生，需建立切实可行的防火措施，原则性的防火措施包括：①建立防火规程，防止火灾的发生，规范火灾时的行为、火灾后的行为；②设有防火专工；③编制进度计划（将维修时间尽量缩短）；④对FGD装置运行维修队伍进行专门的安全教育和防火措施教育；⑤书面签发有可能引起火灾危险的工作；⑥时刻进行防火监护，加强巡检。

另外，应时刻准备好消防设备，提供消防设备；备好流动式火灾报警器；将易燃、助燃物品存放在远离FGD装置的地方；禁止吸烟；脚手架、盖板采用非可燃性材料；注意照明设备的温度不能过高（如小于140℃）。

在系统内部衬胶和防腐涂层施工时，要有特殊防火措施：①遵守专门的规程；②通风一定要可靠；③电气运行器具必须特别保护，必要时采取接地措施；④设立安全区和保护区；⑤隔断烟气通道；⑥其他做法，如制订防火计划，包括零星维修工作时的措施（如短期停运进行内部衬胶的维修）、大修时的措施（如大修期间大面积更换衬胶）等。

1056. 吸收塔内部防腐作业防火重点要求是什么？

答：吸收塔内部防腐作业防火重点要求是：

（1）防腐作业，公司领导和安监部、检修部门的安全监督人员必须按规定到位。

（2）防腐作业区域禁止任何火种进入，吸收塔外10m范围内禁止动火作业。

（3）吸收塔内必须采取防爆型的工具、装置、控制开关。照明应使用12V防爆灯具（如使用冷光源防爆灯，应配置漏电保护器），灯具距离内部防腐涂层1m以上。检修电源应安装漏电保护器。电源线必须使用软橡胶电缆，不能有接头。

（4）关闭原、净烟气挡板门，避免吸收塔内向上抽风形成较大负压。

（5）现场配备充足的灭火器。将消防水带引至防腐作业点，确保消防水随时可用。现场放置一定量的应急水源或干沙。

（6）防腐作业及保养期间，禁止在吸收塔及与其相通的烟道（吸收塔出、入口烟道，增压风机烟道，挡板门、膨胀节等）、管道（浆液循环泵进口管、喷淋层进口管、除雾器冲洗水管、供浆管、氧化空气管、排污管、溢流管、膨胀节等），以及开启的人孔、通风孔附近进行动火作业。同时应做好防止火种从这些部位进入吸收塔的隔离措施。

（7）防腐作业期间，应进行强力通风，保证作业区域通风顺畅，防止易燃易爆气体积聚。

（8）作业全程应设专职监护人，发现火情，立即灭火并停止工作。

1057. 吸收塔动火作业防火重点要求是什么？

答：吸收塔动火作业防火重点要求是：

（1）按规定办理一级动火工作票。

（2）动火作业，公司领导和安监部、检修部门的安全监督人员及消防负责人员必须按规定到位。

（3）塔内脚手架宜使用钢制架管和跳板搭设。

（4）吸收塔内必须采取防爆型的工具、装置、控制开关。照明应使用12V防爆灯具（如使用冷光源防爆灯，应配置漏电保护器），灯具距离内部防腐涂层1m以上。检修电源应安装漏电保护器，电源线必须使用软橡胶电缆，不能有接头。焊机接地线应设置在防腐区域外并禁止接在防腐设备及管道上。

（5）关闭原、净烟气挡板门，避免吸收塔内向上抽风形成较大负压。

（6）将消防水带引至塔内动火作业点，确保消防水随时可用。现场配备充足的灭火器与一定量的应急水源或干沙。有条件的可调配消防车至现场。

（7）检查确认除雾器冲洗水系统及水源可靠备用。

（8）动火作业期间，禁止相通烟道内进行防腐作业。

（9）动火作业只能单点作业，禁止多个动火点同时开工。

（10）焊割作业应采取间歇性工作方式，防止持续高温传热损害周边防腐材料和引发火灾。

（11）大范围动火作业，吸收塔底部须做好全面防护措施或在底部注入一定高度的水。小范围动火作业可在动火影响区域下部、底部做好防护措施。

（12）在动火点周围须做好防火隔离措施，防止火种引燃吸收塔防腐层、除雾器，以及落入相通的防腐烟（管）道内，引起火灾。

（13）作业过程中，动火作业区域、吸收塔底部各设1人监护，发现火情，立即灭火并停止工作。

（14）内部动火作业前，应将焊割区域边界以外不小于400mm范围内的防腐层剥除。除雾器附近动火作业还需将作业点周围局部除雾器片拆除；禁止在除雾器上直接铺设防火布作为隔离措施。

（15）外壁动火作业前，塔内监护人员应正确判断外壁动火点对应的内壁位置。作业过程中，监护人员应随时监护。

1058. 吸收塔相通的外部管道系统电、气焊割动火作业防火重点要求是什么？

答：吸收塔相通的外部管道系统电、气焊割动火作业防火重点要求是：

（1）与吸收塔相通的可拆卸管道动火作业，必须拆下进行；管道螺栓拆卸禁止采用电焊、气割方式进行；管道堵漏尽可能采取非动火方式。

（2）不具备拆除条件的相通管道（含防腐与未防腐管道）动火作业必须办理一级动火工作票。

（3）动火作业，公司领导和安监部、检修部门的安全监督人员及消防负责人员必须按规定到位。

（4）关闭原、净烟气挡板门，避免吸收塔内形成较大负压。

（5）将消防水带引至吸收塔内，保证随时可用；配备充足的灭火器和一定量的应急水源。

（6）检查确认除雾器冲洗水系统及水源可靠备用。相通的除雾器冲洗水管道进行动火作业时，应进行局部系统隔离，保留其余除雾器冲洗水系统备用。

（7）与吸收塔相通的管道动火作业，必须采取防止火种进入或被负压吸入吸收塔和焊渣积聚烧损防腐管道的防范措施。尤其关注管道内部开口位置在除雾器附近或内部监护存在难度的管道，如除雾器冲洗水管道、浆液喷淋管道。

（8）焊割作业应采取间歇性工作方式，防止持续高温传热损害防腐层或引发火灾。

（9）动火作业点对应的吸收塔内部管道口处，应设专人监护。

（10）动火作业前，监护人员应正确判断外部动火点对应的内壁管口位置。作业过程中，监护人员应随时监测塔内对应部位状况，发现异常，立即采取冷却等应对措施并停止作业。

（11）吸收塔内照明应使用12V防爆灯具（如使用冷光源防爆灯，应配置漏电保护器），灯具距离内部防腐涂层及除雾器1m以上。

1059. 除雾器检修作业防火重点要求是什么？

答：除雾器检修作业防火重点要求是：

（1）检修部门安全监督人员必须到位。

（2）除雾器检修，禁止任何动火作业，凡进入作业区域的人员严禁携带火种。

（3）吸收塔内必须采取防爆型的工具、装置、控制开关。照明应使用12V防爆灯具（如使用冷光源防爆灯，应配置漏电保护器），灯具距离内部防腐涂层1m以上。检修电源应安装漏电保护器，电源线必须使用软橡胶电缆，不能有接头。

（4）除雾器热熔等高温作业应严格控制工作温度，做好冷却和防火措施。

（5）现场配备充足的灭火器。

1060. 湿法脱硫烟道内部防腐作业防火重点要求是什么？

答：湿法脱硫烟道内部防腐作业防火重点要求是：

（1）防腐作业，公司领导和安监部、检修部门的安全监督人员必须按规定到位。

（2）防腐作业区域禁止任何火种进入，作业烟道段周围10m范围内禁止动火作业。

（3）吸收塔内必须采取防爆型的工具、装置、控制开关。照明应使用12V防爆灯具（如使用冷光源防爆灯，应配置漏电保护器），灯具距离内部防腐涂层1m以上。检修电源应安装漏电保护器，电源线必须使用软橡胶电缆，不能有接头。

（4）关闭原、净烟气挡板门，旁路烟道作业时关闭旁路烟气挡板门，避免气流过大或形成较大负压。

（5）现场配备充足的灭火器和一定量的应急水源或干沙；将

消防水带引至防腐作业点，确保消防水随时可用。

（6）防腐作业及保养期间，禁止在作业点烟道及与其相通的风、烟、管道上（含增压风机烟道、密封风机风道、挡板密封风机风道、膨胀节、挡板门、烟道疏水管等），以及通风口、人孔及临时开孔附近进行动火作业，并做好防止火种从这些部位进入作业烟道的隔离措施。

（7）防腐内衬期间，必须保证作业区域通风顺畅，防止易燃易爆气体积聚。

（8）作业全程应设专职监护人，发现火情，立即灭火并停止工作。

1061. 湿法脱硫防腐烟道动火作业防火重点要求是什么？

答：湿法脱硫防腐烟道动火作业防火重点要求是：

（1）按规定办理一级动火工作票。

（2）动火作业，公司领导和安监部、检修部门的安全监督人员及消防负责人员必须按规定到位。

（3）烟道内脚手架宜使用钢制架管和跳板搭设。

（4）烟道内必须采取防爆型的工具、装置、控制开关。照明应使用12V防爆灯具（如使用冷光源防爆灯，应配置漏电保护器），灯具距离内部防腐涂层1m以上。检修电源应安装漏电保护器，电源线必须使用软橡胶电缆，不能有接头；焊机接地线应设置在烟道外并禁止接在防腐设备及管道上。

（5）关闭原、净烟气挡板门，旁路烟道动火作业时关闭旁路烟气挡板门，避免烟道内气流过大或形成较大负压。

（6）现场配备充足的灭火器和一定量的应急水源或干沙。将消防水带引至烟道内动火作业影响点，确保消防水随时可用。

（7）检查确认除雾器冲洗水系统及水源可靠备用，以便烟道着火后及时启动，保护吸收塔安全。

（8）动火作业只能单点作业，禁止多个动火点同时开工。

（9）焊割作业应采取间歇性工作，防止持续高温传热损害周边防腐材料和引发火灾。

（10）在作业点周围须做好的防火隔离措施，防止火种进入吸收塔及相邻防腐烟道内，引起火灾。

（11）作业过程中，烟道内须设专人监护，发现火情，立即灭火并停止工作。

（12）内部动火作业前，应将焊割区域边界以外400mm范围内的防腐层剥除。同时应采取在下方铺设石棉布等可靠隔离措施，防止火花溅落到引起下方防腐材料着火。

（13）外壁动火作业前，内部监护人员应正确判断外壁动火点对应的内壁位置。作业过程中，监护人员应随时监测烟道内对应部位状况，发现异常，立即采取应对措施并停止作业。

1062. 湿法脱硫箱罐内部防腐作业防火重点要求是什么？

答：湿法脱硫箱罐内部防腐作业防火重点要求是：

（1）防腐作业，安监部、检修部门的安全监督人员必须按规定到位。

（2）防腐作业区域禁止任何火种进入，防腐箱罐周围10m范围内禁止动火作业。

（3）箱罐内必须采取防爆型的工具、装置、控制开关。照明应使用12V防爆灯具（如使用冷光源防爆灯，应配置漏电保护器），灯具距离内部防腐涂层1m以上。检修电源应安装漏电保护器，电源线必须使用软橡胶电缆，不能有接头。

（4）现场配备充足的灭火器和一定量的应急水源或干沙。将消防水带引至防腐作业点，确保消防水随时可用。

（5）防腐作业及保养期间，禁止在箱罐及与其相通的管道、通风口及人孔附近进行动火作业，防止火种进入箱罐。同时应做好防止火种从这些部位进入箱罐的隔离措施。

（6）防腐作业期间，必须保证作业区域通风顺畅，防止易燃易爆气体积聚。

（7）作业过程中，必须设专人监护，发现火情，立即灭火并停止工作。

1063. 吸收塔和防腐烟道相邻电气设备防火重点要求是什么？

答：吸收塔和防腐烟道相邻电气设备防火重点要求是：

（1）与吸收塔相通防腐管道、烟道的膨胀节、软连接等部位附近的电缆，应涂刷足够长度的防火涂料，其电缆桥架盖板齐全，封堵严密；

（2）电缆桥架、电动头附近的膨胀节、软连接、PP 管等可燃部件，应采取加装防护罩等防火隔离措施，防止电缆、电动机接线短路着火引发吸收塔火灾；

（3）脱硫系统管道需伴热防冻时，应采用铠装式伴热带。

1064. 湿法脱硫防腐箱罐动火作业防火重点要求是什么？

答：湿法脱硫防腐箱罐动火作业防火重点要求是：

（1）办理一级（事故浆液箱、石灰石浆液箱）或二级（其他防腐箱罐）动火工作票。

（2）动火作业中，公司领导（一级动火）、安监部、检修部门的安全监督人员及消防负责人员必须按规定到位。

（3）箱罐内脚手架宜使用钢制架管和跳板搭设。

（4）箱罐内必须采取防爆型的工具、装置、控制开关。照明应使用 12V 防爆灯具（如使用冷光源防爆灯，应配置漏电保护器），灯具距离内部防腐涂层 1m 以上。检修电源应安装漏电保护器，电源线必须使用软橡胶电缆，不能有接头。焊机接地线应设置在防腐区域外并禁止接在防腐设备及管道上。

（5）现场配备充足的灭火器和一定量的应急水源或干沙。将消防水带引至内部动火作业影响点，确保消防水随时可用。

（6）箱罐动火作业只能单点作业，禁止多个动火点同时开工。

（7）焊割作业应采取间歇性工作方式，防止持续高温传热损害周边防腐材料和引发火灾。

（8）动火作业过程中应在作业点周围做好防火隔离措施，防止火种引燃周边防腐材料和与箱罐相通防腐管道。

（9）作业过程中，内部应设专人监护，发现火情，立即灭火并停止工作。

（10）内部动火作业前，将焊割区域边界以外不小于400mm范围内的防腐层剥除。

（11）外壁动火作业前，内部监护人员应正确判断外壁动火点对应的内壁位置。作业过程中，监护人员应随时监测塔内对应部位状况，发现异常，立即采取应对措施并停止作业。

1065. FGD系统火灾发生的现象是什么？处理方法是什么？

答： 发生火灾时的现象：

（1）火警系统发出声、光报警信号。

（2）运行现场发现有设备冒烟、着火或有焦臭味。

（3）若动力电缆或控制信号电缆着火，相关设备可能跳闸，参数发生急剧变化。

（4）控制室出现火灾时，若灭火系统处于“自动”状态，火警发生几秒钟后灭火系统将动作。

火灾处理方法：

（1）运行人员在生产现场检查发现有设备或其他物品着火时，应立即手动按下就近的火警手动报警按钮，同时利用就近的电话向119报警并尽快向班长报告火灾情况。

（2）班长在接到有关火灾的报告或发现火灾报警时，应立即向119报警台报警并迅速调配人员查实火情，尽快将情况向值长和部门领导汇报。

（3）正确判断灭火工作是否具有危险性，根据火灾的地点及性质选用正确的灭火器材迅速灭火，必要时应停止设备或母线的工作电源和控制电源。

（4）引控制室内发生火灾时应立即紧急停止FGD系统运行，然后根据情况使用灭火器或启动灭火系统灭火。

（5）在整个灭火过程中，运行班长（或主值班员）应积极主动配合消防人员和检修人员，进行灭火工作并按要求执行有关操作，必要时停止 FGD 系统运行。运行人员有责任向消防人员说明哪些部位有人孔、检查孔、通风孔，以及哪些地方可以取水、取电等。

(6) 灭火工作结束后，运行人员应对有关设备进行详细检查确认，以免死灰复燃。同时对设备的受损情况进行确认并向有关领导汇报。

(7) 及时总结火灾原因和教训，并制定相应防范措施。

在密闭的室内及通风不良的地方灭火时，应注意有毒气体及缺氧，严防发生人身事故。在火灾有可能引起上空落物的地方应特别注意安全。

1066. 脱硫系统发生火警时的处理原则是什么？

答：脱硫系统发生火警时的处理原则是：

(1) 发现设备或其他物品着火时，应立即报警。

(2) 按照安全规程、消防规程的规定，根据火灾的地点及性质，正确使用灭火器材，迅速灭火，必要时停止设备电源或母线的工作电源和控制电源。

(3) 灭火结束后，应对设备进行检查，确认受损情况。

1067. 如何正确处理现场开关室火灾？

答：如出现开关室内着火，应立即将有关运行设备停运（脱硫系统开关室可通过上位机进行分闸操作），然后进行灭火，同时汇报值长相关领导和通知消防队。开关室内着火会产生大量有毒气体，救火人员应该佩戴防毒面具进行救火，如火灾扩大无法控制应该立即撤离。如开关室内有爆炸可能，人员应该远离和疏散相关人员，等待消防人员。灭火时，对可能带电的设备使用干式灭火器、二氧化碳灭火器灭火。

1068. 电力电缆发生火灾应如何扑救？

答：当电缆着火后应立即采取下列方法扑救：

（1）立即切断电源的，并认真检查和找出起火电缆故障点同时迅速组织人员进行扑救。

（2）当敷设在沟中的电缆发生燃烧，若与其并列敷设的电缆有明显的燃烧可能，也应将这些电缆的电源切断。电缆若是分层排列的，则首先应将起火电缆上面的受热电缆电源切断，然后把和起火电缆并排的电缆电源切断，最后把起火电缆下面的电缆电源切断。

（3）电缆起火时，应将电缆沟的隔火门关闭或将两端堵死，采用窒息法进行扑救。

（4）进行扑救电缆沟道等地方的电缆火灾时，扑救人员应尽可能戴上防毒面具及橡皮手套，并穿绝缘鞋。

（5）扑救电缆火灾时，可采用手提式干粉灭火器、1211灭火器或二氧化碳灭火器进行灭火，也可用黄土或干沙进行覆盖灭火。如果用水灭火，使用喷雾水枪也十分有效。

（6）在扑救电缆火灾时，禁止用手直接接触电缆钢甲，也不准移动电缆。

1069. 什么是安全通道和消防通道？

答：安全通道是为确保作业安全而设立的应急行走和疏散通道，是保证员工安全的重要措施。

消防通道是在发生火灾或意外情况时，以供逃生及消防人员或消防车辆进出的专用通道。

1070. 什么是维护作业和动火作业？

答：维护作业包括设备维修保养、设备检查和设备修理。设备维护保养的内容是保持设备清洁、整齐、润滑良好、安全运行。设备检查是指对设备的运行情况、工作精度、磨损或腐蚀程度进行测量和校验。设备维修是指修复由于日常的或不正常的原因而造成的设备损坏或精度劣化，使设备性能得到恢复。

动火作业是指在设备上焊接（包括塑料等热熔焊）、气割、机械切割、磨削、高温热辐射烘烤等作业。根据脱硫系统火灾的危险性和火灾后果的严重性，动火作业分为一级动火作业和二级动火作业，动火作业应同时填写相应类别动火工作票。

第十四章
烟气湿法脱硫装置运行管理

1071. 脱硫运行主要有哪些管理制度？

答：脱硫运行主要的管理制度有：

（1）脱硫系统管理、运行人员岗位职责；

（2）脱硫系统运行规程、故障处理规程、检修规程；

（3）脱硫系统工作票管理实施细则；

（4）脱硫系统操作票管理实施细则；

（5）脱硫系统动火票管理实施细则；

（6）脱硫系统运行交接班管理实施细则；

（7）脱硫系统运行巡回检查管理实施细则；

（8）脱硫系统设备定期轮换管理实施细则；

（9）脱硫系统设备缺陷管理实施细则；

（10）脱硫系统故障应急预案；

（11）脱硫系统设备防寒防冻措施。

1072. 电厂应建立脱硫系统运行状况、设施维护和安全活动等的记录制度，其主要记录内容应包括哪些？

答：主要记录内容包括：

（1）系统启动、停止的时间的记录。

（2）吸收剂进厂质量分析数据的记录，包括进厂数量、进厂时间等。

（3）系统运行工艺控制参数的记录，至少应包括：脱硫装置出入口烟气温度、烟气流量、烟气压力、吸收塔差压、用水量等。

（4）主要设备的运行和维修情况的记录，包括对批准设置旁路烟道和旁路挡板门的开启与关闭时间的记录。

（5）烟气连续监测数据、污水排放、脱硫副产物处置情况的记录。

（6）生产事故及处置情况的记录等。

（7）定期检测、评价及评估情况的记录等。

1073. 运行中的FGD，运行人员必须记录的参数有哪些？

答：运行人员必须根据表格做好运行参数的记录（至少2h一次），并分析其趋势，及时发现问题，如测量仪表是否准确、设备是否正常等，需要记录的主要参数有：

（1）锅炉的主要参数，如负荷、烟气温度等。

（2）吸收塔、GGH、除雾器压降。

（3）FGD进口SO_2、O_2的浓度。

（4）FGD出口SO_2、O_2的浓度。

（5）氧化空气流量、风机电流等。

（6）增压风机出口压力、入口压力和电流。

（7）循环泵电流。

（8）吸收塔浆液pH值。

（9）吸收塔浆液密度。

（10）工艺水流量。

（11）石灰石浆液密度等。

1074. 脱硫系统哪些操作属于重大操作项目？高岗位应做哪些工作？

答：可能影响脱硫增压风机跳闸和旁路挡板开启等相关的操作，如GGH主、辅电动机切换、增压风机油站油泵切换、吸收塔循环泵启停等相关操作，以及增压风机动叶手动调整和旁路开启关闭等相关可能影响主机系统的操作都属于重大操作项目。

高岗位人员在进行操作前应做好相关风险预控，相关重要操作应该汇报值长和专工，熟悉设备连锁情况，一些重要的设备进行试验前汇报相关领导同意后切除保护才可进行试验。操作时严格执行操作卡操作步骤执行，在操作时高岗位人员必须在旁监护，发现异常及时处理防止事故扩大化。

1075. FGD系统在日常的运行维护中，应做哪些工作？

答：FGD系统在日常的运行维护中，应做的工作如下：

(1) 按时对有关数据进行记录，字迹清晰、准确。注意各运行参数并与设计值比较，发现偏差及时查明原因，发现异常情况及时采取相应措施并做好记录，汇报班长。

(2) 严密监视所有运行设备的电流、压力、温度、振动值、声音等是否正常。

(3) 运行人员必须注意运行中的设备，做好事故预想。FGD系统内的备用设备必须保证处于良好备用状态，运行设备故障后，能正常启动，发现缺陷及时通知相关人员。

(4) 浆液管道、箱罐、泵体停用后必须进行冲洗。

(5) 没有必需的润滑剂，严禁启动转动机械。运行后应经常检查润滑剂的油位，注意运行设备的压力、振动、噪声、温度及严密性等。

(6) FGD的入口烟道和旁路烟道可能积灰，这取决于电除尘系统的运行情况。一般的积灰不影响FGD的正常运行。但挡板的运动部件上发生严重的积灰时，对挡板的正常开关有影响，因此应当定期（1~2个星期）开关这些挡板以除灰。当FGD和锅炉停运时，要检查这些挡板并清理积灰。

(7) FGD系统停运后，应检查各个箱、罐的液位，巡视检查FGD岛。如有必要，进行设备的换油和维护修理的一些工作。

(8) 在运行过程中，如有报警，应根据弹出的报警画面，了解报警信息，并采取相应措施。

1076. 脱硫运行值班人员应进行哪几个方面的知识培训？

答：要培养合格的脱硫运行值班人员，应进行以下几个方面的知识培训：

(1) FGD系统基础知识培训；

(2) 到类似的FGD系统上实习；

(3) 跟踪FGD系统设备的安装过程；

(4) 在FGD系统调试过程中操作练习；

(5) 在FGD系统运行过程中学习交流；

（6）FGD 运行规程的学习和编写。

1077. 脱硫运行值班人员专业基础知识培训包括哪些方面的内容？

答：（1）基础理论知识：①基础化学知识；②识图知识（各种设备符号、KKS 编码等）；③计算机基础知识；④化工基础知识；⑤环境保护知识。

（2）FGD 基础知识：①FGD 基本原理；②FGD 系统的流程；③FGD 设备作用及设备构成；④FGD 系统内化学分析基础；⑤FGD 系统的控制理念等。

（3）电厂热能动力基础知识：①电力生产过程基本概念；②发电设备基础知识（作用、基本结构及性能）；③燃料基础知识（煤的分类、元素分析、工业分析等）；④电厂烟气特性及危害。

（4）机械设备基础知识：①物料粉碎和分级；②流体输送和气流输送；③非均相物料的分离；④热量传递；⑤气体的吸收；⑥湿物料的干燥。

（5）电气基础知识：①配用电基础知识；②通用设备常用电器的种类及用途；③配电和用电设备保护基础知识；④安全用电和触电急救基本知识。

（6）热工基础知识：①热工自动化仪表知识；②热工自动控制、连锁保护知识。

（7）其他基本知识：①职业道德基本知识；②职业守则；③电厂安全文明生产知识，如电厂安全生产规程和制度、安全操作和劳动保护知识；④质量管理知识，如企业的质量方针、岗位的质量要求、企业的质量保证措施与责任等；⑤相关的法律、法规知识，如电力生产法规知识、劳动法的相关知识、环境保护法规的相关知识及合同法相关知识等。

对于 FGD 系统检修人员，除了上面的学习外，还应掌握设备检修基础知识、钳工基础知识、起重基础知识、材料基础知识等。化学分析人员应进行专门培训。

1078. 什么是“安健环”？其管理目标和管理信念是什么？

答：“安健环”是“安全、健康、环保”的简称，其管理目标是实现“零违章、零意外”，其管理信念是所有意外均可以避免，所有存在的危险皆可得到控制，对环境的影响可以尽量降低。每项工作均顾及安全、健康、环保。安健环管理体系的基础是“风险管理”。

1079. 风险的定义是什么？

答：“风险”定义为某一特定危险源造成伤害的可能性、几率或概率，它是可能造成人员伤亡、疾病、财产损失、工作环境破坏的根源或状态。

1080. 什么是风险管理？

答：风险管理是研究风险发生规律和风险控制技术的一门新兴管理学科，其实质是以最经济合理的方式消除风险导致的各种灾害后果，它包括危险辨识、风险评价、风险控制等一整套系统而科学的管理方法，即运用系统论的观点和方法去研究风险与环境之间的关系，运用安全系统工程的理论和分析方法去辨识危害、评价风险，然后根据成本效益分析，针对企业所存在的风险做出客观而科学的决策，以确定处理风险的最佳方案。它体现了超前控制和过程管理的思想。

1081. 安健环健康管理体系运行的主线和基础是什么？

答：安健环健康管理体系运行的主线是风险控制过程，而基础是危险辨识、风险评价和风险控制的策划。

1082. 什么是危险源辨识、危险源？

答：危险源辨识是识别危害的存在并确定其性质的过程。

危险源是指能使人造成伤亡，对物造成突发性损坏，或影响人的身体健康导致疾病，对物造成慢性损坏，对环境造成污染的潜在因素。

1083. 有助于识别危险源的5个问题是什么？

答：有助于识别危险源的5个问题是：①在什么地方（where）？②存在什么危险源（what）？③在什么时间（when）？④谁（什么）会受到伤害（who）？⑤伤害怎样发生（why）？

1084. 生产过程危险和有害因素分为哪四大类？

答：《生产过程危险和有害因素分类与代码》（GB/T 13861—2009）按可能导致生产过程中危险和有害因素的性质进行分类。生产过程危险和有害因素共分为四大类，分别是“人的因素”“物的因素”“环境因素”和“管理因素”。

1085. 生产过程危险和有害因素中“人的因素”包括哪些？

答：生产过程危险和有害因素中“人的因素”包括：

（1）心理生理性危险和有害因素。

1）负荷超限（体力负荷超限、听力负荷超限、视力负荷超限、其他负荷超限）；

2）健康状况异常；

3）从事禁忌作业；

4）心理异常（情绪异常、冒险心理、过度紧张、其他心理异常）；

5）辨识功能缺陷（感知延迟、辨识错误、其他辨识功能缺陷）；

6）其他心理、生理性危险和有害因素。

（2）行为性危险和有害因素。

1）指挥错误（指挥失误、违章指挥、其他指挥错误）；

2）操作错误（误操作、违章作业、其他操作错误）；

3）监护失误；

4）其他行为性危险和有害因素。

1086. 生产过程危险和有害因素中“物的因素”包括哪些?

答：生产过程危险和有害因素中“物的因素”包括：

(1) 物理性危险和有害因素。

1) 设备、设施、工龄、附件缺陷（强度不够、刚度不够、稳定性差、密封不良、耐腐蚀性差、应力集中、外形缺陷、外露运动件、操纵器缺陷、制动器缺陷、控制器缺陷和其他缺陷）；

2) 防护缺陷（无防护、防护装置、设施缺陷、防护不当、支撑不当、防护距离不够和其他防护缺陷）；

3) 电伤害（带电部位裸露、漏电、静电和杂散电流、电火花、其他电伤害）；

4) 噪声（机械性噪声、电磁性噪声、流体动力性噪声、其他噪声）；

5) 振动危害（机械性振动、电磁性振动、流体动力性振动、其他振动危害）；

6) 电离辐射（包括X射线、γ射线、α粒子、β粒子、中子、质子、高能电子束等）；

7) 非电离辐射（紫外辐射、激光辐射、微波辐射、超高频辐射、高频电磁场、工频电场）；

8) 运动物伤害［抛射物、飞溅物、坠落物、反弹物、土、岩滑动、料堆（垛）滑动、气流卷动、其他运动物伤害］；

9) 明火；

10) 高温物质（高温气体、高温液体、高温固体、其他高温物质）；

11) 低温物质（低温气体、低温液体、低温固体、其他低温物质）；

12) 信号缺陷（无信号设施、信号选用不当、信号位置不当、信号不清、信号显示不准、其他信号缺陷）；

13) 标志缺陷（无标志、标志不清晰、标志不规范、标志选用不当、标志位置缺陷、其他标志缺陷）；

14) 有害光照（包括直射光、反射光、眩光、频闪效应等）；

15）其他。

（2）化学性危险和有害因素：①爆炸品；②压缩气体和液化气体；③易燃液体；④易燃固体、自燃物品和遇湿易燃物品；⑤氧化剂和有机过氧化物；⑥有毒品；⑦放射性物品；⑧腐蚀品；⑨粉尘与气溶胶；⑩其他。

（3）生物性危险和有害因素：①致病微生物（细菌、病毒、真菌、其他致病微生物）；②传染病媒介物；③致害动物；④致害植物；⑤其他。

1087. 生产过程危险和有害因素中“环境因素”包括哪些？

答：生产过程危险和有害因素中“环境因素”包括室内、室外、地上、地下（如隧道、矿井）、水上、水下等作业（施工）环境。

（1）室内作业场所环境不良。

1）室内地面滑（指室内地面、通道、楼梯被任何液体、熔融物质润湿，结冰或在其他易滑物等）；

2）室内作业场所狭窄；

3）室内作业场所杂乱；

4）室内地面不平；

5）室内梯架缺陷（包括楼梯、阶梯、电动梯和活动梯架，以及这些设施的扶手、扶栏和护栏、护网等）；

6）地面、墙和天花板上的开口缺陷（包括电梯井、修车坑、门窗开口、检修孔、孔洞、排水沟等）；

7）房屋基础下沉；

8）室内安全通道缺陷（包括无安全通道、安全通道狭窄、不畅等）；

9）房屋安全出口缺陷（包括无安全出口、设置不合理等）；

10）采光照明不良（指照度不足或过强、烟尘弥漫影响照明等）；

11）作业场所空气不良（指自然通风差、无强制通风、风量

不足或气流过大、缺氧、有害气体超限等);

12) 室内温度、湿度、气压不适;

13) 室内给、排水不良;

14) 室内涌水;

15) 其他。

(2) 室外作业场地环境不良。

1) 恶劣气候与环境(包括风、极端的温度、雷电、大雾、冰雹、暴雨雪、洪水、浪涌、泥石流、地震、海啸等);

2) 作业场地和交通设施湿滑(包括铺设好的地面区域、阶梯、通道、道路、小路等被任何液体、熔融物质润湿,冰雪覆盖或有其他易滑物等);

3) 作业场地狭窄;

4) 作业场地杂乱;

5) 作业场地不平(包括不平坦的场面和路面,有铺设的、未铺设的、草地、小鹅卵石或碎石地面和路面);

6) 航道狭窄、有暗礁或险滩

7) 脚手架、阶梯和活动梯架缺陷(包括这些设施的扶手、扶栏和护栏、护网等);

8) 地面开口缺陷(包括升降梯井、修车坑、水沟、水渠等);

9) 建筑物和其他结构缺陷(包括建筑中或拆毁中的墙壁、桥梁、建筑物,筒仓、固定式粮仓、固定的槽罐和容器,屋顶、塔楼等);

10) 门和围栏缺陷(包括大门、栅栏、畜栏和铁丝网等);

11) 作业场地基础下沉;

12) 作业场地安全通道缺陷(包括无安全通道、安全通道狭窄、不畅等);

13) 作业场地安全出口缺陷(包括无安全出口、设置不合理等);

14) 作业场地光照不良(指光照不足或过强、烟尘弥漫影响光照等);

15）作业场地空气不良（指自然通风差或气流过大、作业场地缺氧、有害气体超限等）；

16）作业场地湿度、湿度、气压不适；

17）作业场地涌水；

18）其他。

（3）地下（含水下）作业环境不良（不包括以上室内室外作业环境已列出的有害因素）。

1）隧道/矿井顶面缺陷；

2）隧道/矿井正面或侧壁缺陷；

3）隧道/矿井地面缺陷；

4）地下作业面空气不良（包括通风差或气流过大、缺氧、有害气体超限等）；

5）地下火；

6）冲击地压［指井巷（采场）周围的岩体（如煤体）等物质在外载作用下产生的变形能，当力学平衡状态受到破坏时，瞬间释放，将岩体、气体、液体急剧、猛烈抛（喷）出造成严重破坏的一种井下动力现象］；

7）地下水；

8）水下作业供氧不当；

9）其他。

（4）其他作业环境不良。

1）强迫体位［指生产设备、设施的设计或作业位置不符合人类工效学要求而易引起作业人员疲劳、劳损或事故的一种作业姿势］；

2）综合性作业环境不良（显示有两种以上作业环境致害因素且不能分清主次的情况）；

3）以上未包括的其他作业环境不良。

1088. 生产过程危险和有害因素中“管理因素”包括哪些？

答：生产过程危险和有害因素中“管理因素”包括：

（1）职业安全卫生组织机构不健全（包括组织机构的设置和人员的配置）。

（2）职业安全卫生责任制未落实。

（3）职业安全卫生管理规章制度不完善：①建设项目“三同时”制度未落实；②操作规程不规范；③事故应急预案及响应缺陷；④培训制度不完善；⑤其他职业安全卫生管理规章制度不健全（包括隐患管理、事故调查处理等制度不健全）。

（4）职业安全卫生投入不足。

（5）职业健康管理不完善（包括职业健康体检及其档案管理等不完善）。

（6）其他管理因素缺陷。

1089. 安健环体系中降低风险的方法和措施有哪些？

答：安健环体系中降低风险的方法和措施有：

（1）排除。设计出新的程序或设备排除危险成分以避免接触危险。排除危险是风险控制的最佳选择。因为这样员工可以不接触到危险工作程序或物质，比其他控制措施能为员工提供更好的保护。

（2）代替。用其他程序或物质代替，这包括用其他相当的低危险或没有危险物质代替，或选择在空气中与之接触较少的工作程序。

（3）隔绝。无论潜在危险存在与否，可考虑隔绝这个工作程序以减少员工与危险物质接触程度。例如：把嘈杂的机器放在隔声室里面。

（4）控制。如果危险已经经历了潜在阶段并且不能被排除、取代和隔绝，那么下一步就是控制危险的发生，这可以通过控制减少员工接触的程度，控制包括自动操作生产过程中的危险部分，改进工具和设备或安装通风设备等措施。

（5）管理。这些措施是指一些管理方法，包括整理、训练、调换工作、监督、采购、说明书、上岗执照和工作程序等。

（6）个人防护用品。它是把保护设备的负担放到员工身上，采用的是安全人的方式，给员工造成行动和习惯上的不便，是最后的危险控制方式。

另外，有些风险可以通过风险转移的方式解决，如室外高空作业，可以通过有资质的队伍来完成。在评估后的风险较高，且暂时不能很好控制的可以通过保险方式投保。

第十五章

烟气湿法脱硫装置检修管理

1090. 发电设备检修方式分为几种?

答: 发电设备检修方式可分为4种:定期检修、状态检修、改进性检修和故障检修。

定期检修是一种以时间为基础的预防性检修,也称计划检修。它是根据设备的磨损和老化的统计规律或经验,事先确定检修类别、检修间隔、检修项目、需用备件及材料等检修方式。

状态检修或称预知维修,指在设备状态评价的基础上,根据设备状态和分析诊断结果安排检修时间和项目,并主动实施的检修方式。状态检修是从预防性检修发展而来的更高层次的检修方式,是一种以设备状态为基础,以预测设备状态发展趋势为依据的检修方式。它根据对设备的日常检查、定期重点检查、在线状态监测和故障诊断所提供的信息,经过分析处理。判断设备的健康和性能劣化状况及其发展趋势,并在设备故障发生前及性能降低到不允许的极限前有计划地安排检修。这种检修方式能及时、有针对性地对设备进行检修,不仅可以提高设备的可用率,还能有效地降低检修费用。

改进性检修是为了消除设备先天性缺陷或频发故障,按照当前设备技术水平和发展趋势,对设备的局部结构或零件加以改造,从根本上消除设备缺陷,以提高设备的技术性能和可用率,并结合检修过程实施的检修方式。

故障检修或称事后维修,是指设备发生故障或其他失效时进行的非计划检修,通常也称为临修。

1091. 按照电力行业传统的划分方式,发电设备定期检修可分为哪四类?

答: 按照电力行业传统的划分方式,发电设备定期检修可分为大修、小修、维修、节日检修。

(1) 大修是发电设备在长期使用后,为了恢复原有的精度、设计性能、生产效率和出力而进行的全面修理。

(2) 小修是为了维持设备在一个大修周期内的健康水平,保证设备安全可靠运行而进行的计划性检修。通过小修，使设备能正常使用至下次计划检修。大修前的一次小修，还要做好检修测试，核实确定大修项目。

（3）设备维修是对设备维护保养和修理，恢复设备性能所进行的一切活动，包括：为防止设备性能劣化，维持设备性能而进行的清扫、检查、润滑、紧固及调整等日常维护保养工作；为测定劣化程度或性能降低而进行的必要检查；为修复劣化、恢复设备性能而进行的修理行动等。

（4）节日检修是指在国家法定节假日期间，利用用电负荷低的有利时机而安排的消除设备缺陷的检修。

1092. 什么是脱硫装置检修等级？

答：脱硫装置检修等级是以脱硫装置的检修规模和停用时间为原则，将脱硫装置的检修分为A、B、C、D四个等级，分别对应于大修、中修、小修和日常维护工作。

（1）A级检修是指对脱硫装置进行全面的解体检查和修理，以保持、恢复或提高设备性能。

（2）B级检修是指对脱硫装置某些设备存在的问题，对部分设备进行解体检查和修理。B级检修可根据设备状态评估结果，有针对性地实施部分A级检修项目或定期滚动检修项目。

（3）C级检修是指根据设备的磨损、老化规律，有重点地对脱硫装置进行检查、评估、修理、清扫。C级检修可进行少量零部件的更换、设备的消缺、调整预防性试验等作业，以及实施部分B级检修项目或定期滚动检修项目。

（4）D级检修是指当脱硫装置总体运行状况良好，而对不影响脱硫装置正常运行的附属系统和设备进行消缺。D级检修除进行附属系统和设备的消缺外，还可根据设备状态的评估结果，安排部分C级检修项目。

1093. 什么是质检点（H点、W点）？

答：质检点（H点、W点）是指在检修工序管理过程中，根据某道工序的重要性和难易程度设置的关键工序控制点。这些控制点不经质量检查签证不得转入下道工序。其中，H点为不可逾越的停工待检点，W点为见证点，R点是文件见证点，E点是试验点。

R点：供方只需提供检查或试验记录或报告的项目，即文件见证。

W点：需方监造代表参加的检验或试验的项目，即现场见证。

H点：供方在进行至该点时必须停工等待需方监造代表参加的检验或试验的项目，即停工待检。

需方接到见证通知后，应及时派代表到供方检验或试验的现场参加现场见证或停工待检。如果需方代表不能按时参加，W点可自动转为R点，但H点如果没有需方书面通知同意转为R点，供方不得自行转入下道工序，应与需方商定更改见证时间，如果更改后，需方仍不能按时参加，则H点自动转为R点。

1094. 什么是不符合项？

答：不符合项是指由于特性、文件或程序方面不足，使其质量变得不可接收或无法判断的项目。

1095. 脱硫装置检修总则是什么？

答：脱硫装置检修总则是：

（1）脱硫装置的检修工作，应纳入到电厂统一管理中，并制定严格的检修维护管理制度。

（2）应自始至终贯彻GB/T 19001《质量管理体系要求》、GB/T 24001《环境管理体系要求及使用指南》和GB/T 28001《职业健康安全管理体系》管理标准，推行全过程管理和标准化作业。

（3）各级检修人员应熟悉脱硫系统和设备的原理、结构和性能，熟悉相关检修工艺和质量要求，并掌握与之相关的理论知识和基本技能。

（4）为了确保检修维护质量，保证脱硫装置的可靠性和脱硫效率，检修维护工作应由经验丰富的专业人员完成。

（5）提倡设备的状态检修，提高脱硫装置检修的综合管理水平。

（6）所要求的检修内容，应根据检修进度按计划安排，保质保量地完成。

（7）冬季停运检修时应做好防冻措施，确保设备安全。

1096. 脱硫装置检修管理的基本要求是什么?

答: 脱硫装置检修管理的基本要求是:

（1）发电企业应在规定的期限内，完成既定的全部检修作业，达到质量目标和标准，保证 FGD 系统安全、稳定、经济运行，以及建筑物和构筑物的完整牢固。

（2）FGD 系统设备检修应采用 PDCA（Plan—计划、Do—实施、Check—检查、Action—总结）循环的方法，从检修准备开始，制订各项计划和具体措施。做好施工、验收和修后评估工作。

（3）发电企业应按 GB/T 19001 质量管理标准的要求，建立质量管理体系和组织机构，编制质量管理手册，完善程序文件，推行工序管理。

（4）发电企业应制订检修过程中的环境保护和劳动保护措施，合理处置各类废弃物，改善作业环境和劳动条件，文明施工，清洁生产。

（5）FGD 设备检修人员应熟悉系统和设备的构造、性能和原理。熟悉设备的检修工艺、工序、调试方法和质量标准，熟悉安全工作规程；能掌握钳工、电工技能，能掌握与本专业密切相关的其他技能，能看懂图纸并绘制简单的零部件图和电气原理图。

（6）检修工艺宜采用先进工艺和新技术、新方法。推广应用新材料、新工具，提高工作效率，缩短检修工期。

（7）发电企业宜建立设备状态监测和诊断组织机构。对 FGD 系统可靠性、安全性影响大的关键设备（增压风机、GGH、循环泵、湿式球磨机、真空皮带脱水机等）实施状态检修。

（8）发电企业宜应用先进的计算机检修管理系统，实现检修管理现代化。

1097. 检修主要工作流程是什么？

答：检修主要工作流程是：

（1）根据设备运行状况和前次检修的技术记录，研究各部件磨损、损坏规律，通过深入分析各项资料，确定重点检修技术计划、技术措施安排、劳动力组织计划及各种配合情况。

（2）为保证检修时部件及时更换，必须事先准备好备件、检修工具、起吊设备、量器具和所需材料。

（3）施工现场布置施工电源、灯具、照明电源。

（4）清理现场，规划场地布置，安排所需部件、拆卸件及主要部件的专修场所。

（5）准备齐全整套的检修记录表、卡等。

（6）准备足够的储油桶、枕木、板木及其他物件。

（7）严格按照有关安全工作规程的要求办理工作票，完成各项安全措施。

（8）严格执行工作票的内容，按照电厂检修办公管理流程填写，完成检修工作。

（9）设备的修理和复装，需严格安装工艺、质量要求，按照事先制定好的技术措施执行。

（10）认真做好检修后的质量验收工作，全面恢复系统和设备的使用性能。

（11）清理现场，工作票进行结票。

1098. 脱硫等级检修项目的主要内容是什么？

答：检修人员除应按工作岗位制对所辖的设备进行全面的检查、发现问题后应及时消缺。对故障设备检修工艺及其质量要求如下；各级检修周期和进度应与主机同步。

（1）A/B 级检修项目的主要内容：

1）对设备全面解体，定期检查、清扫、测量、调整和修理；

2）按规定和设备说明书定期检查、更换零部件，及时消除缺陷和隐患；

3）对电气元件，定期校验、鉴定。

（2）C 级检修项目的主要内容：

1）根据设备运行规律，消除运行中出现的磨损、老化等缺陷；

2）重点检查设备的主要易损易磨部件，必要时进行修理、更换；

3）按各项技术监督规定检查。

（3）D 级检修项目的主要内容。消除系统及设备运行过程中出现的缺陷，主要包括：堵塞喷嘴、管道的清理；腐蚀磨损部位的处理更换；电伴热的维护；电动阀门的调校；泵轴承、机封的修理更换；润滑油的添加更换；电子器件的校验；滤网、折流板等的清洗及设备的试验等。

1099. 脱硫设备检修后再鉴定的意义是什么？

答：脱硫设备品质再鉴定工作是在检修活动结束以后，为了保证设备正确发挥其运行功能，在设备正式投运前，通过设备的冷态和热态试运，对设备检修质量进行检难，对检修后的脱硫设备功能是否恢复、是否达到检修目标进行验证，以便及时发现设备检修后可能出现的缺陷，确保脱硫设备检修后能够安全、经济、环保、稳定长周期运行。

再鉴定：分为品质再鉴定和功能再鉴定。

品质再鉴定：为了证实设备再服役应满足的条件的检查。

功能再鉴定：为了证实设备的性能符合运行准则或设计要求的检查。

1100. 脱硫设备检修防异物管理的意义是什么？

答：为了保证脱硫设备检修质量，对在脱硫设备检修活动中，通过特殊的手段防止异物落入设备或系统回路及电气、仪表盘/柜/操作台所采取的行动。

异物是指系统、设备自身以外的物项，如灰尘、部件、溶剂、工具、溶渣、切割物及其他任何可影响系统、设备运行的物项。

附录A　燃煤锅炉典型烟气脱硫工艺流程

A.1　燃煤锅炉典型的石灰石/石灰—石膏烟气脱硫工艺流程

典型的石灰石/石灰—石膏烟气脱硫工艺流程如图A.1所示，实际运用的脱硫装置的范围根据工程具体情况有所差异。锅炉烟气经进口挡板门进入脱硫升压风机，通过GGH后进入吸收塔，经洗涤脱硫后再经除雾器除去带出的小液滴，最后通过GGH从烟囱排放，脱硫的副产物经过脱水成为石膏。

A.2　燃煤烟气海水脱硫工艺系统组成和典型工艺流程

典型的燃煤烟气海水脱硫工艺系统一般包括烟气系统、SO_2吸收系统、海水供应系统和海水恢复系统等，其典型工艺流程图如图A.2所示。

A.3　典型的干法/半干法烟气脱硫工艺流程

典型的干法/半干法烟气脱硫工艺流程主要由吸收塔、脱硫除尘器、吸收剂储运制备系统、终产物输送设备、供水供气系统、电控系统组成。

A.3.1　增湿灰循环半干法烟气脱硫工艺，见图A.3。

增湿灰循环半干法烟气脱硫工艺通常由脱硫吸收塔、脱硫除尘器、吸收剂料仓、增湿器、消化器、水箱、流化槽、输灰设备、引风机等组成，相似工艺如ALSTOM的NID、菲达环保的MHGT等。根据粉煤灰综合利用的需要，吸收塔前可设置预除尘器。

符合品质要求的生石灰粉通过密封罐装车泵入吸收剂料仓，然后经计量给料加入到消化器并由水箱及给水泵加水消化成氢氧化钙，完成消化的氢氧化钙粉溢流进入增湿器，在增湿器中，从流化槽计量给料的循环灰与来自消化器的消石灰混合并被增湿（含湿量为2%~4%），直接进入吸收塔，在吸收塔内，混合灰表面水分被蒸发，烟气温度下降，烟气中的二氧化硫（SO_2）等烟性组分与表面湿润的吸收剂发生快速的化学反应而被去除。吸收塔出口与脱

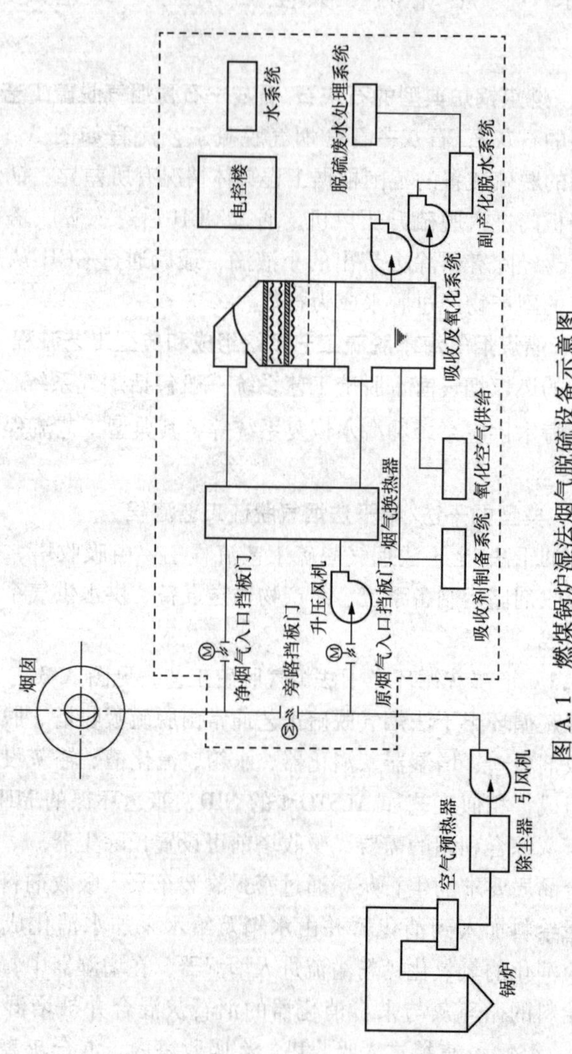

图 A.1 燃煤锅炉湿法烟气脱硫设备示意图

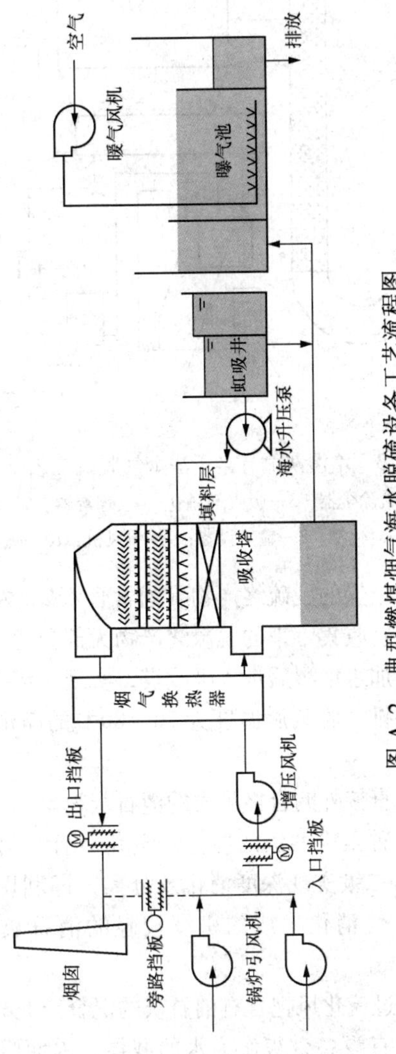

图 A.2 典型燃煤烟气海水脱硫设备工艺流程图

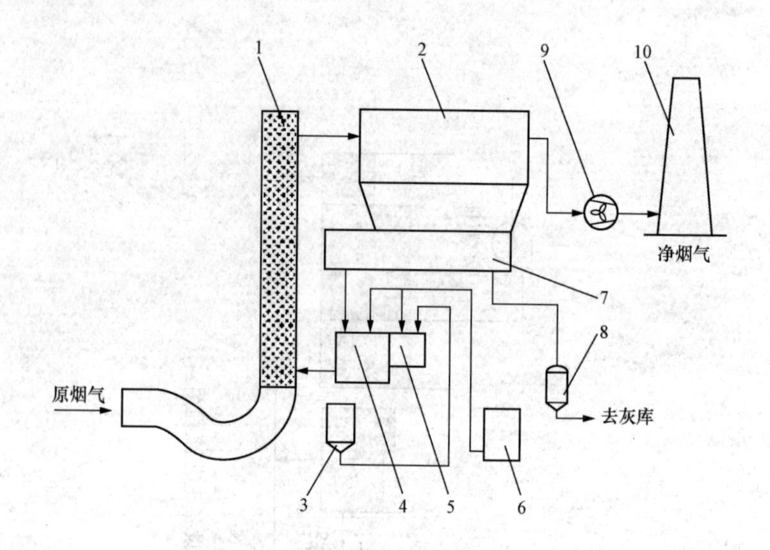

图 A.3　增湿灰循环半干法烟气脱硫工艺流程图

1—吸收塔；2—脱硫除尘器；3—吸收剂料仓；4—增湿器；5—消化器；6—水箱；7—流化槽；8—输灰设备；9—引风机；10—烟囱

硫除尘器相连，干燥的脱硫终产物（通常含水2%左右）被脱硫除尘器收集，除尘器收集下来的脱硫终产物大部分通过流化槽循环返回到增湿器，经加水增湿后进入吸收塔，实现高倍率的循环，少量通过输灰设备外排。脱硫后温度为70～80℃的净烟气经引风机通过烟囱排入大气。

吸收剂也可直接外购合格品质的消石灰粉。

消化器是一种至少两级的搅拌式消化装置，第一级实现混合及初级消化，第二级实现深度消化及分离，即利用石灰粉与消石灰粉的密度差，使消化生成的密度较轻的消石灰粉溢流进入增湿器。

增湿器是通过流化风把含有消石灰的混合灰充分流态化，并使混合灰加湿的专有设备，灰作为水的载体，因而吸收塔中无需喷嘴，避免了可能出现的结垢。

A.3.2　烟气循环流化床脱硫工艺，见图 A.4。

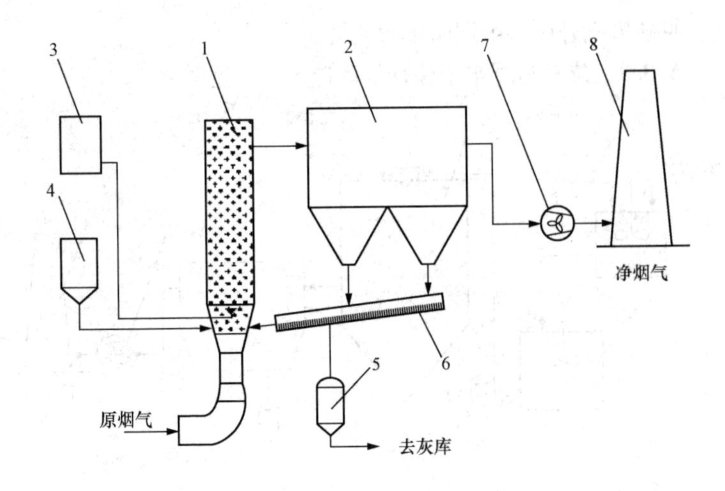

图A.4 烟气循环流化床脱硫工艺流程图

1—吸收塔；2—脱硫除尘器；3—水箱；4—吸收剂料仓；

5—输灰设备；6—流化槽；7—引风机；8—烟囱

烟气循环流化床脱硫工艺通常由吸收塔、脱硫除尘器、水箱、吸收剂料仓、输灰设备、流化槽、引风机等组成，相似脱硫工艺有CFB、RCFB、GSA等。

原烟气从吸收塔下部进入，经过缩径喉部使烟气加速，与吸收剂和循环灰等混合形成烟气循环流化床。

符合品质要求的生石灰粉经消化后制成消石灰粉储存于吸收剂料仓中，或外购的消石灰粉用汽车泵入到消石灰料仓中，然后通过计量把消石灰加入到脱硫除尘器下的流化槽中或直接加入吸收塔，脱硫降温用的工艺水来自水箱，由双流喷嘴雾化加入到吸收塔中，或者把吸收剂配制成浓度为20%～30%的氢氧化钙浆液，通过喷嘴雾化加入到吸收塔中，水分被热烟气蒸发，烟气温度下降，烟气中的二氧化硫（SO_2）等酸性组分与吸收剂发生化学反应而被去除，离开吸收塔的烟气进入脱硫除尘器收集脱硫副产物，由除尘器收集的脱硫副产物大部分通过流化槽循环返回吸收塔，实现高倍率的循环脱硫，少量脱硫副产物通过输灰设备外排。净化后的低温烟气经脱硫风机升压后由烟囱排入大气。

A.3.3 旋转喷雾半干法烟气脱硫工艺，见图A.5。

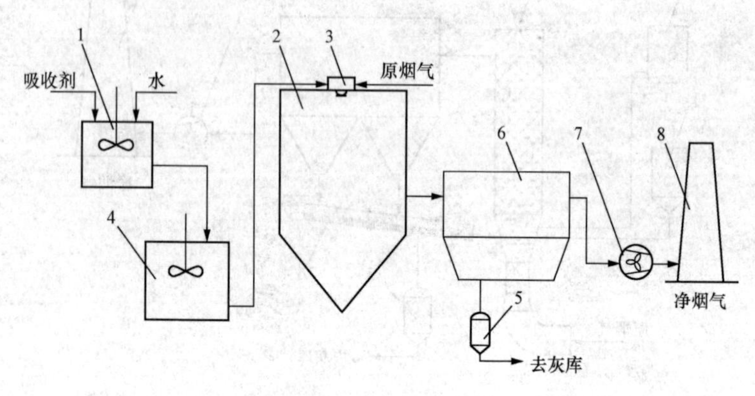

图A.5 旋转喷雾半干法烟气脱硫工艺流程图

1—消化槽；2—吸收塔；3—雾化装置；4—浆液储存槽；5—输灰设备；6—脱硫除尘器；7—引风机；8—烟囱

旋转喷雾半干法烟气脱硫工艺通常由消化槽、吸收塔、雾化喷嘴、浆液储存槽、输灰设备、脱硫除尘器、引风机等组成，相似脱硫工艺有SDA、MEROS等。

旋转喷雾半干法烟气脱硫工艺是指以生石灰/消石灰为吸收剂，经消化槽消化或水化制成消石灰浆液存储于浆液储存槽，经浆泵泵送到吸收塔内的雾化装置，实现浆液的分散雾化，热烟气使微小的雾滴表面水分蒸发，导致烟气温度下降，烟气中二氧化硫（SO_2）扩散并溶解到吸收剂微粒表面及内部，并发生化学反应而被去除。同时，烟气的潜热将脱硫副产物固化、干燥。反应后的净烟气进入脱硫除尘器实现气固分离，脱硫副产物由输灰设备送到灰库或排放，净化后的烟气经脱硫风机升压后通过烟囱排入大气。

MEROS工艺则采用脱硫副产物在吸收塔后的烟道及脱硫除尘器进行部分循环，吸收塔中加入的是工艺水而非吸收剂浆液。

A.4　典型的塔内饱和结晶—不设增压风机的氨法烟气脱硫工艺流程

流程图见图A.6。

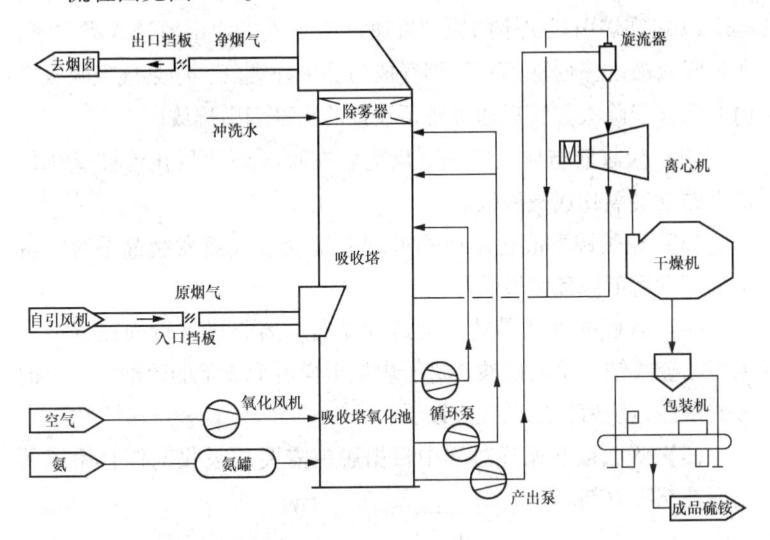

图A.6　塔内饱和结晶—不设增压风机的氨法烟气脱硫工艺流程图

（1）锅炉引风机来的原烟气进入吸收塔，通过吸收液洗涤脱除SO_2后，烟气成为湿的净烟气，净烟气经除雾器除去雾滴后经净烟道进烟囱排放。

（2）吸收液与烟气中SO_2反应后在吸收塔的氧化池被氧化风机来的空气氧化成硫酸铵。

（3）吸收液在与原烟气接触过程中水被蒸发，在塔内吸收液喷淋过程中形成硫酸铵结晶。

（4）含硫酸铵结晶的吸收液送副产物处理系统，经旋流器、离心机的固液分离产生湿硫酸铵，湿硫酸铵进干燥机干燥后成干硫酸铵，干硫酸铵经包装后得成品硫酸铵。

（5）吸收液在循环过程中根据脱硫需要从吸收剂储存系统的氨罐补充吸收剂。

A.5 典型的塔外蒸发结晶（二效）—设置增压风机的氨法烟气脱硫工艺流程

流程图见图A.7。

（1）锅炉引风机来的原烟气通过增压风机增压后进入吸收塔，通过吸收液洗涤脱除SO_2后烟气成为湿的净烟气，净烟气经吸收塔内的除雾器除去雾滴后通过塔顶设置的直排烟囱排放。

（2）吸收液与烟气中SO_2反应后在吸收塔的氧化池被氧化风机来的空气氧化成硫酸铵。

（3）硫酸铵溶液送副产物处理系统的二效蒸发结晶系统，将水分蒸发后形成硫酸铵结晶。

（4）含硫酸铵结晶的浆液送旋流器、离心机进行固液分离产生湿的硫酸铵，湿的硫酸铵进干燥机干燥后形成干的硫酸铵，干的硫酸铵经包装后得成品硫酸铵。

（5）吸收液在循环过程中根据脱硫需要从吸收剂储存系统的氨罐补充吸收剂。

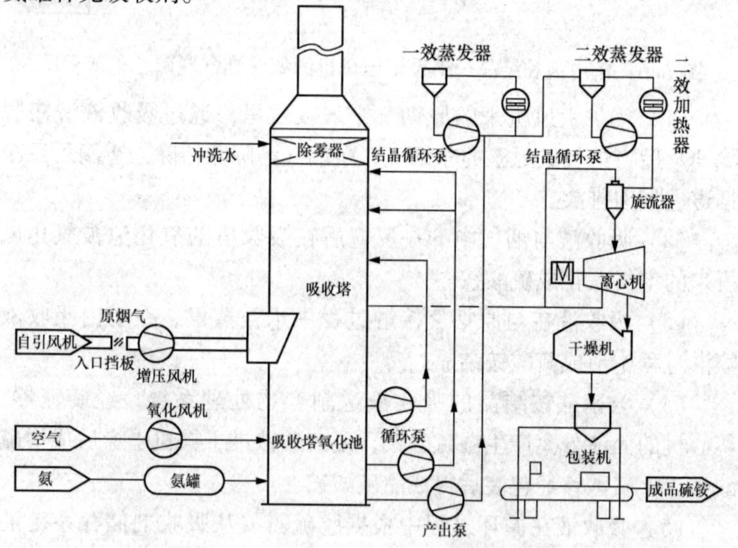

图A.7 塔外蒸发结晶（二效）—设置增压风机的氨法烟气脱硫工艺流程图

附录B 石灰石－石膏湿法烟气脱硫设备命名原则

B.1 命名编号原则

B.1.1 热力设备编号原则

B.1.1.1 热机设备的编号为“设备中文名称＋机组号＋排列号”，如“升压风机1A”。对于公用设备则不需要机组号，设备排列号用英文字母“A、B、C”表示，如“真空泵A”“湿式球磨机C”等。

B.1.1.2 总的命名原则为：多个同一设备编排“A、B、C”的顺序为：从固定端到扩建端，从左到右，从上到下（基于电厂总平面布置的方向）。

B.1.2 6kV系统编号原则

B.1.2.1 6kV脱硫系统母线名称为：6kV＋脱硫专业简称＋数字序号（1、2、3）表示，如“6kV脱硫3段”（原因是脱硫6kV母线采用的是按机分段方式）等。

B.1.2.2 6kV母线电源进线开关名称由“母线段名称＋工作（备用）电源进线”表示，如：“6kV脱硫3段工作电源进线A”“6kV脱硫3段工作电源进线B”（原因为6kV脱硫母线段为双电源供电方式，不存在主次关系）等。

B.1.2.3 6kV负荷开关与其热力设备命名遵循“一致”原则，名称为设备中文名称＋机组号＋排列号（A、B等），如浆液循环泵1A，表示1号吸收塔1号浆液循环泵；如果一台机组对应只有一台设备，则不需加排列号，如升压风机1；对于公用设备则不需要机组号，设备排列号用英文字母“A、B、C”表示，设备的分系统则用英文字母后加数字来区别，如A1、A2、B1、B2等。

B.1.3 400V系统编号原则

B.1.3.1 400V脱硫系统母线编号由三组代号组成，第一组数表示电压等级，用400V表示，第二组数表示用途名称，第三组数表示母线序号，用“1、2、3”数字表示，如“400V脱硫1段”“400V脱硫备用段”等。

B.1.3.2 400V母线段的进线电源开关及联络开关（刀闸）命名方法和6kV一样，如“400V脱硫1段工作电源进线”“400V脱硫备用段电源进线”“400V脱硫3段备用电源刀闸”等。

B.1.3.3 400V负荷开关与其热力设备命名仍遵循“一致”原则，名称为设备中文名称+机组号+排列号（A、B等），如吸收塔浆液排出泵1A，表示1号吸收塔1号浆液排出泵；如果一台机组对应只有一台设备，则不需加排列号，如升压风机1；对于公用设备则不需要机组号，设备排列号用英文字母“A、B”表示，设备的分系统则用英文字母后加数字来区别，如A1、A2、B1、B2等。

附录C　密度和质量百分比的关系

C.1　石灰石浆液密度与质量百分比关系，见表C.1。

表C.1　石灰石浆液密度与质量百分比关系

密度（g/cm³）	固体含量（%）	密度（g/cm³）	固体含量（%）
1.010	0	1.190	24.73442
1.020	1.603157	1.200	25.89099
1.030	3.175185	1.210	27.02843
1.040	4.715981	1.220	28.14723
1.050	5.22941	1.230	29.24784
1.060	7.713302	1.240	30.3307
1.070	9.169459	1.250	31.39623
1.080	10.59866	1.260	32.44484
1.090	12.00162	1.270	33.47695
1.100	13.37907	1.280	34.49292
1.110	14.73171	1.290	35.49315
1.120	16.0502	1.300	36.47799
1.130	17.36517	1.310	37.44779
1.140	18.64725	1.320	38.4029
1.150	19.90703	1.330	39.34364
1.160	21.14509	1.340	40.27035
1.170	22.36198	1.350	41.18332
1.180	23.55826		

C.2　石膏浆液密度与质量百分比关系，见表C.2。

表 C.2　　石膏浆液密度与质量百分比关系

密度（g/cm³）	固体含量（%）	密度（g/cm³）	固体含量（%）
1.010	0	1.240	33.07077
1.020	1.747988	1.250	34.23258
1.030	3.482031	1.260	35.50125
1.040	5.143113	1.270	36.50125
1.050	6.792174	1.280	37.60901
1.060	8.410121	1.290	38.6996
1.070	9.997827	1.300	39.7734
1.080	11.55613	1.310	40.83082
1.090	13.08584	1.320	41.87221
1.100	14.58774	1.330	42.89794
1.110	16.08257	1.340	43.90837
1.120	17.51107	1.350	44.90382
1.130	18.93394	1.360	45.88463
1.140	20.33184	1.370	46.85113
1.150	21.70543	1.380	47.80362
1.160	23.05533	1.390	48.74240
1.170	24.38216	1.400	49.66777
1.180	25.58651	1.410	50.58002
1.190	26.96893	1.420	51.47942
1.200	28.22997	1.430	52.36624
1.210	29.47018	1.440	53.24074
1.220	30.59005	1.450	54.10318
1.230	31.89009	1.460	54.95381

参 考 文 献

[1] 国电第一热电厂. 300MW 热电联产机组技术丛书. 烟气脱硫技术. 北京：中国电力出版社，2006.
[2] 李广超. 大气污染控制技术. 北京：化学工业出版社，2001.
[3] 孙克勤. 电厂烟气脱硫设备及运行. 北京：中国电力出版社，2007.
[4] 周根来，孟祥新. 电站锅炉脱硫装置及其控制技术. 北京：中国电力出版社. 2009.
[5] 阎维平，刘忠，王春波，纪立国. 电站燃煤锅炉石灰石湿法烟气脱硫装置运行与控制. 北京：中国电力出版社，2010.
[6] 雷仲存. 工业脱硫技术. 北京：化学工业出版社，2001.
[7] 周立新. 工业脱硫脱硝技术问答. 北京：化学工业出版社，2006.
[8] 解鲁生. 供热锅炉节能与脱硫技术. 北京：中国建筑工业出版社，2004.
[9] 张磊，张斌. 环保系统技术问答. 北京：化学工业出版社，2009.
[10] 周菊华. 火电厂燃煤机组脱硫技术. 北京：中国电力出版社，2008.
[11] 周至祥，段建中，薛建明. 火电厂湿法烟气脱硫技术手册. 北京：中国电力出版社，2006.
[12] 孙克勤，钟秦，等. 火电厂烟气脱硫系统设计、建造及运行. 北京：化学工业出版社，2005.
[13] 四川电力建设二公司. 火力发电厂脱硫脱硝施工安装与运行技术. 北京：中国电力出版社，2010.
[14] 何根然. 燃煤烟气脱硫脱硝技术标准实用手册. 北京：中国科技文化出版社，2005.
[15] 钟秦. 燃煤烟气脱硫脱硝技术及工程实例. 2 版. 北京：化学工业出版社，2007.
[16] 北京博奇电力科技有限公司. 湿法脱硫系统安全运行与节能降耗. 北京：中国电力出版社，2010.
[17] 北京博奇电力科技有限公司. 湿法脱硫装置维护与检修. 北京：中

国电力出版社，2010.
[18] 薛建明，等. 湿法烟气脱硫设计及设备选型手册. 北京：中国电力出版社，2011.
[19] 曾庭华，等. 湿法烟气脱硫系统的安全性及优化. 北京：中国电力出版社，2004.
[20] 曾庭华，等. 湿法烟气脱硫系统的调试、试验及运行. 北京：中国电力出版社，2008.
[21] 卢啸风，等. 石灰石湿法烟气脱硫系统设备运行与事故处理. 北京：中国电力出版社，2009.
[22] 郭东明. 脱硫工程技术与设备. 2版. 北京：化学工业出版社，2011.
[23] 蒋文举. 烟气脱硫脱硝技术手册. 北京：化学工业出版社，2006.
[24] 赵毅，李守信. 有害气体控制工程. 北京：化学工业出版社，2001.
[25] 国家环境保护局科技标准司. 中、小型燃煤锅炉烟气除尘、脱硫实用技术指南. 北京：中国环境科学出版社，1997.
[26] 杨广贤. 最新火电厂烟气脱硫脱硝技术标准应用手册 北京：中国电力出版社，2013.
[27] 姜维才，施昊. 职业技能鉴定指导书. 脱硫值班员. 北京：中国电力出版社，2007.
[28] 朱国宇. 职业技能鉴定指导书. 脱硫设备检修工. 北京：中国电力出版社，2008.